CHOUSHUI XUNENG DIANZHAN SHEBEI SHESHI
DIANXING GUZHANG ANLI FENXI

抽水蓄能电站设备设施典型故障案例分析

电气分册

国网新源控股有限公司　组编

CHINA ELECTRIC POWER PRESS

内容提要

本书为《抽水蓄能电站设备设施典型故障案例分析　电气分册》，选取抽水蓄能电站电气部分典型故障案例，重现故障发生全过程与现场处置流程，并深入剖析故障发生原因，总结故障规避与措施。

本书内容主要包括抽水蓄能电站输变电设备、发电机及其机端电压设备、励磁系统及静止变频器（SFC）、监控自动化系统和继电保护装置的典型故障事件经过及处理、原因分析、防治对策和案例点评。

本书适用于抽水蓄能电站电气一次、二次运维人员技术培训，适用于常规水电厂运维人员学习与参考，也可作为抽水蓄能电站设计制造、施工安装、调试及生产运维的参考资料。

图书在版编目（CIP）数据

抽水蓄能电站设备设施典型故障案例分析．电气分册/国网新源控股有限公司组编．—北京：中国电力出版社，2020.9

ISBN 978-7-5198-4707-4

Ⅰ.①抽…　Ⅱ.①国…　Ⅲ.①抽水蓄能水电站—设备故障—案例　②电气设备—设备故障—案例　Ⅳ.①TV743　②TM92

中国版本图书馆 CIP 数据核字（2020）第 101403 号

出版发行：中国电力出版社
地　　址：北京市东城区北京站西街 19 号（邮政编码 100005）
网　　址：http://www.cepp.sgcc.com.cn
责任编辑：杨伟国　安小丹（010-63412367）
责任校对：黄　蓓　王小鹏
装帧设计：赵姗姗
责任印制：吴　迪

印　　刷：北京瑞禾彩色印刷有限公司
版　　次：2020 年 9 月第一版
印　　次：2020 年 9 月北京第一次印刷
开　　本：787 毫米×1092 毫米　16 开本
印　　张：20.25
字　　数：418 千字
印　　数：0001—2000 册
定　　价：160.00 元

《抽水蓄能电站设备设施典型故障案例分析》

电气分册编审人员

执行主编　郝国文

执行副主编　张　博

编写人员　夏斌强　霍献东　庄坚菱　陆　胜　李建光　衣传宝
　　　　　梁庆春　高　旭　吕志娟　肖仁军　吴培枝　刘鹏龙
　　　　　李佳霖　胡志平　魏　李　李　刚　梁绍泉

审查人员　李超顺　王　勇　刘　哲　栾德燕　李金伟　杨伟国
　　　　　安小丹　赖昕杰　宋海峰　康百东　陈　鹏　左　厉

序

在建设资源节约型、环境友好型社会的大环境下，加快抽水蓄能电站建设是我国能源结构转型的需要。抽水蓄能电站在功率和储能容量上可以满足储能规模大、运行时间长的要求，与风电、太阳能发电、大型火电、水电、核电相配合，可以加大对新能源的消纳，减少大型火电、核电低效率运行时间，减少污染物排放及其治理成本，成为提供优质电力的“稳定器”和最佳保障，在电网安全稳定、电力工业节能、电力系统经济运行及能源利用可持续发展中发挥不可或缺的作用。但是，电网越大，保证电网安全稳定运行的难度越大。一旦发生事故，造成的损失也越大。因此，抽水蓄能电站的安全和快速反应特性等一系列动态功能，是电网排除重大事故和确保安全稳定运行的保障。

抽水蓄能机组安全稳定运行涉及水力、机械、电气、结构等诸多方面，是多场耦合的复杂非线性系统。抽水蓄能电站电气、水力机械设备和水工建筑物设施的安全状况直接影响电站效益的发挥和电网安全稳定运行。我国抽水蓄能发展经历了学习和消化吸收、技术引进、自主创新等阶段，20 世纪 90 年代以来，电力体制改革推动抽水蓄能建设步入快速发展阶段。国家电网范围内国网新源控股有限公司陆续投产了北京十三陵、浙江天荒坪、安徽响洪甸、河南回龙、山东泰安、浙江桐柏、安徽琅琊山、江苏宜兴、河北张河湾、山西西龙池、河南宝泉、湖北白莲河、湖南黑麋峰、安徽响水涧、辽宁蒲石河、福建仙游、江西洪屏、浙江仙居、安徽绩溪等近 20 座大中型抽水蓄能电站，成为目前世界上最大的抽水蓄能电站运营公司。

当前，抽水蓄能机组正在向大型化、复杂化的方向发展，在如何高效进行运行检修和故障处理方面仍然存在诸多问题。国网新源控股有限公司组织编制了《抽水蓄能电站设备设施典型故障案例分析》丛书，结合代表性案例社会化公开程度，对公司系统各生产单位电气、水力机械设备和水工建筑物设施缺陷隐患处理实例进行分析，按照故障部位进行分类，深入剖析缺陷隐患产生原因，总结相关的处理工艺和方案，这对从事抽水蓄能电站技术研究和运维检修人员加深认识和了解十分有益。

设备设施的本质安全是企业安全生产的基础。对抽水蓄能电站在生产过程中出现的设备故障进行汇总分析，可以为今后抽水蓄能电站的建设和安全运行提供有价值的参考和借鉴。希望此丛书能为抽水蓄能电站设计、制造、施工、安装调试及生产运维等相关人员提供一些帮助，以促进我国抽水蓄能事业又好又快地发展。

中国水力发电工程学会常务副秘书长

2020年6月

前　言

当前抽水蓄能电站的建设与管理正朝着标准化、精细化、专业化方向快速发展，电站基建和生产管理水平不断提高，设备设施运行更加稳定，尤其是设备生产初期各类故障发生概率相较于20世纪90年代我国抽水蓄能电站运行初期大大减小，电站生产运行人员普遍缺乏电站各类故障的处理经验，导致其故障识别和故障消除能力相对较弱，且短时间内无法得到很大提高。然而，当前投运的抽水蓄能电站电气设备设施受到电站振动、潮湿环境、人为因素以及自然老化的影响，各类故障不断涌现。这些故障缺陷和隐患若不能及时发现并采取有效的预防措施，将会严重影响电站的安全运行。为了提高各电站安全生产水平，促进各电站电气设备缺陷及隐患处理的经验分享和交流，在国网新源控股有限公司（简称“新源公司”）各级领导的高度重视下，特组织编写了《抽水蓄能电站设备设施典型故障案例分析　电气分册》。

本书主要以近些年间新源公司所属抽水蓄能电站运行发生的电气设备故障报告为基础，融合了部分兄弟单位的故障案例，而后在其中挑选典型故障案例，并组织大量具有丰富经验的工程师，以抽水蓄能电站故障处理原则为基础，对故障处理全过程进行深入解析。本书涵盖了新源公司管理范围内各生产单位的电气设备设施缺陷及隐患实例共计72例，其中包含输变电设备故障11例、发电机及其机端电压设备故障20例、励磁系统及静止变频器故障24例、监控自动化系统故障12例和继电保护装置故障5例，具有很强的针对性、实用性和全面性。除此之外，本书还将故障整体分析与具体案例相结合，对于不同电气设备设施和不同故障部位进行解析与处理，最后进行总结与点评，对抽水蓄能电站建设、运行过程中电气设备缺陷发生和隐患处理具有重要的借鉴意义，也可作为设计、施工时期重要的参考资料，希望此书对使用者有所裨益。

2010年以来，新源公司多批次开展了抽水蓄能电站设备设施典型故障汇编工作，为本书编制提供了部分基础素材。黄祖光、倪晋兵、吴耀富、邢继宏、张衡、王霆、朱兴兵、周军、樊玉林、张永会、毕扬、张鑫等专家，并不限于以上专家参加过本丛书基础素材的编审工作，在此一并表示感谢。

鉴于编者的水平和有限的时间，编写过程中难免有疏漏、不妥或错误之处，恳请广大读者批评指正。

编　者

2020年1月

CONTENTS

目 录

第四章 监控自动化系统

第五章　继电保护装置

第一章　输变电设备

案例 1-1　某抽水蓄能电站 500kV 电缆线 C 相本体单相接地故障*

一、事件经过及处理

2019 年 4 月 10 日，某抽水蓄能电站发生 500kV 1 号电缆线单相接地故障。

当时 1、2、3、4 号机组在停机稳态。

23:03:48 开关站短线 1 保护 A 母差动作。

23:03:48 开关站短线 1 保护 B 母差动作。

23:03:48 开关站 1 号电缆线断路器 5001 A 相分闸位置动作。

23:03:48 开关站 1 号电缆线断路器 5001 B 相分闸位置动作。

23:03:48 开关站 1 号电缆线断路器 5001 C 相分闸位置动作。

23:03:49 开关站 1 号电缆多点接地检测装置报警动作。

分析该电站 500kV 主接线电流互感器（TA）及保护配置，1 号电缆线差动保护范围为 5001 断路器系统侧 40TA 至 1、2 号主变压器高压侧 30TA，对应到一次设备，故障范围为 5001 断路器电网侧至 1、2 号组合变压器高压侧 GIS 及高压电缆设备，如图 1-1-1 所示。

对故障范围内开展故障排查如下：

开展故障范围内全部气隔 SF_6 气体成分分析，未发现微水、二氧化硫、氟化氢数据超标情况。开展 5001 断路器至地面 GIS 电缆垂直终端绝缘电阻测试，结果为：A 相对地，489GΩ；B 相对地，500GΩ；C 相对地，531GΩ。初步排除地面 GIS 设备存在直接接地故障。

开展 500kV 1 号电缆绝缘电阻测试，A、B 相对地绝缘电阻大于 30GΩ，C 相对地绝缘电阻为 2.7MΩ，初步确定 C 相存在单相接地情况。

开展电缆故障测距找寻电缆故障点，分别从 1 号电缆线地面侧快速接地隔离开关 5001317 C 相和 1 号电缆线地下侧接地隔离开关 500167 C 相分两个方向进行电缆故障测

---

* 案例采集及起草人：廖小亚、陈明（江西洪屏抽水蓄能有限公司）。

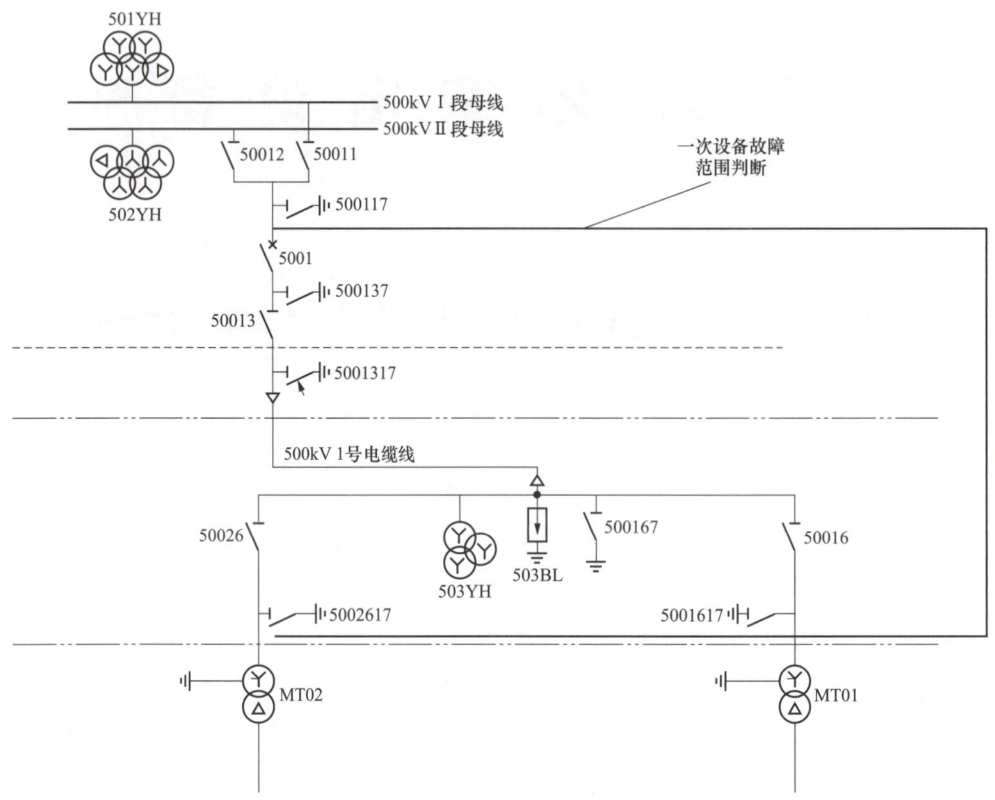

图 1-1-1　一次设备故障范围图

距。测距结果发现：地面至地下侧故障点定位约 82.1m，地下至地面侧故障点定位约 875m。两个方向定位距离基本一致。进一步现场仔细检查，发现故障定位点处电缆外护套存在约 1cm 破损痕迹，如图 1-1-2 所示。

图 1-1-2　故障点表面破损图

确认故障点后，初步处置意见为制作中间接头。但在后续处理过程中发现，电缆接地短路瞬间的能量导致大量碳化粉尘窜入电缆外护套和电缆铝护套之间，如图 1-1-3 所示。需继续开断电缆至无异常段后才可进行电缆中间接头制作。对 C 相故障点两侧电缆开剥、打磨过程中发现在故障点沿地下 GIS 方向 1.8m 处，电缆金属丝带、半导电阻水带上存在大量放电烧灼痕迹，如图 1-1-4 所示。根据开剥电缆所发现的情况，设备厂家提出制作中间接头的方式无法保证电缆日后的长期稳定运行。

图 1-1-3　碳化粉尘

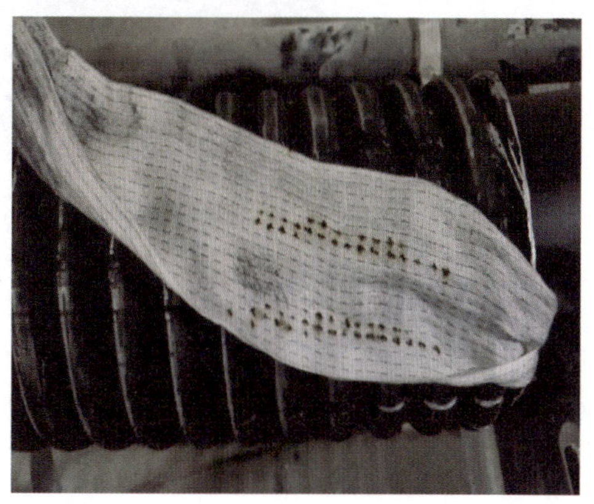

图 1-1-4　放电烧灼痕迹

最终考虑到可能是电缆本体质量问题，另两相也存在绝缘击穿的风险，确定对 500kV 1 号电缆线三相全部更换。

更换电缆的处理过程如下：

（1）组织 500kV 1 号电缆线及电缆终端的紧急采购。

（2）对原 1 号电缆三相本体、电缆终端及电缆附件进行拆除，其中 C 相分割成小段从 500kV 电缆洞运出，A、B 相拆除电缆终端，电缆本体就地放置在 500kV 电缆洞中。

（3）拆除 500kV 电缆洞 1 号电缆线相关防火封堵，铺设电缆并敷设相关设备，为新电缆到货后做敷设准备。

（4）电缆到货后完成 1 号电缆线三相敷设及上架。

（5）地面及地下电缆终端的现场安装。

（6）防火封堵、测温光缆等附属设备回装。

（7）由于该电站 2 号电缆线处于带电运行状态，为减少停电范围，此时电缆的耐压试验采取的是从 1 号电缆线地面侧终端加装斜 15°高压试验套筒作为加压端，A、B、C 三相电缆分别进行耐压，加压至 $1.1U_0$ 下保持 5min，检查无异常后升至 $1.7U_0$ 耐压 60min，然后降压至 $1.5U_0$ 进行局放试验。

（8）电缆终端与 GIS 导体恢复连接、充 SF_6 气体以及静止后测微水含量。

（9）检验得知新电缆线送电运行正常。

二、原因分析

该电站通过对故障电缆的解剖，发现电缆的缓冲层（阻水层+金布）、铝护套、主绝缘、绝缘屏蔽已烧蚀严重，是造成电缆接地故障的直接原因，烧蚀情况如图 1-1-5 所示。

图 1-1-5 故障点烧蚀情况

随后对故障电缆各部位进行理化检测发现，电缆自导体、导体屏蔽、主绝缘、绝缘屏蔽、缓冲层、铝护套已完全烧损，故障通道如图 1-1-6 所示。

通过对各部位原材料的检测，发现电缆金布中金属丝约为 0.18mm，而金布直径约为 0.30mm。对比不同厂家的金布，该电站原电缆的金布金属丝数量较少，对比情况如图 1-1-7、图 1-1-8 所示。

图 1-1-6 故障通道

图 1-1-7 其他厂金布

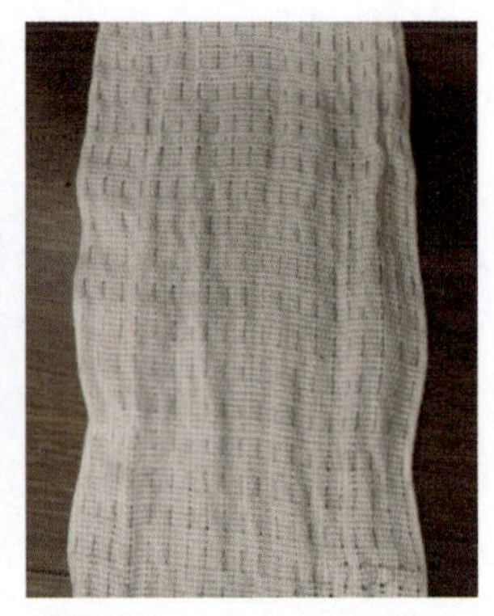

图 1-1-8 该电站原电缆金布

从上述对金布的检测，初步判断电缆金布对电缆绝缘屏蔽与铝护套之间绝缘可能有较大影响。为验证判断，测量包含金布与不包含金布条件下的阻水带的电阻值。测量结果表明，加金布条件下，阻水带的电阻值增至 3 倍左右。

由此可以得出，故障发生的原因为电缆铝护套与绝缘屏蔽层接触不良。造成接触不良的原因与该电缆缓冲层中金布结构有关，由于金布中金属丝直径小于金布的平均厚度，在不同紧密程度的情况下易导致电缆绝缘屏蔽与铝护套局部电气接触不良，产生烧蚀，最终导致击穿。

三、防治对策

（1）加强电缆线的多方面检测（红外成像巡检、X 射线检查、接地电流现地测量、局放检测等）。

（2）增加巡检频次以及专业巡检频次。

（3）针对现有的输变电在线检测装置，优化装置配置以及设备健康状态评估。

（4）强化电站设备主人的专业水平。

（5）完善电站运检规程，特别是对电缆的巡检内容加以完善。

四、案例点评

由本案例可见，设备管理要做到全过程管控，对于抽水蓄能特殊的运行工况，更要加强 500kV 电缆原材料、生产、制造、出厂试验、运输、卸货安装、交接试验、运维等各环节的严格把控，才能保障电站生产的安全有序。

案例 1-2　某抽水蓄能电站 500kV 电缆屏蔽层接地引下线穿箱处绝缘薄弱击穿*

一、事件经过及处理

某抽水蓄能电站 500kV 电缆系统共 2 回路，单相长度约为 1050m，采用一端直接接地，一端通过屏蔽层保护器接地。直接接地端放在与架空线连接的 GIS 开关端。同时系统中敷设回流线，降低电缆系统出现短路故障时屏蔽层感应电压。回流线按三七开布置，如图 1-2-1 所示。

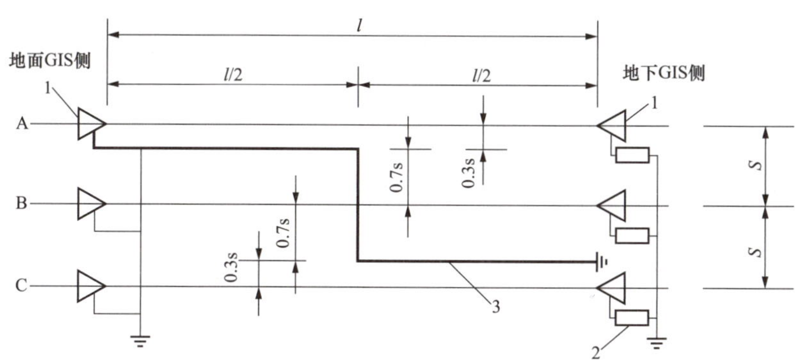

图 1-2-1　500kV 电缆屏蔽层接地原理图

1—终端；2—绝缘保护器；3—回流线

* 案例采集及起草人：林国庆（福建仙游抽水蓄能电站）。

2017 年 8 月 14 日，该电站 500kV 岭大Ⅱ路检修期间，在测量 500kV 2 号电缆 A 相屏蔽层绝缘电阻时，发现其对地绝缘电阻低于 1MΩ。

检修人员高度重视，使用 3 个不同绝缘电阻表进行测量，包括 2 个电子绝缘电阻表和 1 个手动绝缘电阻表，严格按照测量流程进行测量，结果均一致，排除测量仪器及测量方法的问题，确定了 500kV 2 号电缆 A 相屏蔽层对地绝缘电阻低的故障。

确定故障存在后，采取分段排除法定位故障点。先拆除屏蔽和接地引下线之间的连接，再分别进行绝缘测量，将故障段锁定在接地引下线部分，进一步进行拆解检查，最终发现接地引下线（地下侧）电缆对放电计数器箱体放电烧损，如图 1-2-2 所示，从而导致 500kV 2 号电缆 A 相屏蔽层绝缘电阻低。

随后进行以下处理：

（1）拆下放电计数器箱体，对穿孔进行扩大处理，并打磨毛刺。

（2）由于烧损点处于接地引下线电缆末端，在确定电缆长度足够的情况下，切除末端烧损点，重新进行绝缘包扎，如图 1-2-3 所示。根据试验，接地引下线绝缘电阻大于 550MΩ。

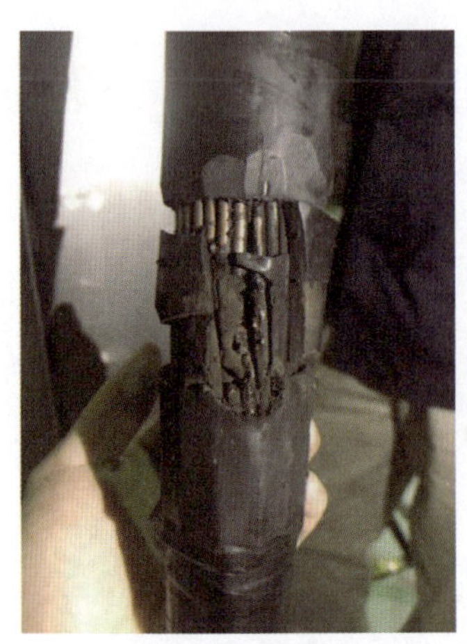

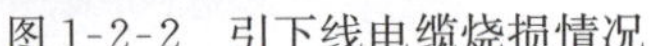

图 1-2-2　引下线电缆烧损情况

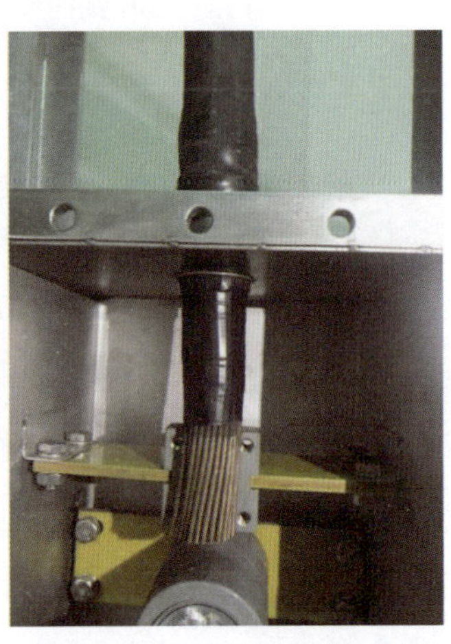

图 1-2-3　引下线电缆处理后

二、原因分析

直接原因：500kV 电缆屏蔽层在正常运行过程，由于操作过电压、三相不平衡等原因，屏蔽层将产生一定的电压。500kV 2 号电缆 A 相屏蔽层穿箱处开孔过小，且电缆绝缘包扎不全面，当屏蔽层产生电压时，电缆对箱体放电，长期运行导致该处绝缘烧损，引起绝缘电阻降低而出现接地现象。

三、防治对策

（1）结合检修，对 500kV 两回路电缆接地引下线进行绝缘测试，发现绝缘低时，应查明原因并及时处理。

(2) 结合检修，对 500kV 两回路电缆放电计数器箱体进行全面检查，发现开孔过小及时处理。

四、案例点评

由本案例可见，高压设备的预防性试验极其重要。对于本案例中的高压电缆，若未发现该接地引下线存在对地放电，该放电点持续长时间烧蚀恶化，可能导致该处对地金属性短路，屏蔽层出现两点接地的现象，从而导致屏蔽层电流剧增、发热严重，威胁高压电缆主绝缘。因此，电站应严格按照规程规范要求进行预防性试验，提早发现设备在制造、安装阶段可能潜伏的安全隐患，避免事故扩大。

案例 1-3 某抽水蓄能电站 220kV 主变压器有载调压开关重瓦斯跳闸*

一、事件经过及处理

2017 年 7 月 17 日 1 时 43 分，机组备用期间，系统电压 228kV，主变压器低压侧电压为 13.99kV，大于额定 13.8kV。根据运维规程规定“尽量减少有载分接开关调节的次数，在开机前要根据 220kV 母线电压做好预选操作”，方便机组启动时快速并网。

值守人员将分接开关由+1 调整至+2，对应 13.8kV 操作后，01:43:22 监控系统报主变压器有载调压增操作，01:43:27 报主变压器组保护跳闸动作，01:43:27 报主变压器有载调压重瓦斯保护动作、机械保护动作和主变压器断路器 2203 分闸动作，01:43:28报主变压器有载调压重瓦斯复归。

检查主变压器本体及有载开关发现主变压器有载调压重瓦斯保护动作，原因可能为：主变压器本体故障；未能及时排除变压器有载开关在切换过程中拉弧产生的气体，造成气体继电器重瓦斯定值降低，在进行切换时，气体继电器可能未达到其动作定值而动作；主变压器有载调压开关本体出现故障。

拷取故障时刻的录波文件进行分析，录取的波形如图 1-3-1 所示。

可以看出，主变压器保护装置跳闸时刻，主变压器高压侧及低压侧的电压波形未见明显异常。

---

* 案例采集及起草人：毕旭、沈晶凯（河北潘家口抽水蓄能电站）。

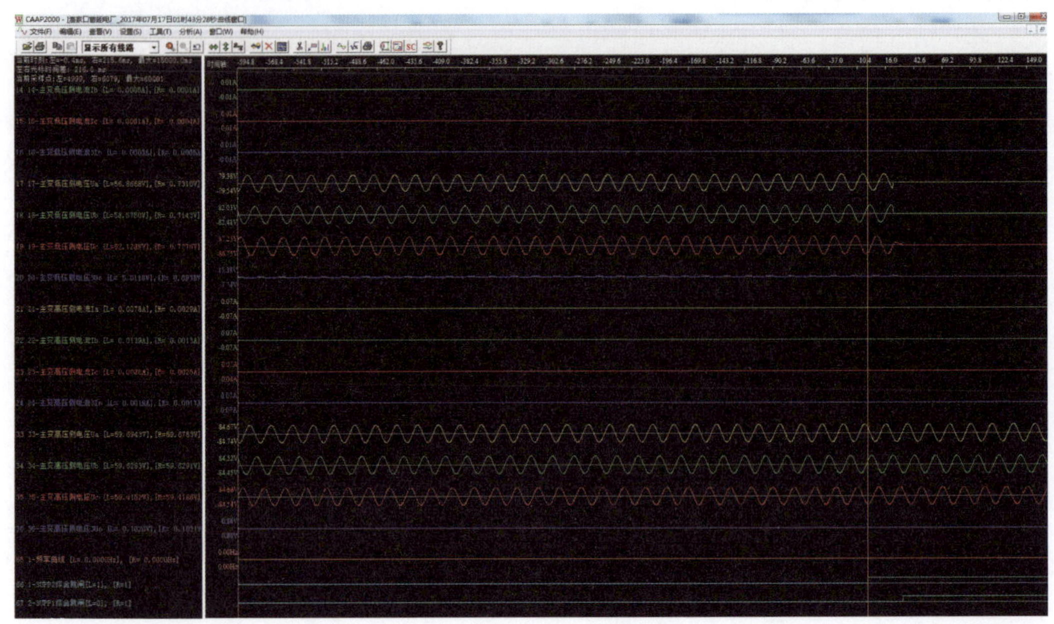

图 1-3-1　录取的波形

查询故障前后监控系统记录的主变压器本体油温及绕组温度的测温情况，发现故障前后主变压器各部温度无明显变化。

主变压器本体油化验报告显示，主变压器本体色谱值无异常突变，可以确定主变压器本体无故障，故障后主变压器本体油色谱数据如表 1-3-1 所示。

表 1-3-1　　故障后主变压器本体油色谱数据

组分	浓度（μL/L）	组分	浓度（μL/L）
氢气 H_2	19.4	乙烷 C_2H_6	4.3
一氧化碳 CO	776.7	乙烯 C_2H_4	40.8
二氧化碳 CO_2	14700.5	乙炔 C_2H_2	0.3
甲烷 CH_4	9.8		

对现地气体继电器进行检查，发现气体继电器内部存有大量气体，气体量超过2/3，气体未能排出。原因为 2006 年进行主变压器大修时，更换的有载调压气体继电器型号为 QJ-4-25 型，具有一定的储气功能，在有载开关处不适用。主变压器有载开关在切换过程中会拉弧产生气体，如气体不能及时排除，将造成气体继电器重瓦斯定值降低，在进行切换时，可能存在未达到气体继电器动作定值而出现动作的情况，分析存在此种原因造成气体继电器动作。

对主变压器进行直阻测试，发现 B 相偶数挡位，直流电阻均在 2680mΩ 左右，A、C 相直流电阻在 580～640mΩ 之间。三相严重不平衡（机组 C 级检修时进行直流电阻测试，正常）测试数据详如表 1-3-2 所示。初步分析认为 B 相偶数档触头烧损或过渡电阻连接处烧损。

表 1-3-2　　　　　　　　　　主变压器直阻测试数据

	挡位	AO（mΩ）	BO（mΩ）	CO（mΩ）	相间误差（%）
高压	4	614.5	2708	613.4	159.65
	3	617.7	616.1	612.9	0.78
	2	612.2	2683	595.1	161.0
	1	587.8	589.2	587.4	0.34
	0	587.6	2673	587.2	162.62
	1	634.0	632.9	643.5	1.66
	−2	635.5	2717	635.1	156.6

对主变压器有载调压开关进行排油、吊出切换开关。吊出后发现切换开关的 B 相2 分接触头与过渡电阻引线连接处烧损。油室内触头及其他部位未见异常放电点。烧损部位如图 1-3-2 所示。

对分接开关其他部位，包括螺栓紧固等情况进行检查，未发现异常情况。

图 1-3-2　有载分接开关烧损位置

二、原因分析

确定导致主变压器高压侧断路器跳闸的动作原因为主变压器分接开关内 B 相 2 分接触头与过渡电阻引线连接处螺丝松动，导致触头与电阻引线连接处阻值变大，切换过程中产生拉弧，造成连接处烧损，拉弧时击穿绝缘油，产生大量气体，造成油室向油枕方向产生大量油流，气体继电器重瓦斯保护动作。

三、防治对策

（1）取出气体继电器内气体，关闭气体继电器与有载调压开关油枕连接部分球阀，排出油室内绝缘油。

（2）对有载调压开关的切换开关进行解体大修，更换 B 相 2 分接触头及有载调压开关全部的触头支架、隔板、软铜绞线、电阻引线，以排除其他安全隐患。其中，更换后

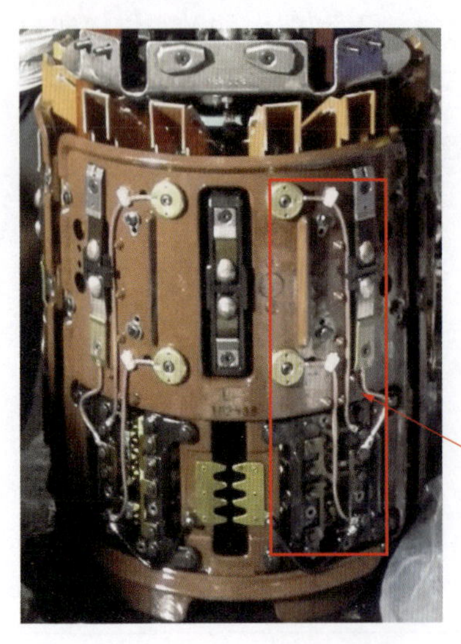

图1-3-3　更换过渡电阻引线后

的电阻引线不再使用原铜片软连接，而是直接连接固定部位，避免同类故障的再次发生。使用新绝缘油对切换开关内部进行清洗，清洗干净回装并使用万用表测试过渡电阻值为6.4Ω，正常。更换过渡电阻引线后如图1-3-3所示。

（3）对有载调压开关油室内部进行清理，并对油室内触点使用无纺布进行打磨，去除氧化层。

（4）将主变压器有载调压开关切换开关回装后，重新注入新绝缘油，并检查各部无渗漏，有载开关油枕油表指示正常。

（5）对主变压器直阻进行测试，试验数据合格。修后主变压器直阻测试数据如表1-3-3所示。

表1-3-3　　修后主变压器直阻测试数据

	挡位	AO（mΩ）	BO（mΩ）	CO（mΩ）	相间误差（%）
高压	6	642.3	642.2	645.1	0.45
	5	624.8	629.9	633.2	1.33
	4	612.7	615.9	617.8	0.82
	3	599.9	604.6	607.4	1.24
	2	586.8	589.9	592.3	0.93
	1	576.6	578.7	577.5	0.36
	0	562.2	563.0	563.1	0.16
	−1	621.6	622.7	622.8	0.19
	−2	604.1	609.1	609.3	0.85
	−3	591.1	598.2	598.6	1.25

（6）利用机组检修期间聘请专业人员对主变压器有载分接开关进行维护保养。定检期间，检查主变压器有载调压气体继电器是否存在集气现象，如有，则进行气体排出。

（7）对有载调压气体继电器进行重新选型，并利用机组检修期间，更换为油流型气体继电器。

四、案例点评

（1）该电站运维人员对主变压器有载分接开关的运维水平能力不足，设备维护不到位，造成有载分接开关维护不到位，需加强变压器有载分接开关规程规范及试验标准的学习。

（2）对气体继电器设备性能熟悉程度不足，致使对施工方提供的设备验收不到位，未选用适合主变压器有载开关使用的气体继电器。

（3）运维规程中“尽量减少有载分接开关调节的次数，在开机前要根据 220kV 母线电压做好预选操作”内容规定不明确，致使有载开关调节较频繁。

案例 1-4　某抽水蓄能电站 220kV 户外电缆终端应力锥电晕放电*

一、事件经过及处理

某抽水蓄能电站 220kV 电缆户外电缆终端检修过程中，在剥开户外终端 A 相应力锥时，发现锥体内部中间部分有一条长约 100mm、粗 1mm 的浅黑色线，如图 1-4-1 所示。擦拭浅黑色线后即消失，表面光滑如初，未留灼伤痕迹，表明非爬电所致。但按电缆厂家技术规范要求，应力锥要抱紧电缆主绝缘，结合面需清洁不能有异物。厂家技术人员分析为安装时涂的硅脂不均匀，经长期运行所致，且户外电缆头终端应力锥的颜色及表面弹性也已变色发硬，A 相户外电缆终端应力锥内表面存在电晕放电痕迹，具体特征表现为：应力锥内表面横向出现圆圈状黑色电晕放电痕迹。

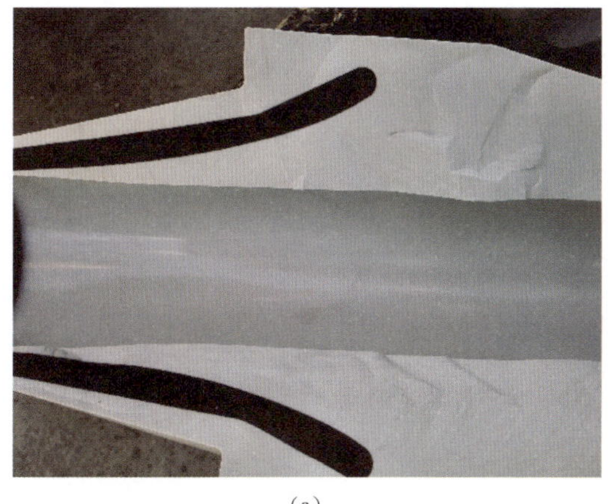

(a)

(b)

图 1-4-1　A 相应力锥现场图

(a) A 相应力锥内部中间部分有浅黑色线；(b) 擦拭后即消失，未留灼伤痕迹

* 案例采集及起草人：王晓军、扆博（北京十三陵蓄能电站）。

（1）情况梳理。

由于应力锥采用硅胶材质，怀疑应力锥存在明显的老化、变色现象。

（2）问题排查。

经查阅资料发现，A、B、C 相应力锥均为 1994 年安装使用，已运行近 24 年。

（3）确定故障点。

经与厂家技术人员进行现场查看分析，厂家技术人员确认以上现象表明已运行 24 年的应力锥已有老化迹象，高压（110kV 以上）交联电缆是 20 世纪 80 年代开始广泛使用的，当时与配套的电缆附件设计寿命为 30 年，到目前为止国际上对交联电缆及附件尚无权威的使用寿命定论。鉴于 220kV 电缆运行已近 25 年，如果固化现象持续加重，容易造成应力锥发生偏移，影响金属护套末端的电场分布和金属护套边缘处的电场强度，存在安全事故隐患，建议更换老化严重的应力锥。

（4）处理步骤。

对 220kV 户外电缆终端均进行了更换，电缆终端检修完成后，对 220kV 电力电缆进行了相关电气预防性试验，试验结果符合规程要求，消除了该安全事故隐患。

二、原因分析

（1）220kV 户外电缆终端应力锥为硅胶材质，随着运行时间的增长，会逐步出现老化、变色现象，导致金属护套末端电场分布不均衡，金属护套边缘处电场强度增强，对电缆安全稳定运行构成安全事故隐患。

（2）在后续更换及维护 220kV 户外电缆终端应力锥中，强化应力锥安装质量工艺要求，保证硅脂涂抹均匀，严控质量验收标准，确保电缆户外终端安全稳定运行。

三、防治对策

（1）针对电缆运行时间较长，部分电缆终端附件存在老化现象，加强对 220kV 电缆终端运行的在线监测，加装局部放电在线监测装置，根据状态监测评估结果情况，适当缩短电缆终端检修周期。

（2）强化强化应力锥安装质量工艺要求，严格按照检修工艺质量标准和检修规程进行检修，严把质量验收标准，保证安装质量工艺。

（3）针对 220kV 电缆运行状况，定期开展状态评估，根据状态评估结果，适时开展电缆检修或更换项目的储备、规划工作。

四、案例点评

由本案例可见，户外电缆终端应力锥由于运行时间较长，容易发生固化、老化现象，电缆头一旦出现问题，后果严重，危害性极大。因此，电缆头应按照检修周期要求，着重检查应力锥老化问题，并及时进行更换。

案例 1-5 某抽水蓄能电站机组 220kV 同期断路器灭弧室绝缘击穿*

一、事件经过及处理

2017 年 5 月 1 日 17 时 26 分 23 秒，某抽水蓄能电站 1 号机组发电启动找同期过程中，OIS 上出现“CB FAILURE PROT TRIP”“NEGATIVE PH SEQUENCE GEN”“ELECTRICAL TRIP RELAY”“UNIT TRIP RELAY OPERATE”“220KV LINE1 VOLTAGE LOSE”“BUSBAR NO. 4 INEFECT TRIP”报警信号，1 号机组进入停机程序，断路器 2211 跳闸，四母线停电。

检查发现，在保护动作时，1 号机组仍处于找同期的过程中并持续了 25s（正常同期合闸时间为 80s 左右），期间未发出同期合闸命令。查看发电机—变压器保护录波，发现主变压器低压侧 B、C 两相有电流，A 相没有电流。分析认为，1 号机组机端电压建立后，在断路器 2201 未合闸情况下，C 相断口击穿。1 号机组发电反时限负序过流保护跳闸动作跳断路器 2201，由于此时断路器处在分闸状态，无法切断 C 相击穿电流。失灵保护动作经 RCS-931AM 保护远跳对侧断路器 2211，线路失压，四母线停电。因此，本次保护动作是由于断路器 2201 未合闸情况下 C 相断口击穿导致，保护动作均为正确动作。

打开断路器 2201 C 相进行检查，现场照片如图 1-5-1 所示，断路器表面未见明显短路点，未发现断路器对地短路现象，但发现断路器 2201 C 相灭弧室断口处有大量粉尘及其他附着物并喷散至气室内部，分析判断断路器 2201 C 相断口间绝缘击穿。同时对断路器 2201 A、B 两相进行检查，现场图片如图 1-5-2、图 1-5-3 所示，未见异常。

为确保机组的安全稳定运行及进行事故分析，对断路器 2201 进行了统一更换，在完成了断路器 2201 的更换工作之后，进行了相关电气预防性试验工作，试验结果符合规程要求，电气预防性试验结束后进行了机组手动开机零起升压并网试验，试验并网成功。

二、原因分析

断路器 2201 C 相断口绝缘击穿前后，监控系统未出现 SF_6 气室压力低报警，现地查看 SF_6 密度继电器均在绿区范围内，断路器 2201 总动作次数为 535 次（设计额定动作次数为 5000 次）。基本排除绝缘介质密度低和超使用寿命运行造成故障的可能。

* 案例采集及起草人：张利（北京十三陵蓄能电站）。

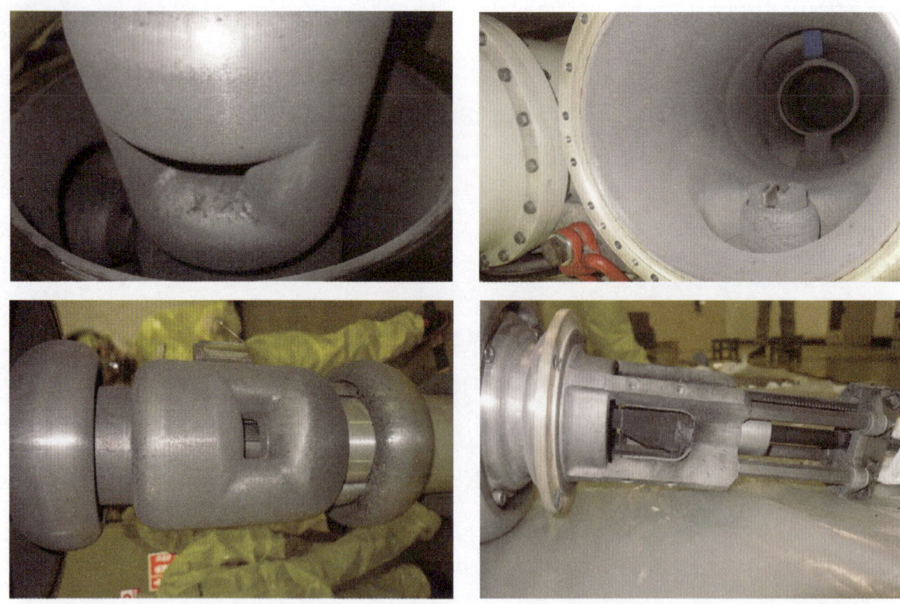

图 1-5-1　断路器 2201 C 相击穿

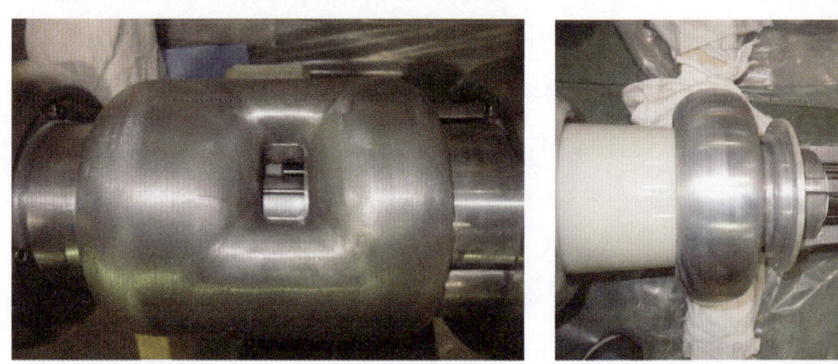

图 1-5-2　断路器 2201 A 相

图 1-5-3　断路器 2201 B 相

为进一步明确故障原因，将故障 C 相灭弧室运回工厂进行解体分析，同时将非故障相 A 或 B 相（任一相）运回工厂进行解体对比分析。

经解体分析确认了是在C相灭弧室的触头A和B之间发生了放电，造成故障的发生。进一步分析放电原因，得到了以下几种原因：

直接原因：在绝缘喷嘴表面落有微粒，在同期并网时两个触头之间的绝缘喷嘴上形成了一个强电场通道。

间接原因：

（1）电站为高压侧并网，机组启动时非同期前触头A和B之间暂态电压较大，造成放电情况。

（2）SF_6气体质量（包括含水量、结露点）问题，含水量过高会导致介质击穿，该击穿将激发绝缘子表面放电闪络。

三、防治对策

针对上述几种造成故障的原因分析，制定控措施如下：

（1）灭弧室更换安装过程中，应采取有效的防尘措施，孔、盖等打开时应使用防尘罩进行封盖，安装现场环境差，尘土较多时应停止安装。

（2）现电站发电机端与主变压器低压侧为直连方式，考虑在之间增加GCB，并将机组改为低压侧并网。

（3）加强SF_6气体采购及使用管理工作。检修作业过程中，严格按照作业指导书及检修规程要求进行工作。

四、案例点评

由本案例可见，GIS高压设备的故障并不是一朝一夕造成的，是设备设计、招标采购、监造和现场安装、运行维护等多种因素累积造成的。GIS高压设备的全过程管理一定要到位，每个阶段的负责人要把好关，不留隐患。设计阶段的问题让运行单位十分棘手，无从防范，一旦出现问题，后果严重，危害性也极大，所以设计时应严格按照设计规范进行，切实做到合规、合理、可靠，并做好编、审、批流程，每层人员对自己的工作负责。招标采购要明确技术规范，影响设备质量的材料、工艺等要求决不能让步，货物到货不满足技术要求一律不予验收。监造和现场安装阶段非常重要，如果留下隐患，隐藏的问题将极难发现，造成的后果将不可承受。所以，施工安装质量一定要严格把关，做好过程中的质量验收，并针对停工待检点和质量验收点留下质量验收单，出问题就要追责。运行维护中要加强巡视和检查，争取能防患于未然。

综上，加强设备的全过程技术监督管理，建立并严格执行一套完善的责任追究制度，强化设计、招标采购、施工、监理、监造以及运维单位各层级责任追溯还是十分必要的。

案例 1-6 某抽水蓄能电站500kV断路器二次回路故障*

一、事件经过及处理

2017年10月2日，某抽水蓄能电站在进行4号机组发电机—变压器组保护系统C级检修后保护传动试验过程中，发现断路器失灵保护开出量保持，原因为启动失灵保护回路中－X451：3/4号端子的短接连片未拆除，在拆除X451：3/4号端子短接片时，导致－X451：6/7号端子瞬间放电，断路器5003跳闸线圈励磁，断路器5003跳闸。事件详细经过如下：

该抽水蓄能电站4号机组C级检修期间，对4号机组励磁变压器过流保护进行了改造。原励磁变压器过流保护动作逻辑为达到过流保护定值后延时 T_1（0.5s）出口跳500kV断路器；改造后保护逻辑增加了过流保护短延时 T_2（0.2s），其出口方式为跳励磁变压器低压侧断路器、跳发电机出口断路器、启动出口断路器失灵保护。2017年10月2日，励磁变压器过流保护改造后进行4号机组出口断路器等断路器传动试验时发现，4号机组出口断路器合上后又立即跳开，同时保护装置上失灵保护动作LED灯亮。经分析，现场人员开始排查本次保护改造中的“励磁变压器过流保护启动出口断路器失灵保护”的回路。经排查发现，启动失灵保护回路中－X451：3/4号端子的短接连片（主变压器保护B柜）未拆除，导致启动失灵信号保持，因此，4号机组出口断路器合闸后立即跳开。查明原因后，现场人员立即进行处理，23时3分29秒，在正常解开－X451：3/4号端子短接连片过程中，断路器5003动作跳闸，3号机组失去备用。

由于跳闸发生在拆除主变压器保护B柜中X451端子排的3/4号端子短连接片过程中，因此现场人员立即对该盘柜进行检查，重点排查保护出口的X451端子排，排查及处理过程如下：

（1）检查分析4号主变压器保护B盘柜内端子－X451端子排情况，其中，1～8号端子排原理图如图1-6-1所示。

经现场核实，保护盘柜端子排－X 451的1、2号端子和5、6号端子是断路器5003跳闸出口接线端子，其中1、2号端子利用短接片短接，5、6号端子利用短接片短接；1、2号端子为正极，5、6号端子为负极。3、4、7号端子为本次励磁变压器过流保护新接端子（其中，3、4号用以启动机组出口断路器失灵，7号作为“短延时 T_2 跳磁场断路器”回路直流220V的正极）。

---

* 案例采集及起草人：金清山、李国宾、任刚（河北张河湾抽水蓄能电站）。

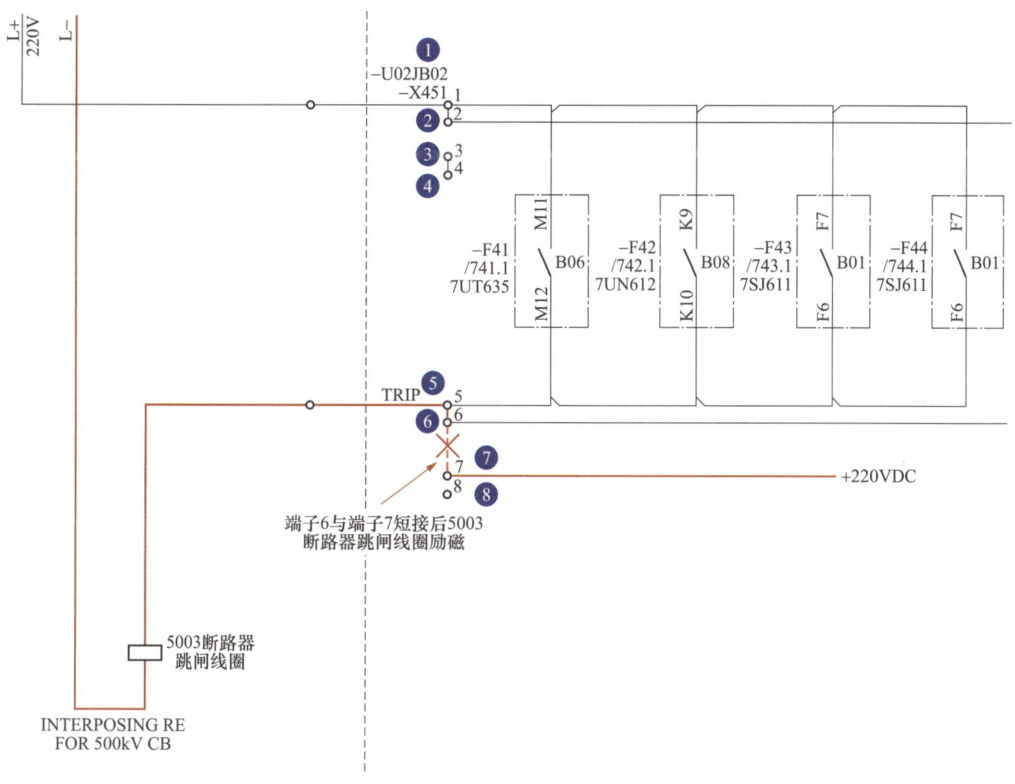

图 1-6-1　端子排原理图

（2）检查工作区域附近端子，6 号端子与相邻的 7 号端子间挡板左角稍有缺损，金属连片间距很小，约 0.5mm，如图 1-6-2 所示，存在端子连接片发生接触或者间隙放电的风险。

图 1-6-2　现场端子布置图

综上所述，该事件发生的可能原因为：现场人员在正常拆除 3、4 号端子之间的连接片（基建期设置，历次维保螺丝均向紧固方向加固）时，螺丝刀的外力作用使端子排发生轻微变形、移动，继而 6 号和 7 号端子的短接连片发生瞬时接触或者间隙放电，最终 7 号端子的直流 220V 正极电压窜入断路器 5003 跳闸线圈，跳闸线圈励磁，断路器 5003 跳闸。

（3）选择万用表直流电压挡，将万用表表笔分别插入－X451 的 1 号和 5 号左侧端子（跳闸线圈正、负极），目的是监视跳闸线圈导通前后的 1、5 号端子电压情况（跳闸线圈励磁后 1/5 号端子之间的电压会由 220V 变为 0V）。

（4）现场模拟情况。当用螺丝刀用力拆除 3、4 号端子连接片时，发现 6、7 号端子间隙变小并出现电火花现象，同时万用表电压显示变为 0V。由此判断，此次跳闸故障点是因为－X451 的 6 号和 7 号端子接触造成。

为避免出现类似情况，采用隔离法将保护盘－X451 的 7、8 号短连接片移至左侧，防止 5、6 号端子短接片和 7、8 号端子短接片接触。

再次选择万用表直流电压挡，将万用表表笔分别插入－X451 的 1、5 左侧端子，模拟现场情况，验证处理的效果正确无误。

二、原因分析

1. 直接原因

4 号主变压器保护 B 盘－X451 的 6 号和 7 号端子异常接触，使 7 号端子的直流 220V 电压窜入断路器 5003 跳闸回路，导致断路器 5003 跳闸。

2. 间接原因

（1）现场专业人员工作经验不足，风险辨识不到位，未能及时发现存在的风险点。

（2）施工质量管控不严，未提前发现新增设跳闸回路的端子间隙过小且无有效隔离措施。

（3）改造项目验收过程管控深度不够，导致传动试验时才发现应拆除而未拆除的短接片。

三、防治对策

（1）在原端子排下方新增加端子进行接线，同时新增端子间增加空端子和绝缘隔板，保证端子间安全距离。

（2）提高验收过程管控深度，对技改项目涉及继电保护系统的端子排增加端子短接片专项检查项目。

（3）增强二次人员培训力度，深入理解直流系统正负极之间应加装绝缘隔板或空端子的要求，把二次工作隐患排查和风险点辨识作为重点培训内容。

四、案例点评

由本案例可见，二次工作的安全质量管控应细致入微、丝毫不得懈怠，现场技术人员不仅应提高理论知识，还应注重实际工作和动手能力的培养，只有电站专业技术人员自身水平（理论知识水平、实际工作能力及经验）达到一定的高度，才能在工作中辨识出风险，防范住风险。

案例 1-7　某抽水蓄能电站检修作业不规范导致 500kV 断路器跳闸*

一、事件经过及处理

2017 年 3 月 8 日，某抽水蓄能电站 500kV 一回线出线带电运行；500kV Ⅰ、Ⅱ、Ⅲ号母线正常运行；1 号机组备用，1 号主变压器空载运行；2 号机组备用，2 号主变压器空载运行；3 号机组 C 级检修，3 号主变压器检修；4 号机组备用，4 号主变压器空载运行。3 月 8 日 16 时 30 分，计算机监控系统报 3、4 号主变压器高压侧断路器 5003 跳闸。中控室值守人员查看监控画面发现 3、4 号主变压器高压侧断路器 5003 跳闸，500kV Ⅲ号母线由运行转热备用，10kV 厂用电系统备自投动作正常。

现场检查断路器 5003 三相在分位。3、4 号机组及主变压器保护装置无动作信息，2 号高压电缆保护装置无动作信息，500kV 母线保护装置无动作信息，500kV 2 号断路器失灵保护装置无动作信息。断路器 5003 汇控柜面板无报警、跳闸信号。500kV 断路器保护控制柜内操作箱显示断路器 5003 的 2 号跳闸线圈动作，如图 1-7-1 所示。

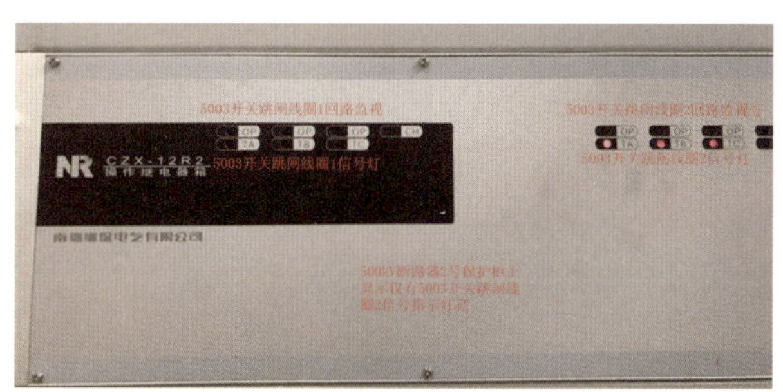

图 1-7-1　500kV 2 号断路器保护柜面板报警信息

针对上述事件经过，主要处理过程如下：

（1）对中控楼直流系统电压（正母线 115V，负母线－114V）进行测量，无故障报警信息，排除直流系统故障导致跳闸回路误动。

（2）查看断路器 5003 的 2 号跳闸线圈回路，确认有 4 条支路可能导致断路器 5003 的 2 号跳闸线圈动作，如图 1-7-2 所示，分别为：断路器失灵及辅助保护装置出口（盘柜内接线）；母线 B 套保护动作；公用失灵保护动作；2 号高压电缆 B 套保护动作。

（3）测量第二组跳闸线圈可能动作的 3 对电缆各端子电压正常；将两端端子解除后，绝缘电阻表测量绝缘电阻正常（均为∞）；解除 3、4 号主变压器 B 套保护信号电缆，绝缘电阻

* 案例采集及起草人：刘玉明、李帅轩（湖北白莲河抽水蓄能电站）。

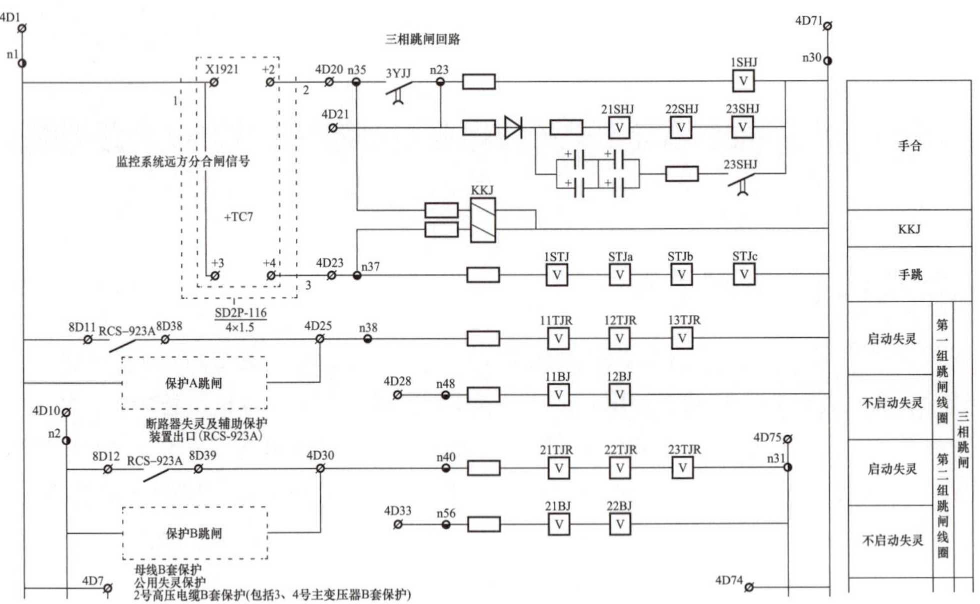

图 1-7-2　三相跳闸回路原理图

表测量绝缘电阻正常（均为∞）；排除电缆绝缘异常导致短路或接地的可能。

（4）厂家对操作箱内板卡进行检查，继电器、电阻无烧损，外观无异常。

（5）对 3、4 号主变压器 B 套保护信号引入 2 号高压电缆 B 套保护柜，与电缆保护一起出口回路进行检查，相关回路电缆绝缘无异常，对 3、4 号主变压器 B 套保护中间继电器 021XD 进行校验，动作电压 125V；计算该继电器出口功率约为 2W；由于该继电器触点未接入监控系统进行监视，故障时，无法判断该继电器是否动作。具体回路详见图 1-7-3。

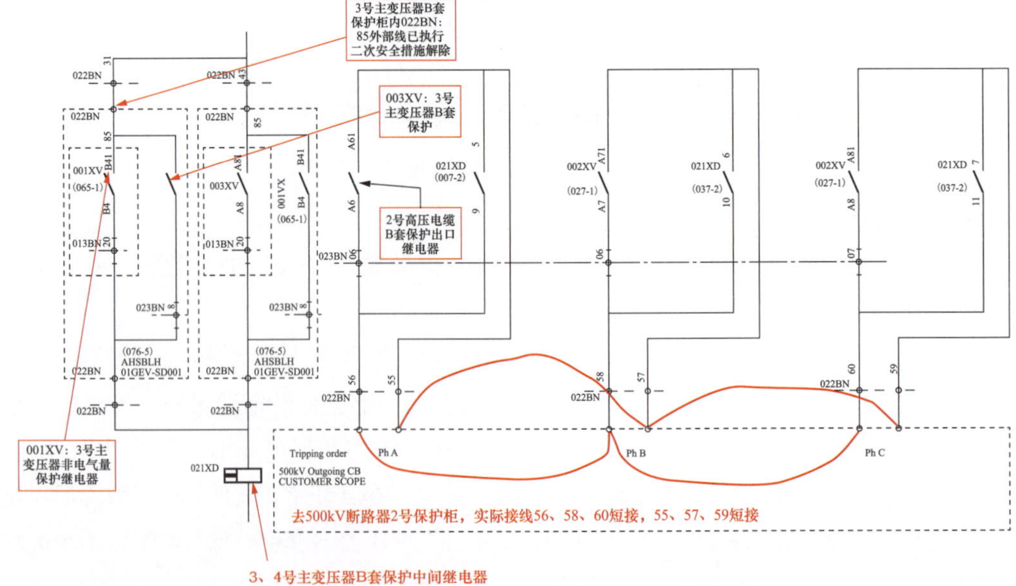

图 1-7-3　2 号高压电缆 B 套保护回路

通过以上回路检查，排除一次设备、保护装置故障、二次回路绝缘异常的可能性，初步判断跳闸为二次回路瞬时故障所致。

通过查看工业电视监控，断路器5003跳闸时，3号主变压器保护盘柜后方有人员正在进行现场作业，经询问相关情况，综合分析判断故障原因为试验人员在作业过程中，带倒3号主变压器B套保护003XV主跳继电器A8触点上的试验线夹，试验线夹触碰到该主跳继电器B1触点，如图1-7-4所示。

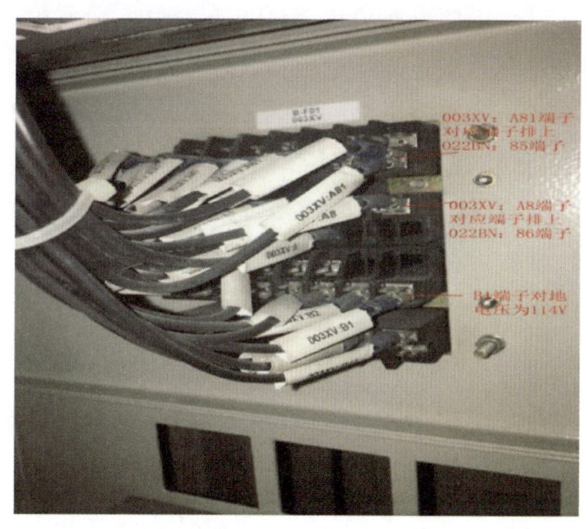

图1-7-4　3号主变压器B套保护003XV

由于该触点带有＋110V直流电源，触发2号高压电缆保护柜内跳断路器5003的中间继电器021XD动作所致，如图1-7-5所示。致使2号高压电缆保护柜内跳莲5003断路器的中间继电器021XD得电动作，断路器5003跳闸。

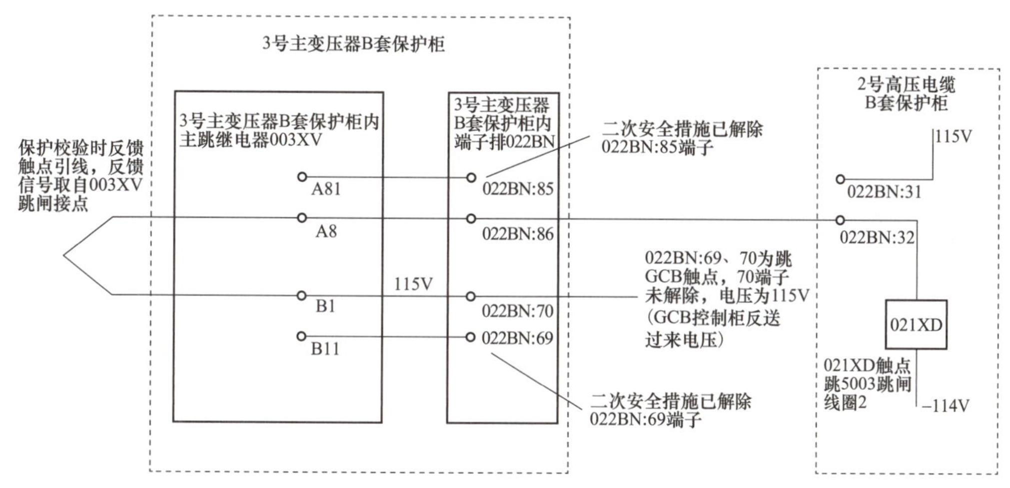

图1-7-5　跳莲5003断路器的中间继电器021XD动作逻辑图

（8）确认保护装置无异常，各回路无异常后，向调度申请合上断路器5003，断路器5003合闸后运行正常。

二、原因分析

此次事件经过为：现场工作人员在开展3号主变压器B套保护校验准备工作中整理线缆，带倒3号主变压器B套保护003XV主跳继电器A8触点上的试验线夹并误碰B1触点，造成A8与B1触点接通、直流＋110V电压引入2号高压电缆保护柜内断路器

5003 跳闸中间继电器 021XD 上端导致继电器得电动作，断路器 5003 跳闸。

此次事件暴露问题如下：

（1）工作班成员现场行为不规范，随意拉扯试验线缆，工作监护人监护不到位，未及时发现和制止其不规范行为。

（2）二次安全措施隔离不彻底。3 号主变压器保护试验二次安全措施票中，仅解开外部跳闸回路的一个端子，存在误碰导致跳闸回路接通的风险。

（3）3 号主变压器保护盘柜未设计专用试验端子，保护校验时直接从继电器底座上取反馈触点，存在较大的安全作业风险。

三、防治对策

（1）组织开展《继电保护和电网安全自动装置现场工作保安规定》学习和宣贯，提升现场作业人员安全意识，规范作业行为。

（2）完善二次安全措施票。在二次安全措施票中，同时解开外部跳闸回路对应的两个跳闸出口端子，防止作业或清扫过程中误碰造成保护误动。

（3）增加 3 号主变压器保护装置校验专用试验端子。在 3 号主变压器保护盘柜正面增加两个试验接线专用端子，接入主跳继电器取一对备用触点，后续保护装置校验，反馈触点直接接到校验专用试验端子，减少试验人员误碰风险。

（4）在 3 号主变压器保护的重要跳闸回路，张贴红色标签进行警示。

四、案例点评

本案例暴露出现场作业人员行为不规范、二次安全措施隔离不到位导致 500kV 断路器跳闸。各电站在进行继电保护现场作业时，应加强《继电保护和电网安全自动装置现场工作保安规定》学习，规范现场人员作业行为，完善二次安全措施，对跳闸出口对应的两个端子均应解开，防止工作过程中误碰造成跳闸。

案例 1-8　某抽水蓄能电站 500kV GIS 控制柜继电器故障导致断路器运行异常*

一、事件经过及处理

事件一：2015 年 12 月 3 日 10 时 20 分，SF_6 密度继电器更换后信号核对过程中发

* 案例采集及起草人：冯海超（华东天荒坪抽水蓄能有限责任公司）。

现，500kV 分段断路器 5023 C 相 SF_6 密度继电器插头拔下后，500kV 分段断路器 5023 现地控制柜报警“SF_6-GAS BLOCKING”光字牌未掉出，检查监控亦未报警，报警功能失效。

事件二：2015 年 12 月 3 日 14 时 30 分，对断路器 5054 进行诊断性维护过程中，模拟操作油压低闭锁断路器分闸时发现，断路器 5054 操作机构弹簧泄压后，断路器 5054 现地控制柜报警“TRIP-BLOCKING”“OPEN-BLOCKING”光字牌均未掉出，检查监控亦未报警，报警功能失效。

事件三：2015 年 12 月 4 日 11 时 15 分，500kV 分段断路器 5023 现地分合闸试验，断路器 5023 分闸时出现“POLE DISCREPANCY”（断路器三相不一致）报警，现地检查发现断路器 5023 C 相分闸，A、B 相分闸失败。

根据以上故障现象，对相关故障断路器的报警回路（分闸回路）进行检查发现：

（1）在对分段断路器 5023 进行信号核对时，短接密度继电器各副触点，模拟 SF_6 气体泄漏，正常情况下，当断路器任一相 SF_6 气体低于 600kPa 或回路控制电源丢失时，SF_6 闭锁跳闸 1 继电器 KOB 及 SF_6 闭锁跳闸 2 继电器 KOD 均将失磁，如图 1-8-1 所示，其对应常开触点断开，闭锁开关分合闸（KOB 的 13-14 闭锁合闸回路，33-34 闭锁跳闸 1，KOD 的 13-14 闭锁跳闸 2），常闭触点导通，励磁现地控制柜掉牌继电器 K402 实现盘柜掉牌报警，其辅助触点送至监控回路实现监控报警，如图 1-8-2 所示。检查发现，

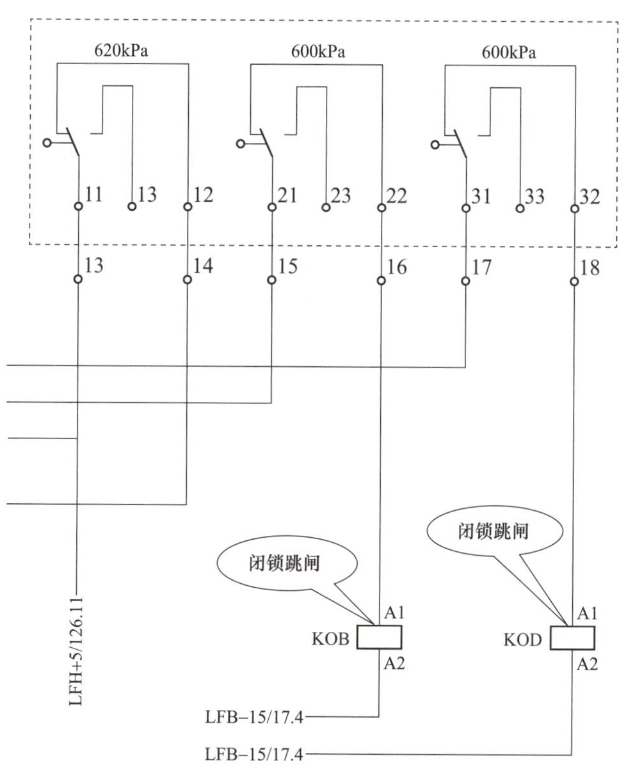

图 1-8-1　断路器 SF_6 气体密度继电器回路图

短接密度继电器后，KOB、KOD 均正常失磁，而其动断触点 21～22 均未正常导通，导致掉牌继电器 K402 未励磁，报警功能失效，测量其触点电阻过大（均已大于 5MΩ），测量压降均较大（大于 100V）。

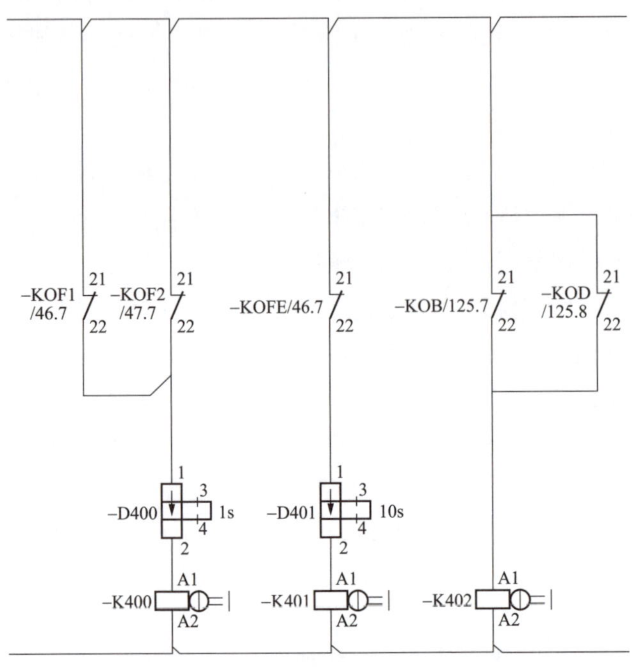

图 1-8-2　现地控制柜掉牌报警回路

（2）在模拟断路器操作机构压力低闭锁断路器分合闸时，对弹簧进行泄压后，正常情况下，弹簧压力断路器断开，弹簧低压闭锁分闸 1 继电器 KOF1、闭锁分闸 2 继电器 KOF2、闭锁合闸继电器 KOFE 均将失磁，如图 1-8-3、图 1-8-4 所示，KOF1、KOF2 动断触点导通延时 1s 励磁现地控制柜弹簧低压闭锁分闸掉牌继电器 K400，KOFE 动断触点导通延时 10s 励磁现地控制柜弹簧低压闭锁掉牌继电器 K401，现地控制柜报警栏掉牌报警，其动合触点送监控报警。检查发现，任意一相弹簧泄压后，闭锁分闸继电器 KOF1、KOF2，闭锁合闸继电器 KOFE 均正常失磁，其动断触点均未导通，使闭锁分合闸报警功能异常。测量 KOF1、KOF2、KOFE 动断触点电阻均过大（大于 5MΩ），压降均过大（大于 100V）。

（3）500kV 分段断路器 5023 现地分合闸试验，合闸过程无异常，分闸操作后，仅断路器 5023 C 相分闸，断路器三相不一致保警并动作，A、B 相仍未分开，检查断路器合闸回路，正常情况下，现地操作断路器分闸动作回路为分闸回路 1，经跳闸线圈 1 实现分闸操作，如图 1-8-5 所示。检查发现，断路器操作本无闭锁，闭锁继电器 KOB2 正常励磁，断路器分闸令发出后，信号至闭锁继电器动合触点，除 C 相外，触点电阻均过大（大于 5MΩ），压降均过大（大于 100V）。并且，由于断路器三相不一致，保护同样经跳闸 1 回路实现跳闸，所以保护动作失败。

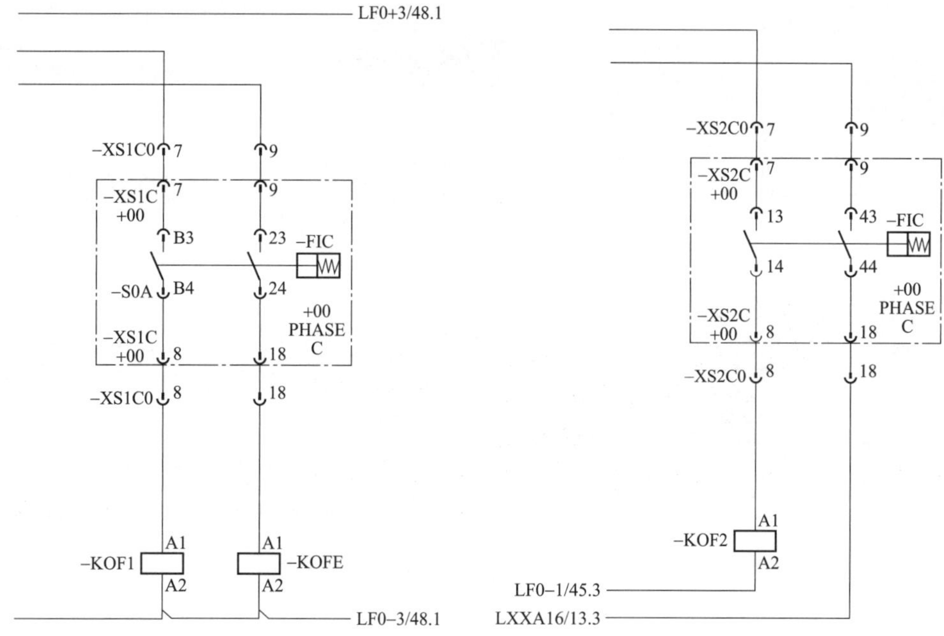

图 1-8-3　弹簧低压闭锁分闸 1 回路图　　　图 1-8-4　弹簧低压闭锁分合闸 2 回路图

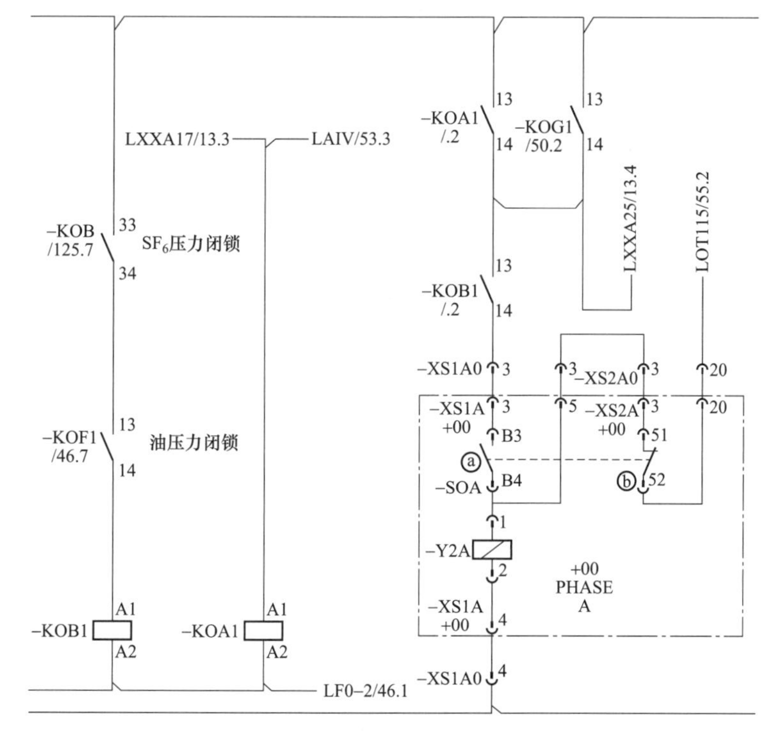

图 1-8-5　断路器跳闸 1 回路图

检查发现，以上 3 次故障均由现地控制盘柜内中间继电器触点异常导致，且异常继电器均为同种类型，如图 1-8-6 所示。

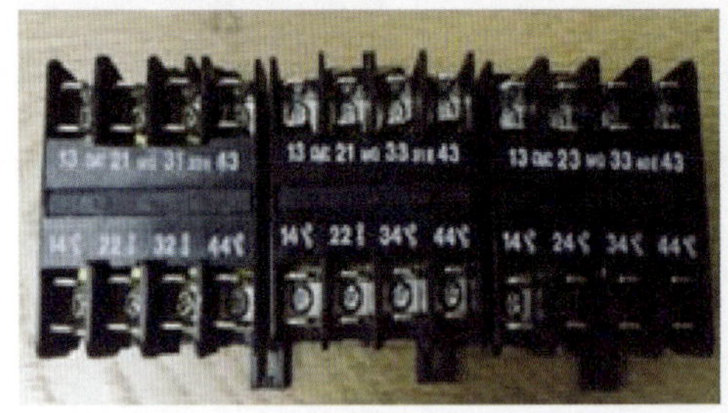

图 1-8-6　GIS 现地控制柜中间继电器现场图

本次 500kV GIS 诊断维护过程中共发现故障继电器 8 个。考虑到发现问题继电器数量较大，并且部分继电器辅助触点直接连接断路器分合闸的动力回路，触点异常将闭锁断路器分合闸，尤其是线路（或机组）故障情况下，断路器分闸异常，将导致严重后果。同时，该继电器为敞开式微型空气开关，接线较复杂，校验麻烦，此前定期维护未对其校验。为此，本次 GIS 诊断维护过程中，对维护范围内 4 个 GIS 控制盘柜涉及 500kV 断路器及与 SF_6 报警、闭锁相关共 109 个继电器进行更换。

该电站 GIS 现地控制柜采用中间继电器原为瑞士 ABB 公司供货，此类型继电器共 3 种，主要用于断路器、隔离开关的闭锁报警回路以及 SF_6 气体监视、报警回路等。本次较大规模继电器故障尚属首次，在对备品进行校验时发现部分备品继电器的辅助触点电阻也存在上述异常情况，后经技术人员证实，此继电器备品存放环境特殊，非标准环境下长期放置易造成辅助触点氧化，导致触点电阻异常，进而影响继电器正常功能。

二、原因分析

（1）GIS 控制柜内继电器老化、触点表面氧化，触点电阻增大，继电器功能异常，是上述故障发生地直接原因。

（2）GIS 设备检修周期长，且日常设备动作少，相关继电器问题发现不及时。且由于该继电器接线方式较复杂，维护项目中也尚无该类继电器定期进行校验工作，并且对此类继电器功能试验较少，导致此类问题的忽视。

（3）设备性能、备品存放环境认识不足，导致部分继电器备品长时间存放后出现校验参数异常，进而影响其正常功能。

三、防治对策

（1）优化检修周期，并增加此类继电器的检查、校验工作，并按其功能进行针对性功能试验。

（2）定期更换，制定相应的检修周期，并在一定周期内对此类继电器进行更换处理，保证其功能正常。

（3）重新选型，考虑到此继电器为敞开式，且接线较为复杂，调研选用同等功能厢式、插拔式继电器，易于校验，且放置环境要求低。

（4）根据《国家电网有限公司十八项电网重大反事故措施（修订版）》要求，改善控制柜内温湿度控制装置，保证运行环境稳定性。

（5）加强备品备件管理，提高对设备性能的认识，尤其要重视仓储环境控制，保证备品备件性能参数的可靠性、稳定性。

四、案例点评

由本案例可见，加强对 GIS 控制及信号继电器校验、检查极为重要，以防止由于继电器触点氧化等原因造成断路器拒动等故障的发生。同时，建设初期应重视设备选型，尤其是温控器（加热器）、继电器等二次元件，应取得“3C”认证或通过与“3C”认证同等性能的产品。部分电站由于建设较早，二次元器件选型较为落后，运维上存在诸多不便，应加快技术改造力度，确保设备运行安全稳定可靠。

案例 1-9　某抽水蓄能电站 18kV 厂用变压器相间及相对地短路*

一、事件经过及处理

2017 年 8 月 7 日 11 时 49 分，某抽水蓄能电站 500kV 系统合环运行，1～4 号发电机组停机备用，10kV 厂用电分段运行。

11:49:21，计算机监控系统简报报主变压器洞 1 号厂用变压器 ST01 变压器保护装置差动保护跳闸。

11:49:21，报主变压器洞 1 号厂用变压器断路器 SCB01 分位。

11:49:22，报主变压器洞 10kV Ⅰ段母线进线断路器＝YBBA05GS001 分位。

11:49:26，报主变压器洞 10kV Ⅰ-Ⅱ段母线联络断路器＝YBBA13GS001 合位。

* 案例采集及起草人：陈子龙、朱溪（浙江仙居抽水蓄能电站）。

中控室值守人员检查监控画面发现，10kV 厂用电由分段运行变为Ⅱ段母线带Ⅰ段母线运行，上库 400V 系统备自投动作，其他 400V 系统分段运行正常。运维人员现场检查发现，现场 1 号上库变压器保护装置过流Ⅰ段动作，1 号厂用变压器差动速断动作动作，1 号上库变压器高压侧断路器断开，1 号厂用变压器高压侧断路器 SCB01 断开。

检查继电保护装置发现 1 号上库变压器保护装置过流Ⅰ段动作，原因可能为：11 时 49 分当地出现雷电，上库架空线路受雷击影响，导致 10kV 厂用电架空线出现接地故障。1 号厂用变压器差动保护动作，原因可能为：①1 号厂用变压器保护装置 TA 极性接反或装置误动；②1 号厂用变压器内部有短路接地点，导致差动保护动作。

对 1 号厂用变压器保护装置 TA 一次、二次回路极性进行检查并用继保仪对保护装置进行校验，发现并无异常，保护正确动作。同时，对上库架空线进线进行巡线检查，架空线路上的绝缘子、柱上式断路器均无异常。

打开 1 号厂用变压器门，发现 1 号厂用变压器低压 C 相绝缘支柱，B、C 相间铜牌均有烧焦现象，如图 1-9-1、图 1-9-2 所示。

中控室调出 11 时 49 分 1 号厂用变压器室的监控录像，发现当时确有放电闪络现象，如图 1-9-3 所示。

图 1-9-1　C 相绝缘支柱有烧焦现象

图 1-9-2　B、C 相间铜排有烧焦现象

图 1-9-3　11 时 45 分 1 号厂用变压器内部发生放电闪络

进一步拆解检查发现，由于1号厂用变压器低压侧C相电缆与铜牌之间间隙过近，C相电缆端头金属护层有放电现象，如图1-9-4～图1-9-8所示。

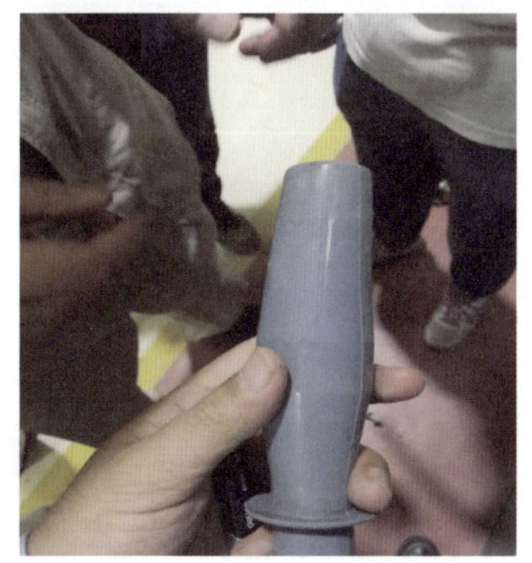

图1-9-4 冷缩套外表面无灼伤

图1-9-5 冷缩套有碳化痕迹

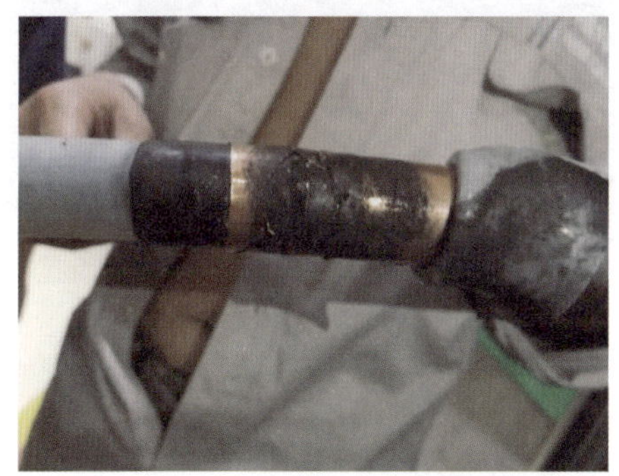

图1-9-6 半导体层有铠装烧熔痕迹

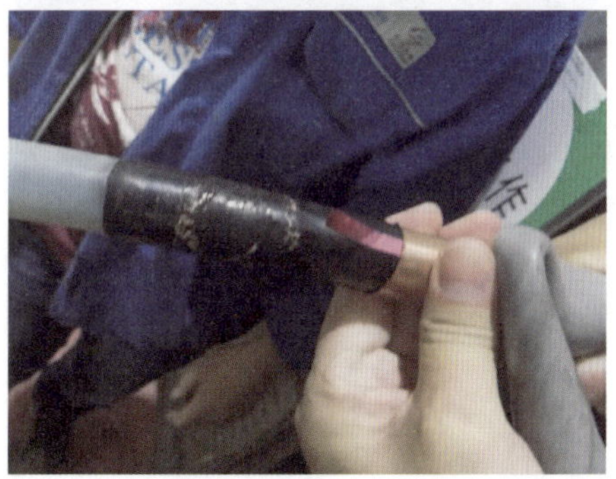

图1-9-7 铠装部分烧熔

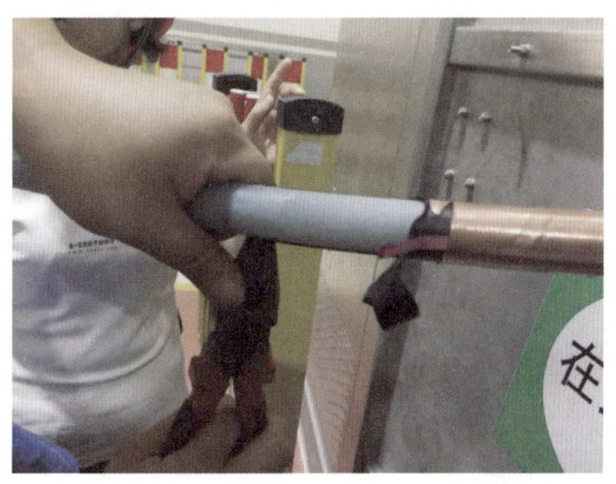

图1-9-8 绝缘层光滑无受伤痕迹

将1号厂用变压器隔离停役，对1号厂用变压器进行预防性试验，同时单独对C相绝缘支柱进行耐压试验，数据正常。

二、原因分析

确定导致1号厂用变压器差动保护动作原因为雷电侵入，造成1号厂用变压器低压侧B、C相出现相间短路故障，同时对C相电缆金属护层放电，导致差动保护动作。10kV架空线1回线路未安装避雷器和避雷线，无防止雷电过电压措施，导致雷电侵入，造成1号厂用变压器低压侧放电。

三、防治对策

（1）1号厂用变压器低压侧电缆与铜牌之间增加跨接母排，增加电气距离，如图1-9-9、图1-9-10所示。

图1-9-9　电缆与铜排连接处（处理前）

图1-9-10　电缆与铜排连接处（处理后）

（2）对上库架空线1回线路进行全线安装避雷线和避雷器。

四、案例点评

本案例暴露该电站在建设初期上库架空线施工不规范，施工漏装架空线避雷器，导致上库架空线对雷电的抵御能力较弱，后续电站在建设期需关注上库架空线防雷击措施的实施情况。干式变压器在施工过程中需要注意电缆线与铜排之间的间距，以防间距过小造成短路放电。

案例1-10　某抽水蓄能电站10kV电缆单相接地故障*

一、事件经过及处理

2019年6月5日，某抽水蓄能电站厂用电10kV Ⅱ段地区电源配电盘处于热备用状

* 案例采集及起草人：郦传龙、何双军（山东泰山抽水蓄能电站有限责任公司）。

态，其对侧某变电站内供电断路器在合闸状态。监控系统报出“SEC2 single phase earth fault”（Ⅱ段单相接地故障）及“SEC2 PT VOLTAGE FAULT”（Ⅱ段 TV 电压故障）报警。值守人员现地检查发现：10kV Ⅱ段进线断路器综合保护装置显示“中性点偏移”及“V3 欠电压报警”；A、B 相电压升高至线电压，C 相电压降低至 1.1kV，初步判断为 C 相单相接地故障导致。

运行人员将检查情况汇报地调，对侧回复为某变电站 10kV Ⅱ段蓄能 2 号线供电断路器 602 保护单相接地故障报警，断路器未跳闸，因 10kV 系统为中性点不接地系统，一相发生接地故障仍在运行。

1. 故障范围查找

该电站厂用电 10kV Ⅱ段地区电源线路较复杂，接线图如图 1-10-1 所示，站内 10kV Ⅱ段 T0BBB03 GS101 断路器经由电缆接至 1 号铁塔架空线（约 100m），架空线再经 2 号铁塔断路器 002 后由埋设电缆接至变电站 10kV Ⅱ段 602 断路器。站内至 1 号铁塔段电缆存在中间接头。

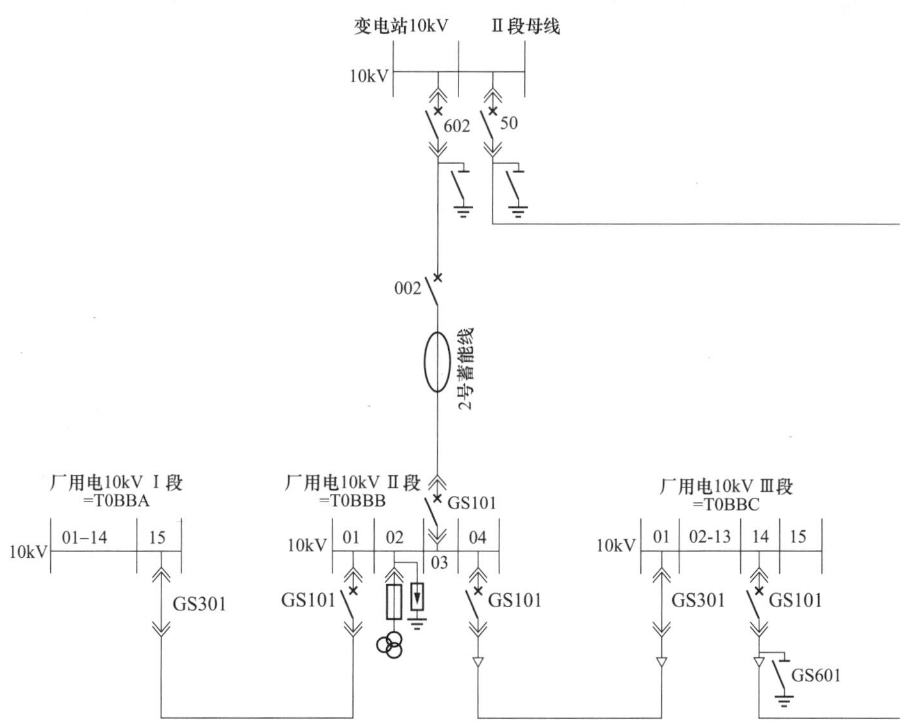

图 1-10-1 某抽水蓄能电站厂用电 10kV Ⅱ段地区电源接线图

检修人员对电缆分段进线故障进行查找，首先解开 1 号铁塔电缆与架空线接线端子，测量架空线至变电站段线路三相绝缘良好，站内 10kV Ⅱ段 T0BBB03 开关柜处测量站内至 1 号铁塔段三相电缆绝缘，测量结果显示 C 相存在接地故障，同时 A、B 相绝缘也较低，如表 1-10-1 所示。

表 1-10-1　　站内至 1 号铁塔段三相电缆绝缘

项目	15s（MΩ）	60s（MΩ）	吸收比
A 相	305	290	0.95
B 相	97.1	101	1.04
C 相	99.2kΩ		无
时间	2019 年 6 月 6 日		

打开电缆中间接头，分别测量中间接头两侧电缆绝缘，根据结果确定故障点范围在电缆中间接头至 1 号铁塔之间电缆。

2. 测量故障电缆全长

利用电缆故障测试仪进行下一步判断。首先使用脉冲法以电缆中间接头为始点测量至 1 号铁塔段电缆全长。线路具有特性阻抗 Z_c，仅由线路结构决定。在均匀传输路线上，任一点输入阻抗等于特性阻抗，若终端负载等于特性阻抗，则电流电压产生的波沿线传送，被终端负载吸收。所以，当一点阻抗不等于 Z_c 时，电波产生反射，此时便可根据电波速度及反射时间算出长度。测出的电缆中间接头至 1 号铁塔长度为 610m 左右，标准波形如图 1-10-2 所示。

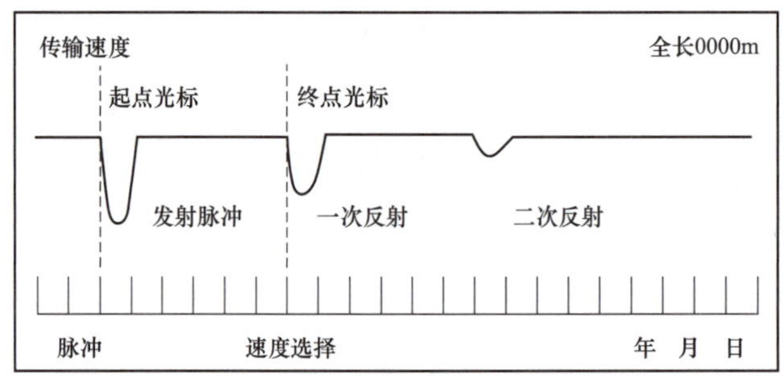

图 1-10-2　脉冲法测全长标准波形

测量出全长后，使用冲击高压闪测法（冲闪法）进行故障定位。利用高压试验变压器对故障电缆升压，电压升到一定值，球隙放电使故障点击穿放电，而产生反射电压或电流经电缆护套接地传回，取样器采集反射脉冲。此次故障查找选择冲闪电流取样法，接线如图 1-10-3 所示。

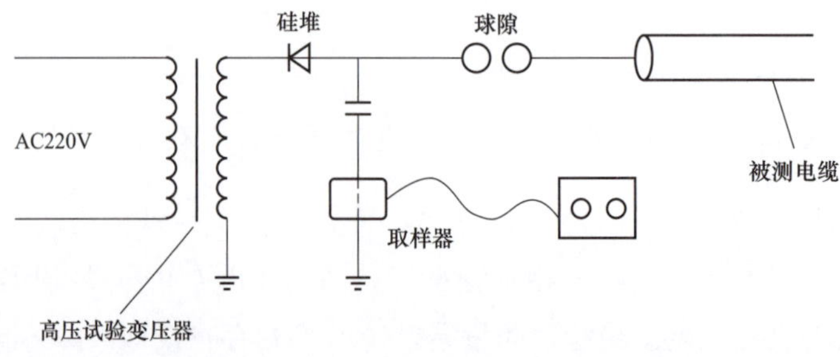

图 1-10-3　冲闪法电流取样接线图

第一个小正脉冲为球间隙击穿而故障点未放电时电容器对电缆的放电电流脉冲（输入幅度小或者仪器灵敏度低时第一个小脉冲可能不出现），第二个波峰高的正脉冲为故障点击穿后形成的短路电流，其次为该放电电流脉冲形成的一次、二次等多次反射脉冲并衰减。计算故障距离起点为第一个放电正脉冲前沿，终点为第一次反射正脉冲之前的负脉冲前沿。

故障点距离应取两段反射周期的平均值，并需考虑到装置的测量误差选定进一步检查范围。

测量显示电缆故障处距离测量点为 567m 左右，结合仪器本身的精度及误差，故障点的搜索范围可以缩小至距离测量点 550～575m 之间。

3. 电缆故障定位

接下来，使用电缆故障定点仪，在锁定范围内的电缆沿线进行探测，听到明显放电声音后根据声音大小和仪器显示探测方位与电缆位置的偏差搜索查找，逐步接近真实故障点。最终将电缆故障点位于 1 号铁塔附近，此处的电缆采取直埋方式。开挖后发现电缆有明显破损点，外护套已成焦糊状，初步确定为故障点。随后，再利用仪器进行冲闪试验，最终确定此处为接地故障点，如图 1-10-4 所示。

图 1-10-4　电缆放电点

4. 故障处理

故障点位于铁塔下方，原电缆在此处已有预留长度，在故障点将电缆切除后测量两侧绝缘良好，在此处重新制作电缆接头后对电缆进行耐压试验和绝缘测量，试验结果正常。联系变电站恢复地区电源电缆送电并核对三相相序正确，厂用电 10kV Ⅱ段地区电源恢复正常运行。

二、原因分析

（1）此次故障原因为故障点电缆为直埋方式，且该地块位于公交公司院内，土质松软，疑似曾经有施工作业导致电缆C相主绝缘受损，长时间运行，主绝缘逐渐老化最终击穿造成接地故障。

（2）地区电源从站外变电站接入，电缆路径较长，大部分采用地下直埋或电缆沟等方式。周围环境存在不可控因素较多，周边居民活动、城市建设等因素对电缆安全运行造成不利影响。

（3）该电站对地区电源线路管理不到位，未纳入日常运维工作中，电站与电缆所途经地有交叉的当地部门沟通不足，电缆路径上有作业，导致电缆线路存在安全运行隐患。

三、防治对策

（1）对电缆故障修复后在该处加砌电缆检查井，并在电缆沿途绿化带及空地等设置警示桩，避免在电缆路径或通道上方进行施工或其他作业造成电缆的损坏。

（2）进一步加强对地区电源沿线的日常巡视检查工作，发现有危及地区电源电缆运行安全的施工、作业行为及时制止，做好协调沟通工作，做到发现问题及时处理。

（3）严格按照电缆预防性试验周期、项目，定期开展地区电源电缆的试验工作，及时发现和消除电缆运行缺陷、隐患，确保地区电源安全稳定运行。

四、案例点评

电站从站外接入的地区电源，电缆路径较长，环境复杂，大部分都采用直埋或架空线方式，周边区域城市社区建设对电缆运行环境造成影响，电站对其运行维护力度相对薄弱，部分警示桩等标识不完善，路径不清晰，防护措施不全。

地区电源作为整个电站的备用电源，主电源丢失后能确保电站机组设备正常运行，保障电站正常的办公、生活，其安全稳定运行至关重要，因此，必须加强地区电源的日常运维管理，采取有效措施，确保地区电源的安全稳定运行。

案例 1 - 11　某抽水蓄能电站厂用变压器因小动物入侵跳闸*

一、事件经过及处理

2018 年 9 月 30 日，某抽水蓄能电站 4 台机组备用，500kV 合环运行，厂用电分段

* 案例采集及起草人：刘勇、胡峰超、宋泽超（山西西龙池抽水蓄能电站）。

运行。18 时 4 分，监控系统中报警：1 号厂用变压器电流速断保护动作；1 号厂用变压器过流保护Ⅱ段动作。随后，10kV 备自投正确动作，厂用电由分段运行切换为Ⅰ、Ⅲ段母线联络运行，Ⅱ段母线独立运行。

经排查，上库 1 号厂用变压器高压侧开关 TV 柜=S04+AK401 由于小动物入侵导致 TV 柜避雷器三相弧光短路，造成 1 号厂用变压器高压侧断路器 SCB01 过流保护动作。1 号厂用变压器高压侧断路器 SCB01、10kV 厂用电Ⅰ段进线断路器=S01+AK106-CB106 跳闸。随后，10kV 备自投正确动作，厂用电由分段运行切换为Ⅰ、Ⅲ段母线联络运行，Ⅱ段母线独立运行。

事故发生后，分别读取 1 号厂用变压器保护日志，10kV 厂用电Ⅰ段进线断路器保护装置动作信息。检查 10kV 厂用电Ⅰ段各负荷断路器保护装置，发现上库 10kV Ⅰ段进线开关柜=S01+AK101 保护装置有故障信号，但在合闸状态。前往上库检查上库 1 号厂用变压器高压侧断路器=S04+AK402-CB402，未发现异常，但发现上库 1 号厂用变压器高压侧 TV 柜避雷器室内有放电痕迹，如图 1-11-1 所示。最终发现上库 1 号厂用变压器高压侧 TV 柜内小动物入侵痕迹，如图 1-11-2 所示。经检查避雷器三相短路，未发生接地情况，避雷器未击穿，将避雷器放电痕迹使用酒精擦拭干净后，经测量避雷器对地绝缘正常。对上库 1 号厂用变压器高压侧断路器 TV 柜=S04+AK401、上库变Ⅰ段进线开关柜=S04+AK402 的 TV 本体、断路器本体进行检查，未发现放电痕迹，也未发现其他异常情况。

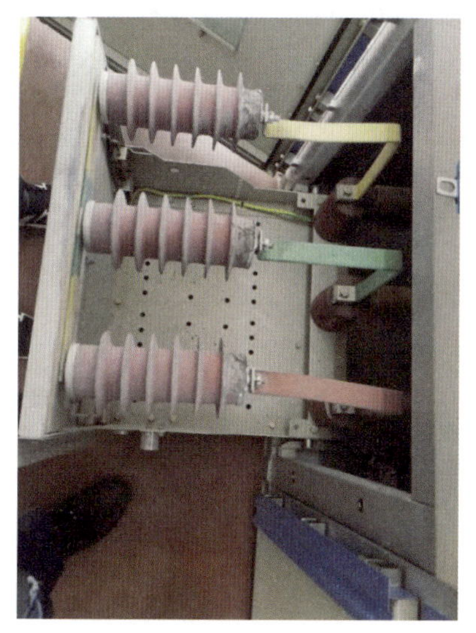

图 1-11-1　上库变Ⅰ段进线开关 TV 柜避雷器放电情况

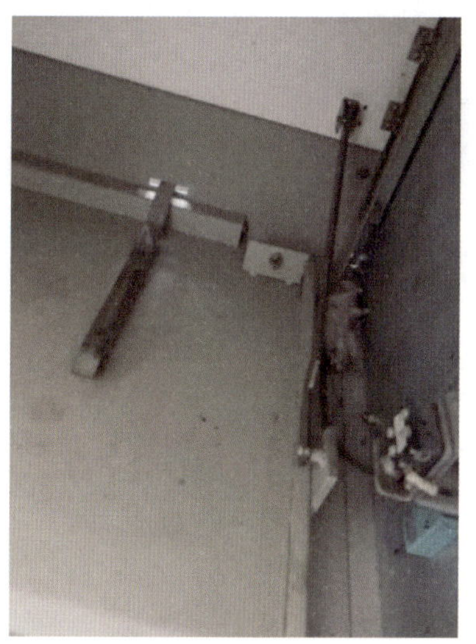

图 1-11-2　小动物入侵情况

二、原因分析

通过现场情况及故障录波器波形，如图 1-11-3 所示。经分析，故障直接原因为小动物入侵至上库变Ⅰ段进线开关 TV 柜避雷器室内，先在 A、B 相之间放电引发短路放电，造成三相弧光短路。

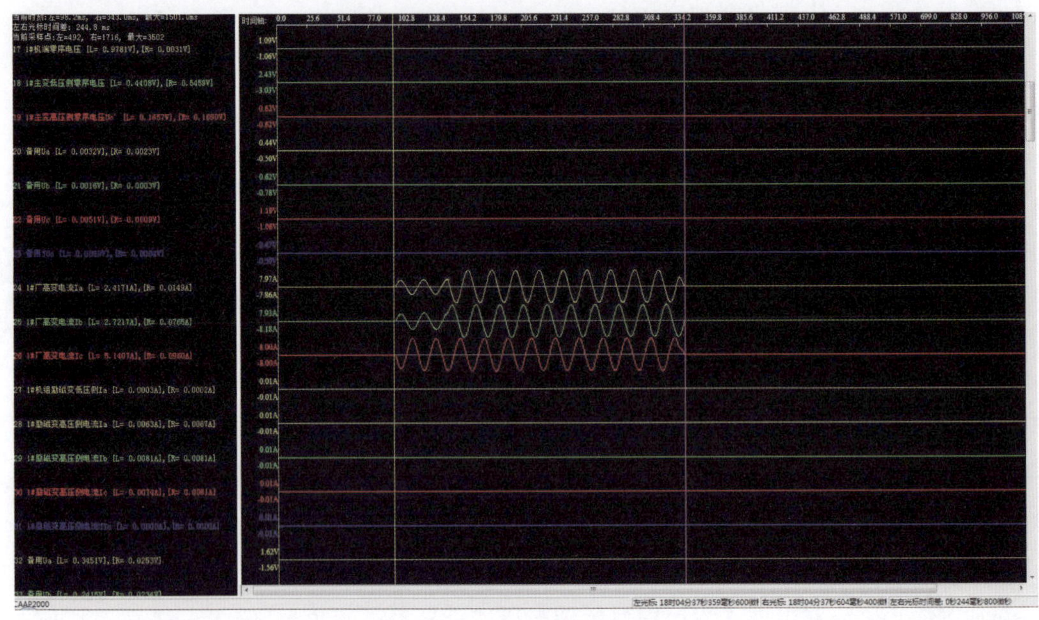

图 1-11-3　故障录波器波形

由厂用电各级断路器跳闸示意图，如图 1-11-4 所示，可知故障点上级断路器为 10kV 上库Ⅰ段进线断路器＝S01＋AK101，由于三相短路电流较大，10kV 上库Ⅰ段进线断路器＝S01＋AK101 和 1 号厂用变压器高压侧断路器 SCB01 同时到达动作定值，故同时跳闸。由于该故障为瞬时故障，且避雷器未击穿，故在厂用电备自投动作后 10kV 上库Ⅰ段进线断路器＝S01＋AK101 自动合闸送电。

三、防治对策

（1）对上库 1 号厂用变压器高压侧断路器 TV 柜＝S04＋AK401 重新封堵，同时排查全厂开关柜是否存在类似情况并进行处理。

（2）对 10kV 各级断路器及厂用变压器保护定值进行重新计算与整定，防止越级跳闸。

四、案例点评

由本案例暴露出两个问题：一是开关柜防火封堵不严导致小动物入侵；二是 10kV 各级断路器及厂用变压器保护定值整定不当，造成 10kV 保护越级跳闸。在基建安装、设备改造中，防火封堵都是容易被忽略的一个重要环节，各级验收人员应加强管理。电站厂用电设计阶段时，应考虑多级断路器之间的配合，防止越级跳闸，造成事故扩大。

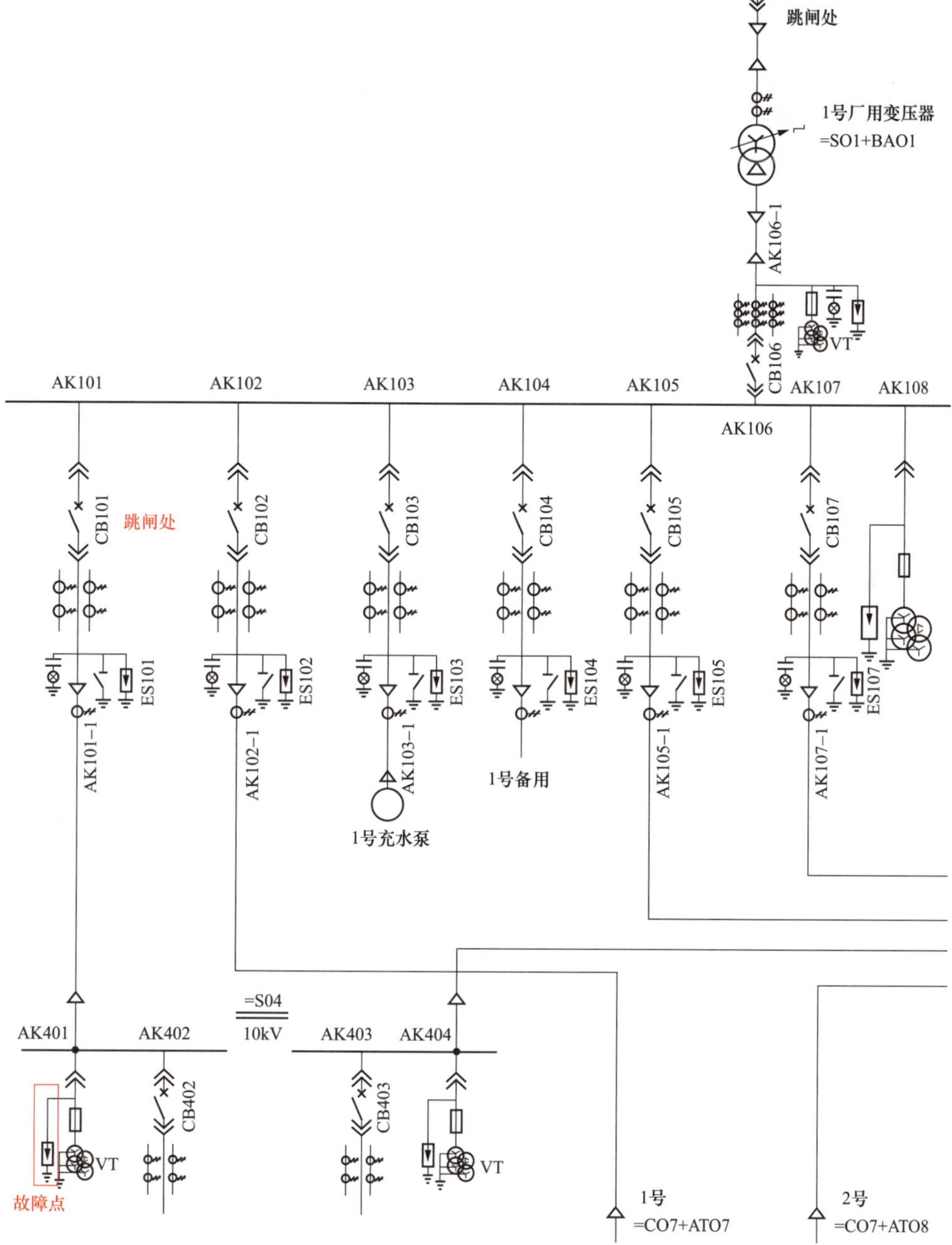

图 1-11-4　厂用电各级断路器跳闸示意图

第二章　发电机及其机端电压设备

案例 2-1　某抽水蓄能电站机组磁极连接线故障（一）*

一、事件经过及处理

2018 年 1 月 18 日，某抽水蓄能电站 1 号机组抽水稳定运行，监控出现以下报警信息：

02:10:22　1 号机组轴电流保护报警，瞬时复归。报警信息反复出现且瞬时复归，自 02:10:22～02:10:25 共出现 9 次，最后一次复归后未再出现。

02:14:38　1 号机组振摆一级报警。

02:23　值守人员通知 ON-CALL 人员现地检查，发现 1 号机组转子绝缘电阻降低，转子绝缘电阻在 5390～6309Ω 之间迅速变化（转子绝缘正常值>6500Ω）。

02:26　值守人员向华中网调申请 1 号机组停机。

02:27:26　经调度同意后，1 号机组手动停机。

02:27:40　1 号机组出口断路器分闸。

02:27:41　1 号机组励磁断路器分闸。

02:27:42　1 号机组轴电流保护报警。

02:27:42　1 号机组横差保护动作，故障电流 0.38A，1 号机组由正常停机转紧急停机。

02:27:43　1 号机组轴电流保护动作，1 号机组由正常停机转紧急停机。

02:27:43　1 号机组轴电流保护报警复归。

02:27:43　1 号机组轴电流保护调整报警复归。

02:27:59　ON-CALL 人员将 1 号机组励磁控制方式切至现地位置。

02:28:07　ON-CALL 人员现地按 1 号机组紧急停机按钮，防止投入电气制动。

02:41:56　1 号机组达到停机稳态。

将 1 号机组由备用转检修后，测量发电机转子回路绝缘为零。进入 1 号机组风洞，

* 案例采集及起草人：蔡元飞、董传奇（河南国网宝泉抽水蓄能有限公司）。

发现有异味，定子外围及附属设备未见异常。打开定子上下挡风板各一块，检查后发现转子 7 号磁极上部最外侧磁极绕组绕组（靠近 6 号磁极侧）开匝并烧熔，如图 2-1-1 所示；8 号磁极下部 R 角引线（靠近 7 号磁极侧）熔断，如图 2-1-2 所示，同时，8 号磁极最外侧绕组上部、侧面和下部存在放电现象，如图 2-1-3 所示。事故造成 7、8 号磁极故障，无法继续使用，需返厂进行维修处理。

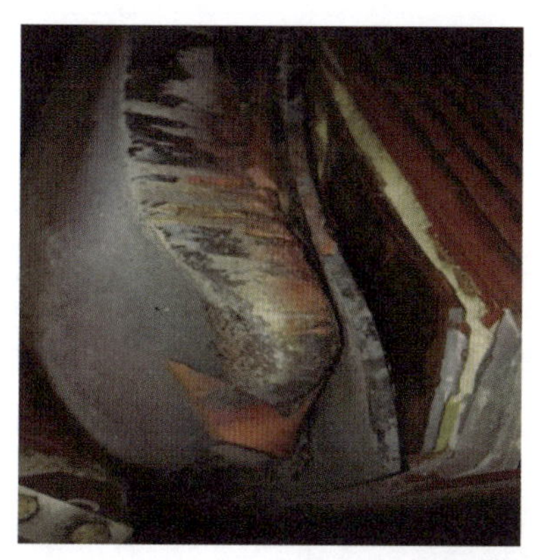

图 2-1-1　7 号磁极上部最外侧故障磁极绕组

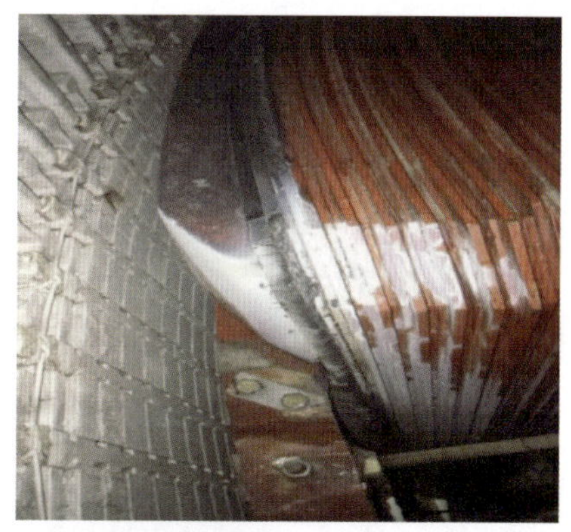

图 2-1-2　8 号磁极最外侧绕组存在放电现象

图 2-1-3　8 号磁极下部熔断的 R 角引线

1 号机组紧急转 D 级检修，对故障的 7、8 号磁极进行了更换处理。具体的处理步骤如下：

（1）对定子和转子进行进一步详细的检查，转子除了 7 号和 8 号磁极，其余 10 个磁极外观检查未见异常，定子检查无异常。

（2）安排检修人员分别拆除 6、7 号磁极间 U 形连接铜排和 8、9 号磁极间 U 形连接铜排，将 7、8 号磁极与其余 10 个磁极进行隔离，分别测量其余 10 个磁极的直流电阻和绝缘电阻，试验数据合格。

（3）吊出故障磁极，盘车对定转子进一步检查，对所有具备探伤条件的 R 角进行 PT 探伤，包括 6 号磁极上部靠 7 号磁极处 R 角内外弯处，9 号磁极上部靠近 8 号磁极处 R 角内外弯处，备品磁极的各 R 角内外弯处，其他所有未受损磁极下部 R 角外弯处等，未发现明显异常。对备品磁极进行交流耐压、绝缘电阻、直流电阻和交流阻抗及损耗试验，试验结果正常。

表 2-1-1 磁极的直流电阻测量结果

环境温度：16.2℃		空气湿度：41.3%RH	
磁极编号	直流电阻（mΩ）	磁极编号	直流电阻（mΩ）
1号	10.54	2号	10.58
3号	10.59	4号	10.6
5号	10.59	6号	10.6
9号	10.59	10号	10.58
11号	10.58	12号	10.59
结论	合格		

表 2-1-2 磁极的绝缘电阻测量结果 （单位：GΩ）

环境温度：16.2℃		空气湿度：41.3%RH	
测量位置 \ 试验电压	500V DC	1000V DC	2500V DC
1～6号磁极整体	18.7	19.1	18.5
9～12号磁极整体	23.1	24.7	21.6
结论	合格		

表 2-1-3 备品磁极的直流电阻测量结果 （单位：mΩ）

环境温度：16.2℃	空气湿度：41.3%RH
磁极编号	直流电阻
备品磁极1号	9.71
备品磁极2号	9.71
结论	合格

表 2-1-4 备品磁极的绝缘电阻测量结果 （单位：MΩ）

环境温度：16.2℃	空气湿度：41.3%RH
磁极编号	绝缘电阻（试验电压：2500V DC）
备品磁极1号	204
备品磁极2号	289
结论	合格

表 2-1-5 备品磁极的交流阻抗和功率损耗测量结果

环境温度：16.2℃		空气湿度：41.3%RH		
磁极编号	电压（V）	电流（A）	阻抗（Ω）	功率（W）
备品磁极1号	10	3.22	2.910	6
备品磁极2号	10	3.31	2.838	6
结论	合格			

表 2-1-6　　备品磁极的交流耐压试验测量结果

环境温度：16.2℃		空气湿度：41.3%RH	
磁极编号	试验电压（kV）	试验时间（s）	耐压后绝缘（MΩ）
备品磁极 1 号	4.4	60	225
备品磁极 2 号	4.4	60	301
结论	合格		

（4）吊入磁极备件，同时对转子进行检查，在磁极 U 形连接线的引线夹安装部位的边缘，磁轭压板与磁轭冲片之间均存在 5～7mm 间隙，如图 2-1-4 所示，且该部位较大面积上无拉紧螺栓，如图 2-1-5 所示。松开磁极 U 形连接线，检查发现 U 形连接线与磁极 R 角引线接触面在自由状态下有 5mm 左右的间隙，如图 2-1-6 所示，按照厂家的方案，在 U 形连接线与磁极 R 角引线间加装厚度约为 5mm 的铜块，接触面分别涂抹导电膏，将 U 形连接和阻尼环软连接的固定螺栓涂抹锁固胶，用力矩扳手将其打紧，如图 2-1-7 所示。

图 2-1-4　磁轭压板与磁轭冲片之间存在缝隙

图 2-1-5　磁轭压板翘起部位无拉紧螺栓

图 2-1-6　U 形连接线与磁极 R 角引线接触面存在缝隙

图 2-1-7 U形连接线与磁极 R 角引线接触面加装铜块

（5）对 1 号机组定子绕组开展绝缘电阻、吸收比和极化指数、直流电阻、直流耐压和泄漏电流测量试验，对 1 号机组转子绕组开展直流电阻、绝缘电阻、交流阻抗及损耗试验，试验数据合格。

表 2-1-7 定子绕组的绝缘电阻测量结果

试验位置		绝缘电阻（MΩ）			吸收比	极化指数	上次绝缘电阻（MΩ）	与上次试验差值（%）	相间差值（%）
		15″	60″	600″					
耐压前	A 相	408	1248	4140	3.06	3.32	1219	2.38	5.94
	B 相	384	1179	3820	3.07	3.24	1419	−16.91	
	C 相	395	1178	3940	2.98	3.34	1525	−22.75	
结论		合格							

表 2-1-8 定子绕组的直流电阻测量结果

相别	分支号	本次测量值（mΩ）		初始值（mΩ）		差值（%）
		测量值	折算至 75℃数值	测量值	折算至 75℃数值	
A	A1	2.945	3.570	2.977	3.560	0.28
	A2	2.969	3.599	2.996	3.583	0.45
	A3	2.953	3.580	2.976	3.559	0.59
B	B1	2.939	3.563	2.969	3.551	0.34
	B2	2.974	3.606	3.002	3.590	0.45
	B3	2.942	3.567	2.963	3.544	0.65
C	C1	2.950	3.576	2.977	3.560	0.45
	C2	2.989	3.624	3.019	3.611	0.36
	C3	2.947	3.573	2.968	3.550	0.65
并联	A	0.9852	1.194	0.9943	1.189	0.42
	B	0.9839	1.193	0.9926	1.187	0.51
	C	0.9873	1.197	0.9959	1.191	0.50
三相差（%）		0.35				
结论		合格				

表 2-1-9　　定子绕组的直流耐压和泄漏电流测量试验结果

试验电压（kV）	试验时间（s）	泄漏电流（μA）			相间差值（%）	上次相间差值（%）
		A	B	C		
9	60	5.9	5.7	6.0	—	—
18	60	19.1	18.0	17.1	—	—
27	60	48.2	48.0	45.3	—	—
36	60	112	110	122	10.91	2.41
结论	合格					

表 2-1-10　　转子绕组的直流电阻测量结果

试验位置	试验电流（A）	测量值（mΩ）		初始值（mΩ）		差值（%）
		测试值	75℃值	测试值	75℃值	
整体	10	121.7	147.5	120.2	146.4	0.75
结论		合格				

表 2-1-11　　转子绕组的绝缘电阻测量结果

试验电压（V）	绝缘电阻值（MΩ）	结论
2500	16730	合格

表 2-1-12　　转子绕组的交流阻抗和功率损耗测量结果

电压（V）	电流（A）	阻抗（Ω）			功率（W）		
		测试值	历年值	差值（%）	测试值	历年值	差值（%）
10	0.11	89.061	92.998	−4.23	0	0.613	—
20	0.21	92.185	92.727	−0.58	2	2.240	−10.71
30	0.31	93.470	93.397	0.08	4	5.095	−21.49
40	0.42	93.908	93.952	−0.05	8	8.972	−10.83
50	0.52	94.714	94.470	0.26	13	13.86	−6.20
60	0.63	95.194	94.942	0.27	19	19.93	−4.67
70	0.72	95.832	95.403	0.45	25	26.90	−7.06
80	0.83	96.377	95.761	0.64	33	34.71	−4.93
90	0.93	97.011	96.174	0.87	42	43.31	−3.02
100	1.02	97.581	96.552	1.07	51	53.09	−3.94
110	1.12	98.158	96.994	1.20	61	64.15	−4.91
120	1.21	98.568	97.401	1.20	72	75.53	−4.67
结论		合格					

（6）开展动平衡试验，对 1 号机组转子进行配重调整。

（7）恢复机组安全措施，对 1 号机组开展零起升压试验，励磁电压、励磁电流和定子电压变化正常。

表 2-1-13　　1 号机组零起升压试验数据

项目	序号	发电机电压（kV）	发电机转子电压（V）	发电机转子电流（A）
上升特性	1	3.6	23	175
	2	5.38	36	261
	3	7.19	47	351
	4	9.03	57	445
	5	10.83	72	542
	6	12.6	83	637
	7	14.46	96	750
	8	16.21	111	868
	9	18.06	129	1018
下降特性	1	16.24	109	858
	2	14.22	93	720
	3	12.61	80	621
	4	10.86	67	527
	5	9.01	55	431
	6	7.18	44	335
	7	5.31	32	242
	8	3.62	23	161

（8）分别开展机组发电工况和抽水工况并网运行试验，机组运行过程中，随着机组负荷的变化调整，机组的振动和摆度均在正常范围内变化，机组瓦温、转子温度变化正常，机组整体运行平稳，未见异常，缺陷消除。

通过缺陷的发现和处理，及时掌握了设备运行情况和潜在的风险，完善了设备运维规程和检修作业的相关内容，对后续机组的运维工作具有指导意义。

二、原因分析

直接原因：8 号磁极引出线 R 角在机组正常运行时熔断，熔断瞬间造成与 R 角相连的 8 号磁极和 7 号磁极最外侧对极靴绝缘被击穿。磁极连接线铜排直角平弯弯曲半径为 5mm，铜排厚度为 4.8mm，弯曲半径裕度较小，在电磁拉力和机械应力的作用下，易造成疲劳，机组长时间运行产生机械损伤，导致局部电阻变大、热量积聚，最终导致 R 角熔断。8 号磁极 R 角处熔断拉弧瞬间产生的局部过电压造成相邻两个磁极上与熔断点最近的几匝即靠近极靴侧被击穿。

造成 1 号机组抽水稳态运行时 7、8 号磁极故障的间接原因是：

（1）如图 2-1-8 所示，磁极引出线 R 角平弯弯曲半径为 5mm，铜排厚度为 4.8mm，不满足磁极连接线铜排直角平弯弯曲半径是大于 2 倍铜排厚度的反措要求，设备的安全裕度小，在机组长期的运行过程中，增大了断裂故障的风险。

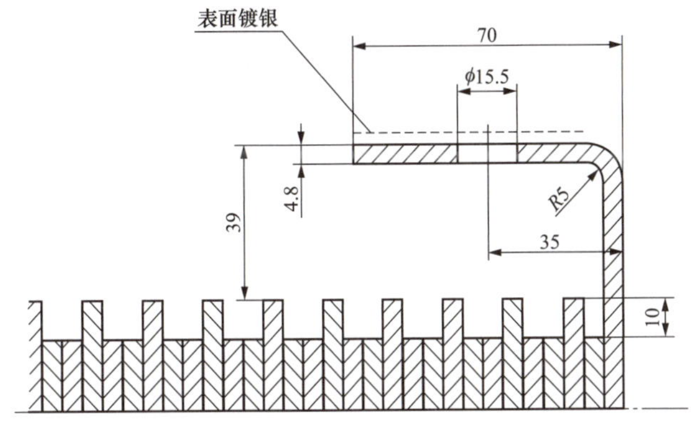

图 2-1-8　磁极引出线 R 角（单位：mm）

（2）机组设计时，在磁极 U 形连接线的引线夹安装部位周围未设置拉紧螺栓，导致转子磁轭压板与磁轭冲片之间均存在 5～7mm 间隙，增加 U 形连接线与磁极 R 角之间的应力，降低该部位使用的寿命。

（3）对 R 角部位的检查手段还仅停留在目视、手摸和正常的预防性试验，未寻求其他检查方法及时发现微裂纹缺陷。

三、防治对策

（1）结合机组运维工作，开展磁极引线位置的专项检查工作。同时，结合机组 C 级以上检修工作，对该位置开展 PT 探伤试验。

（2）检修人员认真编制并执行检修作业指导书，落实各项工艺标准和要求，确保检修工艺和质量。

（3）联系设备厂家，对磁极引线开展有限元分析计算和疲劳寿命分析，优化结构设计。

（4）加强检修作业全过程管控，所有相关人员必须到岗到位，履职尽责，认真履行质量签证和三级质量验收制度，确保投运设备安全可靠。

（5）修改、补充和完善现场运行维护规程，工作中加强对发电机转子的检查维护工作。

四、案例点评

随着机组投产后运行时间的增长和机组运行强度的增加，机组的各个部件逐步出现磨损和老化现象，需要结合机组的运维工作对机组的重要部位和薄弱环节进行检查，发现异常时，及时采取措施，防止扩大造成事故，避免造成重大的经济损失。在设备的安装和检修工作中，要严格按照厂家设计和施工工艺的要求，严格执行验收标准，确保安装和检修工作的质量，保证设备品质优良。同时，针对机组存在的容易发生故障的部位，要定期开展专项检查工作，必要时联系厂家进行设计优化工作，确保设备安全稳定运行。

案例 2-2　某抽水蓄能电站机组磁极连接线故障（二）*

一、事件经过及处理

2012 年 10 月 21 日 0 时 59 分，某抽水蓄能电站对 1 号机组发电机进行 D 级检修后的 BTB 泵工况试验，在额定转速同期装置投入后，1 号机组发电机因定子绕组匝间短路保护动作导致启动失败。

查看 1 号机组发电机保护录波数据，定子两并联支路间故障电流 0.38A，持续时间超过 0.5s。该保护整定值为 0.35A、0.5s。

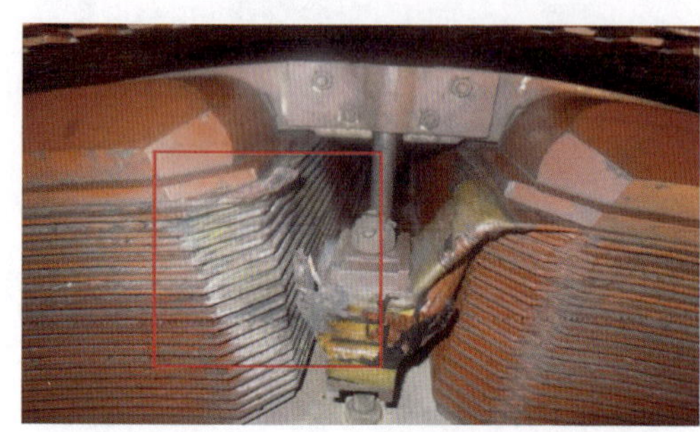

图 2-2-1　8 号磁极连接铜排断裂部位

打开上挡风板检查发现，1 号机组发电机转子 8 号磁极引出线铜排熔断，具体部位如图 2-2-1 所示。

10 月 25 日晚将 1 号机组发电机转子吊出，拆下 8 号磁极后对其余磁极进行绝缘摇测，发现 7 号磁极接地。将 7 号磁极拆下后，外观检查发现磁极铁托板与铁心之间的焊缝有开裂现象，判断接地点在绕组与铁心之间，考虑到检修时间问题，未在现场做进一步检查，立即与 8 号磁极一同装车返厂。

11 月 3 日，将 7、8 号磁极回装后，对转子进行绝缘电阻、直流电阻、交流耐压试验合格，机组回装。

11 月 8 日，1 号机组发电机恢复备用，进行发电工况空载试验，当达到 95%额定转速将励磁系统投入时，监控报“1 号发电机励磁接地故障报警”，手动停机，停机后对转子排查，发现 4 号磁极接地。

具体处理过程：

（1）7、8 号磁极处理。

1）转子吊出，拆掉上风扇，拔出 8 号故障磁极。

2）8 号磁极拔出后，对剩下的 7 个磁极进行绝缘测试，发现 7 号磁极接地。外观检查 7 号磁极铁托板与铁心之间的焊缝有开裂现象，具体情况如图 2-2-2 所示，初步判断接地点在绕组与铁心之间，需将 7、8 号磁极返厂检修。

---

* 案例采集及起草人：王志、王德刚、耿沛尧（国网新源控股有限公司回龙分公司）。

图 2-2-2　1 号机组发电机 7 号磁极铁托板与铁心之间焊缝破损情况

3）检查转子所有连接部位，无松动现象。

4）8 号磁极引出线端部与 U 形铜板接触良好、螺栓紧固，铜板连接部位无发热现象。其余磁极引线及连接部位接触良好，无发热迹象。

5）去除所有磁极引线绝缘，对引线铜排进行 PT 着色探伤，未发现异常。

6）磁极引线重新包绝缘如图 2-2-3 所示。

图 2-2-3　磁极引线包绝缘

7）7、8 号磁极在哈尔滨电机厂进行处理，均更换上了备用绕组，如图 2-2-4 所示，出厂试验合格。

图 2-2-4　磁极处理完成

8）磁极返回现场后，对 7、8 号磁极进行安装，安装后试验合格，试验数据如表 2-2-1～表 2-2-4 所示。

表 2-2-1　　转子磁极绝缘电阻

测量位置	绝缘电阻（MΩ）/1000V	测量位置	绝缘电阻（MΩ）/1000V
7 号磁极	5000	8 号磁极	5000

表 2-2-2　　转子绕组交流耐压

测量位置	试验电压	试验时间	试验结果
转子绕组	1kV	60s	合格

表 2-2-3　　转子磁极直流电阻

测量位置	温度（℃）	实测值（mΩ）
7 号磁极	20	10.42
8 号磁极	20	10.44

表 2-2-4　　转子绕组直流电阻

测量位置	温度（℃）	实测值（mΩ）
1 号发电机转子绕组	20	90.21

注　由于转子 7、8 号磁极更换为备用绕组，故此次试验结果作为初始值，测试点为转子引线。

（2）定子检查。

1）定子上端部检查，无明显异常现象。

2）定子下端部检查，无明显异常现象。

3）定子内侧检查，用带电清洗剂进行清扫，定子内侧表面无明显异常现象。

4）吊出全部 4 台空冷器，对定子铁心进行全面清扫检查。

空冷器吊出后，用检修用气对空冷器进行清扫，在空冷器背面清出部分铜颗粒。定子铁心清扫检查，拆除空冷器后，对定子铁心外侧进行清扫检查，在定子铁心外侧底部清理出部分杂物，杂物均小于通风槽直径，其中有铜颗粒。

经过对 1 号机组发电机定子上、下端部、线棒、铁心、通风槽等部位进行了 5 次全面清扫检查，清除铜颗粒约 100g，如图 2-2-5 所示；定子内部铁心有疑似撞击点，如图 2-2-6 所示，但面积较小，未伤及铁心。

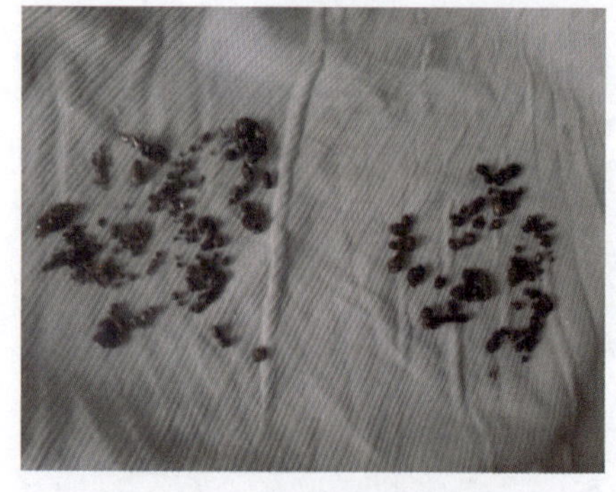

图 2-2-5　清理出的铜颗粒图

图 2-2-6　定子铁心内侧疑似撞击点

5）定子检查清扫完成后，在确认定子线棒、铁心等部位无异物的情况下，依据发电机相关规程对定子进行绝缘电阻、直流电阻、直流耐压、交流耐压试验均合格，验证了定子绝缘没有受到损伤，试验数据如表 2-2-5～表 2-2-7 所示。

表 2-2-5　　定子绕组直流电阻（10A）

温度（℃）	A（mΩ）	B（mΩ）	C（mΩ）	不平衡率（%）
21	3.811	3.805	3.812	0.18

表 2-2-6　　定子绕组直流耐压及泄漏电流

相　别		A	B	C
泄漏电流（A）	$0.5U_n$	3	3	3
	$1.0U_n$	6	3	3
	$1.5U_n$	7	4	4
	$2.0U_n$	7	4	5
耐压前绝缘电阻（MΩ）		2170	2230	2310
耐压后绝缘电阻（MΩ）		2250	2300	2400

表 2-2-7　　定子绕组交流耐压（$1.2U_n$）

定子绕组相别	A	B	C
试验前绝缘电阻（MΩ）	2230	2150	2260
1min 耐压试验	通过	通过	通过
试验后绝缘电阻（MΩ）	2460	2560	2130

（3）4 号磁极处理过程。

在现场组织召开了专题分析会，在磁极拆解过程中逐步排除了受潮、油污及异物进入等因素，检查发现上部铁心绝缘有一处非贯穿性击穿点，判断为故障点。由厂家技术人员指导，在当地进行全绝缘修复处理。

转子吊出前用压缩空气对 4 号磁极上下绝缘托板与绕组之间的缝隙进行清扫后，测量磁极绝缘电阻仍为零。用两台直流电焊机对 4 号磁极绕组绕组加电流进行烘烤，10h 后，4 号磁极铁心表面温度 60℃，测量磁极绝缘电阻仍为零，初步排除磁极因受潮因素。

1 号发电机转子吊出后，将 4 号磁极拆下，其余磁极摇测绝缘正常。记录如表 2-2-8 所示。

表 2-2-8　　转子磁极、引线绝缘电阻记录表（500V）

1 号机组发电机转子绝缘	转子励磁引线（正极）	550MΩ
	转子励磁引线（负极）	550MΩ
	1、2、3 号磁极绕组绕组与铁心	550MΩ
	5、6、7、8 号磁极绕组绕组与铁心	550MΩ
	4 号磁极绕组绕组与铁心	0.02MΩ/67V
	转子励磁引线（正极）	550MΩ

对 4 号磁极进行拆解，拆除铁护板及上绝缘托板后，检查磁极绝缘无异常，但磁极绕组绕组与铁心间绝缘仍为 0.02MΩ/67V，表明 4 号磁极已形成稳定放电通道，为非金属性接地故障。

继续对 4 号磁极绕组绕组进行拆解，绕组与铁心间稍微松动后，绝缘立即恢复正常（550MΩ/500V）。检查绝缘材料无老化、破损、受潮、油污等异常现象，磁极铁心上端部一处绝缘隔板两面颜色发黑，且有轻微焦糊味，但绝缘隔板未见明显破损，判断为非贯穿性绝缘击穿点，如图 2-2-7 所示。

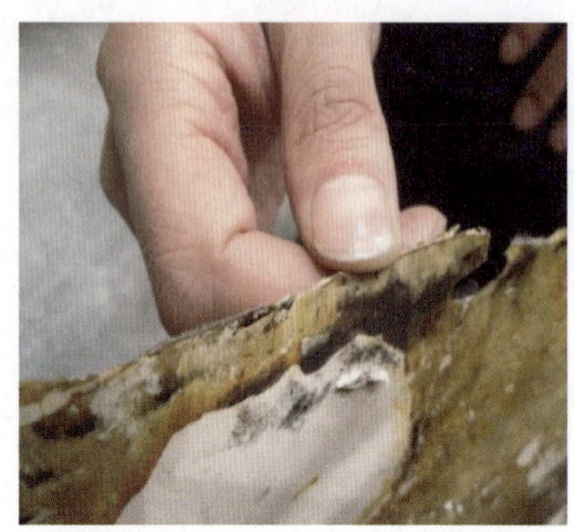

图 2-2-7　4 号磁极非贯穿性绝缘击穿点

因现场不满足磁极修复条件，4 号磁极安排送至当地防爆电机厂进行修复；4 号磁极修复后，按照制造厂相关标准进行试验合格。

4 号磁极回装后，对引线进行 PT 探伤，结果无异常。对转子磁极整体试验合格，具体如表 2-2-9～表 2-2-14 所示。

表 2-2-9　4 号磁极绝缘电阻

测量位置	绝缘电阻（MΩ）/1000V
4 号磁极	1600

表 2-2-10　转子绕组交流耐压

测量位置	试验电压（kV）	试验时间（s）	试验结果
转子绕组	1	60	合格

表 2-2-11　转子绕组绝缘电阻

测量位置	绝缘电阻（MΩ）/500V
1 号机组发电机转子绕组	550

表 2-2-12　转子磁极直流电阻

测量位置	温度（℃）	实测值（mΩ）
1 号磁极	20	10.40
2 号磁极	20	10.44

续表

测量位置	温度（℃）	实测值（mΩ）
3 号磁极	20	10.44
4 号磁极	20	10.41
5 号磁极	20	10.46
6 号磁极	20	10.43
7 号磁极	20	10.43
8 号磁极	20	10.45

表 2-2-13　转子绕组直流电阻

测量位置	温度（℃）	实测值（mΩ）
1 号发电机转子绕组	20	83.72

表 2-2-14　转子磁极交流阻抗

测量位置	温度（℃）	实测值（Ω）
1 号磁极	20	3.15
2 号磁极	20	3.17
3 号磁极	20	3.12
4 号磁极	20	3.26
5 号磁极	20	3.14
6 号磁极	20	3.26
7 号磁极	20	3.08
8 号磁极	20	3.24

（4）1 号发电机非故障磁极处理过程。

将 1 号发电机转子剩余磁极（1、2、3、5、6 号）全部拔出检查，发现部分磁极铁托板与铁心之间焊缝有局部开裂现象，对开裂部位进行了打磨和补焊，对磁极各部位用棉布进行擦拭，除去油污和其他附着物。

对 1 号发电机转子 1、2、3、5、6 号磁极进一步做绝缘电阻、直流电阻、交流阻抗、交流耐压（$10U_n$）试验，试验均合格，表明其电气性能满足使用要求。

将 1、2、3、5、6 号磁极拆下后，对外表进行检查，发现铁托板与铁心之间的焊缝部分存在开裂现象，如图 2-2-8 所示。

对 1、2、3、5、6 号磁极铁托板与铁心之间的焊缝开裂情况处理工艺要求：将旧焊缝磨平，但不能磨透；用 422 焊条进行补焊；补焊后对焊缝进行处理，焊缝不能高于铁心；上述处理时需对铁托板与绝缘托板之间缝隙进行防护，确保无杂质进入。1、2、3、5、6 号磁极开裂的焊缝补焊完成后，使用棉布、百洁布、吸尘器、压缩空气等对磁极进行全面清扫检查，除去油污和其他附着物。

（5）试运行。

1）11 月 19 日，1 号机组发电机回装后，进行瓦温稳定试验、动平衡试验。

2）11 月 20 日 1 时 56 分，1 号机组水泵工况启机试验过程中转速达到 75%额定转速时，监控报“1 号发电机励磁接地报警”，手动停机。

图 2-2-8　铁托板与铁心之间的焊缝部分存在开裂现象

停机后经检查发现，机组继电保护屏转子接地保护内部故障接地，引起励磁装置内置的转子一点接地保护报警。

对机组继电保护屏转子接地保护进行检查，发现采样板卡损坏接地。

1 号发电机转子接地保护有两套，一套为机组继电保护屏转子接地保护，另一套为机组励磁系统内置接地保护，两套保护的保护原理相同。目前将 1 号发电机继电保护屏转子接地保护暂时退出运行，安排维修更换板卡，保留 1 号发电机励磁系统的转子接地保护运行。

对 1 号机组发电机励磁系统的转子接地保护进行了传动试验，动作正确。

3）11 月 20 日，1 号机组发电、水泵工况试验完成，振动、摆度、温度数据合格，机组复役。

二、原因分析

1. 8 号磁极引线铜排断裂的原因分析

直接原因：磁极在安装时引线连接部位存在应力，机组长期运行过程中因振动、电磁力等因素的影响，磁极引线逐渐产生裂纹，最终在运行中引线裂纹部分两端放电拉弧并熔化。

间接原因：

（1）因发电机结构问题，磁极在转子上风扇下面，上风扇与定子之间的缝隙很小，人员及设备无法直接接近磁极。发电机在 C 级及以下检修中，因工期短，无法对磁极绕组、引线及引线紧固情况等进行详细检查，未能提前发现缺陷。

（2）对发电机有关部位存在的风险认识不足，检修作业指导书中对定、转子应检查部位、项目、验收标准未做详细要求，存在检查不到位情况。

2. 磁极接地的原因分析

直接原因：磁极主绝缘材料本身存在质量问题，经过长时间运行后，造成绝缘薄弱点破坏，最终形成稳定的接地通道。

间接原因：检修人员检修不到位，未及时发现磁极存在的缺陷，未及时发现磁极绝缘不合格的情况。

三、防治对策

（1）对其他机组磁极引线进行探伤，以检查其是否存在裂纹；对其他机组引线连接情况进行全面检查，检查是否存在应力、发热等异常情况；通过提高电压等级的方法对其他机组磁极进行交流耐压试验，以检验其绝缘的质量。

（2）在检修中可以拆除部分上挡风板，结合手动盘车逐个磁极进行检查，必要时可拆除上机架、上风扇等，确保检查效果。

（3）按照检修导则要求，细化检修作业指导书，对定、转子等部位的检查方法、手段、验收标准做详细规定。

（4）对发电机进行全面风险评估，对可能存在的风险及隐患进行分析，并制定检查、防范措施，同时将发电机转子磁极引线的检查纳入反事故措施管理。

（5）在月度定检时安排人员对转子绝缘及定子绝缘进行测试，并与历史记录进行对比分析，及时发现定子、转子可能存在的安全隐患。

四、案例点评

由本案例可见，如果在机组检修期间，检修人员能够严格按照作业指导手册的要求仔细检查，检修前和检修后严格按照《水电站电气设备预防性试验规程》的相关要求做好相关试验，那么本次磁极故障的情况便可在检修期间及时发现，从而避免事故的进一步扩大。因此，在检修过程中一定要严格按照作业指导书的施工工艺进行施工，严把质量关、安全关，认真做好分部验收和整体验收工作。

案例 2-3　某抽水蓄能电站机组磁极连接线故障（三）*

一、事件经过及处理

2016 年 2 月 17 日 4 时 28 分 00 秒，某抽水蓄能电站 3 号机组抽水稳态运行，有功负

* 案例采集及起草人：朱光宇、彭爽、王丁一（辽宁蒲石河抽水蓄能有限公司）。

荷－300MW，无功负荷 53.3Mvar，定子电压 18.3kV，定子电流 9.886kA，转子电压 230V，转子电流 1.38kA。发电机定子三相电流平衡，各参数正常，设备无异常。

4 时 28 分 18 秒，值守人员接上级调度令：3 号机组由抽水运行转为停机备用；4 时 28 分 55 秒，运行人员执行 3 号机组停机操作，操作流程启动；4 时 28 分 57 秒，3 号机组出口断路器分闸位置动作，3 号机组与电网分离，机组有功功率降为 0；4 时 29 分 00 秒，监控系统报 3 号机组发电机转子接地护动作、发电机 B 组保护动作，3 号机组执行电气事故停机流程。

4 时 32 分 22 秒，3 号机组电气事故停机操作成功，3 号机组不定态，机组退出备用转为非计划检修。

4 时 40 分，检查转子接地保护装置及二次回路正常，对保护装置进行校验，确认保护动作正常。

电站运维人员进行了如下处理：

1. 缺陷分析

该厂运维人员根据现场情况分析缺陷可能发生地点如下：

（1）励磁引线至集电环处电缆破损造成接地。

（2）集电环支架上及集电环室碳粉堆积与大地之间构成回路造成接地。

（3）磁极引线及磁极裸露部分与接地体搭接造成接地。

（4）磁极绕组等绝缘破损，通过灰尘等脏污与大轴形成接地回路。

2. 问题排查

（1）机组停稳后，对 3 号机组转子进行绝缘测量为 90MΩ，现场对集电环支架及集电环室内、上端轴内进行碳粉检查，如图 2-3-1 所示：碳粉污物较轻，无放电痕迹，故可排除集电环支架及集电环室碳粉堆积与大地之间构成回路造成接地的原因。

图 2-3-1　集电环室内检查

（2）现场对励磁引线至集电环处电缆进行检查，检查情况如图 2-3-2 所示，未发现电缆破损现象，故可以排除励磁引线至集电环处电缆破损造成接地的原因。

（3）现场对磁极引线及磁极裸露部分进行检查，未发现有与接地体和金属物件搭接的现象，故可以排除磁极引线及磁极裸露部分与接地体搭接造成接地的原因。

（4）现场实用内窥镜对磁极表面及磁极绕组进行检查，未发现磁极表面和磁极绕组表面有大量灰尘、碳粉和污物，没有发现异物。打开下挡风板，检查无异物，基本可以排除由于异物造成的接地原因。

（5）对励磁柜内部励磁正负极母排、非线性电阻、转子过电压保护器、擎柱电阻、支撑绝缘子、电缆连接头、励磁电压测量回路、分流器，检查结果如图 2-3-3、图 2-3-4 所示：未发现放电和短路迹象，排除励磁柜内部发生接地的原因。

图 2-3-2　励磁电缆检查

图 2-3-3　励磁擎柱电阻检查

图 2-3-4　励磁盘柜及非线性电阻检查

（6）对集电环进行清扫后测量转子绝缘为 293MΩ，符合运行条件，开机旋转备用进行试验。试验过程中，在转速上升的同时对转子绝缘进行测量，在 70%额定转速以下时绝缘为 230MΩ，当转速升至 75%额定转速左右时，转子绝缘瞬间降为 0MΩ，机组转入停机流程，机组停稳后，对 3 号机组转子绝缘进行测量为 280MΩ。

（7）将转子本体侧与集电环断开，如图 2-3-5 所示。再次进行开机旋转备用进行试验。试验过程中，在转速上升的同时对集电环及励磁回路进行测量，绝缘值为 303MΩ，可以排除旋转后集电环及引线引起的接地。

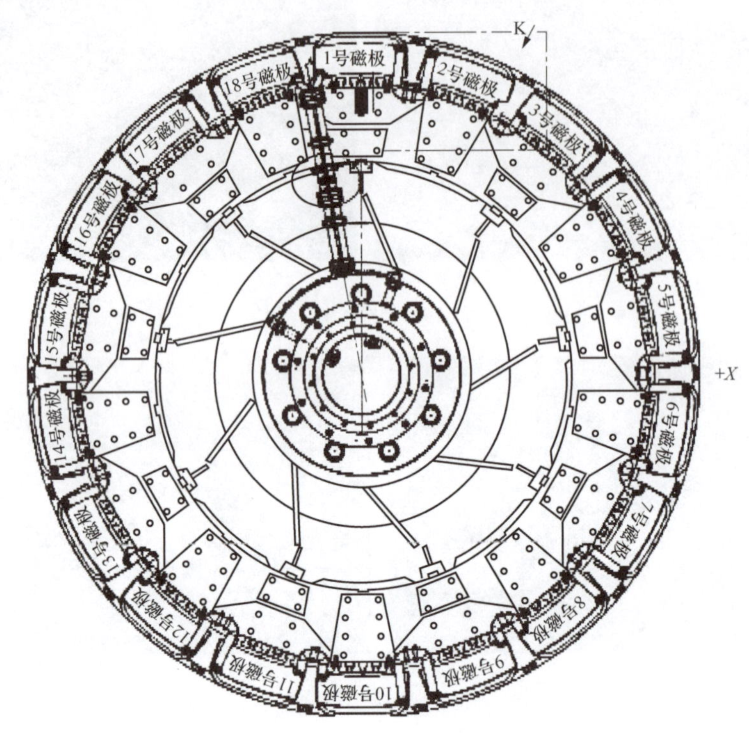

图 2-3-5　转子结构俯视图

（8）机组停稳后，对 3 号机组转子本体侧进行绝缘测量为 0MΩ，故可以确定接地点在转子本体处。

（9）用排除法对转子磁极进行接地点查找。首先将 9 号磁极和 10 号磁极间连接线断开，分别对 1～9 号磁极整体和 10～18 号磁极整体进行绝缘测量，发现 1～9 号磁极整体绝缘值为 0MΩ，故可以确定接地点在 1～9 号磁极整体中；然后将 4 号和 5 号磁极间连接线断开，分别对 1～4 号磁极整体和 5～9 号磁极整体进行绝缘测量，发现 5～9 号磁极整体绝缘值为 0MΩ，故可以确定接地点在 5～9 号磁极整体中；接下来将 7 号和 8 号磁极间连接线断开，分别对 5～7 号磁极整体和 8～9 号磁极整体进行绝缘测量，发现 5～7 号磁极整体绝缘值为 0MΩ，故可以确定接地点在 5～7 号磁极整体中。将 5 号和 6 号磁极间连接线螺栓拆除、6 号和 7 号磁极间连接线螺栓拆除，分别对 5、6、7 号磁极及之间连接线进行绝缘测量，最后发现 6 号和 7 号磁极间连接线绝缘值为 0MΩ，故可以确定接地点在 6 号和 7 号磁极间连接线处。拆除 6 号和 7 号磁极间连接线进行详细检查，发现连接线的绝缘破损，接触到旁边的固定螺栓，从而造成了转子的金属接地。

综上所述，确定为磁极连接线绝缘破损导致转子金属接地。绝缘破损情况如图 2-3-6、图 2-3-7 所示。

图 2-3-6　绝缘破损磁极连接线

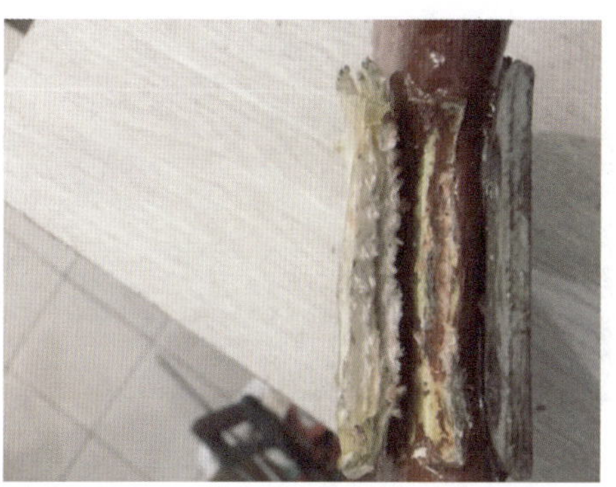

图 2-3-7　绝缘破损位置

3. 处理步骤

该厂运维人员在确定 6 号和 7 号磁极间连接线绝缘破损是导致机组转子接地的原因后采取如下措施：

（1）设备主人积极与厂家技术人员联系，要求厂家从设计方面协助查找磁极连接线绝缘破损原因，并及时确认绝缘破损磁极连接线修复方案。

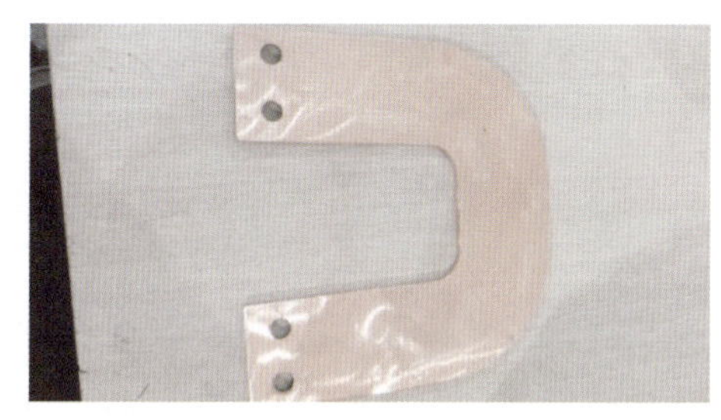

图 2-3-8　打磨抛光后的磁极连接线

（2）该厂运维人员按照厂家给出的绝缘破损磁极连接线修复方案（见图 2-3-8）拆除磁极连接线，去除破损的绝缘包敷，打磨抛光，去除铜屑。

（3）运维人员按照装配图要求将玻璃丝带及云母带以 2∶3 的比例浸泡环氧树脂，使用半重叠法对 U 形连接线进行缠绕制作绝缘，如图 2-3-9 所示。

（4）将绝缘制作完成后的 U 形连接线进行风干固化 30h，如图 2-3-10 所示。

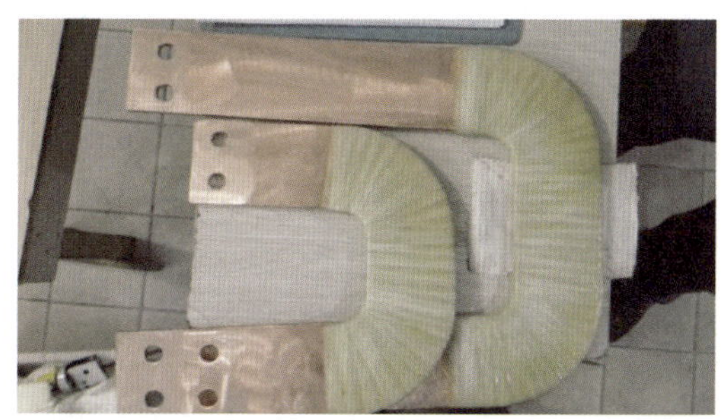

图 2-3-9　重新制作绝缘的磁极连接线

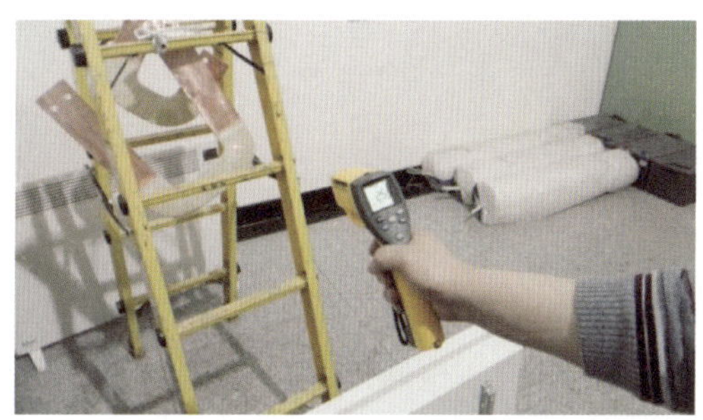

图 2-3-10　浸泡环氧胶晾干过程

（5）对新制作绝缘层的磁极连接线按《水电站电气设备预防性试验规程》（Q/GDW 11150）中 6.1.1 的要求进行 $2U_n$+4000V 耐压试验，绝缘电阻大于 500MΩ。

（6）使用黄蜡管包裹并安装新的磁极连接线，如图 2-3-11 所示。

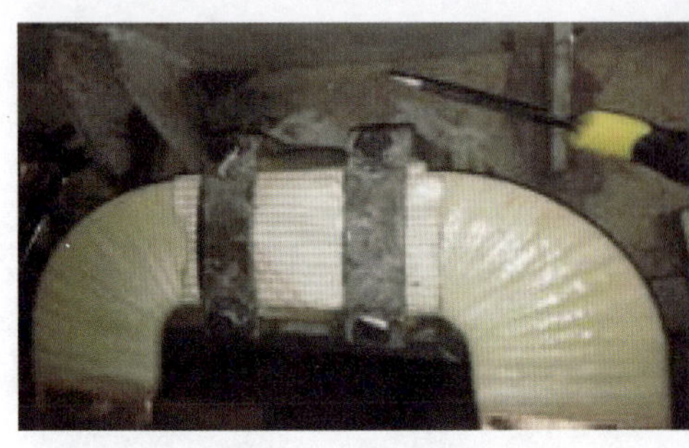

图 2-3-11　重新安装的磁极连接线

（7）运维人员对转子绝缘、直流电阻进行测试，并与上次检修值进行对比满足标准要求。

（8）运维人员在转子电气试验合格后对机组进行手动升速及旋转备用试验，试验过程正常。至此，缺陷消除完毕，值守人员向上级调度申请机组由非计划停运转为备用状态。

二、原因分析

直接原因：磁极连接线绝缘过厚，安装时强行将磁极连接线装入固定卡槽，致使磁极连接线与卡槽间存在较大应力。而且机组启、停过程中，磁极与磁轭存在相对位移，造成磁极连接线与卡槽边缘长时间摩擦，使得连接线的绝缘破损。

造成磁极连接线破损的原因是：

（1）磁极连接线现场制作、安装工艺不良。磁极连接线绝缘制作时既要保证绝缘等级又要控制绝缘厚度。绝缘过厚时强行安装磁极连接线必然导致磁极连接线与固定卡槽之间存在较大应力，给设备带来隐患。

（2）在机组安装期间对基本建设管理把关不严，疏于机组安装质量验收的细节管理。

（3）检修及维护时未严格按照作业指导书的要求进行作业，对隐蔽部位的检查不到位。

三、防治对策

（1）结合定检对转子磁极连接线绝缘进行重新处理，保证绝缘完好。

（2）加强对检修作业的过程控制，严格三级验收管理，确保每一项检修内容都按照检修工艺完成，尤其对于现场加工的工器件要严格按照图纸要求，保证制作工艺、安装工艺满足现场质量规范。

（3）修改、补充和完善现场运检规程，工作中加强对发电机转子的绝缘检查维护工作。

四、案例点评

由本案例可见，转子转动部件由于长期运行，相对更容易出现缺陷，在日常运维及检修作业过程中应严格按照作业指导书及技术规范要求执行，尤其对于现场加工的工器件要严格按照图纸要求，保证制作工艺、安装工艺满足现场质量规范。

案例 2-4　某抽水蓄能电站机组磁极连接线故障（四）*

一、事件经过及处理

2018 年 7 月 11 日，某抽水蓄能电站 4 号发电电动机 C 级检修中，检修人员对转子绕组回路进行直流电阻试验，在环境温度为 29℃时，试验得出转子回路直流电阻为 132.3mΩ，折算至 75℃的直流电阻为 154.7mΩ，试验结果略大于“75℃时磁场电阻不超过 149mΩ”的厂家技术标准要求。

运维人员进行了如下处理：

1. 缺陷分析

运维人员根据现场情况分析缺陷可能发生地点如下：

（1）新改造的上端轴转子引线铜排接触不紧密，造成铜排接触电阻偏大。

（2）磁极劣化，造成磁极直流电阻偏大。

（3）磁极连接线的把合螺栓轻微松动，造成磁极连接线的接触电阻偏大。

2. 问题排查

首先，为排除新改造的上端轴转子引线铜排接触不良的可能因素，试验人员从 1 号和 18 号磁极间施加直流电流不带转子引线及集电环再次试验，测得 18 个磁极直流电阻及磁极与磁极连接线的接触电阻总和为 131.8mΩ，直流电阻仍然偏大，故排除是新改造的上端轴转子引线铜排接触不良的可能。

为排除是磁极劣化的因素，试验人员逐个测量了 18 个磁极的直流电阻，如表 2-4-1 所示。计算发现 18 个磁极的直流电阻之和为 119.2mΩ（风洞环境温度 29℃），可以看出 18 个磁极直流电阻及磁极与磁极连接线的接触电阻总和比 18 个磁极的直流电阻之和大了 12.6mΩ。对照 4 号机组交接时原始数据可以确定 18 个磁极试验数据合格，试验结

* 案例采集及起草人：彭爽、朱光宇、王丁一（辽宁蒲石河抽水蓄能有限公司）。

果正常，在排除磁极劣化造成磁极直流电阻偏大因素的同时也可确定是磁极与磁极连接线的接触电阻偏大。

表 2-4-1　　机组单个磁极直流电阻

转子绕组的直流电阻				记录人：×××	
试验日期：2018.7.11	温度：28.1℃	绕组温度：28.6℃	湿度：59.4%	工作负责人：×××	
序号	测量值（mΩ）	75℃值（mΩ）	初始值（mΩ）	75℃值（mΩ）	与初始值差（%）
1	6.647	7.817	6.209	7.761	0.719
2	6.588	7.748	6.216	7.770	−0.288
3	6.656	7.828	6.229	7.786	0.531
4	6.591	7.751	6.232	7.790	−0.498
5	6.642	7.811	6.266	7.833	−0.273
6	6.631	7.798	6.269	7.836	−0.485
7	6.690	7.868	6.291	7.864	0.049
8	6.590	7.750	6.216	7.770	−0.257
9	6.620	7.785	6.199	7.749	0.471
10	6.617	7.882	6.218	7.773	0.119
11	6.620	7.785	6.203	7.754	0.407
12	6.592	7.752	6.280	7.850	−1.244
13	6.627	7.794	6.213	7.766	0.351
14	6.612	7.776	6.305	7.881	−1.337
15	6.608	7.771	6.261	7.826	−0.704
16	6.590	7.750	6.278	7.848	−1.242
17	6.642	7.811	6.187	7.734	1.001
18	6.606	7.769	6.264	7.830	−0.781
试验结论：合格					
使用仪器：JD2540B					
检修试验说明：显极式转子绕组还应对各磁极绕组间的连触点进行测量。					
质量标准：与初次（交接或大修）所测结果比较，换算至相同温度下，其差别一般不超过2%。					

为排查是哪些磁极与磁极连接线的接触电阻偏大，试验人员对磁极间磁极连接线逐个进行直流电阻试验。1～16号磁极间磁极连接线的接触电阻在0.023～0.029mΩ之间，当测到16～17号磁极间磁极连接线的接触电阻时，发现接触电阻为13.3mΩ。检修人员遂使用扳手将16号和17号磁极间磁极连接线把合螺栓使用128N·m力矩逐个校紧，发现16号磁极与磁极连接线外侧一颗把合螺栓大概旋转了1/4圈，故障位置如图2-4-1所示。再次试验发现16号和17号磁极间磁极连接线的接触电阻降为0.027mΩ，可以确定是16号磁极与磁极连接线外侧一颗把合螺栓轻微松动导致接触电阻变大。

3. 处理步骤

(1) 在确定转子16号磁极连接线外侧把合螺栓轻微松动后，检修人员将16号磁极连接线把合螺栓取出，检查螺栓的螺纹及螺孔无破损，涂抹适量螺栓锁固胶后重新按128Nm力矩拧紧螺栓；

(2) 再次测量16磁极连接线的接触电阻，电阻值为0.026mΩ，恢复正常，使用锁片将螺栓可靠锁定；

(3) 再次从集电环往转子回路施加直流电流，测得转子回路直流电阻为119.7mΩ（风洞环境温度29℃），折算至75℃的直流电阻为140.1mΩ，满足“75℃时磁场电阻不超过149mΩ”的厂家技术标准要求。

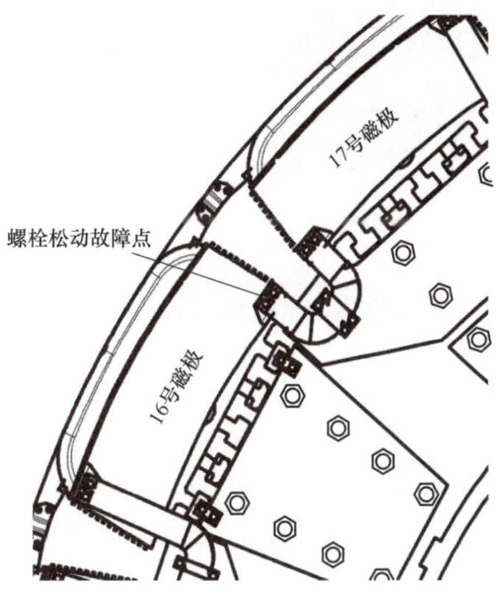

图2-4-1 故障点示意图

二、原因分析

16号磁极连接线材质均为硬铜母线TMY2，二者通过两颗直径为14mm的8.8级螺栓连接，螺栓预紧力128N，磁极与磁极连接线接触面电流密度为0.259A/mm^2。

故障直接原因：16号磁极连接线外侧把合螺栓轻微松动导致接触电阻偏大。

造成接触电阻偏大的原因是：机组启停频繁，双向旋转，工况转换频次高。4号机组长期高强度运行，机组启停过程属暂态工况，在此过程中机组振动、摆度较大。磁极与磁极连接线把合螺栓属于转动部件的一部分，长期在高强度、复杂的环境中运行容易出现螺栓松动的情况。

三、防治对策

(1) 运维人员在定检及检修过程中加强对磁极与U形连接紧固螺栓的检查，发现锁片开裂、变形、位移或螺栓标记线位移时应及时查明原因并重新按力矩紧固螺栓。

(2) 运维人员将转子绕组直流电阻试验作为定检标准项目并纳入定检作业指导书，严格按照厂家技术标准和要求执行。

四、案例点评

由本案例可见，抽水蓄能机组启停频繁，工况转换频次高，且工况转换过程属暂态工况，在此过程中机组振动、摆度较大，转动部件紧固螺栓出现松动的概率相对较大，运维人员应加强对机组转动部件的检查。

案例 2-5 某抽水蓄能电站机组转子励磁引线负极烧融*

一、事件经过及处理

2017 年 03 月 21 日 1 时 13 分，某抽水蓄能电站 4 号机组在抽水调相工况带－6MW 负荷稳态运行中由于上导＋X、－Y 方向摆度过大振摆保护动作导致紧急事故停机。

运维人员现地检查，发现监控系统及机组状态监测系统主要报警：4 号机组上导轴承－Y 向振摆 I 级报警，4 号机组振动摆度二级报警，4 号机组振摆保护系统跳闸报警输出，4 号机组紧急事故停机启动动作；保护系统无相关报警。

查看监控系统机组振摆曲线，发现上导轴承＋X、－Y 方向振摆值最大达到 1000μm，下导轴承＋X、－Y 方向最大值达到 595μm，水导轴承＋X、－Y 方向最大值 272μm，且从机组启动开始就存在上升趋势。

查看故障录波系统励磁电流、电压情况：励磁电压稳定，励磁电流维持在 1050A 左右，无异常突变情况。

检查机组状态监测装置，未出现装置故障报警；检查振摆数据显示上导轴承＋X、－Y 方向振摆值、下导轴承＋X、－Y 方向振摆上升趋势及数值与监控系统记录数值相同。通过监控与状态监测装置上导、下导、水导＋X、－Y方向振摆数值比较，结合振摆变化趋势，说明振摆探头及信号回路均正常，且状态监测装置未发生故障，排除误报警、振摆探头故障、振摆装置故障误发跳机信号等原因。

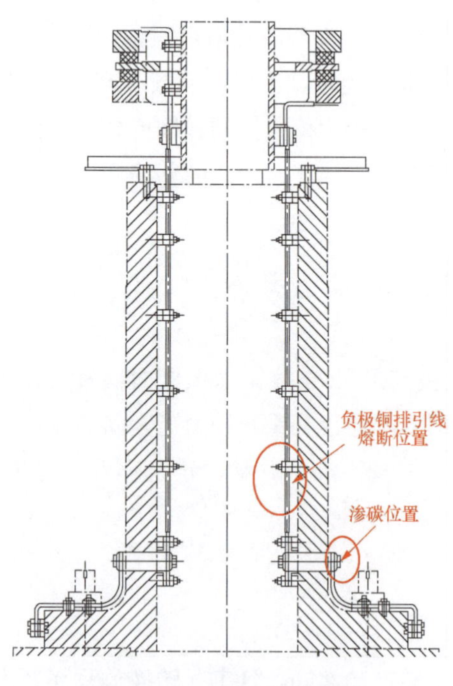

图 2-5-1　转子引线装配图

检查上导、推力、下导及水导瓦温无异常，说明各导瓦无异常。

现场人员在发电机层能闻到明显异味，运维人员随后开票对 4 号机组风洞及集电环室进行检查。集电环室内检查上导油盆盖板表面，未发现异常；检查风洞内大轴外侧励磁引线与大轴连接处螺栓存在渗碳痕迹，如图 2-5-1、图 2-5-2 所示，进一步对励磁系统及

* 案例采集及起草人：赵宏图（浙江仙居抽水蓄能电站）。

其至转子引线进行全面检查，打开上端轴盖板发现上端轴中心磁极引线（负极铜排）已熔断，如图 2-5-3 所示。进风洞检查发电机轴与水轮机轴连接螺栓区域发现存在燃烧后白色痕迹及大量黑色残质。

图 2-5-2　励磁引线连接处与大轴连接处存在渗碳痕迹

图 2-5-3　上端轴中心磁极引线熔断

向网调申请 4 号机组退备转为 C 级检修。

举一反三对 1～3 号机组的磁极引线进行外观检查，未发现异常，在上端轴内部转子引线把合螺栓处进行把紧力矩复核，均无松动。在上端轴内部转子引线粘贴测温试纸，便于后期观测温度情况，通过后续的机组定检检查，未发现温度异常。

断开 4 号机组轴内励磁引线与转子的连接，组织检修公司对转子部分进行预防性试验，试验数据正常。

组织召开原因分析和处理方案讨论会，确定故障发生的根本原因和后续处理方案，并协调厂家尽快按照方案生产新的轴内励磁引线。

结合 C 级检修，拆出已烧融的轴内励磁引线，并对大轴表面的烧痕进行清理，对穿轴螺杆进行如下改造，如图 2-5-4～图 2-5-6 所示。

（1）将穿轴螺杆与轴内引线银焊为一体，增加两者接触紧密度，取消了内侧的螺栓把合，从根源上消除了松动引起接触不良的现象。为了保证焊接质量，对焊接面进行探伤合格。

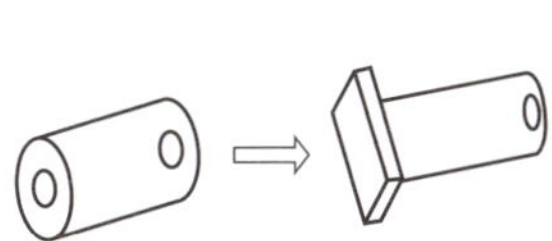

图 2-5-4　改进后 T 形螺杆

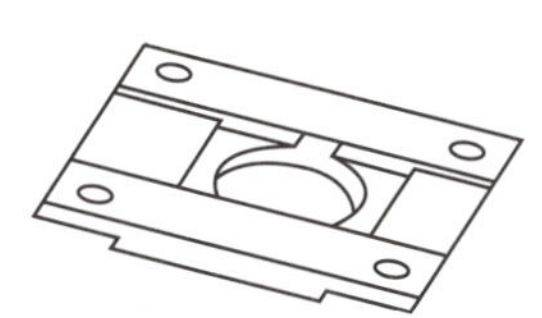

图 2-5-5　改进后适形绝缘块

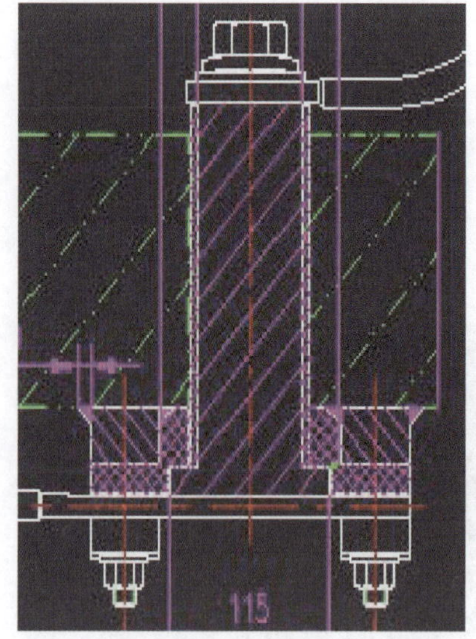

图 2-5-6　改进后 T 形螺杆

（2）将原来的圆螺杆更改为有凸台的 T 形螺杆，增加适形绝缘块，与上端轴轴内径采用适形配合。利用绝缘块来支承穿轴螺杆在机组运行过程中产生的离心力，轴内引线铜排此时不再支承螺杆的离心力，防止出现形变。

（3）在励磁引线、穿轴螺杆等处粘贴测温试纸，便于后期观测温度情况，如图 2-5-7 所示。

图 2-5-7　粘贴测温试纸

二、原因分析

直接原因：磁极引线在穿轴处存在结构设计缺陷，机组长期运行后，穿轴螺杆的紧固螺栓出现松动，过流接触面减小，导致发热熔断并接地。而转子接地保护故障未正确动作，故障继续发展，铜排熔化后随机组运行附在上端轴内壁，上端轴局部温度持续上升出现热变形，导致上导、下导摆度持续上升直至振摆保护动作跳机。

另外，机组跳机前励磁电流未衰减或消失的原因为铜排熔化后励磁电流通过上端轴形成电气回路。

间接原因：

（1）设计不当，未充分考虑到机组长期运行后，穿轴铜棒的紧固螺栓可能出现松动，过流接触面减小，易导致发热熔断并接地。

（2）检查不到位，日常定检时未对上端轴内励磁引线进行检查。

三、防治对策

（1）将穿轴螺杆与励磁引线的连接改为一体式焊接，并举一反三对转子引线回路受力较大、易松动的部位进行全面排查。

（2）将上端轴内励磁引线检查加入定检作业指导书，在转子引线螺栓连接处、轴内铜排上粘贴测温试纸，结合定检加强对各机组该部位的检查。

（3）在设计阶段，应加强对励磁引线易松动，发热部位的审查和分析，并采取可靠的防松措施，关键部位避免采用螺栓把合。

四、案例点评

由本案例可见，发电机转子轴内励磁引线的安全质量管控要从设计阶段抓起，应充分考虑转子轴内励磁引线与大轴穿心连接处长期运行过程中可能产生的螺栓松动、发热等问题，且尽量避免采用螺栓连接设计，尽可能采取其他的可靠连接方式。在日常生产运行中应加强对轴内励磁引线的检查，包括是否存在螺栓松动、铜排变形、铜排移位等方面，并粘贴测温试纸，方便检查时发现运行时是否存在温度过高的情况。

案例 2-6　某抽水蓄能电站机组转子磁极绕组受损*

一、事件经过及处理

2011 年 6 月 7 日 14 时 21 分，某抽水蓄能电站 4 号机组停机过程中，当合上电气制动隔离开关时，励磁变压器过流保护 50E 动作，500kV 断路器 5012、5013 跳闸，同时机组保护低压过流 27/51、转子接地 64R 保护动作，4 号机组保护动作停机。具体事件如表 2-6-1 所示。

---

* 案例采集及起草人：李伟、毛翔鹏、赵启超（山西西龙池抽水蓄能电站）。

表 2-6-1　　机组停机过程

时　间	事　　件
14:06:50	4号机组抽水工况稳态
14:10:16	按调度令4号机组抽水工况（P）转抽水调相工况（PC）操作，高压顶起油泵运行、迷宫环供水阀打开，因4号机组调相压水气罐压力不满足，4号机组P转PC工况流程停止等待压力条件
14:06:50	4号机组抽水工况稳态
14:10:16	按调度令4号机组P转PC工况操作，高压顶起油泵运行、迷宫环供水阀打开，因4号机组调相压水气罐压力不满足，4号机组P转PC工况流程停止等待压力条件
14:21:00	按调度令执行4号机组停机
14:21:02	4号机组发电机断路器804断开，机组解列
14:21:02	监控发出GATE SHIFT FOR AVR（门关断命令）
14:22:38	监控发出70B RUNBACK FOR AVR（励磁模式切换命令）
14:22:38	监控发出4号机组电气制动隔离开关合上令（此时励磁电流仍然运行）
14:22:39	4号机组电气制动断路器合上
14:22:39	4号机组励磁变压器过流保护动作，500kV线路断路器5012、5013跳开，4号机组保护动作停机

1. 检查及受损情况

（1）测量4号机组励磁变绝缘合格，外观正常，线路恢复送电后空载运行正常。

（2）测量4号机组转子绝缘合格。

（3）发电机定子部分：外观检查发现4根上层线棒下端部有明显撞痕，需要进行绝缘处理；有24根线棒下端部有轻微撞痕，需要进行绝缘处理；其他部件外观未见明显异常。

（4）发电机转子部分：转子磁极上端阻尼环软连接向下变形，下端阻尼环软连接向上变形，阻尼环相对磁极极靴产生移位；所有转子磁极绕组下端部装配用挡块受径向力即大轴方向剪断或变形，固定螺栓松动或被切断掉落；所有转子磁极绕组上端部装配用挡块受力向大轴方向些许移位，程度比下部轻；所有磁极绕组有明显向发电机中心位移痕迹，下端部比上端部明显；其中1只磁极绕组滑移层受热融化明显，如图2-6-1所示。

2. 受损部分处理

（1）修复转子损坏部分：拔出损伤较重的1、12号磁极，更换绕组；更换上、下阻尼环全部软连接；更换全部绕组挡块及高强螺栓；对受热融化的滑移层进行修整处理。磁极全部回装后分别进行了耐压试验、分担电压测试、绝缘测试，试验结果合格。

（2）定子部分：打磨受损线棒、受损部位重新缠绕云母带、浇注环氧。修复后通过直流耐压、绝缘试验确定无异常。

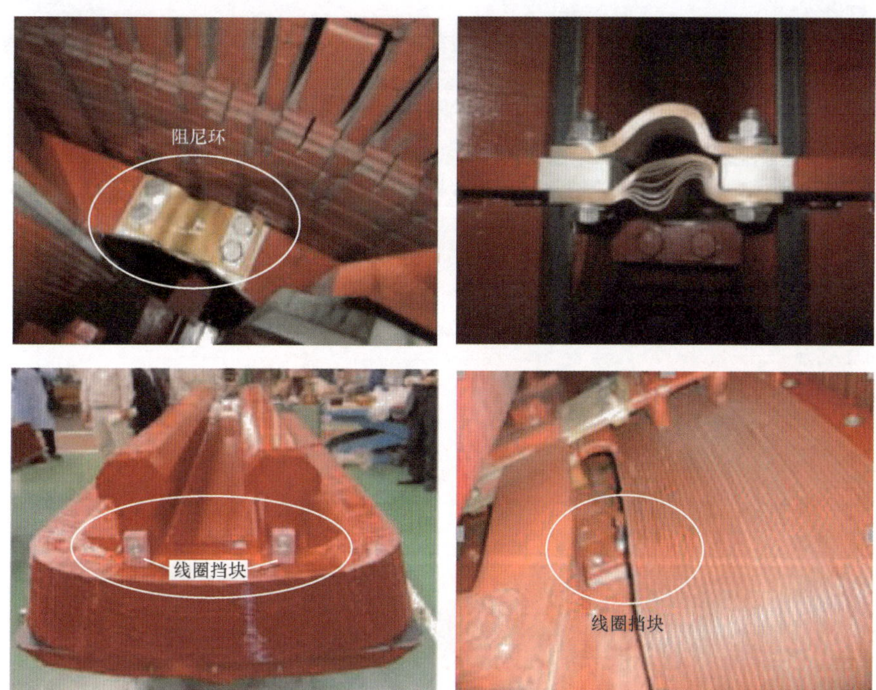

图 2-6-1　发电机磁极受损情况

（3）由于转子结构还存在一定薄弱环节，厂家提出了改造意见：根据不同情况下绕组受力情况，改变磁极装配用挡块结构，以保证磁极绕组可承受突发情况下电磁力。

二、原因分析

在 2012 年 C 级检修中对 4 台机组的磁极绕组全部进行了改造。表 2-6-2 是各种工况下的受力情况分析。

表 2-6-2　各工况受力分析

操作条件		励磁电流动力装置（A）	转速（%/min）	电磁力（向内）（kgf）	离心力（向外）（kgf）	内在力（kgf）
A	发生事故	7.08	24.7	397×10^3	66×10^3	331×10^3
		13244	123.5			
B	额定工况	1	100	4.4×10^3	1084×10^3	—
		1870	500			
C	电气制动开关启动→停止	0.615	50～0	2.7×10^3	271×10^3～0	～2.7×10^3
		1150	250～0			
D	泵工况启动（SFC）	0.615	0～100	2.6×10^3	0～1084×10^3	2.6×10^3～
		1150	0～500			

续表

操作条件		励磁电流动力装置（A）	转速（%/min）	电磁力（向内）（kgf）	离心力（向外）（kgf）	内在力（kgf）
E	额定工况三相突然短路电流	3.6	100	109.7×10^3	1084×10^3	—
		6732	500			
F	泵工况启动（SFC）三相突然短路电流	0.615	0~100	85×10^3	$0\sim1084\times10^3$	$85\times10^3\sim$
		1150	0~500			

注 1千克力（kgf）指1千克（kg）的物体所受的重力。

分析以上几种情况，情况A受力最大，经对监控程序修改，确认该情况不会发生；情况F则受力最大，即：抽水工况启动开始，机组转速为0，发电机出口离相封闭母线三相短路，重新设计绕组挡块，即可保证转子可承受情况F下电磁力。

三、防治对策

（1）加强与调度的沟通联系。与调度协调，机组运行按照避免工况转换过于频繁原则，非紧急情况下机组在任一工况至少需稳态运行30min方可执行工况转换。

（2）做好异常情况应急处理预想。发生异常或不能正常进行工况转换，机组不能正常停机时，通过紧急停机按钮停机，而非投入电气制动。

（3）完善监控程序：

1）修改P→PC、G→GC模式切换条件，在调相压水气罐压力不足时不执行工况切换。

2）当发出停机令时，任何模式的“4”指令置于OFF状态。

3）增加脉冲闭锁，当监控发出“门关断命令”（GATE SHIFT FOR AVR）10s后发电机端电压未降至10%时，不投入电气制动。

4）在投电气制动断路器条件中增加励磁AVR→MEC切换完成条件，提高电气制动投入的可靠性。

5）在电气制动回路中增加外部继电器，当频率较低时，机端电压也可实时监视，防止发电机电压大于10%时投入电气制动。

四、案例点评

由本案例可见，监控程序设计不合理机组在抽水至抽水调相转换时，如调相压水气罐压力条件不满足，监控仍执行工况转换，但流程无法继续；此时选择机组停机指令，监控程序发出指令错误，导致励磁系统在停机过程中包括电气制动投入后一直处于AVR模式调节机端电压，电气制动期间应为MEC模式，致使励磁回路瞬间严重过流。转子结构相对薄弱，转子结构存在设计隐患。受瞬间饱和漏磁通产生的径向内侧力作用，转子磁极绕组克服低转速导致的离心力后向大轴位移，导致相对脆弱的磁极装配用挡块受扭力作用受损。调相压气系统未满足合同要求，在抽水并网运行后转抽水调相工况时，压气系统压力不足，虽闭锁了工况转换，但未闭锁工况选择。工况转换频繁机组从停机状态启动至抽水工况，5min 内调度下令切换至抽水调相工况，此时调相压水气罐压力尚未恢复。综上所述，在磁极等重要备件的采购工作中，加强厂家生产过程的质量监督和管控，同时，结合机组的日常维护和检修工作，做好机组设备隐蔽部位的检查，发现异常情况，立即处理，保证机组设备安全稳定运行。

案例 2-7　某抽水蓄能电站机组转子磁极绕组端部压块脱落*

一、事件经过及处理

2018 年 4 月 26 日，某抽水蓄能电站 500kV 线路合环运行，1 号主变压器负载运行，2、3、4 号主变压器空载运行，1 号机组带 375MW 负荷发电稳态运行，2、3 号机组停机稳态，4 号机组停机检修，10kV 厂用电分段运行，1、2 号厂用变压器供电运行正常。

4 月 26 日 16 时 10 分，1 号机组在发电工况带 375MW 负荷运行过程中产生烧焦异味被迫紧急停机并转移负荷。启动 3 号机组带 375MW 发电运行，1 号机组停机流程执行正常，其他设备状态无异常变化。待机组隔离完成后，进入风洞检查发现下风洞区域盖板上有很多残留的挡风胶皮碎屑、金属颗粒，多块下挡风板表面有被异物撞击的痕迹。进一步盘车检查发现，1 号发电电动机 7 号磁极下端部绝缘垫块压板脱落后随机组转动产生撞击，导致转子磁极、定子铁心、上下挡风板设备受到不同程度损坏，如图 2-7-1、图 2-7-2 所示。

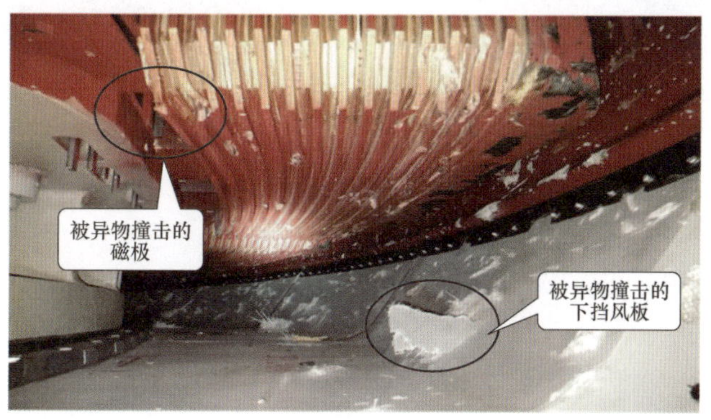

图 2-7-1　受损的磁极绕组及下挡风板

---

* 案例采集及起草人：肖凌云（浙江仙居抽水蓄能电站）。

图 2-7-2 7 号磁极下端

处理过程：

（1）拆除 1 号发电机转子，更换全部磁极绕组及附件。

（2）对磁极绕组的端部及侧边绝缘垫块进行改进。具体方案为：取消原 U 形金属压块，更改为直接在磁极压板上攻钻 M12 轴向螺纹孔，将绝缘垫块直接把合在磁极压板上。更改后的端部绝缘垫块静止间隙为 0.4～0.6mm，用以适应绕组热膨胀，且绝缘垫块所开螺栓孔为腰形孔，使得绝缘垫块在径向运动时，螺栓不受剪切应力，仅起到固定连接作用。在事故工况下磁极绕组受较大向心力作用时，绝缘垫块与磁轭接触，将作用力传递到磁轭上。端部压板结构改进前、后的情况分别如图 2-7-3、图 2-7-4 所示。

图 2-7-3 原端部压板结构

图 2-7-4 改进后端部压板结构

考虑到磁极侧边直线段绝缘垫块存在同样的脱落风险，对此也需进行处理改进。将其静止过盈量降低为 0～0.1mm，同时降低螺栓应力，保证螺栓可靠安全。在此基础上，为了防止任何不可控因素导致螺栓断裂，直线段金属压块尾部更改为楔形自锁结构。采用该结构后即使螺栓断裂，也不会掉出任何部件对定转子造成二次伤害。对 6mm、7mm、8mm 直线段楔形压块模型进行计算分析，综合比较静强度设计和抗疲劳设计要求，最终选用 7mm 厚的挡块。直线段压板结构改进前、后的情况分别如图 2-7-5、图 2-7-6 所示。

图 2-7-5　改进前直线段压板结构　　图 2-7-6　改进后直线段压板结构

为确保磁极绕组端部及直线段压板固定用的所有螺栓安全可靠，对每件螺栓进行无损检测和机械性能分析。

（3）对定子铁心进行校形、酸洗处理，整体磁化试验合格。

二、原因分析

7 号磁极下端绝缘垫块脱落是导致本次事故的直接原因。4 月 28 日晚上，拔出 7 号磁极，经分析，判断为绝缘垫块紧固螺钉金属疲劳断裂导致绝缘垫块脱落。

2017 年 10 月、2018 年 3 月，结合 1、4 号机组检修对发电电动机磁极绕组进行改造更换，主要对磁极引出线进行加高处理，并扩大了引出线 R 角，防止磁极绕组开匝。原安装时绕组绝缘垫块适配过盈量为 0.1mm，但在装配完成后个别绝缘垫块存在松动现象。为了防止松动，现场装配人员在工地实配时将 1 号机组适配过盈量从 0.1mm 增加到 0.5mm。

绝缘垫块紧固螺钉断裂分析如下：

（1）初始状态下，存在 0.5mm 静止过盈量。

（2）正常运行时，磁极绕组由于离心力作用产生向外的位移，会释放金属压块与绝缘块之间紧量，紧固螺钉预应力减小，甚至为 0。

（3）停机后，磁极绕组复位导致压块和绝缘块之间紧量为适配过盈量，在停机一段时间内绕组仍保持一定温升，自身热膨胀使得压块和绝缘块之间紧量进一步增大，最终导致紧固螺钉承受较大应力。

在周期交变应力反复作用下导致紧固螺钉断裂，如图 2-7-7～图 2-7-9 所示。

图 2-7-7　静止状态下磁极形变量分析

图 2-7-8　正常状态下磁极形变量分析

图 2-7-9　停机状态下磁极形变量分析

本次事故的间接原因为设备设计不当。厂家设计时未充分考虑到磁极端部绝缘垫块的紧固螺钉可能受到磁极绕组形变产生的交变应力，且该部位螺钉设计结构较隐秘，无法在常规检修时直接检查到。

三、防治对策

（1）加强对设备结构和原理的学习、研究，不能放过任何一处细节上的更改，尤其是重要的转动部件，要考虑结构改造后零部件正常运行情况下的受力情况及机械性能的变化，除此之外，还要考虑可能的松动和防坠落自锁措施。热膨胀及冷却情况下受力部件的应力变化对适配过盈量有所要求。

（2）要求供货厂家提供每道工序详细的质量控制工艺要求及关键质量控制点（如外观、力矩、间隙、标记、PT 检测），并做好安装及验收记录。对于转动部件上的各种紧固件，到货时检查厂家是否提供完整的探伤报告、材质报告和机械性能分析报告，并在安装前进行抽检或全检。

四、案例点评

由于抽水蓄能机组的运行特性不同于常规水电机组，发电电动机及其转动部件运行时所处的环境更为苛刻，对结构工艺的把握和后续的检修质量控制就显得尤为重要。安全质量管控需从工艺结构抓起。建立健全每道工序详细的质量控制工艺要求及关键质量控制点，同时做好相应的技术分析，避免在运行阶段带来潜在的风险。

案例2-8　某抽水蓄能电站机组转子磁极绕组压块松动*

一、事件经过及处理

2018年5月31日，某抽水蓄能电站针对电站发电电动机磁极绕组压块在运行过程中脱落缺陷，结合500kV高压输电设备检修工作，对3号发电电动机磁极绕组压块（见图2-8-1）进行专项检查，发现6号磁极绕组侧面底部一处金属压块松动，如图2-8-2所示。由于缺陷的及时发现和处理，未造成更严重的设备事故。

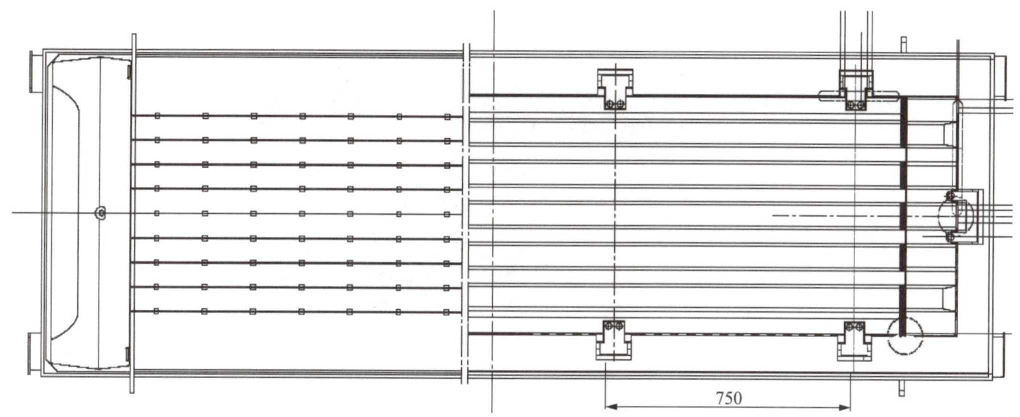

图2-8-1　磁极绕组的压块

与调度沟通，申请利用500kV高压输电设备检修工作，机组全部退备，对3号机组转子6号磁极绕组侧面底部松动金属压块进行处理。根据厂家提供的技术方案，按照以下步骤进行处理：

图2-8-2　松动的金属压块

（1）对机组进行盘车，将6号磁极转动至磁极吊装孔位置，并对6号磁极周围的定子和转子设备做好防护。

（2）拆除6号磁极的磁极键、磁极连接线和阻尼环等相关部件，安装吊具，将其吊出，如图2-8-3所示。吊出后，对磁极表面进行清扫。

* 案例采集及起草人：蔡元飞、董传奇（河南国网宝泉抽水蓄能有限公司）。

图 2-8-3　吊出 6 号磁极

（3）拆除松动金属压块的固定螺栓，用丝锥对磁极铁心上的螺孔进行清理和检查，螺纹完好，并用吸尘器对螺孔内的杂物进行清理，如图 2-8-4 所示。

（4）对固定螺钉表面涂抹乐泰 243 螺纹锁固胶，并力矩扳手安装固定金属压块，力矩大小为 20N·m，如图 2-8-5 所示。

（5）安装磁极吊具，将 6 号磁极进行回装，安装磁极键、磁极连接线和阻尼环等相关部件。

（6）对转子开展绝缘电阻和直流电阻试验，试验数据合格，如表 2-8-1、表 2-8-2 所示。

图 2-8-4　清理螺孔内的杂物

图 2-8-5　紧固处理后的金属压块

表 2-8-1　　转子绕组的绝缘电阻测量结果

环境温度	空气湿度	试验电压（V）	绝缘电阻值（MΩ）	结论
22℃	45%RH	2500	16730	合格

表 2-8-2　　转子绕组的直流电阻测量结果

环境温度	空气湿度	整体绝缘电阻（MΩ）	结论
22℃	45%RH	124.6	合格

二、原因分析

直接原因：由于发电机转子磁极生产安装时，未严格按照设计的安装工艺要求将磁极绕组金属压块的固定螺钉紧固。机组在长期的运行过程中，由于机组振动，金属压块的固定螺钉出现松动，最终导致金属压块出现松动。

磁极绕组压块安装装配要求为：

（1）绝缘块调整高度使压块预压变形 0.5～1mm。

（2）螺钉不得高出磁极极身底面。

（3）螺钉预紧力 20Nm，并用乐泰胶锁紧。

（4）绝缘块不能粘在绕组上。

造成磁极绕组侧面底部一处金属压块松动的间接原因有：

（1）磁极生产阶段未严格按照工艺要求施工。经检查，磁极绕组金属压块的固定螺钉未按照工艺要求涂抹螺纹锁固胶，导致在后续机组运行过程中出现松动。

（2）运行管理单位在电站建设期间对基本建设管理不严，疏于机组设备制造过程中质量验收的细节管理，没有尽到运行管理单位的责任。

三、防治对策

（1）在磁极等重要部件的生产阶段，严格按照设备组装工艺要求进行施工，施工前对施工人员开展专业的技术培训，确保所有人员熟练掌握施工操作方法，同时加强中间环节的监督，做好质量管控。

（2）在机组运维阶段，完善机组设备的日常维护内容和检修作业指导书，结合机组的日常维护和检修工作，对磁极绕组压块等隐蔽部位定期开展专项检查，发现异常情况，立即开展处理工作。

四、案例点评

由于磁极绕组压块位置较为隐蔽，在机组的日常维护和检修工作中，不便于开展检查工作，同时，磁极绕组压块安装时未严格按照工艺要求施工，在机组后期运行过程中出现松动。若缺陷未及时发现，在机组运行过程中，金属压块和绝缘压块出现脱落，将造成发电电动机重大设备事故，导致不可挽回的经济损失。因此，在磁极等重要备件的采购工作中，加强厂家生产过程的质量监督和管控，同时，结合机组的日常维护和检修工作，做好机组设备隐蔽部位的检查，发现异常情况立即处理，保证机组设备安全稳定运行。

案例 2-9　某抽水蓄能电站机组磁极绕组匝间绝缘损坏*

一、事件经过及处理

2017 年 5 月 9 日 5 时 44 分，某抽水蓄能电站 1 号机组抽水停机过程中，监控系统出现“ROTOR EARTH FAULT”瞬时报警，2s 后消失，1 号机组正常停机。此时，陵昌一、二线独立运行，1、2 号高压厂用变压器独立运行。1 号机组抽水工况停机过程中，2 号机组备用稳态，3 号机组抽水稳态，4 号机组抽水稳态，厂用电系统正常分段运行。

运维人员到达现场对监控报警进行梳理并检查保护装置，发现 A 套、B 套保护装置均出现转子一点接地报警；使用专用笔记本读取保护装置录波，通过记录确认转子接地保护达到报警值。检查转子接地测量装置正常，排除保护装置误动作。

检查励磁回路灭磁开关、励磁电缆、灭磁电阻、发电机滑环等位置，以上位置均无明显接地点；检查灭磁开关柜、转子滑环罩内无异味。

运维人员用万用表测量灭磁开关下口至转子回路的对地电阻值为 4Ω；使用绝缘电阻表对灭磁开关下口至转子回路绝缘电阻进行测量，绝缘电阻表无法建立电压，因此判断一次回路有接地点。

将转子碳刷与滑环断开，测量灭磁开关下口至碳刷回路绝缘电阻，数值正常；在滑环位置用万用表测量转子对地电阻，对地电阻值为 3.8Ω；使用绝缘电阻表测量转子回路绝缘电阻，绝缘电阻表无法建立电压，因此判断转子回路有接地点。

5 月 9 日 11 时 30 分，电站向网调申请 1 号机组紧急消缺。12 时 17 分，电站向调度提交 1 号机组紧急消缺申请票。18 时 38 分，调度批准 1 号机组退备紧急消缺。

运维人员打开发电机大、小盖板和上下挡风板，盘车检查转子回路无明显接地点，因此采用分段测量转子磁极对地电阻方法来定位故障磁极。

断开 7 号磁极引线，将转子磁极分为 1～6 号磁极和 7～12 号磁极两部分；使用万用表分别测量其对地电阻，7～12 号磁极对地电阻值为 3.1Ω。因此，确定故障磁极在 7～12号磁极之间。

---

* 案例采集及起草人：邵卫超、王卓菲、刘彦樟（北京十三陵蓄能电站）。

断开 10 号磁极引线，将 7～12 号磁极再分为两部分，用同样方法确定故障磁极在 7～9 号磁极之间。继续对转子磁极对地电阻进行分段测量，使用万用表测量其对地电阻值为 3.7Ω，用绝缘电阻表测量绝缘电阻无法建立电压，最终确定接地点在 8 号磁极。

二、原因分析

本次故障可能由保护装置误动作或机组转子回路存在接地故障造成。检查转子接地保护确达到报警值且转子接地测量装置正常，排除保护装置误动作。以下对于出现的故障原因进行进一步分析：

（1）1 号机组转子接地故障定位到 8 号磁极后，将 8 号磁极拆除放置到安装间。检查故障磁极外观无破损，无放电烧灼痕迹。

（2）对故障磁极进行仔细清扫，清扫后使用万用表测量磁极绕组对阻尼环的电阻，数值为 0Ω，判断接地点在磁极内部。

（3）对故障磁极做好防护，打开磁极绕组上部金属压板和绝缘压板。检查磁极绕组外观无破损，磁极绕组与铁心接触的一个犄角部位有烧灼痕迹，如图 2-9-1 所示。

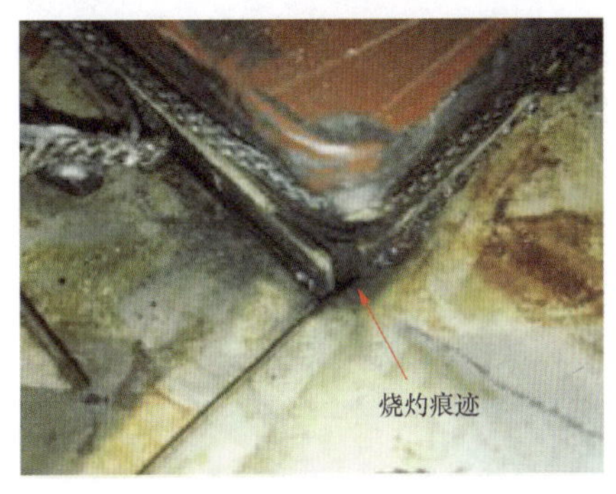

图 2-9-1　绕组与铁心接触犄角部位的烧灼痕迹

（4）清扫磁极绕组表面后使用万用表测量磁极绕组对阻尼环的电阻，数值为 0Ω。使用专用工具将磁极绕组与铁心分离，检查发现磁极绕组内侧有明显烧灼损伤，如图 2-9-2 所示，磁极铁心与绕组间的绝缘板、故障位置磁极铁心犄角的绝缘纸有灼烧痕迹，如图 2-9-3 所示。

图 2-9-2　绕组内侧烧灼损伤

图 2-9-3　烧灼及破损

（5）对磁极绕组和磁极铁心进行仔细检查，发现磁极绕组有匝间短路迹象，环氧垫板的对应位置被灼伤，如图 2-9-4、图 2-9-5 所示。

图 2-9-4　绕组匝间短路

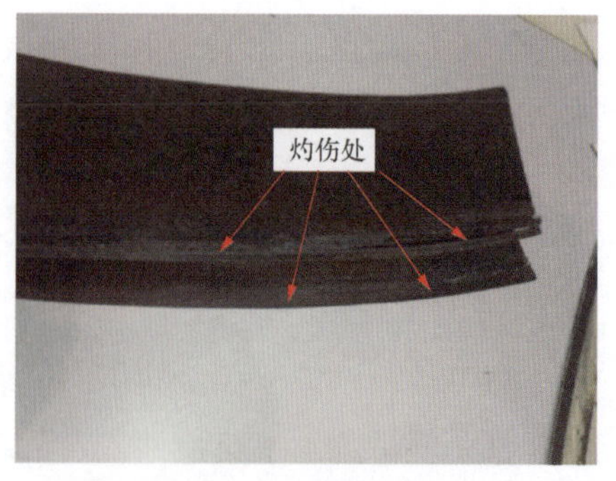

图 2-9-5　环氧垫板灼伤

图 2-9-6　铜渣及灼伤

（6）故障位置磁极铁心犄角底部有铜渣，该处的环氧板被灼伤，为磁极绕组接地部位，如图 2-9-6 所示。

综合分析上述现象，判断故障磁极匝间绝缘出现老化损坏，最先出现匝间短路，在短路电流的作用下磁极绕组最外侧第二匝被少量烧熔，熔渣在故障位置的铁心犄角处慢慢积聚，逐渐将犄角处的绝缘纸和环氧板灼伤并与铁心接触，造成故障磁极接地。

三、防治对策

（1）对于运行年限较久、有老化趋势的设备，制定有针对性的检修项目，包括阻尼绕组检查处理、阻尼环销钉检查处理等，对于通过检修无法处理的工作，可通过机组磁极技术改造来消除缺陷。

（2）定期测量机组转子直阻和交流阻抗，并与历史数据对比，检查机组转子匝间短路绝缘情况。

（3）研究转子匝间绝缘在线监测技术的应用及可行性。

四、案例点评

检修经验不足，转子检修项目仍参照规程及厂家维护手册的标准项目进行，投产至今未对转子磁极进行针对性的解体检查评估。

转子匝间绝缘状况没有很好的监测、检测手段，匝间绝缘损坏初期不能及时发现。

案例 2-10　某抽水蓄能电站机组磁极绝缘破损*

一、事件经过及处理

2018 年 9 月 7 日 0 时 9 分 39 秒，某抽水蓄能电站 4 号机组抽水稳态运行过程中转子接地保护动作导致电气跳机，机组执行事故停机流程。

运维人员风洞外部检查未发现明显异常，查看监控系统主要报警情况：4 号机组 A 套保护 985GW——转子一点接地动作输出，机组执行事故停机流程。查看保护系统主要报警情况：4 号机组转子一点接地保护跳闸动作。

进一步检查发现保护动作时接地电阻为 0.81kΩ，小于转子一点接地保护定值 10kΩ，另外查得转子一点接地位置显示 19.54%，初步判断接地位置为 3 号或 4 号磁极部位。

现场对转子绝缘进行测量，对磁极、引线、励磁回路、集电环进行分段检查。具体情况如下：

（1）机组停稳后，4 号机组 A 组保护柜显示转子绝缘值为 167kΩ，用万用表对励磁电缆正负极对地进行测量，发现测值与保护柜显示值基本相符，保护装置测量正确，同时检查保护回路未发现异常，可初步排除保护装置误动。

（2）拔出碳刷后测量励磁电缆对地绝缘，无异常，可排除励磁至集电环段电缆接地。

（3）将轴内励磁引线与转子磁极连接拆除，测量轴内励磁引线对地绝缘，无异常，可排除轴内励磁引线段接地。

（4）拆除 8、9 号磁极极间连接线，采用 1/2 法逐步分段检查转子磁极绝缘，最终确定 3 号磁极存在接地点，绝缘电阻值仅为 1.3kΩ。风洞内仔细检查 3 号磁极未发现异常，将其吊出进行彻底清扫，整体检查仍未发现异常，将绕组脱开后发现该绕组首匝下端 L 角处（见图 2-10-1）存在绕组铜排向磁极铁心方向内移的现象，并有 L 角铜排拉裂痕迹，如图 2-10-2、图 2-10-3 所示，内移铜排对应的铁心部位存在疑似放电痕迹，如图 2-10-4 所示。

组织召开原因分析及处理方案专题技术咨询会，邀请专家同厂家技术人员进行原因分析，并协调厂内紧急进行新绕组排查。

回装厂家新生产的 3 号磁极并试验合格，要求厂家之后生产的备品磁极滑移层恢复

---

* 案例采集及起草人：赵宏图（浙江仙居抽水蓄能有限公司）。

为原来的聚四氟乙烯玻璃布，且对磁极端部塞紧绝缘工艺进行改进，采用 3 块组合绝缘板拼装塞实端部（见图 2-10-5），塞实后与磁极两侧绕组间隙不大于 1cm，防止铜排内移时直接破坏极身绝缘。

图 2-10-1　3 号磁极绕组首匝下端靠 2 号磁极侧 L 角处

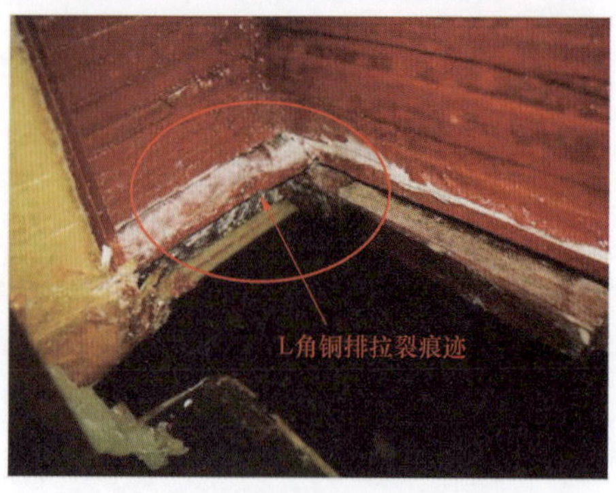

图 2-10-2　绕组首匝铜排向磁极铁心方向内移（内侧视角）

图 2-10-3　绕组首匝铜排向磁极铁心方向内移（外侧视角）

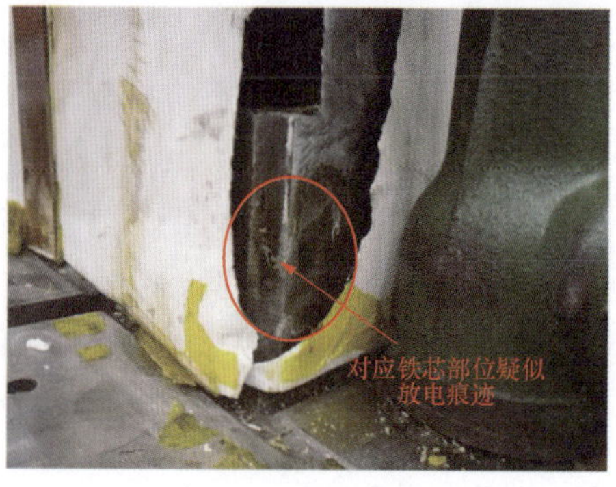

图 2-10-4　对应铁心部位存在疑似放电痕迹

图 2-10-5　采用 3 块组合绝缘板拼装塞实端部

二、原因分析

直接原因：发电机转子 3 号磁极绝缘托板与绕组首匝间滑移层的摩擦力较大，导致机组运行一段时间后，磁极 L 角处铜排内移引起极身绝缘被破坏导致转子接地。

3 号磁极绕组首匝下端 L 角处铜排内移的原因是：该电站磁极绕组采用塔形结构，绕组有效匝数 42 匝，另在首匝和末匝分别设置虚半匝铜排，在运行时不载流，仅起到结构填充作用。按线圈单线示意图如图 2-10-6 所示，其中Ⅰ，Ⅱ，Ⅲ号铜排为填充铜排，为保持整个线圈上表面平齐。4 号机组出现接地的磁极绕组，是其Ⅱ号铜排沿图示红色线条示意向磁极中心线位移，错位后填充磁极绕组和磁极铁心之间间隙，最终破坏极身绝缘。

磁极铜排在正常运行和冷态停机时其他受力分析如下：

正常运行时，整个磁极绕组在额定工况下受热膨胀，磁极绕组下端部其主要热变形方向是轴向向下。首匝线圈Ⅰ号铜排径向方向受到其余匝离心力作用，使得首匝的Ⅰ号铜排与绝缘托板存有摩擦力，其中铜排所受的摩擦力为轴向向上。因磁极绕组绝缘托板与铜排接触面敷设有减小摩擦力的滑移层，故该轴向向上的摩擦力较小，正常情况下该摩擦力不会阻碍磁极绕组自由热膨胀。冷态停机时，首匝线圈Ⅰ号铜排不再受到其余匝离心力作用，相对绝缘托板之间的摩擦力近似为零。整个磁极绕组将恢复原状态，此时Ⅰ号铜排将会随着其他匝铜排一起轴向向上位移复位，如图 2-10-7 所示。

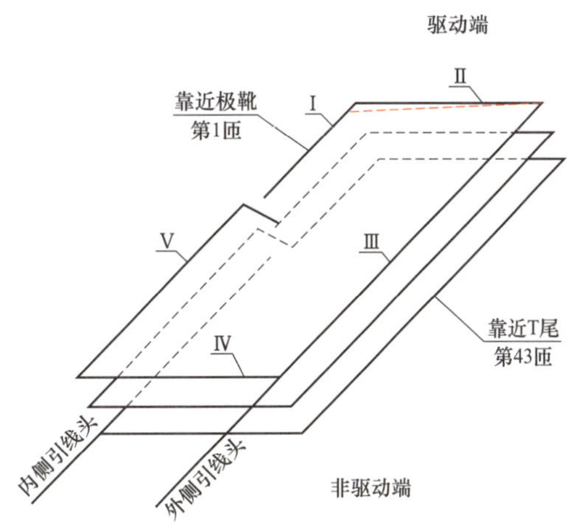

图 2-10-6　线圈单线示意图

4 号机组在 5 月份吊出磁极处理绝缘垫块问题期间，在绝缘托板上的滑移层为在现地涂刷的干性润滑剂，因 4 号机组绝缘托板原滑移层为整体压制的聚四氟乙烯玻璃布，因此需要在现场将之前的聚四氟乙烯玻璃布打磨掉再涂刷干性润滑剂。而打磨方式为现场厂家人工打磨，可能会造成极个别的绝缘托板局部打磨过量，导致该处摩擦力增大。同时，磁极绕组绝缘托板滑移层也是在现场人工涂刷，也有可能个别绝缘托板涂刷工艺不到位，如搅拌不均匀、涂刷次数不够等，导致该处的摩擦力增大。

当绝缘托板打磨过量或滑移层涂刷不到位时，都将会增大磁极绕组与绝缘托板之间的摩擦力，从而阻碍磁极绕组自由热膨胀，对于该处磁极绕组，在热态时由于与绝缘托板之间较大摩擦力的抑制，Ⅰ号铜排相对于其他下端铜排向下位移较少，而冷态停机时

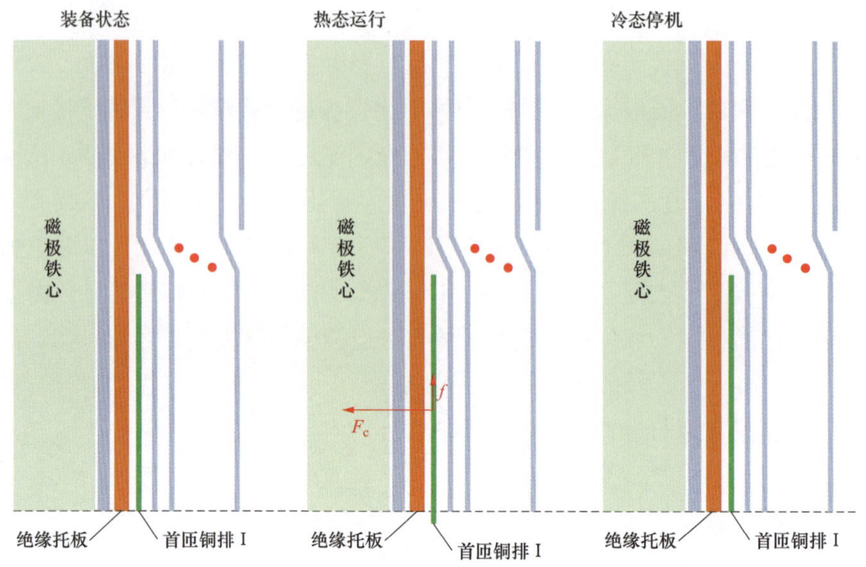

图 2-10-7 正常情况下不同状态的磁极首匝铜排Ⅰ位移变化

该匝铜排跟随其他铜排一起上移。多次冷热态交替后，Ⅰ号铜排将沿轴向向上产生较大位移，由于Ⅱ号铜排与Ⅰ号铜排焊接为一体，相应的逐次带动Ⅱ号铜排轴向向上位移，多次积累后，位移部分填充极身绝缘与铜排内表面间隙，最终破坏绝缘，导致线圈接地，如图 2-10-8 所示。

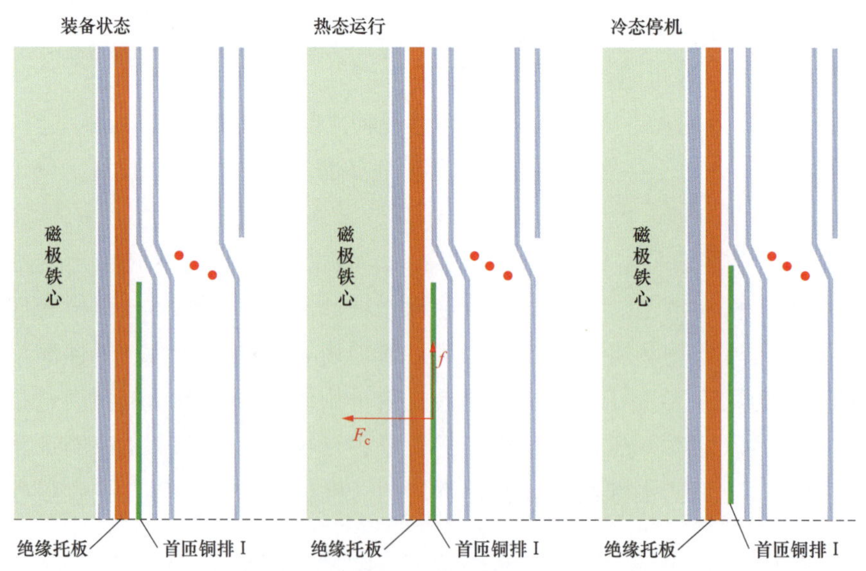

图 2-10-8 滑移层摩擦力较大情况下不同状态的磁极首匝铜排Ⅰ位移变化

根本原因：

(1) 设计不当，未充分考虑到滑移层摩擦力对磁极正常运行过程中防止线圈位移的重要性。

（2）施工工艺不当，滑移层采用人工涂刷，难免存在涂刷不均匀的情况，难以保证线圈各处铜排热膨胀过程中很好地克服与绝缘托板之间的摩擦力。

（3）定检检查不到位，定检作业指导书中未包括磁极铜排 L 角处位移情况检查，定检过程中未能提前发现该问题。

三、防治对策

（1）要求厂家之后生产的备品磁极滑移层恢复原来的聚四氟乙烯玻璃布，并要求若再出现设计变动的情况，需由业主方审核确认后实施。

（2）要求厂家之后生产的备品磁极滑移层恢复原来的聚四氟乙烯玻璃布，不再进行现场人工涂刷润滑剂。

（3）将磁极铜排 L 角处位移情况检查加入定检作业指导书，结合定检加强对各机组该部位的检查，并在日常巡检中加强对转子接地电阻值得监视和记录。

四、案例点评

由本案例可见，发电机磁极的安全质量管控要从设计阶段抓起，应充分考虑磁极绕组长期运行过程中可能产生的线圈轴向或径向形变、位移等问题，并采取相应的可靠预防措施。

本案例中的滑移层相对较隐蔽，日常维护时无法检查到，且磁极绕组铜排内移现象不明显，若不作为专项检查项目列入作业指导书也较难发现。类似的细节若在设计阶段疏忽或考虑不全面，极可能导致设备后续运行出现较严重的故障，影响设备的安全稳定运行。所以，电站运维人员一方面要加强同厂家设计、工艺控制人员的沟通交流，充分了解设备的各部细节设计，另一方面，要提升自身技能水平，举一反三列出设备全面的检查项目，列入作业指导书，并执行到位。

案例 2-11　某抽水蓄能电站机组转子磁极下端部绝缘板下移*

一、事件经过及处理

2018 年 5 月 18 日，某抽水蓄能电站故障前运行方式为：500kV 系统合环运行，500kV 系统全保护运行；1 号主变压器带 1 号高压厂用变压器空载运行，2 号主变压器

* 案例采集及起草人：付映江、赵启超、杨红（山西西龙池抽水蓄能电站）。

空载运行，3号主变压器与2号高压厂用变压器检修，4号主变压器空载运行；1、2、4号机组处于备用状态，3号机组检修；10kV厂用电Ⅰ段母线带Ⅲ段母线，Ⅱ段母线独立运行。故障后系统运行方式未变。

3号机组B级检修时在对发电机下风洞检查过程中发现：转子5号磁极下端部一块绝缘板下移了4cm，但未触及其他部位，检查转子绕组和定子线棒未发现损伤。该缺陷处理可能会吊出磁极，导致检修工期延期。5号磁极绝缘板下移如图2-11-1所示。

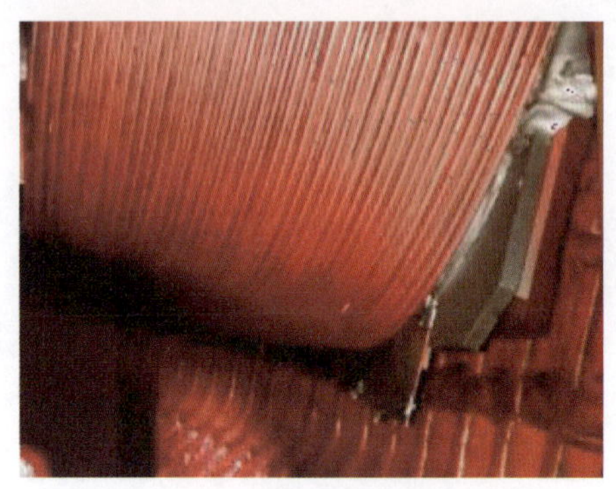

图2-11-1　5号磁极绝缘板下移

5月22日，制造厂家到厂实地测量分析后提供了解决方案，并着手处理下移绝缘板（绝缘法兰）。绝缘法兰处理方案如下：

（1）吊出5号磁极，测量其绝缘电阻和直流电阻，绝缘电阻（电压为539V）为：15s，72GΩ；60s，193GΩ。直流电阻（电流为10A）为：7.61mΩ。

（2）拆除5号磁极绕组，如图2-11-2、图2-11-3所示。

图2-11-2　磁极绕组拆除前准备

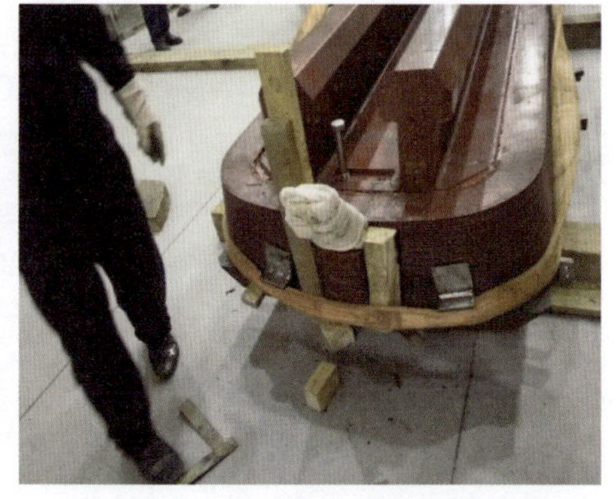

图2-11-3　磁极绕组拆除

（3）对附着在绝缘法兰（即绝缘板）上面的硅胶和污物用丙酮擦除干净，用锉刀将法兰上的凹凸部位进行平整处理。

（4）由于磁极下端部最上层（与线圈接触）的绝缘法兰从绝缘销钉（起定位作用）处撕裂，如图2-11-4、图2-11-5所示。所以，将该1.8mm厚的绝缘板换成国内厂家东芝水电生产的两块绝缘法兰，分别为1.0mm和0.8mm，并将这两块法兰放置在第二层。

（5）对新的绝缘法兰进行切割加工处理，使其与原法兰能保持同样形状，如图2-11-6所示。对切割部位进行修整，之后用丙酮认真清扫并与原法兰的形状对比确认，将磁极两端部与侧边的绝缘法兰进行临时对位安装，确认能正常安装的状态。

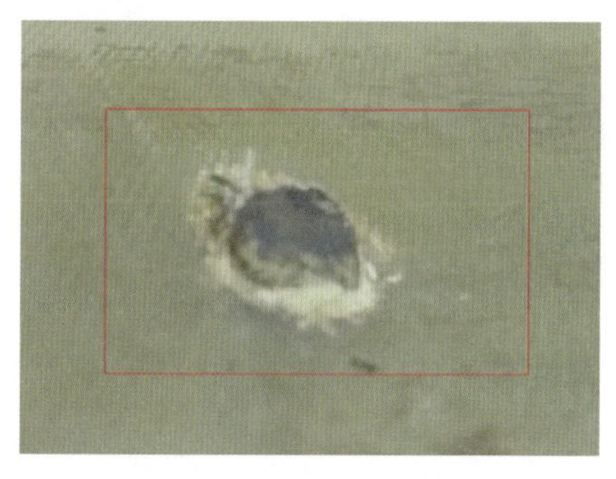

图 2-11-4　绝缘法兰破损部分

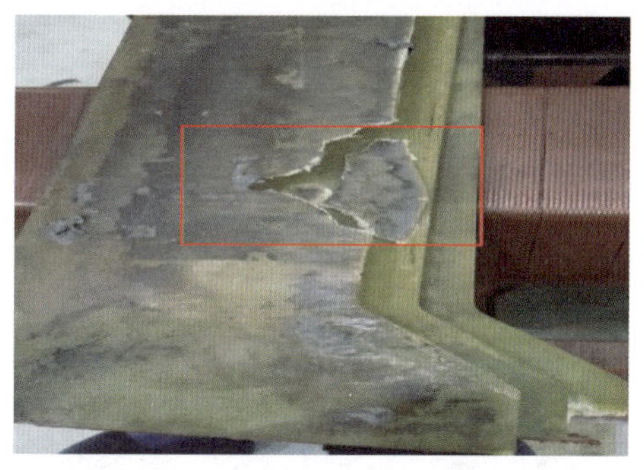

图 2-11-5　绝缘法兰上的绝缘销钉

（6）将环氧树脂与聚胺树脂按照 6∶1 的配比进行调和。搅拌后的粘接剂很稠，然后经东芝公司确认后用大量丙酮进行了稀释配成粘接剂。磁极上下端部单侧分别进行作业处理：首先在磁极一侧的端板上先放置第一片绝缘法兰，在第一片和第二片之间均匀涂上粘接剂，涂好粘接剂后再叠上第二片对齐，按顺序直至第六片进行连续粘接作业。粘接剂涂刷如图 2-11-7 所示。

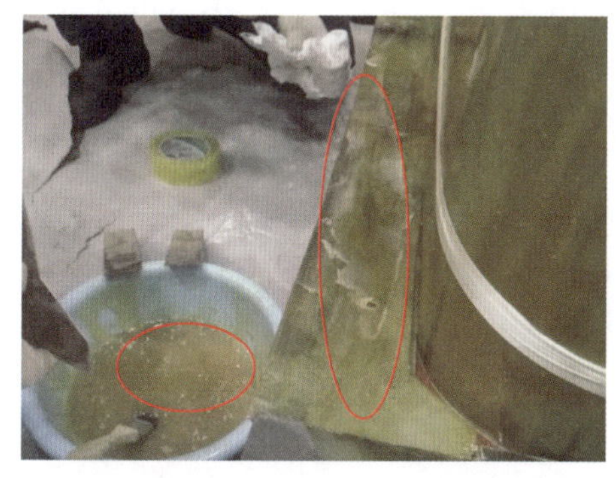

图 2-11-6　新法兰比对切割加工

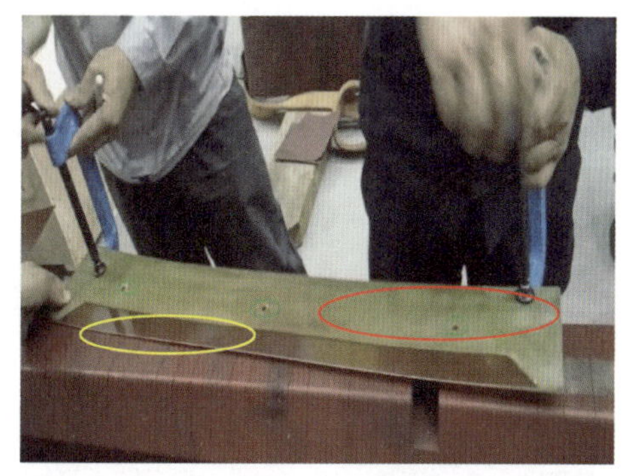

图 2-11-7　粘接剂涂刷

（7）粘接前，要取出每片绝缘法兰上的 3 个绝缘销钉，留出的定位销孔要用粘接剂填充。6 片粘接作业结束后，对两侧的偏移进行调整使其整齐，使用 5 个 C 形夹具固定单侧的 6 片绝缘法兰，为使其均等粘接，绝缘法兰均匀受力，防止固定过程中法兰间位移，在 C 形夹具和绝缘法兰之间放入铁板，固定后将法兰中溢出的粘接剂檫除干净。粘接剂静置 12h 后，又加入两个油汀分别加热两端部 20h 后，粘接剂才达到理想的硬化状态。

（8）绝缘法兰的处理：拆开 C 形夹具后再次确认端部绝缘法兰贴合良好，若绝缘法兰超出规定尺寸，为保证机组的正常运行，需对突出部分切割加工。用锉刀将之前溢出并硬化的粘接剂清理干净，用丙酮擦干净侧边法兰安装部位后，安装铁心托板侧边绝缘法兰，在绝缘法兰的各个接口部位涂上硅胶填满缝隙，如图 2-11-8、

图 2-11-9 所示。然后在四周绝缘法兰上刷一层硅脂，避免绕组与铁心间更大的摩擦力。

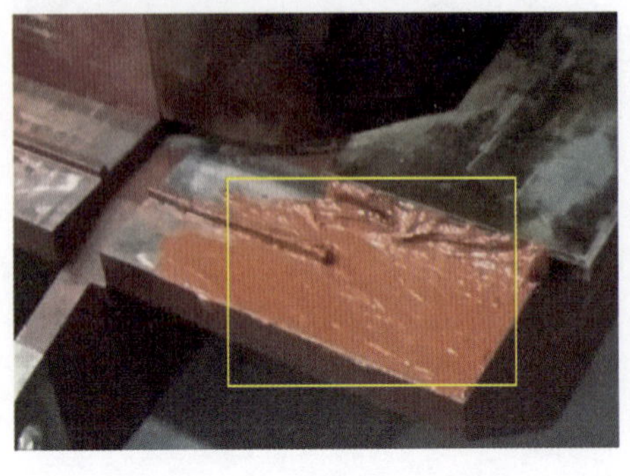

图 2-11-8　C形夹具与铁块

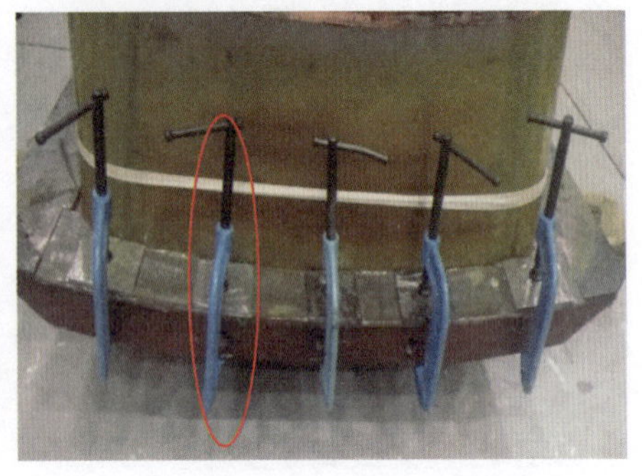

图 2-11-9　托板端部绝缘法兰间硅胶填缝

（9）对磁极铁心和绕组上附着的污物和粘接剂用丙酮擦洗干净，在绕组吊出时被带出的绝缘隔板在回装绕组前安装好。然后回装绕组，吊起时尽量保持水平状态，吊入时，绝缘法兰和绝缘填充物不能发生位移，但实际上，吊入过程中，不得不取出一端部的绝缘隔板，使得绕组更容易回装到铁心上，然后再将隔板插入。

（10）测量其绝缘电阻和直流电阻，绝缘电阻为：15s，29.5GΩ；60s，59.7GΩ。直流电阻为：7.52mΩ。试验数据合格，然后在绝缘隔板缝隙处填充硅胶，如 2-11-10～图 2-11-11 所示，静置 24h，待硅胶硬化后，回装磁极。

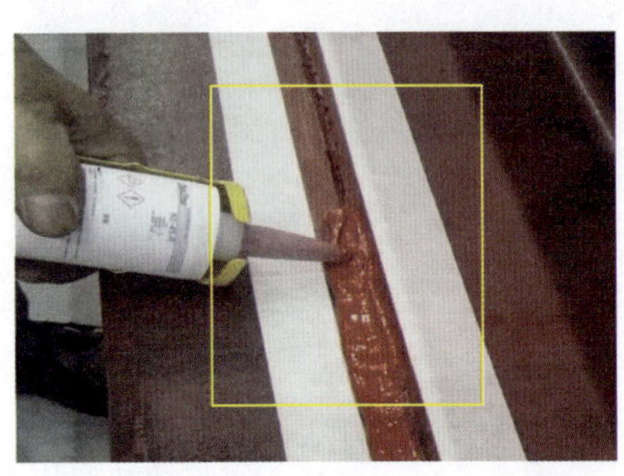

图2-11-10　托板两侧绝缘法兰间硅胶填缝

图 2-11-11　铁心绕组间硅胶填充密封

二、原因分析

分析造成转子磁极下端部绝缘板下移的直接原因有：

（1）转子绕组在机组启停时因其温度的变化会产生热胀冷缩，转子绕组和磁极受热膨胀的胀差会造成转子绕组和磁极间的相对位移。

（2）转子绕组和上方绝缘法兰间会因转子绕组的离心力而产生摩擦力并随着机组的启停产生上下方向的作用力，从而产生位移。

（3）由于上方绝缘法兰的上表面及下表面的两片有必要做成曲线形状，因此由

1.8mm的绝缘板通过粘接来成型。若在确保粘接程度的状态下是不会发生外移的，但粘接程度随着时间的推移而被削弱，从而产生了层间的位移因而造成外移，这是造成缺陷的主要原因。

以上3条不利因素都是由设备本身设计及运行状态决定的，且外力无法改变，所以以上原因均可归纳为不安全状态。

三、防治对策

（1）要求转子制造商针对该缺陷提供相应的后续整改措施，彻底解决转子在设计思路和制造工艺上的缺陷。

（2）及时定检，严格跟踪关注设备薄弱点或缺陷，及时发现及时处理，保证机组的正常运行。

四、案例点评

由本案例可见，转子制造商在转子的设计思路和制造工艺上存在缺陷。机组运行强度大，调度未按时批准定检，电站人员无法及时跟踪关注一些设备薄弱点或缺陷，需要加强同调度沟通协调，切实保证能够按期定检。

案例2-12　某抽水蓄能电站机组转子接地故障*

一、事件经过及处理

2017年8月4日10时22分，某抽水蓄能电站2号机组发电启动，带80MW负荷发电运行。机组启动后15min当日ON-CALL人员对发电机设备进行巡视检查，巡视中发现2号机组风洞内湿度较大，空气冷却器及周围设备结露严重。立即组织对2号机组冷却器流量进行了调整，第一阶段将阀门开度从12%调低至6.5%，10min后效果不明显，再次将冷却水阀门开度调低至2%，拟通过大幅降低流量改善风洞内运行环境。但在第二次调整后约2min后，监控系统报“2号机组转子接地保护动作”。2号机组启动电气事故停机流程。

拆解21号磁极连接母线，取出螺栓与绝缘垫块进行清洗、干燥。对安装部位进行除锈并擦洗干净，将绝缘垫块与螺栓回装，如图2-12-1所示。测量21号磁极绝缘电阻为110MΩ，测量1、2滑环间绝缘电阻为97MΩ，将磁极断开点全部恢复后，测量转子

* 案例采集及起草人：毕旭、陈泽升（河北潘家口抽水蓄能电站）。

整体绝缘为 3.6MΩ，转子绝缘合格，绝缘垫块及螺栓如图 2-12-1、图 2-12-2 所示。

图 2-12-1　绝缘垫块

图 2-12-2　螺栓回装

机组空转及空载试验，机组保护装置监测转子绝缘电阻大于 100kΩ，转子绝缘正常。

二、原因分析

1. 情况梳理

根据监控系统事故光字、流程信息及现场查看转子及定子情况，可以初步判断为 2 号机组转子接地保护动作，导致 2 号机组发电转停机。

2. 问题排查

（1）保护专业检查情况。

1）保护动作情况分析：

保护专业人员现场查看保护装置信息，并查看 2 号机组转子接地保护的实时接地电阻值为 16kΩ，机组转子接地保护定值如表 2-12-1 所示。

表 2-12-1　　转子接地保护定值

PG21	发电/电动机转子接地保护	64F	Ⅰ段：R_1=50kΩ，延时 t =10s Ⅱ段：R_2=10kΩ，延时 t =2s

其中，Ⅰ段保护仅报警不跳闸，Ⅱ段保护为跳闸出口。

2）转子接地保护校验情况：

对 2 号机组转子接地保护进行现场校验，转子接地保护Ⅰ段及Ⅱ段动作均正确。从保护专业分析结果可以看出，本次 2 号机组转子接地保护为正确动作，需要对转子进行全面检查。

（2）机组转子检查情况。

1）现场使用 500V 绝缘电阻表对转子对地绝缘进行测量，对地电阻值为 0MΩ，初步确认 2 号机组转子存在对地绝缘薄弱点，需要进行全面检查。

2）立即组织人员对 2 号机组转子进行全面地检查。现场检查 2 号机组风洞内温湿度计显示38℃，湿度为93%；对2号机组转子进行全面的检查，未发现较明显的故障点。判定为运行环境湿度较大，造成转子绝缘电阻降低，引起转子接地保护动作。

第一阶段检查及处理：

通过打开风洞排风孔，关闭冷却水出口阀，机组空转运行对风洞内环境干燥处理。干燥处理后湿度为56%，环境温度为41℃。干燥处理后对转子绝缘检测为0.8MΩ，满足试验规范要求。但在后续机组空转驱潮启动及停机过程中转子接地保护均动作，且均在机组转速为9～15r/min时出现故障信号，额定转速及停机后接地信号消失。再次将机组空转至额定转速测量转子回路绝缘为0.8MΩ以上，通过手动零起升压的方式机组空载运行超过1h，再次检测转子回路绝缘为2.3MΩ，但在机组停机过程中转速降至9～15r/min时，仍然出现了接地保护动作信号。初步怀疑，存在个别部件有不稳定接地情况，且受转子运动离心力影响。空载驱潮停机后，再次对转子各部位进行了检查，仍未发现转子部件松动或不稳定接地情况。

第二阶段检查及处理：

机组在低转速运行时出现短时转子接地故障，因此对转子磁极阻抗进行进一步测试检查分析，通过与以前的试验数据对比发现，滑环之间的磁极阻抗值变化不大，排除了磁极匝间短路的可能性；采用手动开机，使机组保持在10～20r/min运行，通过在线测量转子绝缘电阻的方法，确定接地点在转子1～2滑环之间，即转子磁极2～8、14～24、34～40之间，并采取了1/2分区域排除法进行排查，最终确定接地故障点位置。

（3）其他机械部件及转动部件检查情况。

1）定子设备检查正常，绝缘测试正常。

2）水车室、机械转动部件、固定螺栓等进行检查正常。

3. 确定故障点

该抽水蓄能电站机组设计为双转速，转子磁极设计较为复杂，将影响转子绝缘的部件划分为3个部分进行排查，1滑环和2滑环为第一部分，即转子磁极2～8、14～24、34～40，3、4、5滑环为第二部分，即转子磁极10～16、26～32、42～48及1、9、17、25、33、41号磁极以及励磁引线为第三部分。以下测量绝缘电阻均在机组低转速运行时测量，机组双转速时磁极选择示意图如图2-12-3所示，转子磁极电路如图2-12-4所示。

在2号机组励磁装置灭磁开关下口处测量转子绝缘为0MΩ，拆除滑环碳刷后再在灭磁开关处测量励磁引线绝缘值为98MΩ，确认励磁引线无故障点。

对3、4、5滑环进行绝缘测量，绝缘电阻为5.3MΩ，证明3、4、5滑环所连接的转子磁极无故障点。

对1滑环和2滑环进行绝缘测量，绝缘电阻为0MΩ，确定故障点位1、2滑环所连接的转子磁极范围内。拆除24号和34号磁极间连接，使1滑环与2滑环独立并分别连接部分磁极。对1滑环与2滑环分别进行绝缘电阻测量，1滑环测得绝缘电阻为0MΩ，2滑环测得绝缘电阻为5.5MΩ，继续在21号磁极出线处断头，如图2-12-5所示。

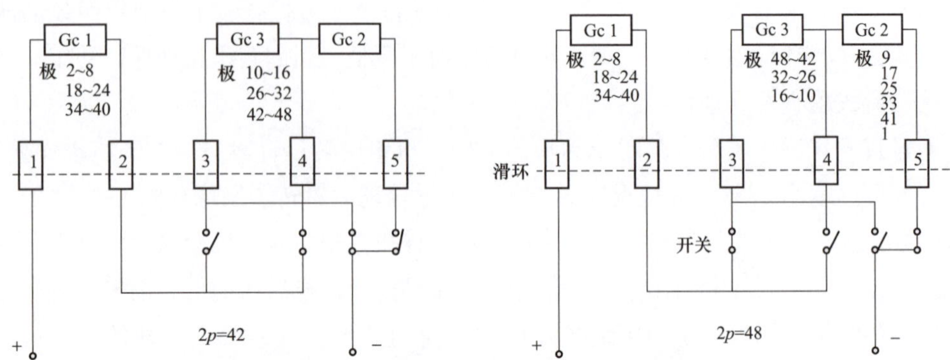

图 2-12-3　机组双转速时磁极选择示意图

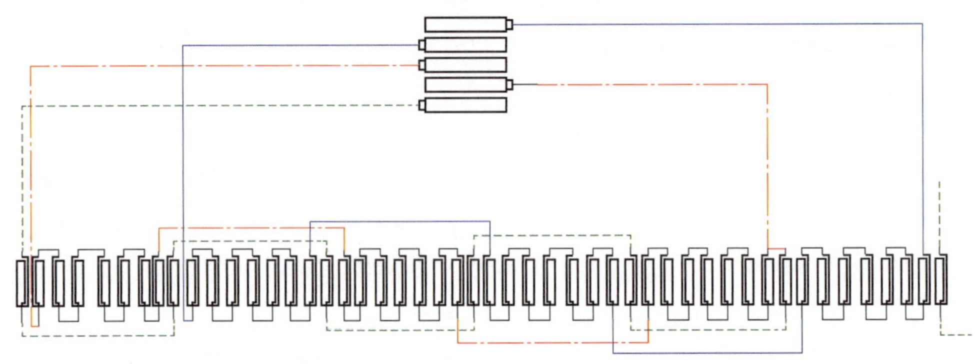

图 2-12-4　转子磁极电路

在 21 号磁极断头处向 20 号磁极方向测量绝缘电阻为 4.7MΩ，向 21 号磁极方向测量绝缘电阻为 0MΩ，说明接地点在磁极 21～24 磁极区间。继续在 22 磁极进线处进行断头，如图 2-12-6 所示。

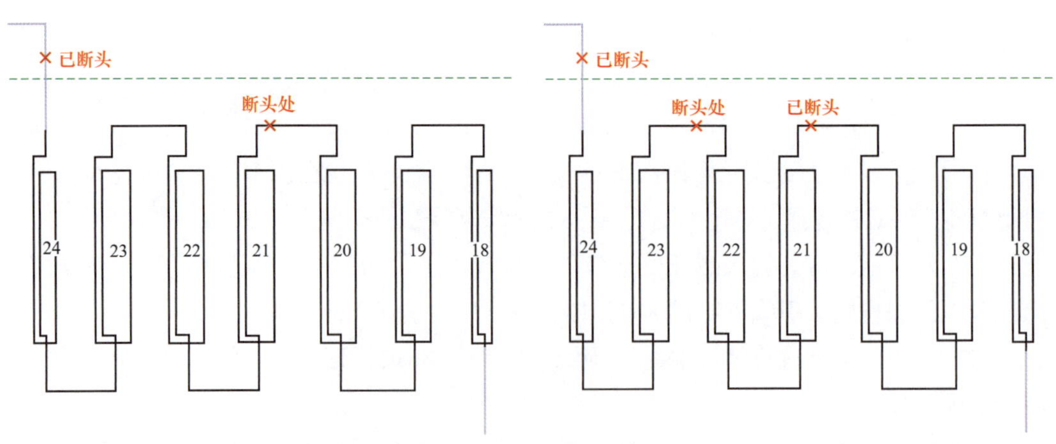

图 2-12-5　21 号磁极出线处断头　　图 2-12-6　22 号磁极进线处断头

在 22 号磁极断头处进行双向绝缘测试，21～22 磁极的绝缘电阻为 0MΩ，23～24 的绝缘电阻为 4.7MΩ，判断接地点在21～22 磁极处。下一步断开21～22 磁极下方连接钢母线，如图2-12-7所示。

在拆除 21～22 磁极下方连接钢母线时，发现 21 号磁极固定螺栓绝缘垫块处有锈蚀痕迹，判断此处即为不稳定接地点。分析原因为风洞内湿度过大，磁轭键磨损出来的粉尘与空气中的潮气在转子磁极间连接母线绝缘垫块处聚集，形成了一个不稳定接地点，如图 2-12-8 所示，在机组低转速时形成接地故障。21 号磁极与定子间绝缘垫块位置如图 2-12-9 所示。

磁极间连接钢母线平视图及俯视图如图 2-12-8 所示。

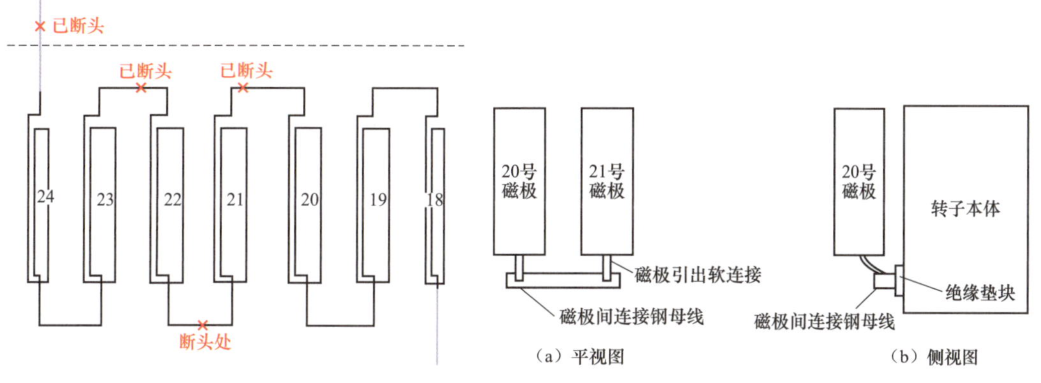

图 2-12-7　断开磁极下方连接钢母线

图 2-12-8　不稳定接地点

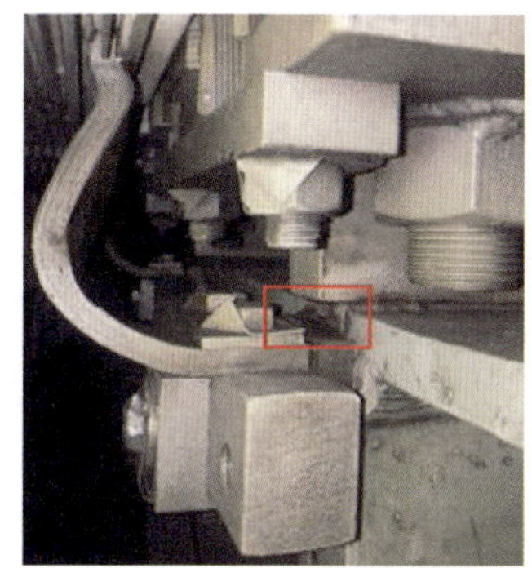

图 2-12-9　21 号磁极与定子间绝缘垫块

最终总结此次故障的原因如下：

（1）为了降低2号机组定子线棒绝缘老化速度，运行中将2号机组定子温度控制在70℃以下，空气冷却器流量偏大。

（2）8月3日夜，电站所在地降雨量为125mm，8月4日天气闷热，空气湿度明显增大，湿度达到80%以上，正常环境湿度为60%左右，湿润空气经过空气冷却器冷凝结露后进一步致使风洞内湿度加大，潮气与粉尘聚集后引起绝缘电阻降低，造成本次转子接地故障。

（3）机组多年运行导致转子磁轭键与键槽之间的径向间隙加大，机组运行时磨损产生粉末。机组检修时转子清扫不彻底，引起粉末积留。

三、防治对策

（1）认真组织人员分析环境因素对设备运行的影响，进一步优化空气冷却器冷却水流量调整实施办法，合理控制风洞内温湿度。

（2）在机组C级检修时将转子磁极分为4段，进行绝缘电阻测试，对绝缘电阻值较低分段的绝缘块、螺栓绝缘套管等部位进行清扫检查；B级以上检修时对所有绝缘垫块、螺栓绝缘套管进行清扫检查。

四、案例点评

（1）未充分考虑环境因素对设备运行的影响，及时调整空气冷却器的运行方式，合理控制风洞内温度和湿度。

（2）设备维护不到位，清扫检查不彻底，对设备隐蔽位置的检查存在疏漏。

案例2-13　某抽水蓄能电站机组定子线棒表层绝缘损伤*

一、事件经过及处理

（1）2018年7月10～11日，某抽水蓄能电站2号机组定检期间，在对2号机组定子绕组端部检查时，发现定子绕组下层线棒77～80号上端部发黑，绕组与上齿压板交汇处有烧焦云母带，用内窥镜检查发现绕组与上齿压板交汇处有烧蚀痕迹，如图2-13-1、图2-13-2所示。

---

* 案例采集及起草人：王志、王德刚、耿沛尧（国网新源控股有限公司回龙分公司）。

图 2-13-1 绝缘损坏情况

图 2-13-2 碳化云母带

(2) 吊出 2 号机组上机架，现场查看线棒受损情况，通过敲击确认 78、79 号两根线棒高阻段绝缘受损，77、80 号两根线棒绝缘没有问题。

(3) 为了进一步检查线棒受损情况，检修人员对受损线棒部位表面进行清理，使用细砂纸打磨掉表面碳化层，如图 2-13-3 所示。再次进行敲击，受损部位发出的声音表明绝缘分层。

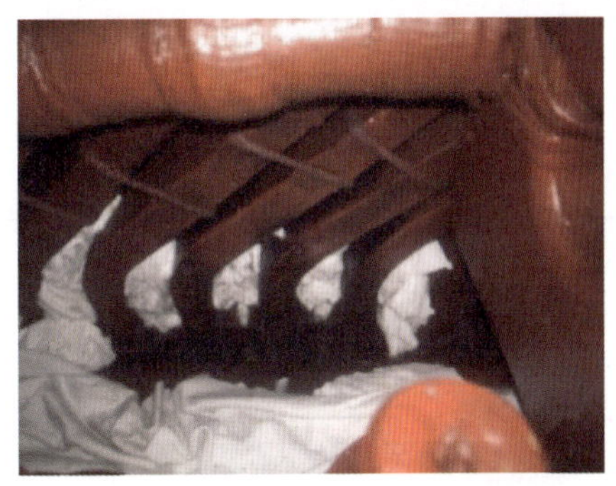
图 2-13-3 受损部位打磨后情况

2018 年 7 月 29 日，对拆下的 78、79 号及 80 号受损线棒进行交流耐压，试验电压 25.1kV，时间 1min 通过；7 月 30 日及 8 月 5 日两次对 78、79 号线棒受损部位的绝缘扒开检查，从扒开过程看仅是烧伤局部有分层，其他部位绝缘粘接良好，表明线棒绝缘良好。从扒开现状看，烧损部位层间胶老化，导致局部绝缘层间分层，在防晕层以下烧伤层数为 2～3 层，形成了局部绝缘弱点，烧伤深度约 1mm，超过标准要求。尽管损伤部位仅是局部层间绝缘分层，不影响继续运行，但是局部弱点表明此根线棒性能可能与其他线棒有差别，更换损伤线棒是较好的处理方式，能避免遗留隐患，保证机组长期稳定运行。

具体处理步骤：

(1) 线棒拆除前对 2 号机组定子进行绝缘电阻、吸收比、直流耐压及泄漏电流试验，试验数据合格。

(2) 拆除上层 58～80 号线棒，下层 77～80 号线棒，对剩余线棒做交流耐压试验，试验数据合格，如表 2-13-1 所示。

(3) 备用线棒烘干、交流耐压试验，试验数据合格。

(4) 将拆下所有线棒更换为备用线棒，在下层线棒下线工作完成后，进行了绝缘电阻、吸收比、交流耐压试验，测量了 77～80 号槽电位；在上层线棒下线工作完成后，测量58～80号槽电位，所有试验数据均合格，如表2-13-2、表2-13-3所示。

表2-13-1　剩余线棒绝缘电阻及交流耐压试验

绝缘电阻				
测量绕组	A	B	C	备注
绝缘电阻15s（MΩ）	133.4	170.8	239	耐压前
绝缘电阻60s（MΩ）	182.6	287	461	
吸收比	1.37	1.68	1.93	
绝缘电阻（MΩ）	184.9	286	364	耐压后
交流耐压				
测量绕组	A	B	C	备注
电压（kV）	15.75	15.75	15.75	
时间	1min	1min	1min	
电流（A）	7.5	7.5	7.5	
结果	通过	通过	通过	

表2-13-2　交流耐压试验

槽号	施加电压（kV）	时间（min）	结论
77	22.6	1	通过
78	22.6	1	通过
79	22.6	1	通过
80	22.6	1	通过

表2-13-3　槽电位试验

槽号	电压（kV）	对地电位（V）		
		上	中	下
77	6.06	1.457	0.446	0.283
78	6.06	0.485	0.394	0.15
79	6.06	0.437	0.203	0.193
80	6.06	0.385	0.184	0.402

（5）线棒更换工作全部完成后，对定子做绝缘电阻、吸收比、交流耐压、直流耐压及泄漏电流、绝缘盒电位外移试验，试验数据合格，如表2-13-4～表2-13-6所示。

表 2-13-4　　定子绝缘电阻及交流耐压

定子绝缘电阻及交流耐压							记录人：×××
试验日期：2018.8.9	温度：26℃		湿度：44%		工作负责人：×××		
试验位置	耐压前绝缘电阻（GΩ）		试验电压（kV）	时间（min）	耐压后绝缘电阻（GΩ）		结果
	15s	60s					
A	0.579	1.476	2.55	17.6	1	1.537	通过
B	0.670	2.030	3.03	17.6	1	1.926	通过
C	0.671	2.260	3.37	17.6	1	1.924	通过
试验结论：合格							
使用仪器：激励变压器；YDQ6kVA/50kV/200V 充气式交流高压发生器；S1-1068 绝缘电阻测试仪。							
检修试验说明：按制造厂家提供出厂试验电压值。							
质量标准：吸收比大于 1.6；试验电压下 1min 无击穿。							

表 2-13-5　　发电机定子绕组泄漏电流和直流耐压试验

发电机定子绕组泄漏电流和直流耐压试验（μA）				记录人：×××
试验日期：2018.8.9	温度：26℃	绕组温度：24.5℃	湿度：44 %	工作负责人：×××
测试部位 / 试验电压（kV）	A	B	C	
5.25（1min）	3.0	2.8	3.0	
10.5（1min）	7.2	5.3	5.5	
15.75（1min）	13.2	9.4	10.5	
21（1min）	21.3	15.4	20.0	
26.25（1min）	35.0	21.4	32.7	
试验结论：合格				
使用仪器：直流高压发生器。				
检修试验说明：试验电压按每级 $0.5U_n$ 分阶段升高，每阶段停留 1min。				

质量标准：

（1）试验电压：全部更换定子绕组并修好后为 $3.0U_n$；局部更换定子绕组并修好后为 $2.5U_n$；大修前为 $2.5U_n$；小修时和大修后为 $2.0U_n$。

（2）在规定的试验电压下，各相泄漏电流的差别不应大于最小值的 100%。

（3）最大泄漏电流在 20 μA 以下者，相间差值与历次试验结果比较，不应有显著的变化。

（4）泄漏电流不随时间的延长而增大。

表 2-13-6　　定子直流电阻

定子直流电阻						记录人：×××			
日期：2018.8.9		温度：26℃		湿度：44%		工作负责人：×××			
A上（mΩ）	A下（mΩ）	B上（mΩ）	B下（mΩ）	C上（mΩ）	C下（mΩ）	A并（mΩ）	B并（mΩ）	C并（mΩ）	最大两项相间差（%）
7.914	7.924	7.857	7.974	7.828	8.025	3.959	3.958	3.963	0.126
试验结论：合格									
使用仪器：直流电阻测试仪。									
检修试验说明：按制造厂家提供试验标准。									
质量标准：并联电阻任意两相相间差不大于2%。									

二、原因分析

直接原因：在进行2号机组定子更换穿心螺杆工作时，发电机厂家未将现场清理干净，致使一块碳化云母带遗留至现场，机组运行时循环风将云母带吹出挂在线棒绑绳处，碳化云母带造成端部电场不均衡，致使碳化云母带尖端放电。燃烧部位77～79槽处于出线端，电位较高分别为5.86kV、5.96kV、6.06kV。当线棒防晕段表面存在碳化云母带时，表面电场均匀性破坏，碳化云母带尖端电场集中，远远大于空气击穿场强，造成空气击穿而出现放电现象，尤其是环境温度越高越容易放电。当导体电位较高时，尖端放电能量较大，放电附近局部存在可燃杂物，长时间放电引起可燃杂物燃烧，燃烧的杂物烧尽后，火被冷却循环风吹灭，没有引起槽口垫块、涤纶毡等继续燃烧，这是造成78～79号线棒绝缘表层损伤的直接原因。

间接原因：发电机厂家在施工中防护措施不到位，导致碳化云母带掉落至上、下线棒之间未能及时清除，安全责任制度落实不到位，对作业人员监护不到位，是造成这次事故的间接原因。

三、防治对策

（1）加强施工作业的规范管理，严格按照作业指导书进行施工作业，对作业人员加强培训管理，对施工流程、施工工艺、施工质量进行标准化要求。

（2）强化落实质量管理责任，建立完善的质量管理工作机制，提高各级管理人员责任意识，履职尽责；严格控制施工质量，施工完毕后，严格执行三级验收把关，对不易检查到的部位要使用内窥镜检查，做到验收检查全面化、细致化。

（3）在机组月度定检中，要加强对定子绕组的检查，做好试验记录，并与历史记录进行对比分析。

四、案例点评

由本案例可见，施工的过程管控在项目管理中至关重要，严格的过程管控可以有效地避免施工过程中一些不必要的错误发生；验收人员是保证施工质量的最后一关，验收人员能在验收过程中检查到位，便可避免一些不必要的损失。因此，建立完善的质量管理工作机制，提高各级管理人员责任意识是至关重要的。

案例 2-14　某抽水蓄能电站机组出口断路器二次端子松动*

一、事件经过及处理

2019 年 2 月 12 日 00 时 15 分 00 秒，某抽水蓄能电站执行 4 号机组抽水操作；0 时 18 分 01 秒，监控系统收到“机组转速≥85%”信号；0 时 21 分 22 秒，监控系统收到机组断路器 04DL“未合闸，转停机”信号，机组转停机；0 时 32 分 23 秒，4 号机组停机操作成功。

运维人员现场检查 4 号机组出口断路器 04DL 本体，检查无异常，对断路器 04DL 进行传动，断路器 04DL 分、合闸动作正常，信号反馈正常。现地对变频器抽水启动断路器 04DL 合闸回路进行检查，检查变频器启动过程波形，如图 2-14-1 所示，波形中

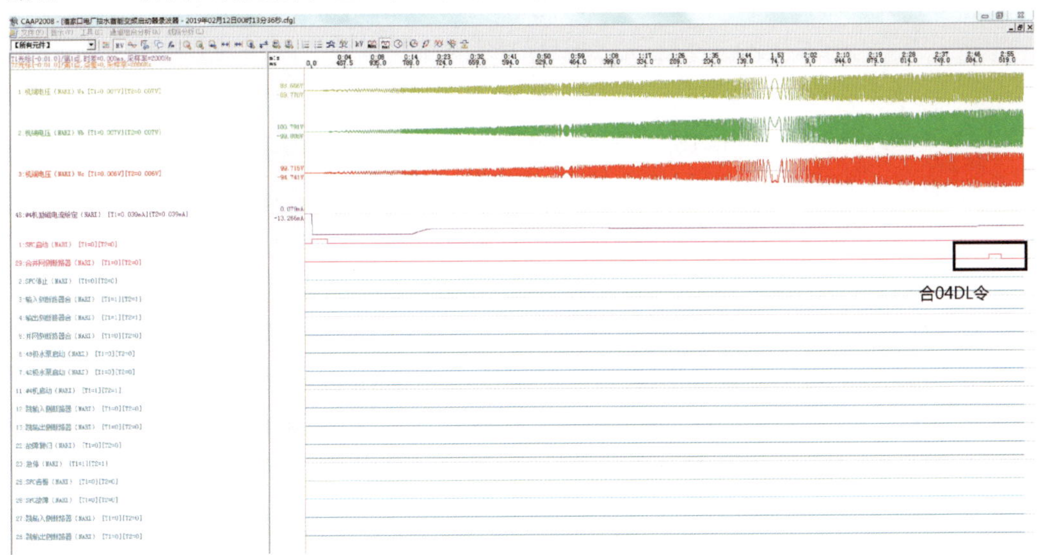

图 2-14-1　变频器启动过程波形

* 案例采集及起草人：梁国辉、付骏（河北潘家口抽水蓄能电站）。

看到变频器和断路器 04DL 命令信号正常，说明变频器系统内控制断路器 04DL 合闸继电器动作正常，变频器抽水启动断路器 04DL 合闸回路正常。

查阅原理图，如图 2-14-2 所示，可以看出变频器系统开出合出口断路器命令经 4 号机组现地控制单元转接后，送至 4 号机组换极换相盘 4PWPC 实现出口断路器合闸控制，机组出口断路器合闸原理图变频器系统发出的合出口断路器信号后，经过 4 号机组现地控制单元 4LCUA4：KD1 继电器的动合触点后，接通 4LCUA4：KJ9 继电器线圈电源回路，KJ9 继电器常开触点至 4 号机组 PWPC 盘断路器 04DL 合闸控制回路，如图 2-14-3 所示。

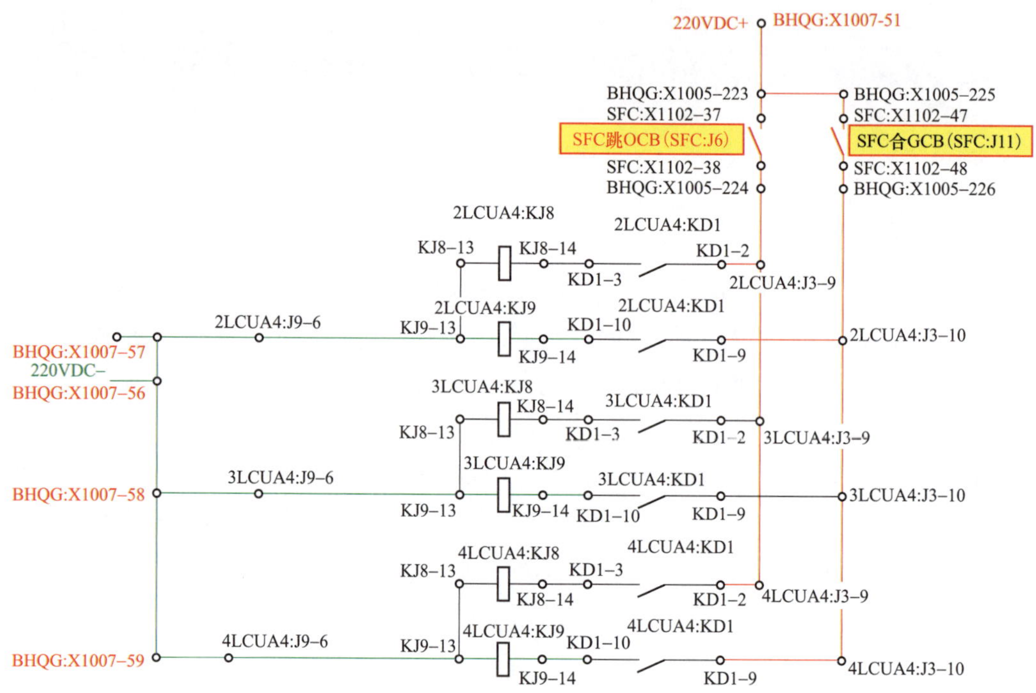

图 2-14-2　机组出口断路器合闸原理图（变频器与机组现地控制单元部分）

对 KD1 及 KJ9 继电器进行传动及校验检查正常，开、闭触点动作正常，绕组电阻值合格。对 4 号机组 4PWPC 盘断路器 04DL 合闸允许继电器进行校验，开、闭触点动作正常，电阻值合格。

对断路器 04DL 允许合闸回路进行传动，发现换极换相控制盘 4PWPC 未收到监控至的开出信号“FMK 合闸、机组转速＞85 DI20％”，测量此信号公共端无电压，其他信号传动正常。将此信号线解下进行对线，电缆接线正确，无断线情况。将“FMK 合闸、机组转速＞85 DI20％”信号线重新接入换极换相控制盘 4PWPC 端子，此信号恢复正常，如图 2-14-4 所示。

二、原因分析

（1）监控系统在收到转速大于 85％的信号后，如果在 200s 内断路器 04DL 合闸信

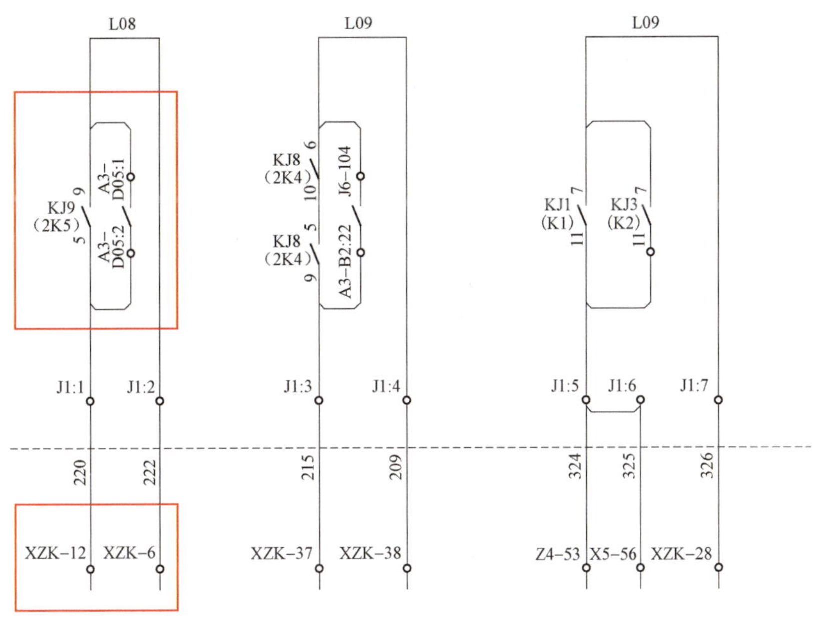

图 2-14-3　机组出口断路器合闸原理图

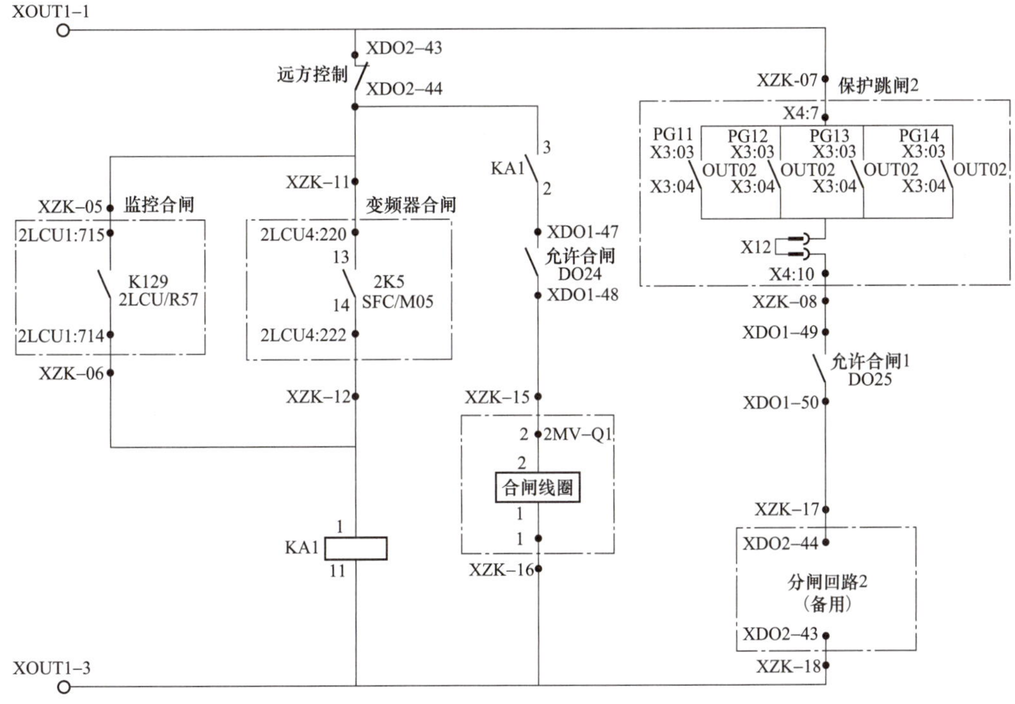

图 2-14-4　机组出口断路器合闸原理图

号与 $N \geqslant 30\%$下发电机保护切换这两个开入信号未同时满足，则转电气事故停机，如图 2-14-5 所示。

(2) 4 号机组变频器抽水启动流程执行至变频器同期合闸阶段，当变频器开出出口

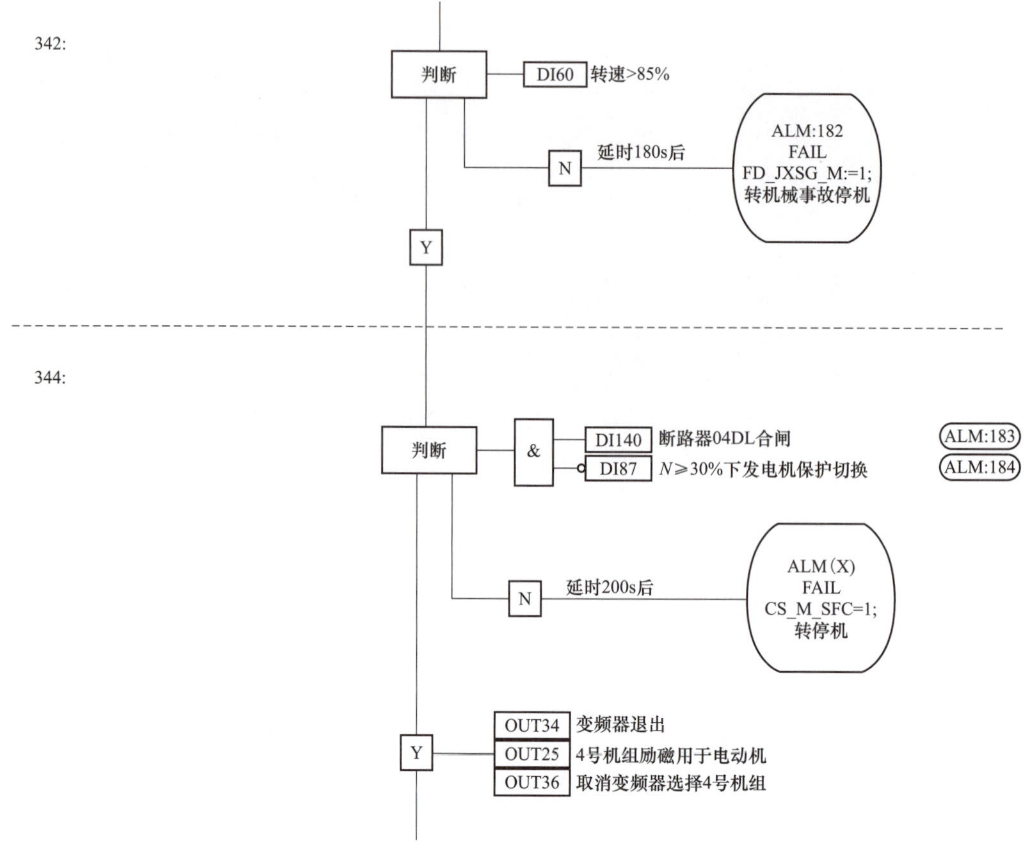

图 2-14-5　4 号机组抽水启动流程

断路器 04DL 合闸令后，由 4LCU 现地控制柜转接送至 4 号机组换极换相盘 4PWPC 开入端配板，再通过开入端配板接入 DI 模块，通过 PLC 对开入信号进行处理，判断合闸条件是否满足。本次 4 号机组变频器抽水启动过程中，换极换相盘 4PWPC 开入端子与监控开出“FMK 合闸、机组转速＞85％”信号线接触不良，4 号机组换极换相盘 4PWPC 盘未收到此信号，导致断路器 04DL 合闸允许条件不满足。变频器开出断路器 04DL 合闸信号后，断路器 04DL 在 200s 延时期间未合闸，导致机组启动失败。

（3）4 号机组换极换相盘 4PWPC 盘开入量端子板为 MB60/40 双排端子板，设备使用年限久，双排插口不易对接线端子进行检查，将在下次 C 级检修期间对 4 号机组换极换相盘 4PWPC 盘进整体改造。

三、防治对策

（1）3 台机组换极换相控制盘 PWPC 开入量使用的是开入端配板，至今已运行 12 年，端子逐步老化，现将 3 台机组换极换相控制盘 PWPC 列入年度改造计划，2019 年结合机组检修完成 PWPC 盘整体改造，不再使用开入端配板。

（2）在 3 台机组换极换相控制盘 PWPC 盘完成改造前，每日对“FMK 合闸、机组转速>85% DI20”等信号进行传动、检查。

四、案例点评

（1）4号机组换极换相控制盘4PWPC盘开入量使用的是开入端配板，至今已运行12年，端子逐步老化，在此次4号机组变频器抽水启动过程中，4号机组换极换相控制盘4PWPC开入端配板“FMK合闸、机组转速>85%”信号线松动，4PWPC盘未收到监控盘柜开出“FMK合闸、机组转速>85%”信号，断路器04DL合闸条件不满足，变频器开出断路器04DL合闸信号后，断路器04DL在200s延时期间未合闸，导致机组启动失败。

（2）设备主人对重要回路管控不到位，运检管理需进一步加强，依据相关规范标准，对设备主人进行技术、技能培训，结合现场实际优化设备维护周期，梳理设备故障风险点加以管控。

案例2-15　某抽水蓄能电站机组电气制动隔离开关传动机构故障*

一、事件经过及处理

2017年8月6日19时16分，某抽水蓄能电站2号机组发电转停机过程中，机组转速降至0，19时16分48秒，监控系统发出励磁跳闸报警，机组励磁系统现地控制盘出短路刀闸故障、励磁停止程序超时跳闸报警。运行人员在监控画面和现地检查，发现2号机组电气制动隔离开关未分开，2号机组发电转停机失败。该制动隔离开关型号为SB250型，额定工作电压13.8kV，额定最高电压24kV。

值守人员发现报警信号后与调度沟通，汇报故障情况；通知ON-CALL人员检查电气制动隔离开关运行情况，并现地检查励磁系统报警信号；通知运维负责人及相关领导，说明2号机组发电转停机过程中电气制动隔离开关未分开，通知设备维护人员进行缺陷处理。

ON-CALL人员到达现场后，检查励磁系统控制盘柜有报警信号，并将现地报警情况反馈值班人员及运维专责。设备负责人到达现场后进行了情况梳理和问题排查，最终确定了故障点。

1. 情况梳理

电气制动隔离开关分闸失败，可能的原因有以下几个：

---

* 案例采集及起草人：冯海波、侯桂欣（北京十三陵蓄能电站）。

（1）操作机构电源或控制电源开关故障。

（2）励磁控制柜至控制电气制动分、合闸的回路故障。

（3）电气制动隔离开关操作机构故障。

2. 问题排查

（1）现地检查发现电气制动隔离开关操作电源开关跳闸，控制电源开关未跳闸。检查操作电源开关动作情况，未发现异常。

（2）从励磁控制盘操作分、合电气制动隔离开关，继电器动作正常，排除励磁控制柜至电气制动隔离开关分、合回路的故障。

（3）现地使用操作手柄手动操作电气制动隔离开关，发现操作时有卡涩，运行不流畅，初步判断电气制动隔离开关操作机构有缺陷，仔细检查电气制动隔离开关传动机构中减速器的分位侧轴承，发现其周围有少量铁屑和滚珠，进一步证实电气制动隔离开关传动机构中的减速器的分位侧轴承故障。

3. 确定故障点

电气制动隔离开关传动机构中的减速器分位侧轴承磨损、卡涩。

4. 处理步骤

在不影响机组正常开机的情况下更换电气制动隔离开关传动机构的减速器，以消除缺陷。

（1）完成更换前自理措施，将电气制动隔离开关操作箱断电，并将触点位置送至励磁、保护系统，保证机组正常发电和抽水运行。

（2）准备好备件和更换所需的工具。

（3）将原减速器的位置做好标记，并记录限位块位置。

（4）拆除控制面板。

（5）拆除旧减速器。

（6）拆除旧减速器上的电机。

（7）将电机安装在新减速器上。

（8）新减速器回装及控制面板回装。

（9）调整电气制动隔离开关同期性和减速器动作行程。

（10）恢复措施并进行更换后试验。

处理结果：电气制动隔离开关动作正常，恢复正常运行状态。

二、原因分析

2 号机组电气制动隔离开关于 1995 年投入运行，至今已 20 余年。电气制动隔离开关采用三相联动操作，每相隔离开关都设置了一个位置开关，通过一根连杆与隔离开关相连，用来反馈隔离开关实际位置。在正常运行方式下，电气制动隔离开关的分合是由机组励磁系统来控制的。电气制动的投入方式是只有当机组不存在电气跳闸，且励磁系统自身不存在闭锁电气制动投入的信号，当机组转速小于50%额定值时，监控系统会发出一个电气制动投入的信号给励磁系统，再由励磁系统发令合上电气制动隔离开关。当机组转速低于2%额定值时，由励磁系统发令拉开电气制动隔离开关。

随着运行次数的增多，操作机构的磨损量也随之增加。本次故障的直接原因是：电气制动隔离开关操作机构减速器的分位侧轴承磨损，机构卡涩。电气制动隔离开关分开时，减速器限位块（见图2-15-1）运行到分位行程开关的位置，行程开关动作，停电机，此时理论上限位块应停止向前运动，但是由于电机自身的惯性和电气制动隔离开关重力，限位块还要向前运行并挤压分位侧轴承。为了缓冲限位块的挤压，运维人员已经在限位块和轴承之间增加了胶垫，以减小限位块对轴承的冲击挤压虽然可以缓解，但却不能消除该冲击力。限位块的冲击，导致传动机构震动，轴承和轴都存在轻微变形，轴承松动，加上运行年限的增加，震动、变形以及松动的累加，最终导致轴承严重磨损。

图2-15-1　操作机构减速器细节图

更换完电气制动隔离开关操作机构中的减速器后，对旧的减速器进行解体检查。具体步骤如下：

（1）认真检查未解体的减速器，除机构卡涩外，外观并未发现异样。只是拆除减速器时，从轴承处有几颗滚珠和铁屑掉落。

（2）将减速器解体，首先拆除侧方齿轮，再将减速器四周的框架拆除，将轴上的键拆下，最后将轴和限位块拿出。

（3）将轴承打开，观察轴承磨损情况。

轴承打开后，可看到减速器分位侧轴承磨损严重，磨损情况如图2-15-2所示，其中，轴承中滚珠所剩无几，滚珠托已磨损变形，滚珠托边缘的固定圈已经研磨损坏，几乎看不出原来的圆形，滚珠另一侧也已严重磨损，甚至已磨出近1/3椭圆形缺口。

（4）拆除未磨损的轴承，与磨损轴承进行对比，如图2-15-3所示。

（5）检查轴的磨损情况，如图2-15-4所示，从图中可以看出，轴承处轴的磨损情况也较严重。

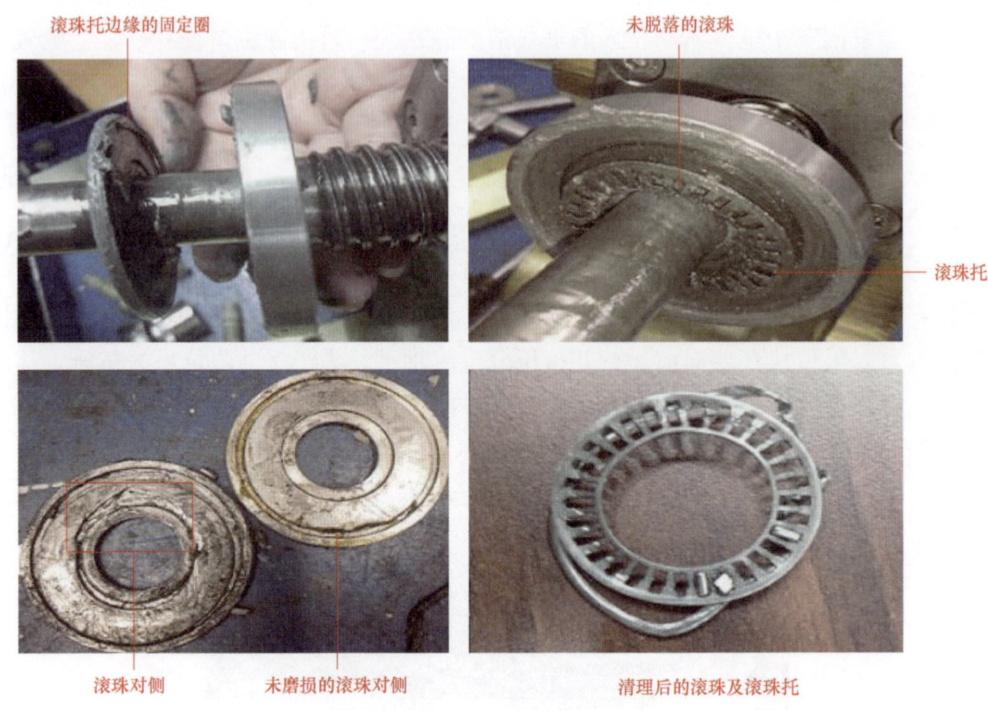

图 2-15-2　轴承磨损情况细节图

图 2-15-3　轴承磨损情况对比

经过以上检查分析过程，可以判断电气制动隔离开关操作机构的减速器机械部件存

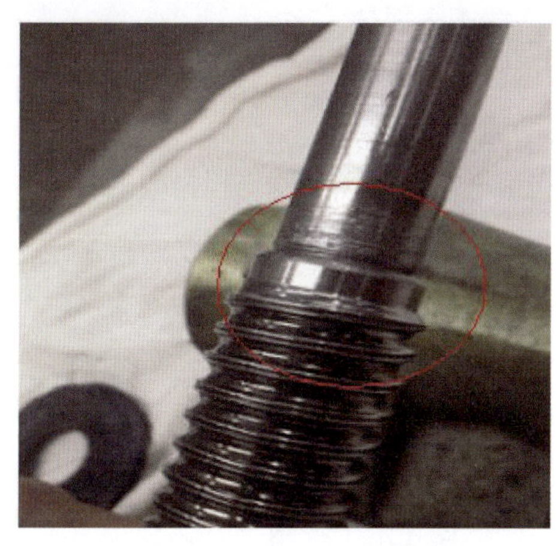

图 2-15-4　轴的磨损情况

在不同程度的磨损现象，轴承磨损严重将直接导致该缺陷的发生。另外，本次解体也发现，轴承中的润滑油已干涩，润滑效果降低，这也将间接导致滚珠磨损量增大。

三、防治对策

为预防和控制同类缺陷再次发生，应采取技术措施、管理措施以及举一反三的排查和防控措施等，加强日常巡检和定期维护。

电气制动隔离开关日常巡检时要重点检查以下内容：

（1）电气制动隔离开关操作机构应完好、无锈蚀，运转时无卡涩、变位现象，各螺丝、螺母等紧固件无松动、脱落。

（2）电气制动隔离开关操作马达运转正常，无异常声音。

（3）电气制动隔离开关动、静触头无明显烧损、无氧化，触头固定件无松动、变位。

（4）电气制动隔离开关外壳及支架接地应良好。

（5）实际位置与位置指示应一致，分、合闸应到位。

（6）控制盘柜及操作机构箱的接地良好，盘柜内无异味，加热器及照明工作正常，控制方式应在“远方电动操作”状态。

电气制动隔离开关定期维护的主要内容有：

（1）检查绝缘子是否正常。

（2）检查导电及传动机构的固定螺栓。

（3）检查转动部分是否灵活，啮合情况是否良好，有无锈蚀、变形和卡涩现象。

（4）清除传动装置和操作机构上的灰尘。

（5）紧固所有二次回路接线。

（6）检查电源开关、辅助小开关、接触器、指示灯等元器件。

（7）检查静触头内的缓冲挡块。

（8）检查隔离开关三相合闸时的同期性能。

（9）检查电气制动隔离开关的动弧触头在合上时有无偏斜，接触是否良好。

（10）检查分合弹簧有无断裂。

（11）测量电机绕组绝缘电阻。

（12）检查导电部分的接触面是否清洁、平整，有无烧伤合过热痕迹，清除接触面上的氧化层。

（13）用酒精清洁动静触头、弧触头表面并在触头表面抹上导电脂。

（14）测量隔离开关分合时操作机构电机的运行电流。

（15）测量隔离开关在分合位置时位置开关的通断等。

针对操作机构减速器轴承磨损这一问题，利用机组检修和月度定检排查其他机组传动机构减速器隐患。

四、案例点评

抽水蓄能机组正常停机通常采用电气制动和机械制动的联合制动停机方式，电气制动隔离开关在机组正常停机过程中转速低于50%额定转速时合上，与励磁系统配合以实现电气制动，将发电机转子的机械能转换为热能消耗在定子绕组上，达到快速制动停机的目的。

随着机组运行时间的增加，电气制动隔离开关的动作次数也逐渐接近其机械寿命，其操作机构的机械部件磨损量明显增加。本次缺陷之后，从本次减速器的解体检查结果来看，未出故障的轴承和轴都有磨损现象。这要求设备运维人员既要重视操作机构的控制元件和电气回路的维护，还要重视整体机械磨损。尤其是隐蔽的、难以观察的地方，一定要想办法仔细检查，必要时借助内窥镜等仪器进行内部检查，如果时间允许，还应将遮蔽物拆除，以更好地完成检查工作。

案例2-16　某抽水蓄能电站机组定子线棒端部垫块松脱*

一、事件经过及处理

2017年9月12日，某抽水蓄能电站结合1号机组C级检修工作，对1号机组发电电动机本体开展专项检查工作。在检查过程中，发现线棒端部绝缘垫块存在11处松动、位移和脱落现象。其中，1处防沉垫块位移，3处斜边垫块脱落，7处斜边垫块绑带松动，如图2-16-1～图2-16-3所示。定子和转子其余设备表面完好，未见明显损伤。由于缺陷的及时发现和处理，同时间隔垫块为绝缘不导磁材料，未造成更严重的设备事故。

在定、转子部件进行全面详细的表面检查后，确认1处防沉垫块位移，3处斜边垫块脱落，7处斜边垫块绑带松动，按照以下步骤进行处理：

（1）拆除松脱的斜边垫块绑扎带，取出间隔垫块，如图2-16-4所示。

---

* 案例采集及起草人：蔡元飞、董传奇（河南国网宝泉抽水蓄能有限公司）。

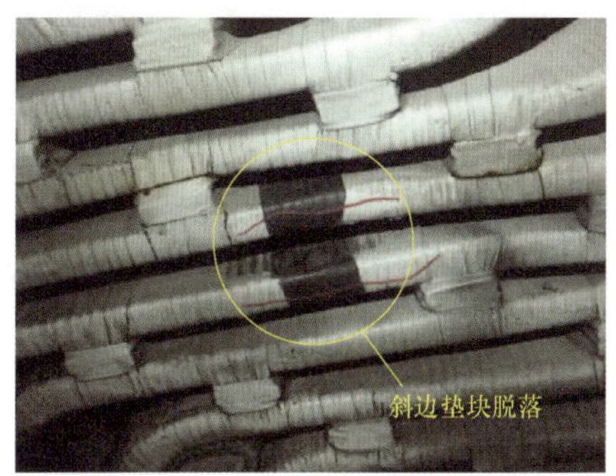

图 2-16-1　脱落的斜边垫块

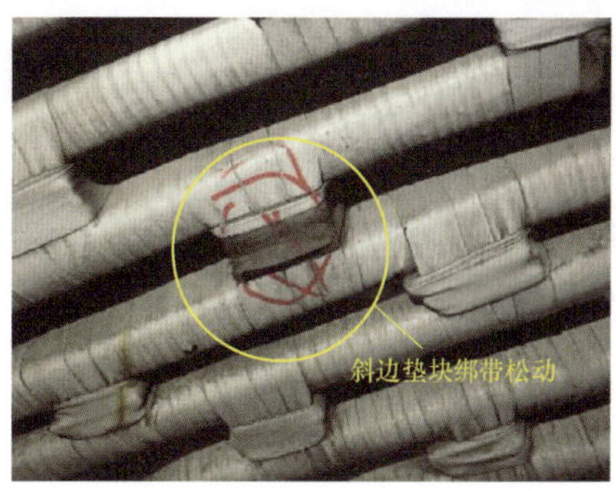

图 2-16-2　松动的斜边垫块绑扎带

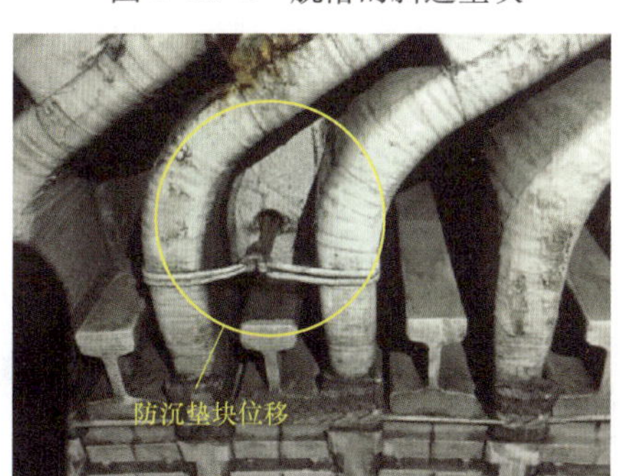

图 2-16-3　松动的防沉垫块

图 2-16-4　拆除的松脱的斜边垫块绑扎带

（2）轻微打磨线棒表面有外部边缘的部位及表面的防电晕带至光滑，如图 2-16-5 所示。

（3）调节间隔垫块的厚度，垫块调整用一层聚酯毡，应很容易用手塞入，如图 2-16-6 所示。

（4）安装间隔垫块。按标准配制环氧树脂 EP214，在环氧树脂 EP214 中浸泡聚酯毡大约 10min，用手挤出聚酯毡上多余的环氧树脂 EP214，并以 U 形裹包在垫块上，塞入线棒端部中间，如图 2-16-7 所示。

图 2-16-5　表面轻微打磨处理

图 2-16-6　间隔垫块的厚度调整

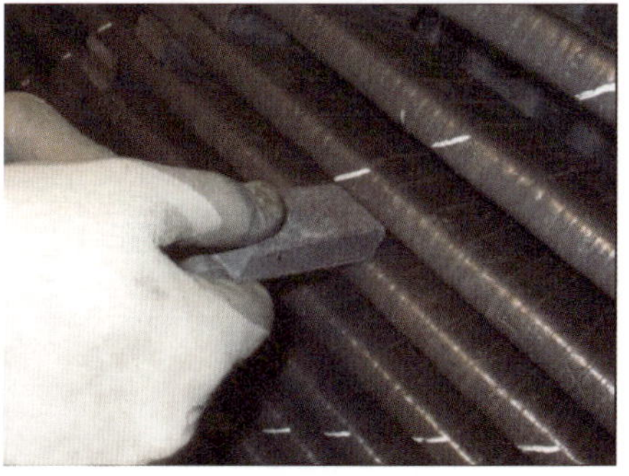

图 2-16-7　间隔垫块的安装

图 2-16-8　绑扎完成后的间隔垫块

（5）垫块绑扎。绑扎用 0.30mm × 20mm 玻璃丝带，包起始第一层时应尽量重叠，随后半叠包，使用穿针围绕线棒绑扎，绑扎时半导电树脂能涂刷在玻璃丝带的两面，使绑扎前的玻璃丝带应完全浸透，在树脂固化后，绑带用砂纸打磨平滑，如图 2-16-8 所示。

（6）表面涂漆。涂刷绝缘底漆 GK128，室温固化 24h，涂刷绝缘面漆 DK222，室温固化 24h，如图 2-16-9、图 2-16-10 所示。

图 2-16-9　处理完成后的间隔垫块

图 2-16-10　处理完成后的防沉垫块

（7）以上工作全部完成后，对定、转子开展绝缘电阻测量等电气预防性试验，试验数据合格，如表 2-16-1～表 2-16-3 所示。

表 2-16-1　　定子绕组的绝缘电阻测量结果

试验位置	绝缘电阻（MΩ）		吸收比
	15″	60″	
A 相	801	1910	2.39
B 相	553	1410	2.65
C 相	554	1410	2.55
结论	合格		

表 2-16-2　　定子绕组的直流耐压和泄漏电流测量试验结果

试验电压（kV）	试验时间（s）	泄漏电流（μA）		
		A	B	C
9	60	5.7	6.8	6.5
18	60	15.3	16.2	15.7

续表

试验电压 (kV)	试验时间 (s)	泄漏电流（μA）		
		A	B	C
27	60	39.7	40.3	37.2
36	60	87.9	89.2	82.1
结论		合格		

表 2-16-3　　　　　　　转子绕组的绝缘电阻测量结果

试验电压（V）	2500	绝缘电阻值（MΩ）	330
结论	合格		

二、原因分析

直接原因：发电机定子绕组安装期间，间隔垫块厚度与线棒之间的间隙不匹配，安装不紧，同时，聚酯毡和间隔垫块绑扎带在安装时未充分浸渍透环氧树脂 EP214，导致其强度不够。在机组长时间的运行过程中，由于定子线棒振动等原因引起间隔垫块和绑扎带出现松动，两者之间相互摩擦并产生磨损，间隔垫块最终将绑扎带磨断或挣开，造成间隔垫块产生位移，甚至脱落。

造成定子线棒端部绝缘垫块松脱的间接原因是：

（1）在机组安装阶段，未严格按照工艺要求施工。经检查，现场存在以下问题：

1）部分间隔垫块厚度与线棒之间的间隙不匹配，存在松动。

2）聚酯毡和间隔垫块绑扎带在安装时未充分浸渍透环氧树脂 EP214，导致其强度不够。

3）环氧树脂 EP214 的配比不正确，导致绑扎带固化状态不完全，存在流胶等问题。

（2）参加机组质量监督检查验收的安装单位、监理单位、制造厂驻工地代表未能很好地履行对安装人员执行设计要求的监督和技术把关职责，致使定子线棒端部垫块绑扎时未按照工艺要求进行施工。

三、防治对策

（1）在机组安装阶段，严格按照设备安装工艺要求进行施工，施工前对施工人员开展专业的技术培训，确保所有人员熟练掌握施工操作方法，同时对使用的各种材料认真核对成分和配比，确保准确无误。

（2）在机组运维阶段，完善机组设备的日常维护内容和检修作业指导书，结合机组的日常维护和检修工作，对发电电动机的定子和转子等重要部件定期开展专项检查，发现异常情况，立即开展处理工作。

四、案例点评

由于机组在安装阶段定子线棒间隔垫块的安装工作未按照工艺要求进行施工，随着机组投产后运行时间的增加，间隔垫块的绑扎带逐步出现老化，并最终出现绑扎带断裂和间隔垫块脱落。由于缺陷的及时发现和处理，未造成更严重的设备事故。同时，在机组设备的安装和检修工作中，要认真严格执行施工工艺要求和验收制度，确保机组设备的安装和检修工作的质量，保证设备品质优良。

案例2-17　某抽水蓄能电站机组被拖动隔离开关故障*

一、事件经过及处理

2017年8月22日1时17分6秒，某抽水蓄能电站2号机组SCP背靠背启动过程中，机组电气轴建立，两台机组转速同步上升至约18%额定转速，拖动机组定了95%额定转速接地保护动作跳机，2号机组背靠背启动失败。

分析故障录波器的波形，发现SCP拖动过程中，2号机组机端母线A相、3号机组机端母线C相电流为0，怀疑3号机组拖动2号机组启动过程中出现断线的情况，现场逐一检查2、3号机组启动母线及机端封闭母线设备，发现2号机组被拖动隔离开关SBI21的A相的隔离开关触头与B、C两相位置不同，A相的触头间距明显小于B、C两相，进一步检查A相操作机构，发现联动机构与本体脱落，隔离开关本体动、静触头无明显发热或烧灼痕迹。故障设备的具体位置如图2-17-1所示。

该电站2号机组被拖动隔离开关SBI21为SDCEM产品，型号为SC300，采用的操作方式为三极驱动、三相联动，每相都有一个操作电机，A相接收远方操作命令，B、C两相联动。每相的操作机构内各有分闸、合闸位置触点，操作机构与本体之间通过一根长约3m的连接螺杆驱动隔离开关本体触头实现分合闸，如图2-17-2所示。

（1）用操作摇柄将2号机组被拖动隔离开关SBI21的A相操作机构摇至合位，将操作套筒的一个角正对机构门的方向把操作套筒放入，拧紧中间螺栓，然后用手动操作摇柄驱动操作机构，带动隔离开关本体到达分位，此时观察隔离开关本体位置操作机构

* 案例采集及起草人：王玉柱、余霄（华东宜兴抽水蓄能有限公司）。

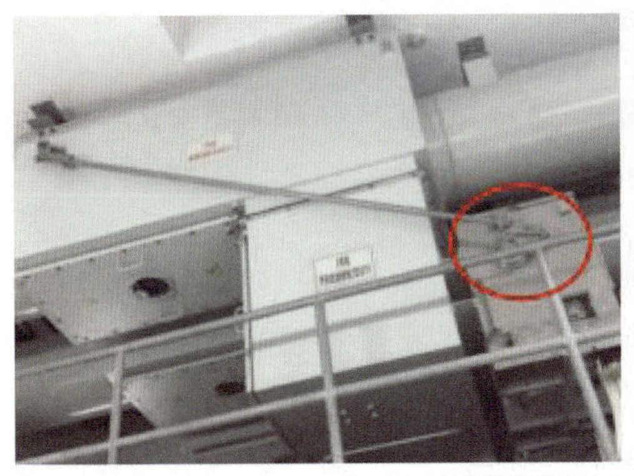
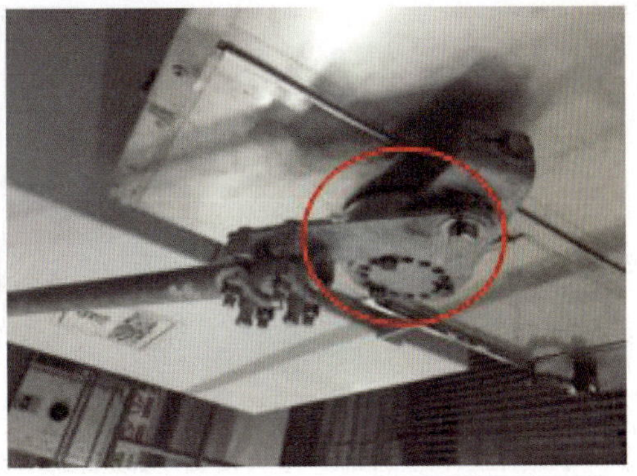

图 2-17-1　故障设备具体位置描述

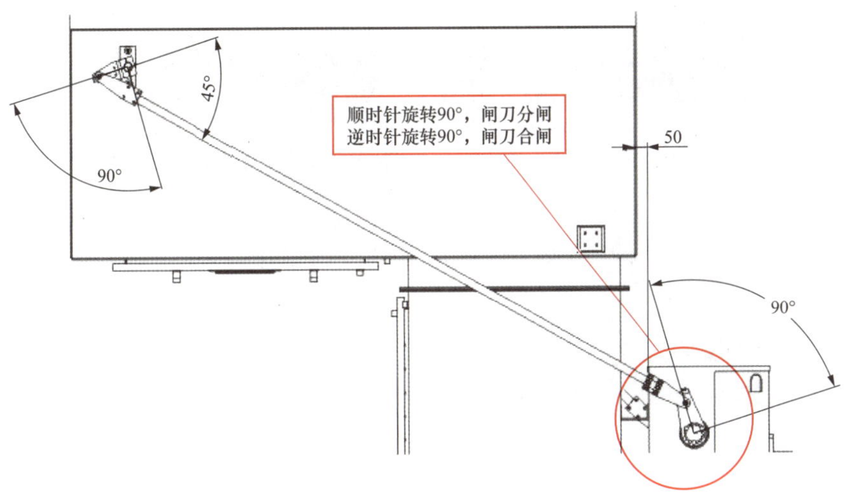

图 2-17-2　隔离开关动作示意图

的行程不一致。

(2) 进一步拆除操作套筒，使操作机构不再带动操作连杆，再用手动摇柄将操作机构由中间位置摇至分位。此时隔离开关本体和操作机构都在分位，回装操作套筒，根据原厂要求回装前需把中间螺栓涂抹乐泰 263 或 270 的锁定胶，最后根据输出套筒和操作连杆的实际位置进行位置微调，此时需注意检查隔离开关触头实际位置与位置触点动作的同步性，防止出现位置触点已到位但隔离开关触头实际未完全合闸的情况。

(3) 回装完成后现地手动分合被拖动隔离开关 A 相无异常，将 A 相摇至分位后，现地电动操作 2 号机组被拖动隔离开关 SBI21，三相分合均无异常，用大电流微欧计检查三相触头回路电阻基本平衡。

二、原因分析

1. 监控记录分析

通过查阅监控历史记录，2 号机组被拖动启动时，被拖动隔离开关 SBI21 合闸指示正确，2 号机组电气跳机后，被拖动隔离开关 SBI21 分闸指示也正确。

2. 隔离开关操作机构动作情况分析

如图 2-17-3 所示，当隔离开关收到分/合闸命令时，操作电机沿不同方向旋转，并由皮带带动齿盘旋转，齿盘旋转带动隔离开关操作杆水平方向移动，操作杆下方设有限位块，作用于位置开关（共两组，分别设计在合闸位和分闸位，图中只拍摄了一组），控制操作电机的启停并输出监控信号，当位置开关失效时，为防止电机不停旋转损伤隔离开关本体，在操作杆两端设有机械位置锁定。

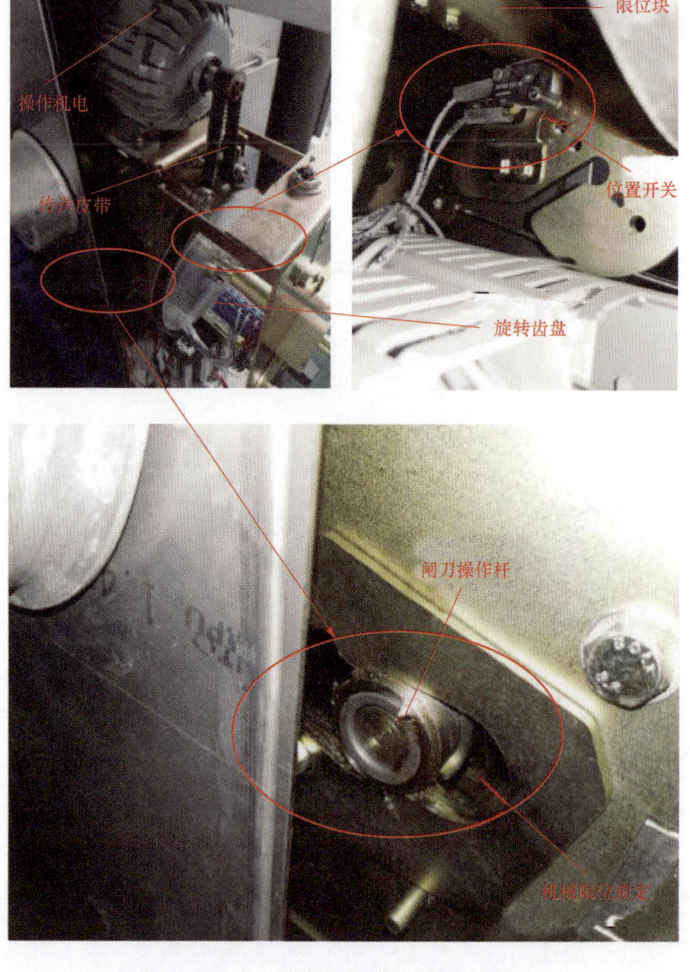

图 2-17-3　隔离开关操作机构示意图

据此分析，故障时 2 号机组被拖动隔离开关 SBI21 操作电机运行正常，分合闸位置触点动作正常，隔离开关操作杆动作正常，故监控系统未收到任何关于 2 号机组被拖动隔离开关 SBI21 的报警。

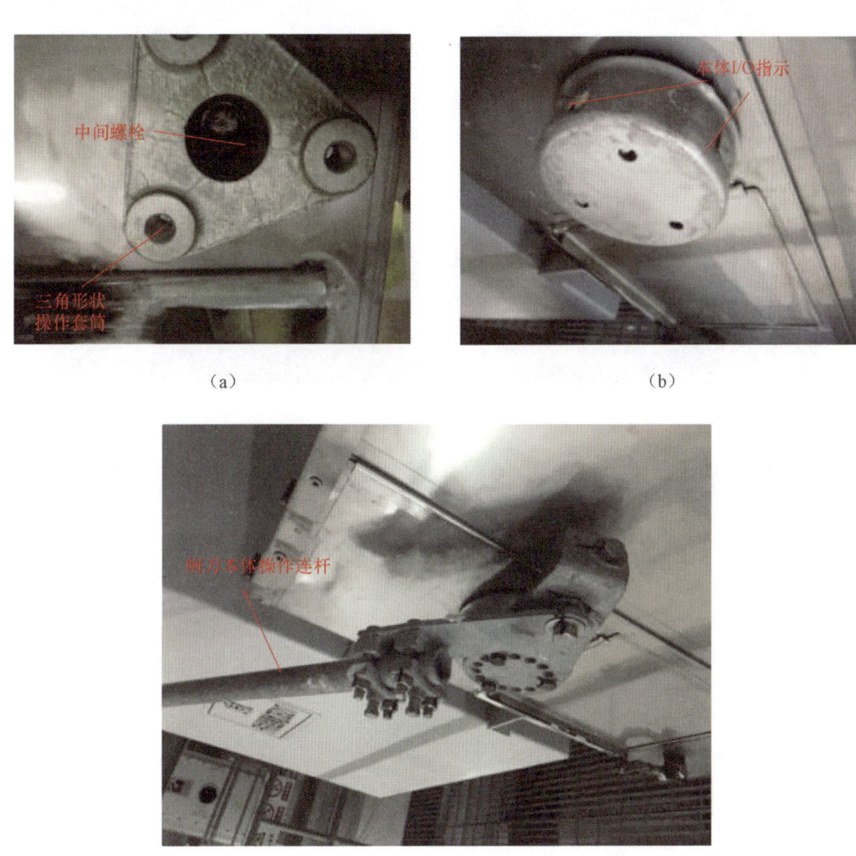

（a）　　（b）

（c）

图 2-17-4　隔离开关本体操作连杆示意图

（a）三角形操作套筒；（b）圆形外壳；（c）本体操作连杆

3. 隔离开关本体动作情况分析

如图 2-17-4 所示，三角形状的操作套筒（a）通过内部的中间螺栓固定在图 2-17-4 所示的隔离开关操作机构上，并被封闭在圆形外壳（b）内，外壳（b）通过固定螺栓与操作连杆相连并同步动作，隔离开关本体的 I/O 指示位于外壳（b）的两侧。图 2-17-4（a）的三角形状联动机构及图 2-17-4（b）的圆形外壳同步旋转，带动本体操作连杆发生位移，作用于隔离开关本体。

现场使用手动摇杆摇动旋转齿盘，发现图 2-17-4（b）中的圆形外壳不旋转，进一步打开外壳后，发现图 2-17-4（a）中的中间螺栓与操作机构之间脱落，如图 2-17-5 所示。运行时该组螺栓处于完全封闭状态，肉眼无法直接观察，且监控系统无相关报警，具有一定的隐蔽性。

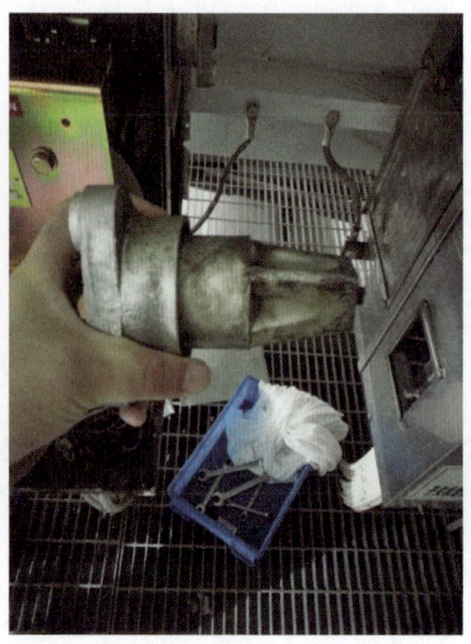

图 2-17-5　中间螺栓与操作机构之间脱落

4. 造成中间螺栓与操作机构之间脱落的原因

（1）被拖动隔离开关的操作连杆行程较长，运行时受到的扭矩较大，动作时存在一定的振动，且各台被拖动隔离开关在每次抽水时均合分一次，频繁的操作振动使操作连杆输出套筒的中间螺栓松动脱落。

（2）根据 SDCEM 的设备运行维护手册，被拖动隔离开关无检修使用次数为 5000 次分合，目前 2 号机组被拖动隔离开关已分合 3725 次，距厂家要求的检修维护次数较近。

（3）电站将隔离开关连接螺杆的位置都进行了标记，日常定检维护时检查标记是否有变动，但在不拆除操作连杆及圆形外罩的前提下，该中间螺栓无法进行观察与紧固，暂未列入日常维护内容。

（4）2 号机组封闭母线隔离开关设备暂未进行专业检修或维护，也未将上述螺栓检查及紧固列入机组检修标准及非标项目，技术管理上存在缺失。

（5）安装期该组隔离开关的安装工艺可能存在瑕疵。

三、防治对策

（1）结合机组定检，检查同类隔离开关的机械联动部件，主要为操作套筒及圆形外罩是否存在松动。

（2）对全部机组启动回路隔离开关机械联动机构进行全面专业的检查，重点检查被拖动隔离开关及启动母线联络隔离开关，列入机组检修项目，编制标准作业指导书，按运行维护手册及设备厂家要求紧固中间螺栓。

（3）排查全厂启动母线设备分合闸次数，合理编制检修计划并申报储备项目，开展专业检修，更换疲劳工作元件。

（4）机组定检及隔离操作时，对隔离开关、地刀进行试分合，观察触头变化的同步性，判断是否存在操作机构卡涩等异常情况，严格规范操作票管理，日常操作时必须观察隔离开关和接地刀闸触头的实际位置是否正常。

四、案例点评

由本案例可见，对于机组频繁动作的隔离开关连接件，特别是处于封闭状态且肉眼无法直接观察的连接件需要加强维护，列入机组检修项目，编制标准作业指导书。在技术条件成熟的情况下把相关的位置指示接入监控。

案例 2 - 18　某抽水蓄能电站机组出口母线软连接温度异常升高*

一、事件经过及处理

自 2018 年以来，某抽水蓄能电站 2 号机组出口母线软连接及中性点的测温均正常，2018 年 3～12 月期间，出口母线铜排温度最高 88.2℃。2019 年 1 月测温发现明显偏高，达 105.6℃，而中性点的测温的变化不明显，均在 70℃左右。由此判断 2 号机组出口母线软连接温度异常升高，事件发现经过具体如下：

由图 2-18-1、图 2-18-2 可见，2 号发电电动机出口母线穿墙铜排，实际结构如图 2-18-3所示，温度 105.6℃，中性点侧最高温度为 70.6℃，即考虑环境温度基本一致情况下，出口母线侧比中性点侧高了 35℃。

图 2-18-1　出口母线处的穿墙铜排温度 105.6℃

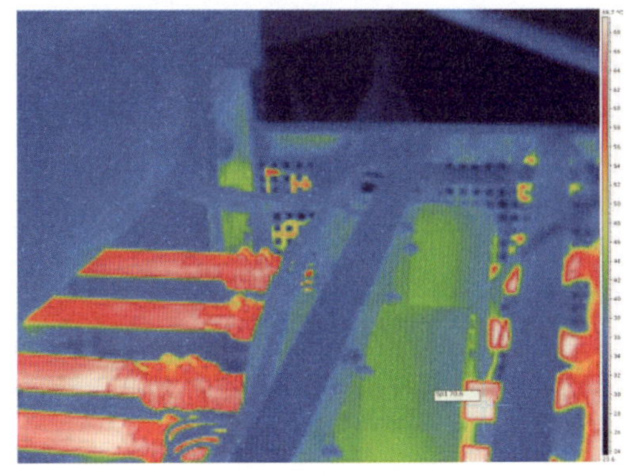

图 2-18-2　中性点侧的最高温为 70.6℃

* 案例采集及起草人：肖海波（国网新源控股有限公司回龙分公司）。

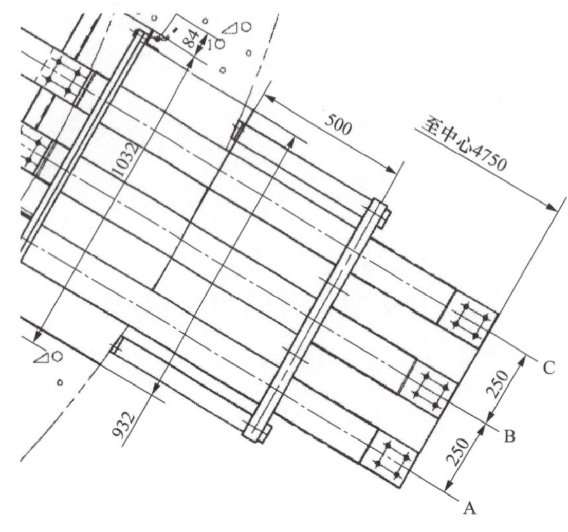

图 2-18-3　出口母线穿墙铜排结构

通过共箱母线箱体上的散热孔拍摄，如图 2-18-4、图 2-18-5 所示，2 号发电电动机出口母线软连接 C 相最大温度达 116.2℃，根据《水轮发电机基本技术条件》（GB 7894—2009）中表 3 的规定，空气冷却的 F 级绝缘定子绕组用检温计法检测的温升值为 110K，结合“对每天启停 3 个循环及以上的频繁启动的水轮发电机，可以考虑对表 2-18-1 中的温升限值降低（5～10K）”的规定，以改电站每天起停 4～5 次的实际情况，母线的温升标准可以定位 100K，参照标准设计初始温度 40℃，出口母线的允许温度为 140℃，实测温度达到 116.2℃时已明显偏高，可能对安全运行构成威胁，需立即检查处理。

图 2-18-4　共箱母线的散热孔测温 116.2℃

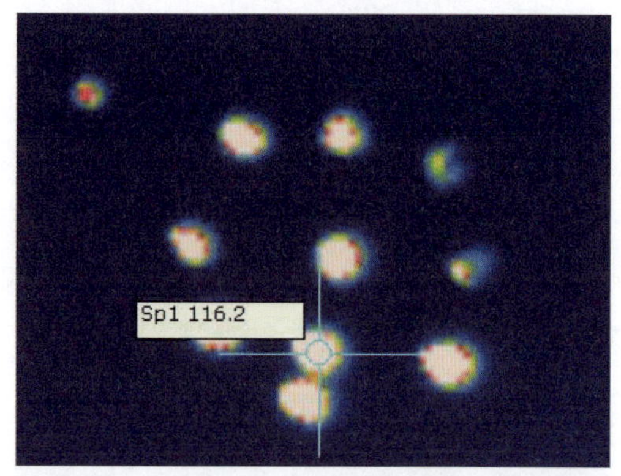

图 2-18-5　对应 C 相散热孔测温情况

该电站在 2017 年改造过程中，对所有的出口母线软连接铜排进行了镀银处理，对软连接铜辫子进行了清扫，安装后的情况良好。2019 年 1 月 12 日缺陷发生后，对出口母线软连接进行了检查，如图 2-18-6、图 2-18-7 所示，并结合定检在现场镀银打磨处理，更换为非导磁螺栓，处理后温度已明显下降，具体处理过程如下：

（1）当缺陷出现后，联系镀银厂家，现场对出口母线处的软连接铜排进行了打磨镀银处理。

（2）将镀锌螺栓全部更换为不导磁材质的不锈钢螺栓，其中垫圈、弹簧垫、螺母及螺栓整套为不锈钢材质，如图 2-18-8、图 2-18-9 所示。

表 2-18-1　　定子绕组、转子绕组和定子铁心等部件允许温升限值

水轮发电机部件	绝缘材料的最高允许温升限值		
	155（F）		
	温度计法	电阻法	检温计法
空气冷却的定子绕组	—	105	110
定子铁心	—	—	105
水直接冷却定子绕组的出水	25	—	25
两层及以上的转子绕组	—	100	—
表面裸露的单层转子绕组	—	110	—
不与绕组接触的其他部件	这些部件的温升应不损坏该部件本身或任何与其相邻部件的绝缘		
集电环	85	—	—

注　定子和转子绝缘应采用耐热等级为 130（B）级及以上的绝缘材料。

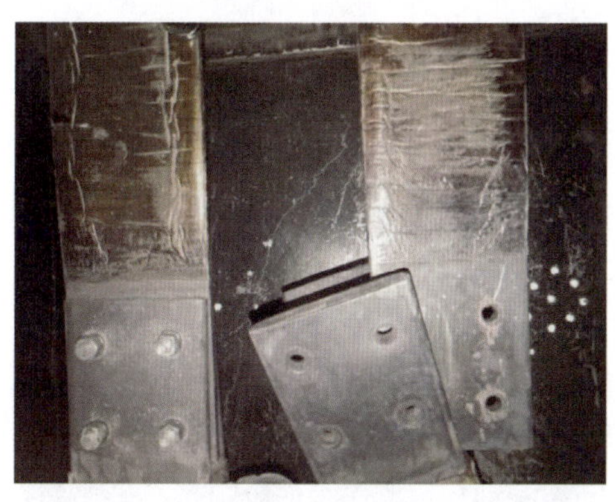

图 2-18-6　2 号发电机出口母线软连接过热

图 2-18-7　2 号发电机出口母线软连接过热

图 2-18-8　镀银后更换为不锈钢螺栓

图 2-18-9　现场镀银后安装

（3）现场镀银处理软连接后，穿墙铜排的高温出现在靠风洞侧，共箱母线内的软连

接温度已明显下降，如图 2-18-10、图 2-18-11 所示。

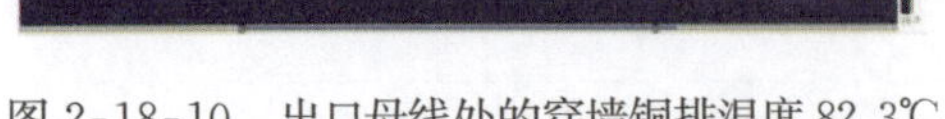

图 2-18-10　出口母线处的穿墙铜排温度 82.3℃

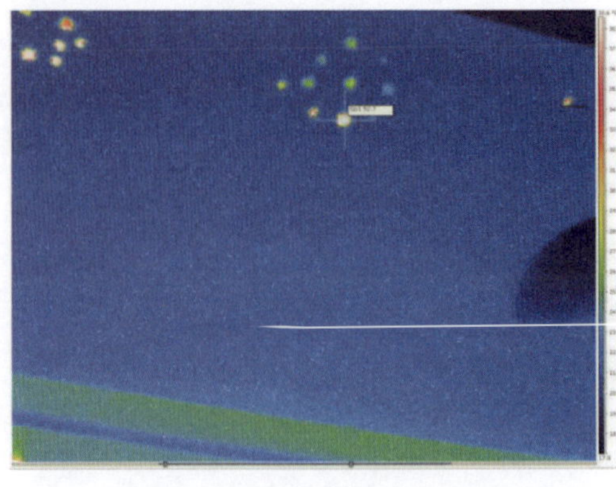

图 2-18-11　共箱母线的散热孔测温 52.3℃

（4）定制配套合规的软连接，如图 2-18-12 所示。安装后温度已明显下降，结合定检对软连接经过更换处理，根据现场的运行情况，每 2h 抄表记录见表 2-18-2，如图 2-18-13～图 2-18-15 所示。

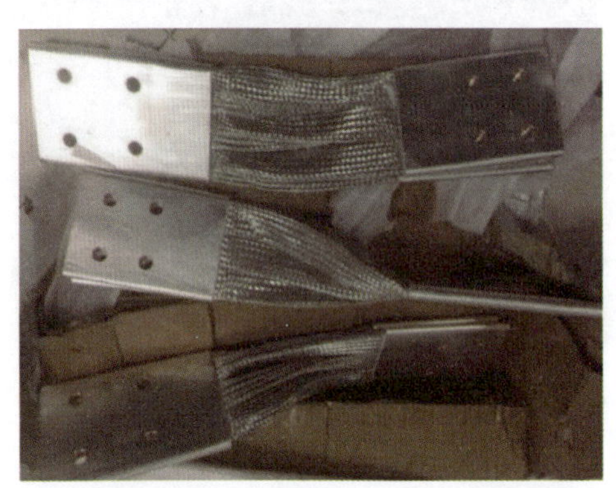

图 2-18-12　定制配套合规的软连接

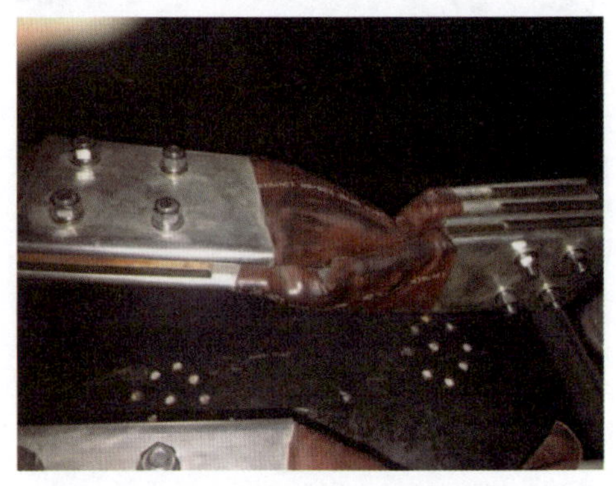

图 2-18-13　热缩后安装

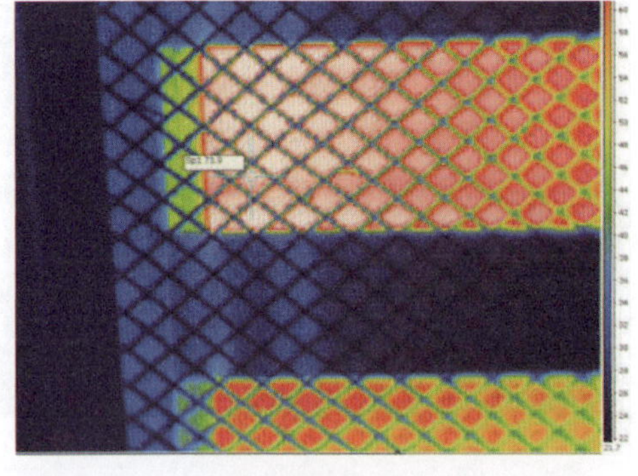

图 2-18-14　更换软连接后的穿墙铜排温度

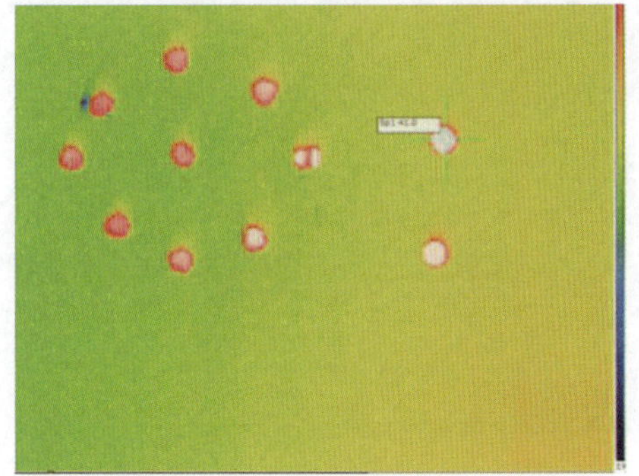

图 2-18-15　更换软连接后的散热孔测温

表 2-18-2　　回 2 号机组出口母线软连接测温表　　（单位:℃）

日期班次/测温时间	机组	工况	运行时间	铜排 A 相	铜排 B 相	铜排 C 相	软连接	厂房温度
2019.1.12/03:10	2 号机组	抽水	2h	86.5	89.5	98.5	116.2	15.3
2019.1.12/10:00	2 号机组	发电	2h	83	90.4	91.3	92.7	18.4
2019.1.12/10:00	2 号机组	发电	2h	73.5	85.4	92.6	94	23.5
2019.1.13/02:00	2 号机组	抽水	2h	71.3	91.4	96.2	102.4	18.6
定检								
2019.1.14/3:30	2 号机组	抽水	2h	75.1	79	76.2	28.2	19.1
2019.1.14/11:30	2 号机组	发电	2h	61.2	69.2	59.5	36.8	16.1
2019.1.14/3:30	2 号机组	抽水	2h	75.1	79	76.2	28.2	19.1
2019.1.14/11:30	2 号机组	发电	2h	70.1	75.5	68.3	44.9	16.2
2019.1.15/2:20	2 号机组	抽水	2h	70.5	79.8	68.7	39.6	15.2
2019.1.14/11:30	2 号机组	发电	2h	69.2	73.8	62.7	34.8	18.1
2019.1.15/12:30	2 号机组	发电	2h	69.2	73.8	62.7	34.8	18.1
2019.1.15/15:25	2 号机组	抽水	2h	73.8	78.6	67.9	44.7	17.7
2019.1.15/18:50	2 号机组	发电	2h	68.5	73.8	60.6	41.5	16.1
2019.1.16/4:00	2 号机组	抽水	2h	72.7	80.5	68.5	41.0	16.7
2019.1.16/11:30	2 号机组	发电	2h	58.2	64.5	53.2	37.3	15.1
2019.1.16/15:00	2 号机组	抽水	2h	71.7	74.7	64.1	47.4	17.6
2019.1.16/19:30	2 号机组	发电	2h	64.8	71.8	62.8	26.4	17.4
2019.1.17/3:00	2 号机组	抽水	2h	69.6	77.4	65.5	43.7	15
2019.1.17/18:20	2 号机组	发电	2h	64.1	68	67.5	25.5	18.1
2019.1.18/15:30	2 号机组	抽水	2h	70.8	78.7	77.8	24.5	18.1
2019.1.18/20:30	2 号机组	发电	2h	66.2	74.5	62.3	39.4	17
2019.1.19/3:30	2 号机组	抽水	2h	71.2	76.5	74.6	25.8	20.2
2019.1.19/10:40	2 号机组	发电	2h	61.4	69.5	58.9	34	15
2019.1.20/1:20	2 号机组	抽水	2h	72.6	80.9	68	34	16.3
2019.1.20/19:00	2 号机组	发电	2h	65.3	73.1	61.5	42.9	16.5
2019.1.21/3:40	2 号机组	抽水	2h	75.4	80.5	64.9	44.3	16.9
2019.1.21/18:16	2 号机组	发电	2h	67.6	73.5	60.6	32.2	19.2
2019.1.22/2:50	2 号机组	抽水	2h	71.8	78.6	67	46.9	16.4
2019.1.22/20:00	2 号机组	发电	2h	68.5	73.2	72.2	23.5	17.6
2019.1.23/1:20	2 号机组	抽水	2h	71.8	78.2	66.7	25.3	18.4
2019.1.23/9:05	2 号机组	发电	2h	68.6	72.4	70.2	25.6	20.3
2019.1.23/16:00	2 号机组	发电	2h	79.3	71.4	80.5	43.9	18.8
2019.1.24/2:02	2 号机组	抽水	2h	75.8	78.7	77.6	26.2	19.5

二、原因分析

（1）出口母线软连接运行年限较长，铜排及铜辫子的氧化发热严重。

2018 年机组投运以来，全年平均运行时长达 15h/天，随着机组运行时间明显增加，出口母线软连接的高温加剧了氧化的进程，如图 2-18-16、图 2-18-17 所示。

图 2-18-16　铜辫子氧化发黑

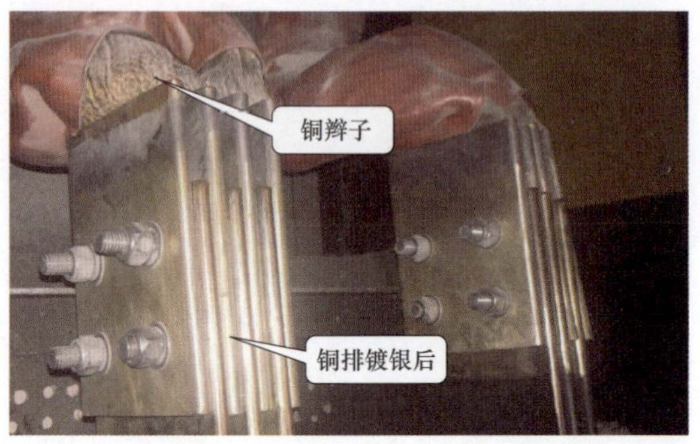

图 2-18-17　安装前镀银的情况

软连接的铜辫子已使用 10 余年，本身已有氧化发黑的情况，且大修后铜辫子打磨镀银困难，仅对软连接两侧的铜排进行了打磨镀银，铜辫子清扫干净。

（2）细节把握不全面。

1）铜排把合螺栓一直以来未采用非导磁螺栓，如图 2-18-18、图 2-18-19 所示，存在发热现象，2018 年 7～8 月，2 号机组 C 级检修试验中对出口母线软连接进行了拆装，造成了铜排镀银层局部脱落，没有及时引起警觉。

原来铜排连接的把合螺栓为镀锌螺栓，不是非导磁材质，可能产生涡流发热。

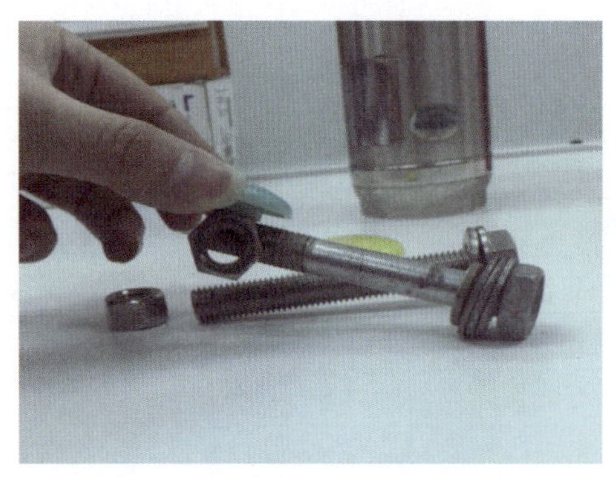

图 2-18-18　镀锌螺栓导磁

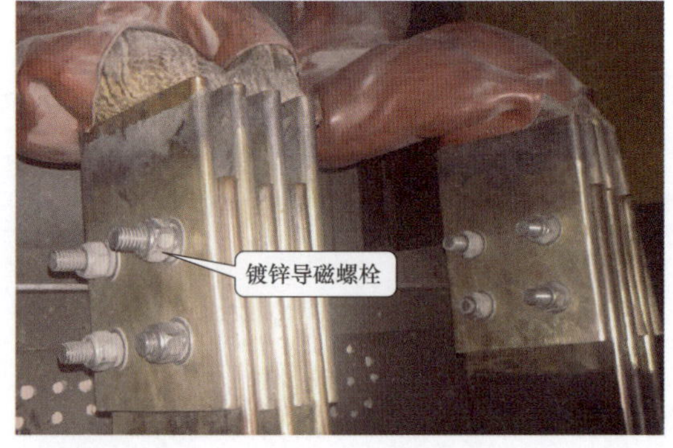

图 2-18-19　镀锌螺栓

2）2018 年 8 月，2 号发电机 C 级检修试验过程中，对出口母线的软连接进行过拆装，如图 2-18-20 所示，造成软连接铜排的镀银层，尤其是螺栓垫圈四周的镀银层脱落，如图 2-18-21 所示。

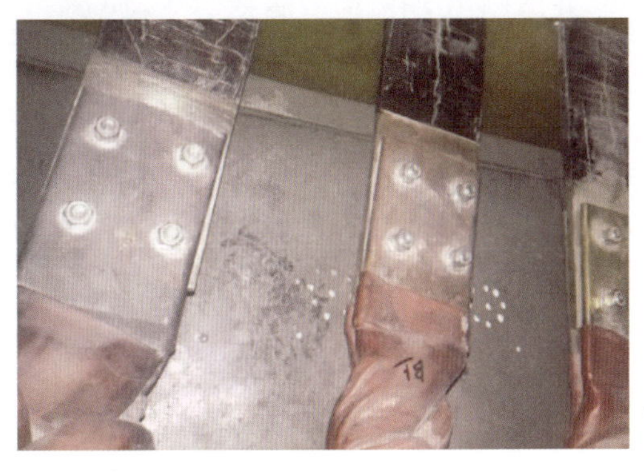

图 2-18-20　旧的软连接

图 2-18-21　垫圈位置压痕明显

三、防治对策

（1）建立重点部位巡检制度及台账，每启机运行两小时对发电机穿墙铜排、出口母线软连接进行红外成像测温。将温度值填入台账，便于了解运行情况同时有益于实时分析机组运行情况。

（2）对出口母线软连接进行拆装前后应仔细观察铜排的氧化情况，严格执行检修的工艺标准，避免铜排镀银层脱落。

（3）加强检修作业全过程管控，技术人员、管理人员、监理人员、监督人员须到岗到位，履职尽责，认真履行质量签证和三级质量验收制度，确保投运设备安全可靠。

四、案例点评

由本案例可见，对已投运的设备进行缺陷发现和分析处理过程中，应明确对运行年限较长的特殊部位加密监视，及时跟踪处理。在日常运维过程中，应合理利用月度定期检查设备运行状况，提高运维质量及消缺效率；同时，也应加强细节管控，在设备出现异常时警觉并重点关注，严格遵守检修规程及工艺标准。

案例 2-19　某抽水蓄能电站封闭母线导体放电故障*

一、事件经过及处理

2013 年 11 月 16 日，某抽水蓄能电站巡检人员于巡检时发现 1 号主变压器低压侧 A

* 案例采集及起草人：黄嘉、李国宾（河北张河湾蓄能发电有限责任公司）。

相封闭母线处轻微放电声，初步判断为主变压器低压侧 A 相电流互感器与支撑绝缘子处有放电声音，遂立即向调度申请停电检查。

打开封闭母线，发现主变压器低压侧电流互感器的等电位弹簧有放电痕迹，具体放电部位见图 2-19-1，可见等电位弹簧有轻微放电碳化现象。

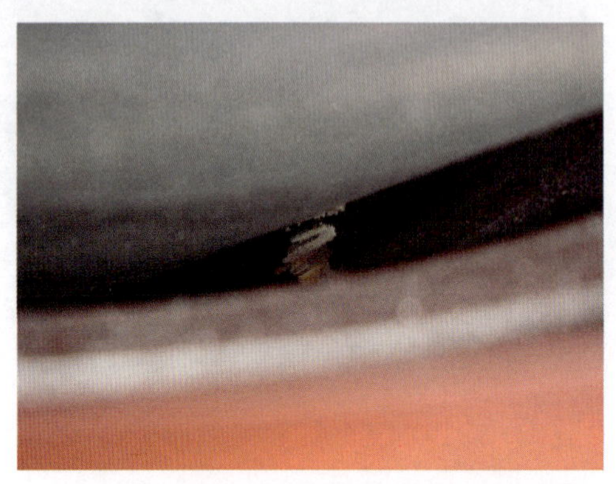

图 2-19-1　等电位弹簧与母线导体放电烧损

相关技术人员立即对其进行停电并处理：

（1）根据厂家意见，对弹簧进行拆除，清除放电部位的残渣。由于电流互感器弹簧底座与主母间空间狭小，无法给予进一步处理。彻底处理周期较长，经商议并结合厂家意见，待机组 C 级检修时母线解体彻底处理。

（2）加压试验。弹簧拆除清理处理完成后，对母线进行加压试验，电压值为额定电压 15.75kV，持续 3min，无放电现象，继续升高电压至 20.78kV，持续 3min，无放电现象，继续升高电压至 24.25kV 时主母线对弹簧底座存在间歇放电现象，不影响设备正常运行。

（3）2014 年 2 月，1 号机组 C 级检修时，电流互感器厂家通过调整螺栓对电流互感器中心进行重新调整，同时更换了电流互感器内壁与母线导体之间的等电位弹簧，保证了弹簧末端与导体表面紧密接触。调整后按照电力试验规程对 1 号机组主变压器低压侧封闭母线进行打压试验，结果合格。

二、原因分析

1. 直接原因

直接原因：因安装工艺不良导致母线导体对等电位弹簧放电。

（1）母线式电流互感器在我国的使用概况。

目前 35kV 及以下的母线式电流互感器，多数为环氧树脂浇注绝缘，用于额定电流超过 1500A 的线路。为了减少电路的触点数目同时降低电路的损耗，将线路母线作为电流互感器一次绕组，而电流互感器本身只是一个具有足够绝缘的二次绕组，互感器的中心是一个能穿过一次母线的通孔。

（2）该电站电流互感器情况及缺陷分析。

该电站发电机出口至主变压器低压侧采用的是封闭母线结构，出现放电现象的电流互感器属于上半年负荷开关改造时新安装设备，其电流互感器采用母线式电流互感器，树脂浇注式结构（见图 2-19-2）。

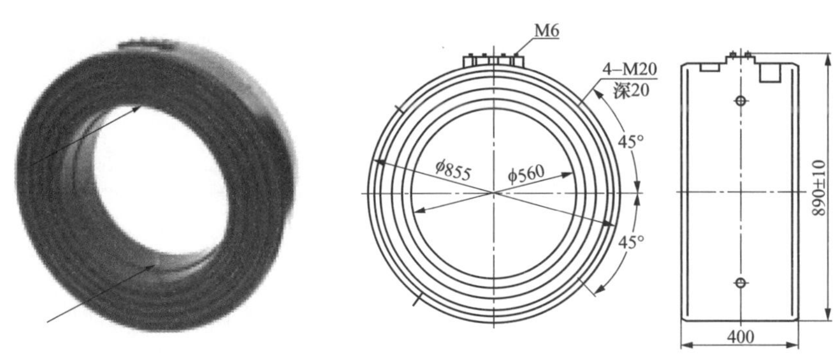

图 2-19-2　该电站母线电流互感器及等单位弹簧

从图 2-19-2 中可以看到，箭头所指之处有两个弹簧。该弹簧是用卡子卡在电流互感器本体的接线柱上，而接线柱所连接的部位是一个浇注在电流互感器内部的金属圆环，分别连接两端的接线端子和弹簧。上部连接电流互感器本体的接线柱，另一端顶紧在母线上，如图 2-19-3 所示。

图 2-19-3　更换后的等电位弹簧照片

经过查找资料和分析，认为设置该弹簧（包括接线柱）和电流互感器内部的金属环的作用是改善母线由于增加电流互感器后的电场分布不均匀性，其理由是：运行时，母线和电流互感器的二次绕组是绝缘的。假如不采取其他措施，这时母线和树脂电流互感器以及之间的空气隙将相当于两个互相串联的电容器，这两个电容器分别为介电常数较小的空气绝缘电容器 C_1 和介电常数较大的树脂绝缘电容器 C_2 串联并接地。由电容计算公式可得，$C_1 \ll C_2$，又由容抗计算公式可得，$X_1 \gg X_2$，因此加在 C_1 上的电压远远超过 C_2。但是由于母线内充的是干燥空气，其耐压强度远远低于树脂。因此，容易产生电晕放电现象。本次放电原因就是此原因引起。

2. 间接原因

间接原因：工程施工质量管理不到位。

该电站进行负荷开关改造时，在安装弹簧和调整间隙过程中，由于安装人员技术能力及经验欠缺，在弹簧安装并进行调整完成后未发现弹簧并未实际顶住母线主导体，且其中一个弹簧离母线主导体距离过大，在母线主导体额定电压的作用下，造成空气间隙击穿，从而间歇形成放电。

三、防治对策

（1）更换电流互感器的变形或损坏的等电位弹簧。

（3）调整电流互感器中心，使互感器的等电位弹簧能够压紧母线导体。

（3）加强监测和巡检力度，发现异常情况后及时汇报。

四、案例点评

由本案例可见，安全质量管控需从设计安装时期抓起。工程交接验收时，隐性的施工安装质量问题让运行单位无从排查，无从防范。因此，建立并严格执行一套完善的责任追究制度，强化建设、施工、监理以及运维单位各层级责任追溯还是十分必要的。工作人员在巡回检查时应加强对细微、隐蔽处的关注，及时发现异常或缺陷，防患于未然。

案例 2-20　某抽水蓄能电站机组高压油顶起装置故障*

一、事件经过及处理

2015 年 4 月 1 日 20 时 45 分，根据调度下发负荷曲线计划，某抽水蓄能电站成组发令开机，值守人员启动 1 号机组发电，在机组转速达到 67.92%额定转速时，监控报高顶油压建立失败报警，机组超时跳机。具体时间轴如下：

20:47:55.834，1 号机组发电正常启动。

20:53:54.961，高压注油泵交流泵正常启动。

20:53:55.210，油压建立及压力正常信号满足。

20:55:08.211，油压建立信号丢失，此刻机组转速为 67.92%额定转速。

20:55:17.960，交流泵停下，同时直流泵启动。

20:55:24.711，直流泵也停下，监控报“U1 LUBE OIL PRESSURE FAILURE AL”（1 号机组高顶油压建立失败报警），“U1 THR BRG LIFT PMP RUNNING”信号不满足。

20:56:44.460，机组顺控超时跳机，超时的顺控程序为 SEQ 10 STEP 4，机组启动失败。

* 案例采集及起草人：潘罡、曹彦（华东宜兴抽水蓄能有限公司）。

检查高压注油泵电机，现地单独启动交流泵和直流泵，电机运行正常，电机柜内无漏油现象。

检查高压注油系统，发现压力开关01-PS-20752压力值在8000kPa左右。压力开关01-PS-20752是用来控制油泵的切换以及送出油压建立信号的，若压力值达不到整定值则逻辑会进行切泵。控制逻辑是：顺控控制高顶交流泵启动，继电器K-006励磁，若压力满足，油压开关01-PS-20752动作，方向打向压力建立位置，则继电器K-009励磁，压力建立；若压力低，油压开关01-PS-20752动作到压力低位置，则继电器K-010励磁，时间延时10s启动直流备用泵；若直流泵起后，压力仍未建立，则继电器K-008励磁，延时30s后，交直流泵停止，压力建立失败。逻辑图分别如图2-20-1～图2-20-3所示。

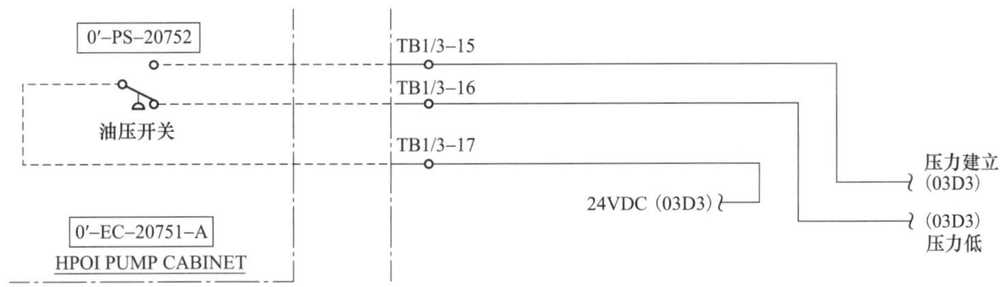

图2-20-1　压力开关控制逻辑

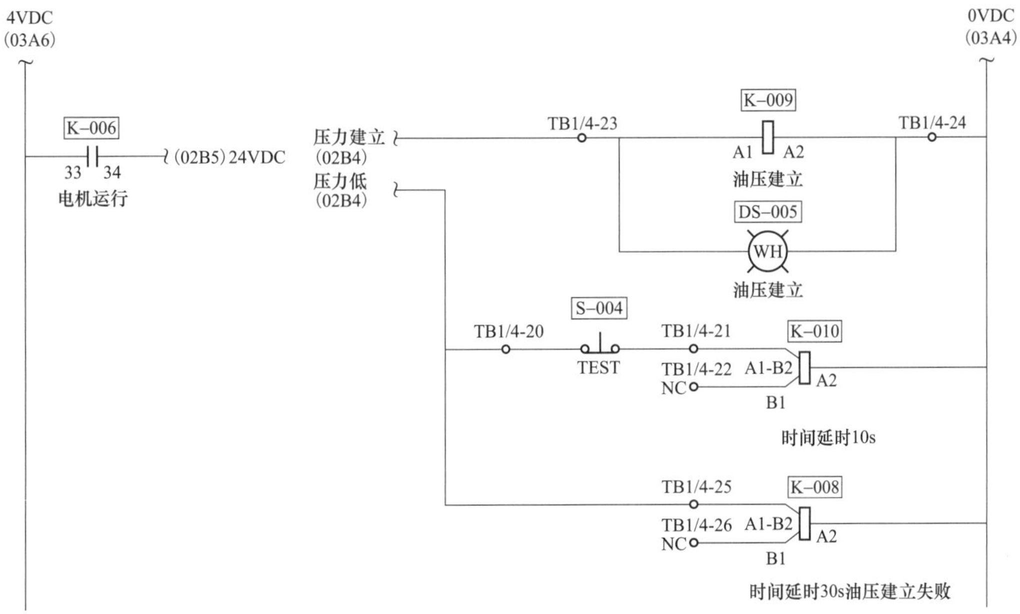

图2-20-2　压力开关控制逻辑（一）

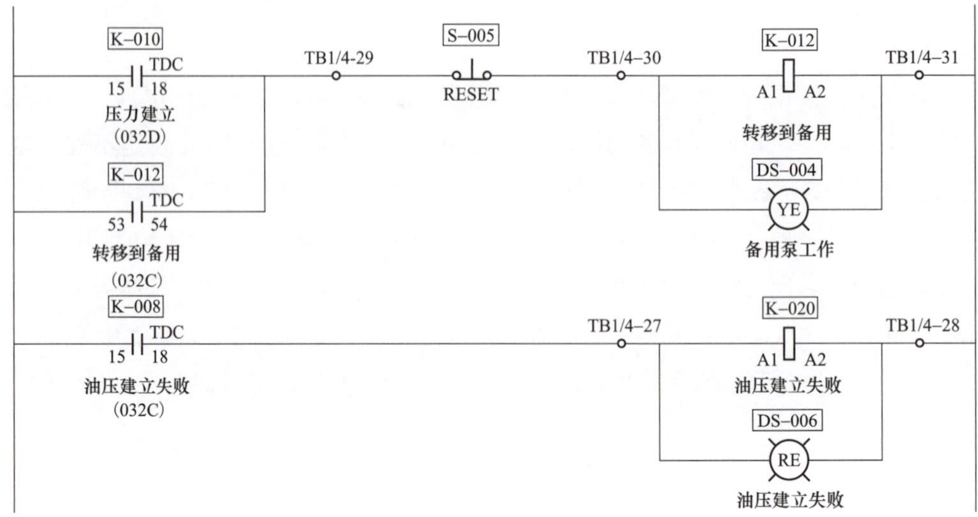

图 2-20-2　压力开关控制逻辑（二）

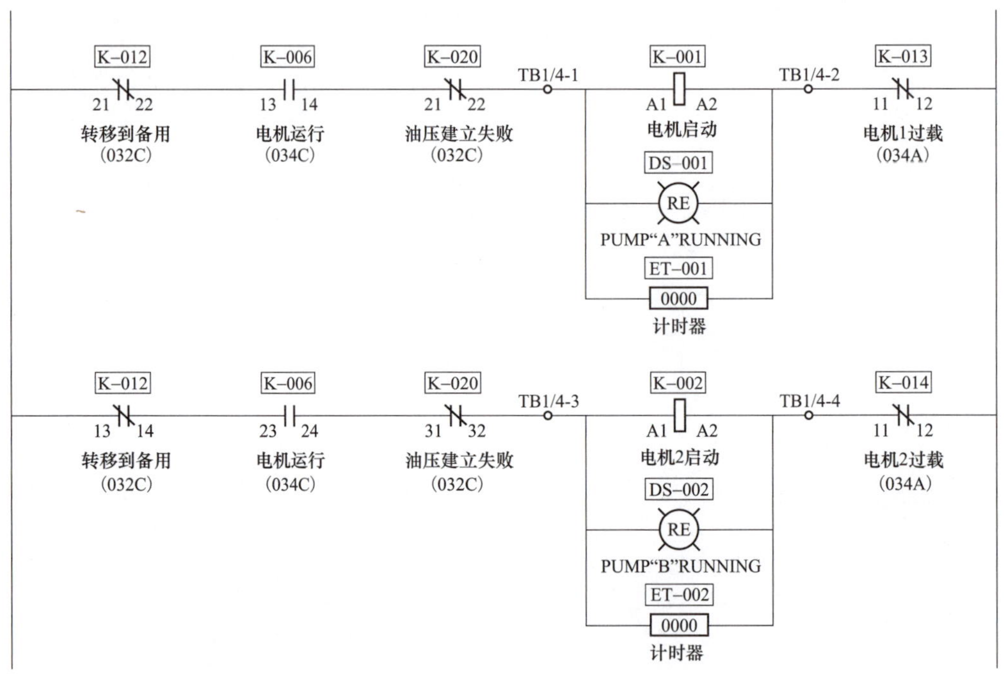

图 2-20-3　压力开关控制逻辑

查看 ANDRITZ 公司给出的定值为 8000kPa，如图 2-20-4 所示。

名称编号	仪器描述	设定值		跳机	报警	控制	意见
高压油顶起系统							
0#-PV-20751	油泵安全阀	11000kPa					
0#-PS-20751	压力开关	6000kPa	n/a		**		
0#-PS-20752	压力开关	8000kPa	n/a			**	压力建立

图 2-20-4　压力开关压力整定值

检查其他机组高压注油系统实际整定在 8000kPa 左右，判断 1 号机组高压注油泵启动后压力开关 01-PS-20752 压力值临界在原先设定的整定值 8000kPa 左右。

略微降低油压建立压力开关 01-PS-20752 整定值，并现地手动启动交流泵后油压建立信号满足。

启动机组试转至 95%额定转速，高压注油泵启停正常；手动机械跳机，高压注油泵启停正常。

二、原因分析

根据事件发生的时间轴以及以上情况分析，可以发现，机组在发电启动过程中，高压注油泵正常启动运行，油压建立。但是随着机组转速的上升，轴系振动摆度都在增大，推力瓦与镜板之间的间隙也在增大。从图 2-20-5 抬机量截图数据可知，间隙增大导致接触面用油量增多，高顶在建压过程中油压就会略微下降。由于高顶的压力值在 8000kPa，处在临界值左右，油压略微下降导致满足不了整定值要求，油压建立信号丢失，此时转速为 67.92%额定转速，如图 2-20-6 所示。

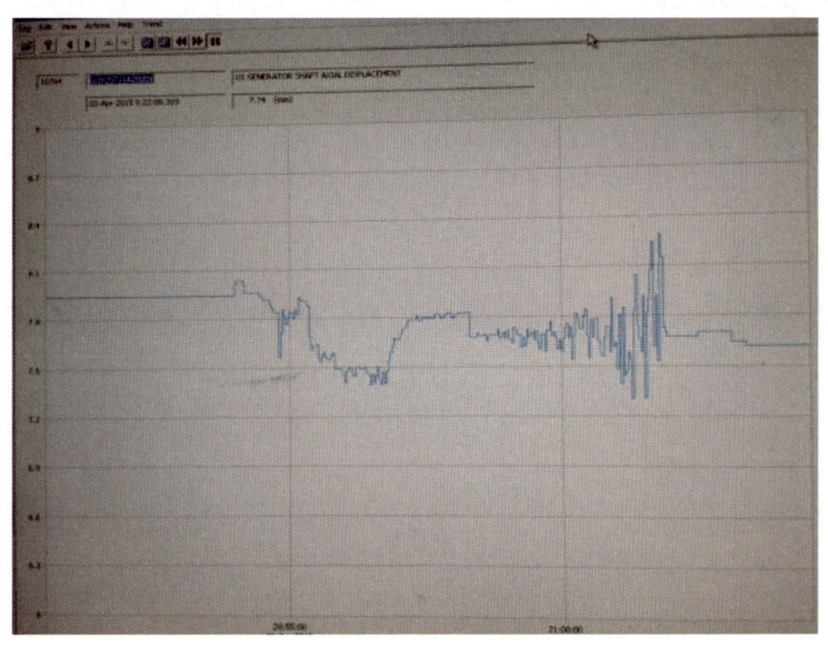

图 2-20-5　机组抬机量

油压降至整定值以下，油压建立信号丢失。高压注油系统在判断油压建立信号丢失后，切换至直流泵运行，但是直流泵运行也没有将油压建立，于是高压注油系统停下直流泵，并发出油压故障报警。此时顺控流程正走到程序十的第四步，即设置调速器水轮机模式启动，完成条件里面有一条就是“U1 THR BRG LIFT PMP RUNNING”（高压注油泵运行）。即这一步需要收到高压注油泵在运行状态，启动流程才会继续往下走，如图 2-20-7 所示。

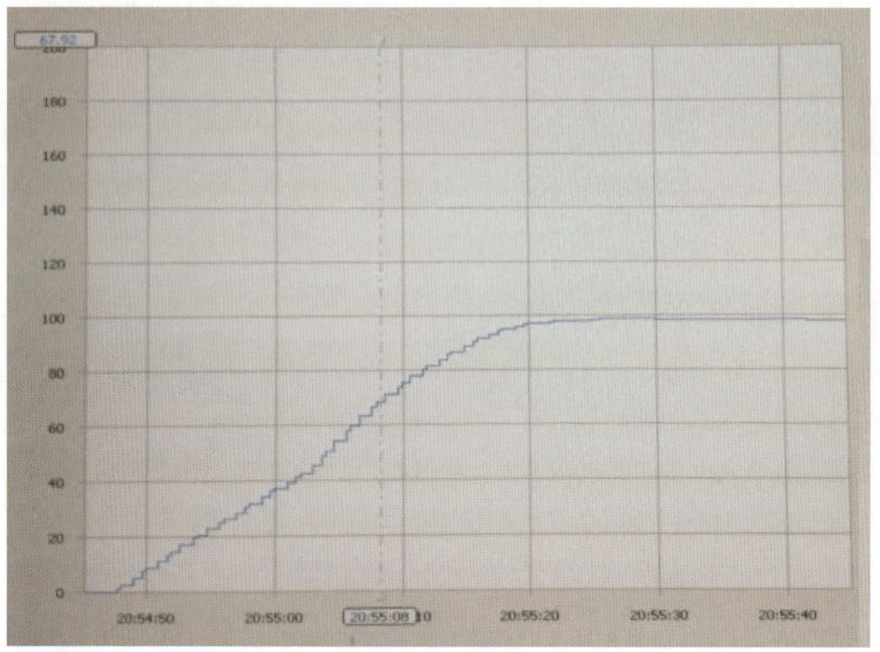

图 2-20-6　机组转速

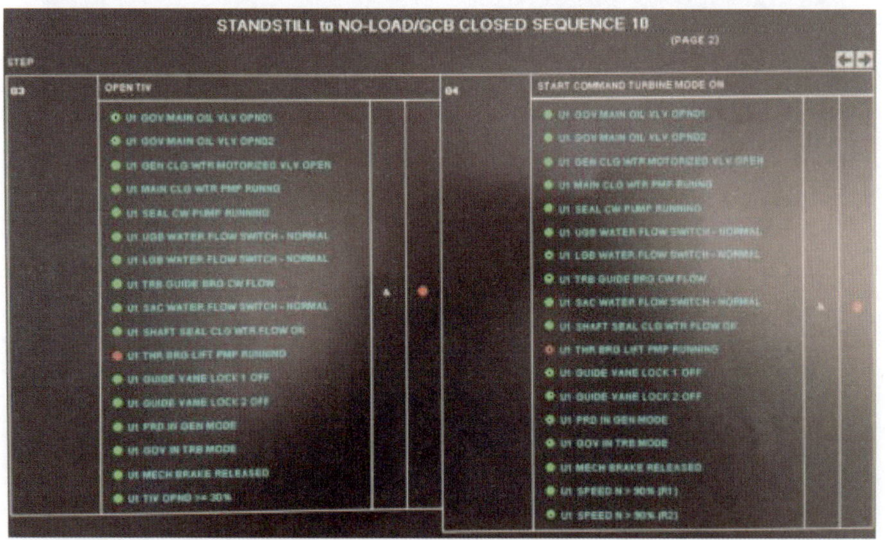

图 2-20-7　机组顺控流程逻辑

由于高压注油泵运行条件不满足，顺控超时跳机。

根据顺控流程，监控系统发令停下高压注油系统是在 SEQ 10 STEP 6，如图 2-20-8 所示。

因此，高压注油泵正常停止命令应该在程序十的第六步由监控发出，而本次高压注油泵的停止命令是由高压注油系统自身根据压力信号发出的。监控中“THR BRD LIFT PMP RUNNING”判断的条件为：交流和直流泵至少一台在运行，且压力正常和

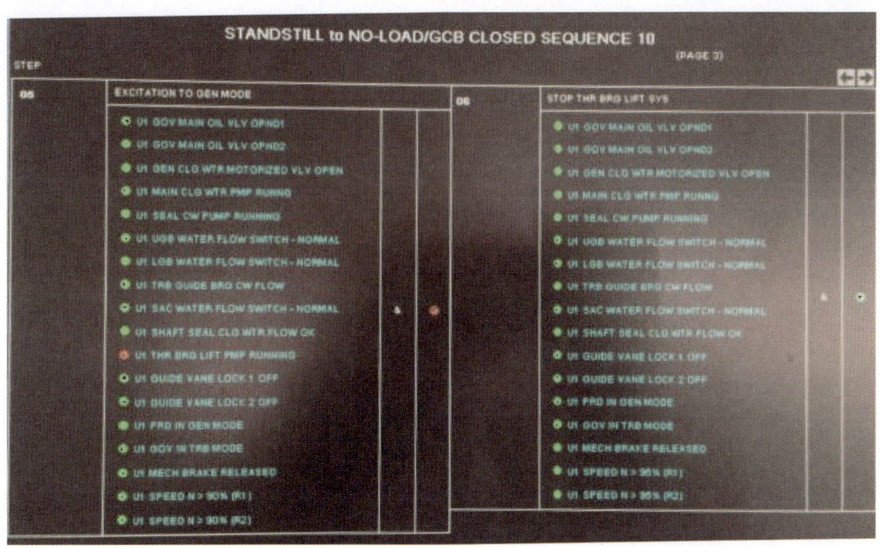

图 2-20-8　机组顺控流程逻辑

油压建立两个压力信号正常。综合分析导致本次危急消缺的根本原因为：机组转速上升过程中，高压注油系统压力信号丢失，导致机组跳机。

三、防治对策

（1）由于机组启动过程中，机组交直流泵出口压力存在的偏差较大，需与 ANDRITZ 公司联系明确高压注油泵满足机组运行的最小出口压力，并依据该压力进行重新整定并校验。

（2）加强设备定值管理，规范定值记录和日常维护。更换设备后需根据新设备情况及实际要求重新整定定值并校验。

（3）细化设备健康分析，将高压注油泵交、直流泵出口压力等数据加入每月设备健康分析。

四、案例点评

通过对这次故障的分析，暴露出一些问题：

（1）设备主人设备管理不到位。发电机设备主人每两周进行一次高压注油泵启停试验，主要检查交流泵与直流泵压力及各部分有无渗漏点。而 2014 年对 1 号机组高压注油泵交、直流泵都更换过，更应加强关注。暴露出设备主人对高压注油泵健康分析、运行趋势分析不到位，设备更换后未加强关注。

（2）设备定值管理方面：机组高压注油系统压力开关定值整定精度不够，1 号高压注油泵压力整定值偏高。并且更换过高压注油泵后未依据新泵压力进行重新整定并校验，暴露出对设备定值管理不到位。

第三章 励磁系统及静止变频器（SFC）

案例 3-1 某抽水蓄能电站机组励磁系统晶闸管击穿*

一、事件经过及处理

2018 年 8 月 31 日 19 时 31 分，某抽水蓄能电站根据网调下发负荷曲线计划启动 1 号机组，在转速 95%时，顺控启动励磁，19:33:23.112，1 号机组主变压器 A 组励磁变过流保护（51GT-A）二段定时限动作跳闸，跳开宜珠线 5051 断路器、500kV 分段 5012 断路器。监控报警信息如下：

19:33:23.681，1 号机组主变压器保护动作跳机。

19:33:23.735，1 号机组保护动作跳机。

19:33:23.747，2 号机组保护动作跳机。

19:33:23.764，500kV 5051 线路断路器 A、B、C 相跳开。

19:33:23.764，500kV 5012 桥断路器跳开。

对于 1 号机组主变压器 A 组保护动作信息，从保护装置的事件记录可以看到：

（1）19:33:23.112，励磁变压器过流保护启动。

（2）19:33:23.615，延时 0.503s 励磁变压器过流保护二段定时限跳闸。

从保护装置读取故障时的保护动作值：励磁变压器 A 相 180.10A，励磁变压器 B 相 89.01A，励磁变压器 C 相 90.22A。

励磁报警为：整流桥 2 故障 、整流桥 3 故障、整流桥失灵 2 段、S-臂失效、R-臂失效、S+臂失效、T-臂失效、R-臂失效、闭锁励磁系统。

此次故障发生后，经检查，由于励磁系统功率柜 2 晶闸管击穿，导致励磁变压器过流，最终导致主变压器保护中励磁变压器过流动作跳开宜珠线 5051 断路器、500kV 分段 5012 断路器，跳机组出口断路器，跳灭磁开关，跳开 1 号厂用变压器断路器。由于主变压器保护暂未停役，故采取了两个措施分两个时间段进

* 案例采集及起草人：郭中元、张冰冰（华东宜兴抽水蓄能有限公司）。

行处理。

临时措施：更换击穿晶闸管，并做励磁小电流试验，确保所更换晶闸管正常使用，励磁系统正常运行，机组正常报备。

解决措施：结合主变压器停役对主变压器保护逻辑进行优化，并新增主变压器保护跳励磁交流进线开关的硬接线，修改励磁变过流保护逻辑，将原励磁变压器保护定时限段分为两段，一段 0.3s 短延时段，一段 0.6s 长延时段，短延时段动作于跳开发电机出口断路器，跳开灭磁开关，跳励磁交流进线开关，长延时段动作后保持不变，跳开主变压器各侧断路器。

这个逻辑是为了防止越级跳闸，当故障点在励磁变低压侧交流开关下侧至励磁系统范围时，通过短延时段新增的跳开励磁交流进线开关就可以切断故障电流，从而避免越级跳闸。如果故障点位于励磁交流进线开关上侧至励磁变压器过流保护所使用电流互感器之间，则故障电流不会被交流进线开关切断，此时由励磁变压器过流保护定时限长延时段可靠动作依然可以确保切断故障电流。

二、原因分析

励磁变压器过流保护动作的可能原因有：励磁变压器高压侧短路、低压侧短路（励磁系统故障）、保护误动、励磁变压器本体绕组故障和绝缘降低等，针对以上可能原因展开排查工作。

1. 对导致此次事故的直接原因进行分析

（1）检查 1 号机组励磁变压器以及引出线一次设备无异常，对其中 1 号机组励磁引线等做详细检查，进行绝缘电阻测量，未见异常，对相关设备进行巡视。

（2）检查主变压器保护装置、定值无异常，排除保护误动可能。

该电站主变压器保护型号为 ABB RET670，其中励磁变压器过流保护装设在主变压器保护 A 组，励磁变压器过流保护电流互感器取自励磁变压器高压侧，变比为 300/1，定值整定如下：

一段反时限跳闸：

$$top = \frac{(k \times t_b)}{\left(\frac{I}{I_{set}}\right)^p - 1}$$

其中，$t_b=80s$，$p=2$，$k=0.14$，$I_1 \geqslant 120\% I_r$，CurveType = IEC Ext. inv（极端反时限曲线）。动作后果：跳 5012、5051 断路器，电气跳机。

二段定时限跳闸：

$I_2 \geqslant 240\% I_r$，$t=0.5s$。动作后果：跳 5012、5051 断路器，电气跳机。

I_r为励磁变高压侧额定电流，其值为 46A。1 号励磁变压器过流保护设定值为 I_r的 2.4 倍，即 110.4A，延时 0.5s 出口动作，故障时励磁变压器 A 相电流为 180.10A，保护正确动作。

故障发生时，1号发电机—变压器组故障录波器录波，如图3-1-1所示。

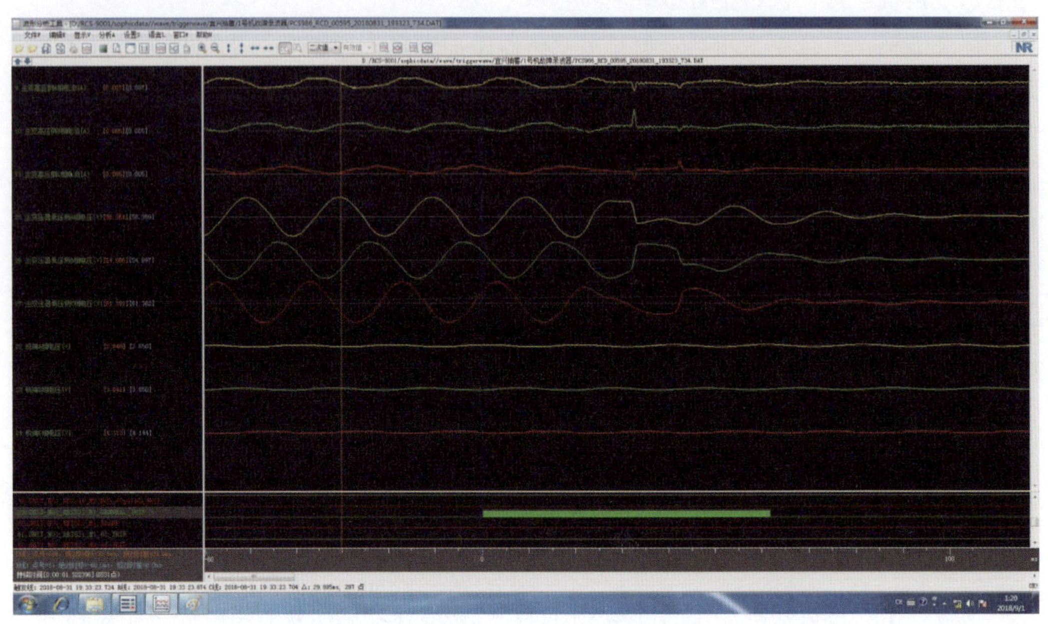

图3-1-1　故障时刻发电机—变压器组故障录波图

从图3-1-1可以到，主变压器高压侧电流、主变压器低压侧电压未见异常，因机组未并网机端电流为0，机组电压三相未见异常，几乎为0。

（3）查看现地励磁系统控制屏报整流桥2故障、整流桥3故障、R臂失效、S臂失效、T臂失效。该电站励磁系统是ABB公司生产的Unitrol 5000系列，型号为A5S-0/U231-D2500，整流方式为三相全控桥，整流柜数量3个，型号为UNL133型，晶闸管型号为3BHS 126938。励磁系统简图如图3-1-2所示。

现地对励磁系统整流功率柜进行小电流试验，当完成现场试验接线，交流侧进线侧380V电源给上，晶闸管还未导通时，灭磁开关下端所接示波器显示有7.83V交流电压，正常情况下应该为0V。进一步进行试验发现，功率柜1和功率柜3波形正常，详见图3-1-3。

当对功率柜2进行小电流试验时，一旦起励，直接跳外接入交流小空气开关和灭磁开关，且接入示波器波形显示存在异常，灭磁开关下端所接示波器显示有7.83V交流电压，如图3-1-4所示。

拉开隔离开关，隔离功率柜2，对其回路进行摇绝缘，发现直流电压加不上去。测量功率柜2中晶闸管相关保护回路。每柜交流侧设浪涌吸收措施抑制尖峰过电压，该保护功能配置在UNS4681板卡上，如图3-1-5所示，测量该板卡电阻R_{01}、电容C_{01}、熔丝等，数据均未发现异常。

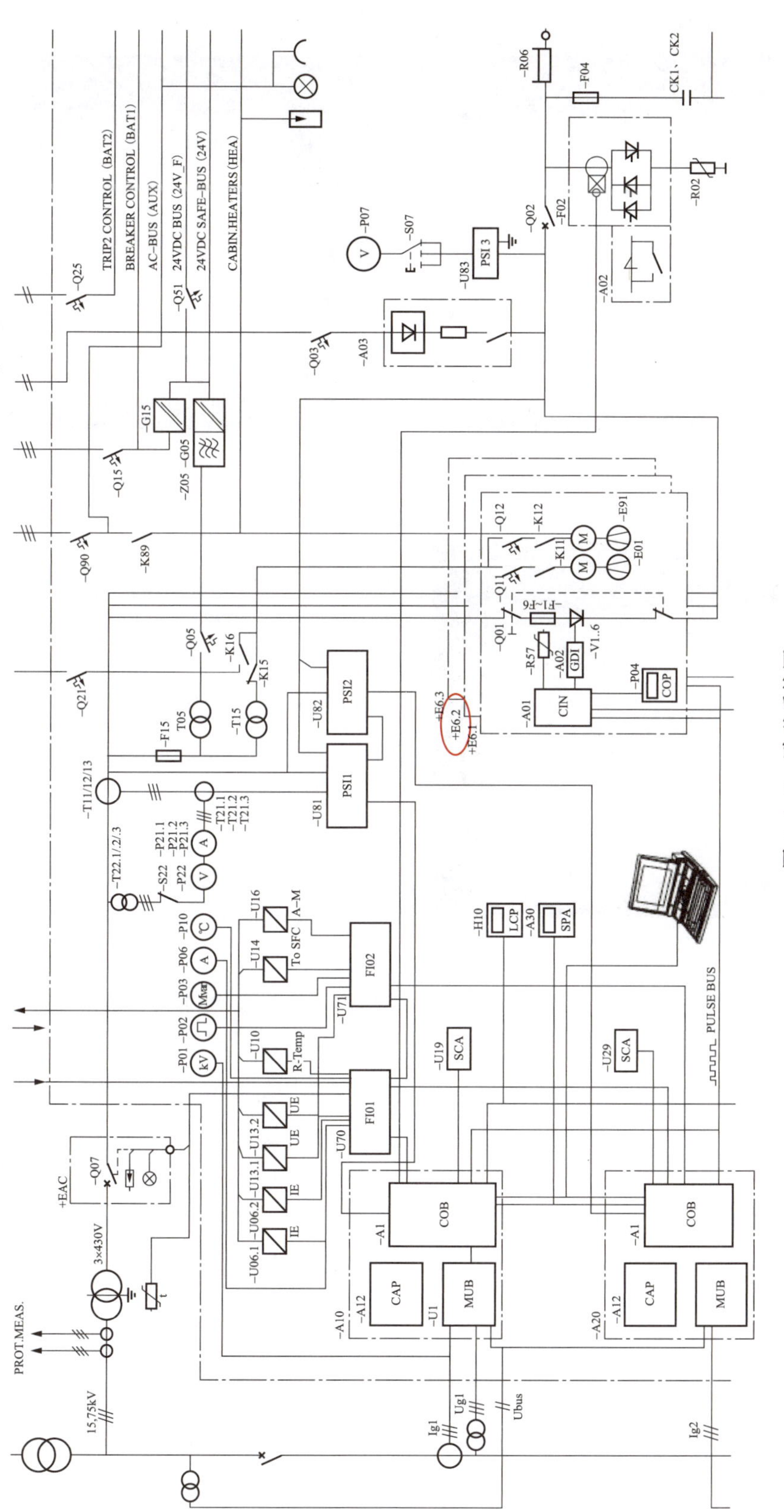
TRIP2 CONTROL (BAT2)
BREAKER CONTROL (BAT1)
AC-BUS (AUX)
24VDC BUS (24V_F)
24VDC SAFE-BUS (24V)
CABIN.HEATERS (HEA)
PSI 3
PSI2
PSI1
FI02
FI01
SCA
COB
CAP
MUB
CIN
GDI
COP
LCP
SPA
PULSE BUS
PROT.MEAS.
15.75kV
3×430V
+EAC
To SFC
R-Temp
CK1、CK2
Ug1
Ig1
Ig2
Ubus

图 3-1-2　励磁系统图

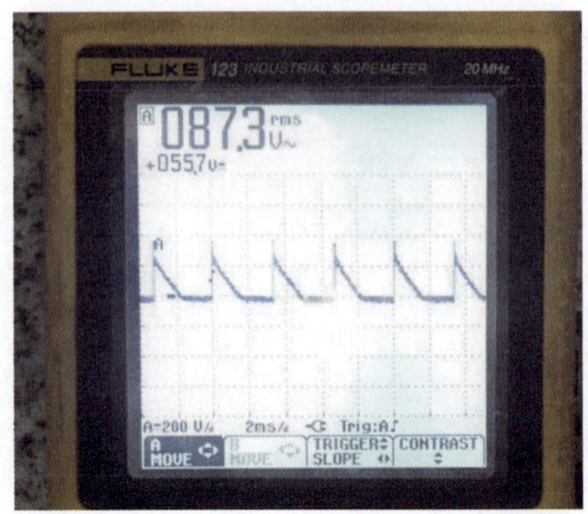

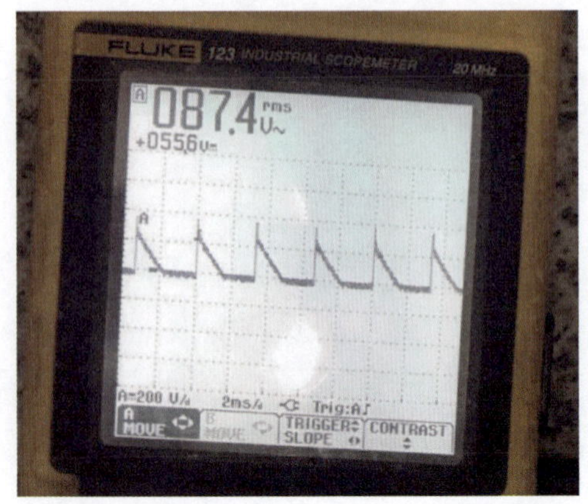

图 3-1-3　功率柜 1 和功率柜 3 小电流试验图

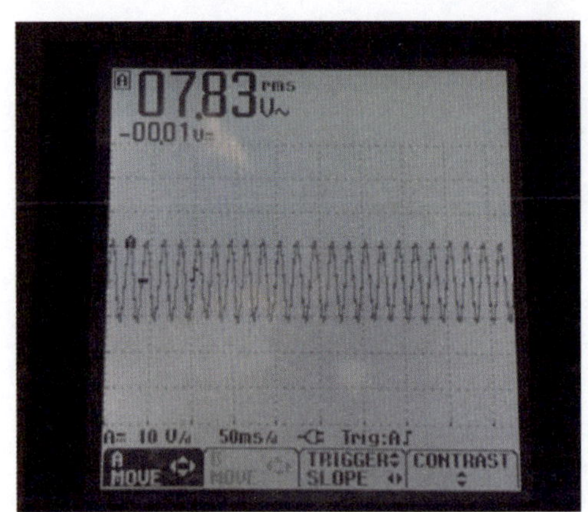

图 3-1-4　功率柜 2 电压图

测量晶闸管相关回路，功率柜每个晶闸管均串联一个熔断器，当由于内部短路或系统直流输出端短路，晶闸管熔断器熔断，在切断短路点后，故障桥臂一般会引起“Branch R+/T-/S+/R-/T+/S- failure / R+/T-/S+/R-/T+/S-臂失效”中的一个或多个报警，具体见图 3-1-6。测量 F_1 至 F_6 的 6 个熔断器电阻值均为 1.2Ω 左右，未见异常。测量晶闸管电阻，多次测量 AK_1（AK_1、AK_2、AK_3 即为交流三相,）与阳极 A－（共阳极组 A－即为转子负极），阴极 K+（共阴极组 K+即为转子正极）之间电阻，AK_2 与阳极 A－，阴极 K+之间电阻，阻值均在 0.6～0.9MΩ 之间，测量 AK_3 与阳极 A－之间电阻为 0.5MΩ，测量 AK_3 与阴极 K+之间电阻为 1.5Ω，发现 AK_3 与阴极 K+之间晶闸管电阻数据异常，即图 3-1-6 中的 V_5 晶闸管电阻数据异常，拆下此晶闸管，测量其单体电阻仅为 0.7Ω，而正常晶闸管在不导通的情况下电阻值均为 1.7～1.9MΩ。更换此晶闸管，再次进行电阻测量正常，进行小电流试验，结果均正常。故障晶闸管实物见图 3-1-7，具体位置见图 3-1-6 标红部位。对 1 号机组励磁系统检查，未见异常，励磁小电流试验结果正常，功能测试正常。分析励磁系统配置相关保护，故障时，根据保护动作值折算到励磁变压器低压侧 A 相为 3809A，B 相为 1882A，C 相为 1908A，故障时监控系统显示励磁电流为 273A，未达到励磁系统内配置保护动作值（OC1 inverse time/ 反时限过流 1 段、OC2 inverse time 反时限过流 2 段、Inst. exc. overcurrent 励磁瞬时过流保护、励磁电流限制器、晶闸管熔断器熔断电流为 $I^2t<6MA^2s$，实际为 $4.836MA^2s$）。

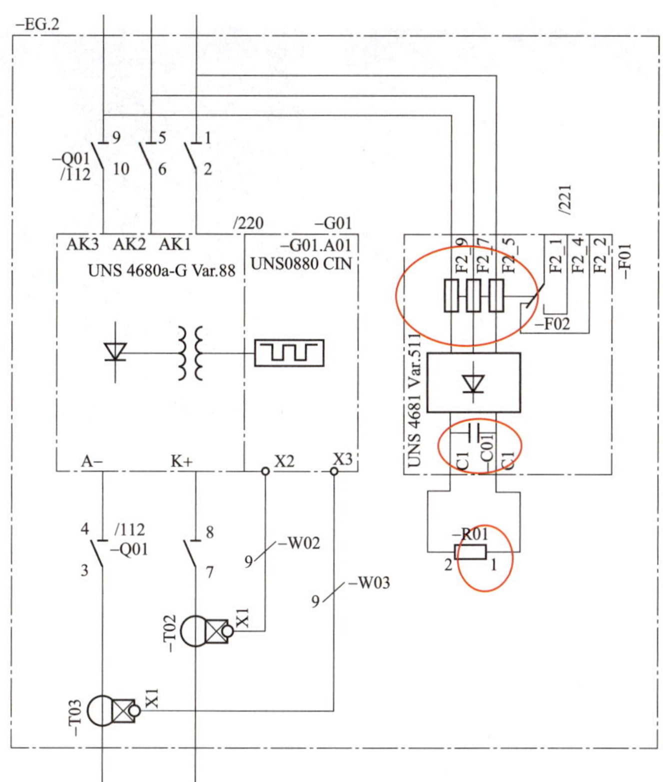

图 3-1-5　晶闸管交流过电压保护回路图

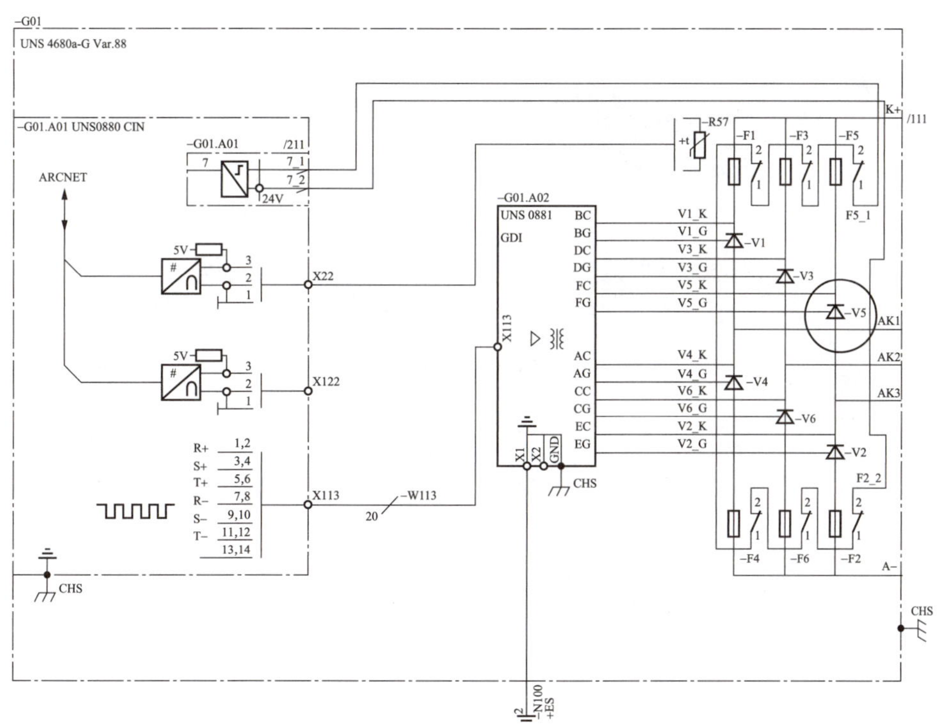

图 3-1-6　功率柜晶闸管图

图 3-1-7 故障晶闸管

2. 对晶闸管击穿原因进行分析

将故障晶闸管送厂家解体检查（见图 3-1-8），测量发现阴阳极间存在短路，晶片活动区域有一熔坑。

(a) (b) (c) (d)

图 3-1-8 故障晶闸管解体检查

(a) NV 9548.46 - Cathode side.（阴极）；(b) NV 9548.46 - Anod e side.（阳极）；(c) NV 9548.46 - Cathode side.（阴极）；(d) NV 9548.46 - Anode side.（阳极）

该故障显示在晶片的活动区域有一个熔化的洞，根据分析有两种种可能的原因。

(1) 过陡的电流上升速率（di/dt，见图 3-1-9）会导致此故障现象。

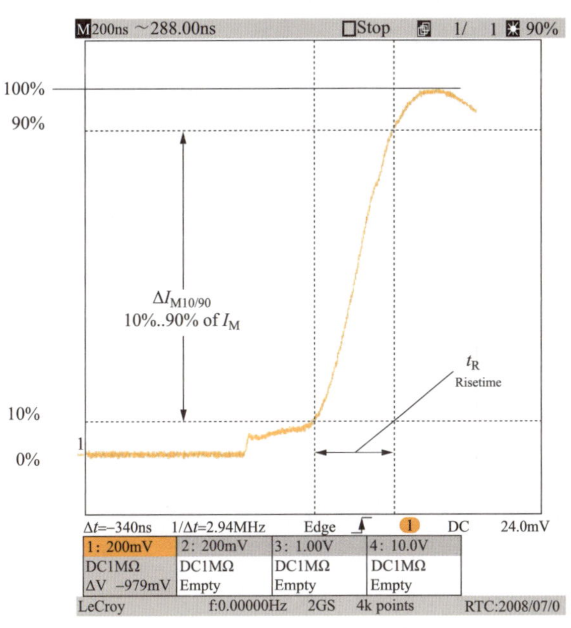

图 3-1-9 $di/dt=\Delta I_{M10/90}/t_R$

1）线路上过高的 di/dt 对于晶闸管会产生损伤。晶闸管的开通瞬间因电流不是突变的，所以阳极阴极之间的电压也不是瞬时下降的，随着 di/dt 的增长，开通功率损耗也在变大。假设当 di/dt 还比较小时，晶闸管已全部开通，此时因电流数值还不大，所以电流密度就比较小，功率损耗也小，晶闸管就不会烧坏。如果线路 di/dt 大大快于结的开通过程的扩展速度时，即晶闸管刚开通一个小区域，负载电流就上升到一定值或达到功率损耗的峰值，该小区域的电流密度很高，功率损耗产生的热量就足以使硅片的小区域烧熔。如果是线路上的 di/dt，会导致其他整流桥的管子均产生烧熔和损伤。在更换新的晶闸管之后也未见此类故障现象，所以排除了线路、励磁变压器等一次部分故障的可能性。

2）晶闸管的 di/dt 承受能力与其芯片结温（晶闸管核心温度）有直接关系，会随着温度的上升会有明显的下降。因此，用户在使用时必须保证器件的散热条件。

有现场因为冷却系统异常导致晶闸管损坏的情况发生。由于励磁刚启动不会产生太大的温升，且现场已经排除冷却系统异常导致的故障。

3）晶闸管在承受过高的 di/dt 时，会在其芯片产生局部瞬时高温，这种局部瞬时高温在长期工作中会影响晶片的工作寿命。因此，建议 di/dt 不超过厂家规定值，并留有一定裕量。di/dt 主要是由触发板通过脉冲变压器施加在晶闸管上，现场未更换触发回路，并更换晶闸管后运行正常，所以排除触发导致的过高的 di/dt 的可能性。

（2）短路电流可能导致观察到的故障现象。

短路电流的最大瞬时值可达到额定电流的10～15倍，一旦晶闸管因短路发生故障，都可能发生类似的晶片熔点现象。

现场已经排除外部和内部短路造成此故障的可能性。

另外，晶闸管损伤还有两种可能性：过电压和 du/dt 过高。但是对于过电压和 du/dt 的故障，故障晶片会呈现多点熔断现象，与现场实际情况不符。

综上所述，此次故障为晶闸管本体耐受 di/dt 能力下降的原因导致晶闸管击穿，以至于励磁变压器低压侧发生相间短路导导致励磁变压器过流保护定时限动作。动作结果为跳开宜珠线5051断路器、500kV分段5012断路器，跳机组出口断路器，跳灭磁开关，跳开1号厂用变压器断路器。从结果上看，如果能够跳开励磁交流进线侧开关则可以断开故障电流，无需跳开主变压器高压侧各断路器及厂用变压器断路器，故根本原因是励磁变压器过流保护设置不合理。

三、防治对策

（1）结合励磁系统检修落实励磁系统整流桥柜晶闸管回路二次回路电阻测试并形成台账，分析趋势，有问题提早处理。并且对各组整流桥进行小电流试验，验证晶闸管的性能。

（2）修改主变压器保护逻辑，增加励磁变压器保护跳励磁交流进线开关硬接线，对励磁变压器过流定时限段进行优化，满足实际现场要求，防止越级跳闸。

（3）检修人员认真做好设备状态分析，对所负责设备的运行状态数据及时做好收集及分析，提前发现问题。

（4）加强检修作业全过程管控，技术人员、管理人员、监理人员、监督人员必须到岗到位，履职尽责，认真履行质量签证和三级质量验收制度，确保投运设备安全可靠。

（5）修改、补充和完善现场运行维护规程，工作中加强对整流桥温升等情况的检查维护工作。

四、案例点评

由本案例可见，虽然此次事故是突发性设备事故，但是从继电保护动作的结果来看，仍然存在优化的空间，此次励磁变压器过流保护的逻辑修改可为其他单位提供经验及教训。在对此次晶闸管故障原因进行分析时，该单位检修人员对于问题根本原因紧抓不放，动用各种力量对晶闸管击穿原因进行了全面剖析，最终得出可靠结论。因此，检修人员刨根问底，抓住事故的关键，从根本上解决问题的态度还是十分必要的。

案例 3-2 某抽水蓄能电站机组励磁系统灭磁开关故障*

一、事件经过及处理

2015 年 1 月 28 日 1 时 23 分 46 秒，某抽水蓄能电站背靠背方式启动。2 号机组被拖动机（BBM），1 号机组拖动机（BBG）。2 号机组工况并网后，值班人员监控下达 PC 转 P 指令，1 分 21 秒后 2 号机组 A/B 套失磁保护（40M）动作、A/B 套失步保护（78M）动作、A/B 套低压过流保护（27/51M）动作、转子过电压保护动作。

（1）发生事故后，值守人员立即联系调度汇报事故情况，同时向部门汇报事故情况。

（2）设备维护人员到达现场后立刻对故障录波信号、机组保护报文、监控系统报文、励磁系统记录等信息进行了收集、分析。最终确认故障原因为励磁系统未收到监控系统发出的 98%转速信号，导致励磁系统控制模式切换失败，励磁电流无法调整，发电机因励磁电流不足导致无法维持机端电压，最终发电机从系统中大量吸收无功来维持了机端电压，造成了失磁保护、失步保护、低压过流保护动作。

现场进一步检查发现 2 号机组励磁系统硒堆、熔断器烧损。因机组未经灭磁而直接切断了灭磁开关，造成转子能量通过灭磁开关辅助动断触头由 SiC 非线性电阻吸收。故怀疑灭磁开关主触头与辅助触头动作时间不一致，即灭磁开关主触头分断时辅助常闭触头还未接通，导致转子中所储存能量通过灭磁开关主触头分断时形成的电弧加在硒堆回路上，进而造成硒堆回路的被击穿，从而导致转子过电压保护动作。

（3）更换 2 号机组 98%转速监控开出继电器 BTB5-X10，同时更换 1、3、4 号机组相应位置继电器，并做继电器动作试验，满足信号动作要求。

（4）更换励磁系统整流桥直流侧硒堆保护回路（保护硒堆、两只熔断器）。

二、原因分析

1. 失磁保护 40M、失步保护 78M 动作原因分析

2 号机组 BBM 工况启动，启动过程中励磁系统工作在 MEC 方式，AVR 设定值（90R）跟踪 MEC 设定值（70R）。当机组转速达到 98%时，励磁系统由 MEC 切至 AVR 方式运行，如图 3-2-1 所示。

---

* 案例采集及起草人：高旭、刘洋（山西西龙池抽水蓄能电站）。

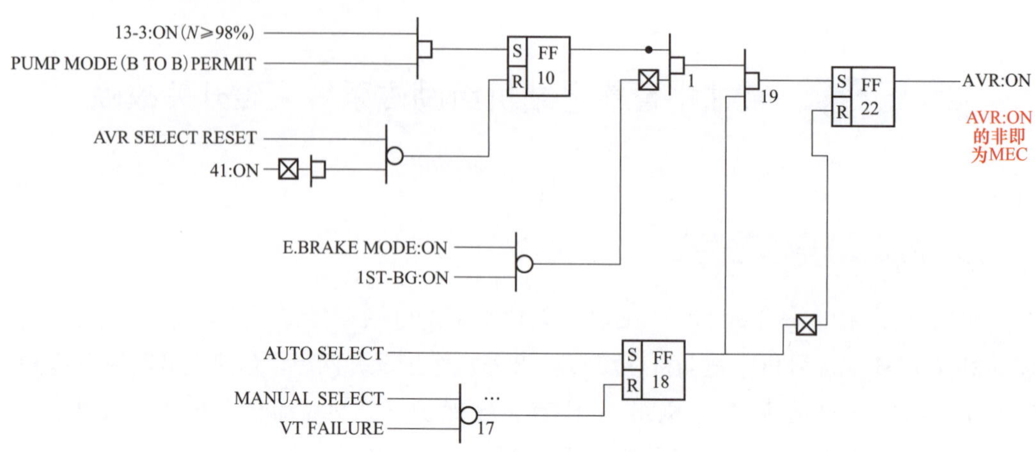

图 3-2-1　励磁系统方式切换逻辑

由励磁维护电脑读取保存记录，发现未收到 98% 转速信号，如图 3-2-2 中曲线 8 所示。

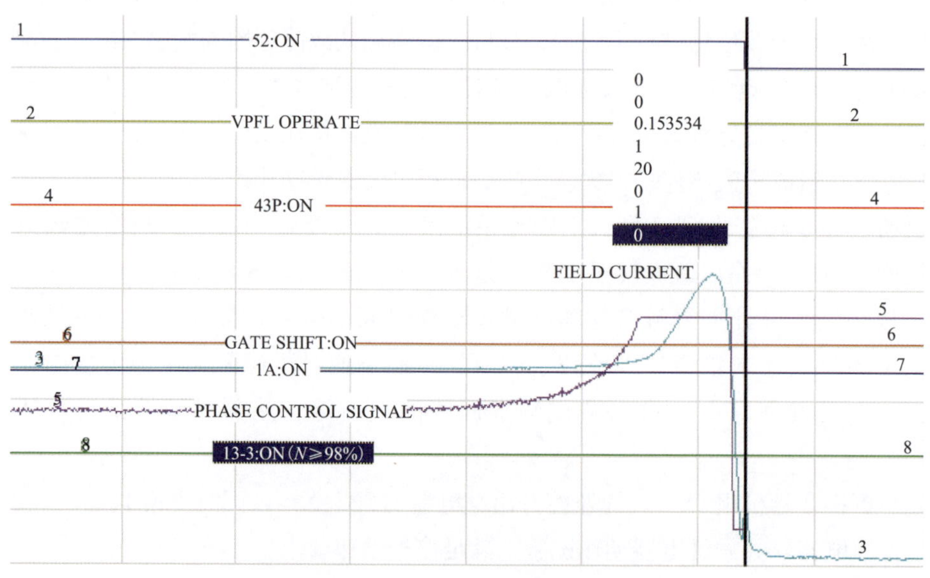

图 3-2-2　励磁系统故障时刻曲线

检查监控系统流程记录，监控已开出转速信号 2DO0170，如图 3-2-3 所示。

01/28/2015 01:27:36 2DI1020 SPEED > 90-100%(13-2)
01/28/2015 01:27:36 2DO0170 13-3 ON FOR AVR

图 3-2-3　监控系统报文显示已开出转速信号 2DO0170

监控至励磁此信号回路为，如图 3-2-4 所示。

检查发现 2DO0170 监控系统开出继电器 X10 动作后，无法带动励磁开入继电器动作，即 X10 继电器触点故障，更换后信号正常送至励磁系统。

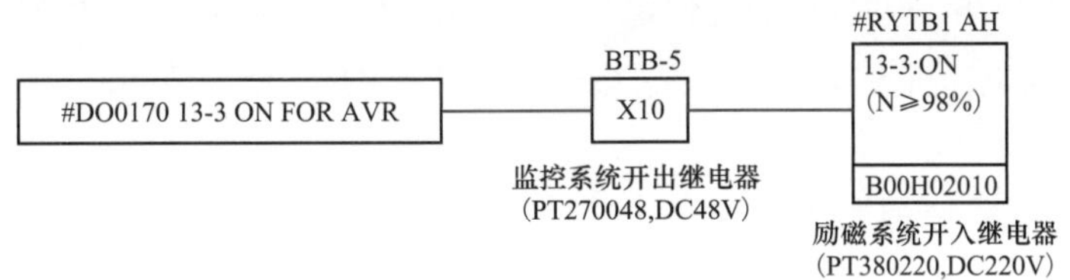

图 3-2-4　监控系统 2DO0170 信号开出回路

当机组并网后，励磁系统仍维持在 MEC 方式工作，对应 70R 值为 0.56 左右（抽水工况转 AVR 模式后，70R 会跟踪 90R 达到 0.77 左右）。即此时 70R 设定值 0.56（即励磁电流）无法满足使机端电压维持在 18kV。虽然抽水工况当机组吸收无功功率过多时会自动调节在−6～6Mvar 之间，如图 3-2-5 所示。

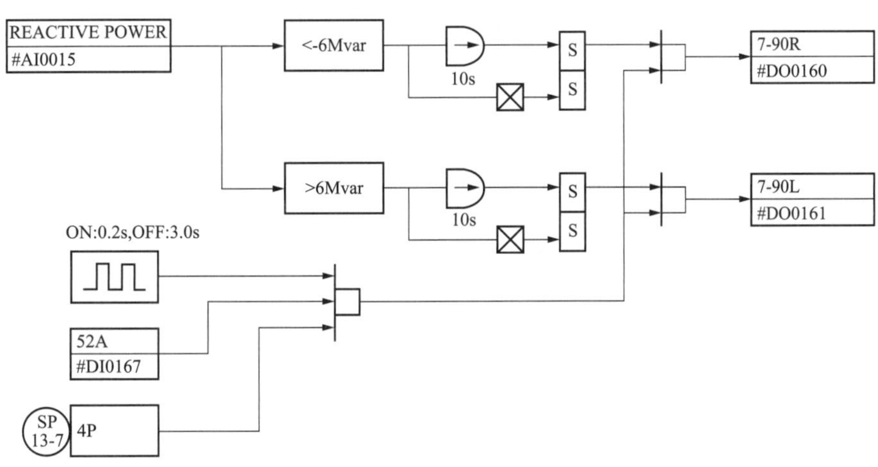

图 3-2-5　抽水工况无功调节逻辑

但由于此时励磁系统工作在 MEC 方式，无法增加 90R 进而增加励磁电流。

当对发电电动机所提供励磁电流无法满足维持发电机机端电压在 18kV 时，发电电动机开始从电网中吸收无功功率进而维持机端电压，查看趋势最大吸收无功功率为 269.1Mvar，机端电压最低降至 12.5kV，最终失磁、失步保护动作跳机。

2. 低压过流保护 27/51M

低压过流保护 27/51M 定值如表 3-2-1 所示。

表 3-2-1　　低压过流保护 27/51M 定值

低压过流 27/51G/M-A/B	跳闸	电流	$1.50I_n$
		延时	3.00s
		维持电压	$0.70U_n$
		维持时间	0.50s

对应趋势图中电流为 16.09kA（1.51×10662A），对应机端电压为 12.5kV（0.69×18kV），保护正确动作。

由于抽水工况时电动机吸收有功恒定（约为 310MW），当吸收无功功率增加时，导致机端电流增加，同时电动机吸收无功功率过多时导致机端电压下降，故而低压过流保护动作。

3. 转子过电压保护

转子过电压保护原理如图 3-2-6 所示。三相全波整流桥直流侧（转子侧）保护回路由硒堆和熔断器（大小两个熔断器并联，小熔断器带动作触点）串联而成，当小熔断器击穿后，其触点闭合，发出转子过电压报警。正常情况运行时硒堆处于断路状态，当转子侧电压高于一定值时，硒堆漏电流增大进而形成对整流桥的保护。当高电压通过后，硒堆恢复原状。

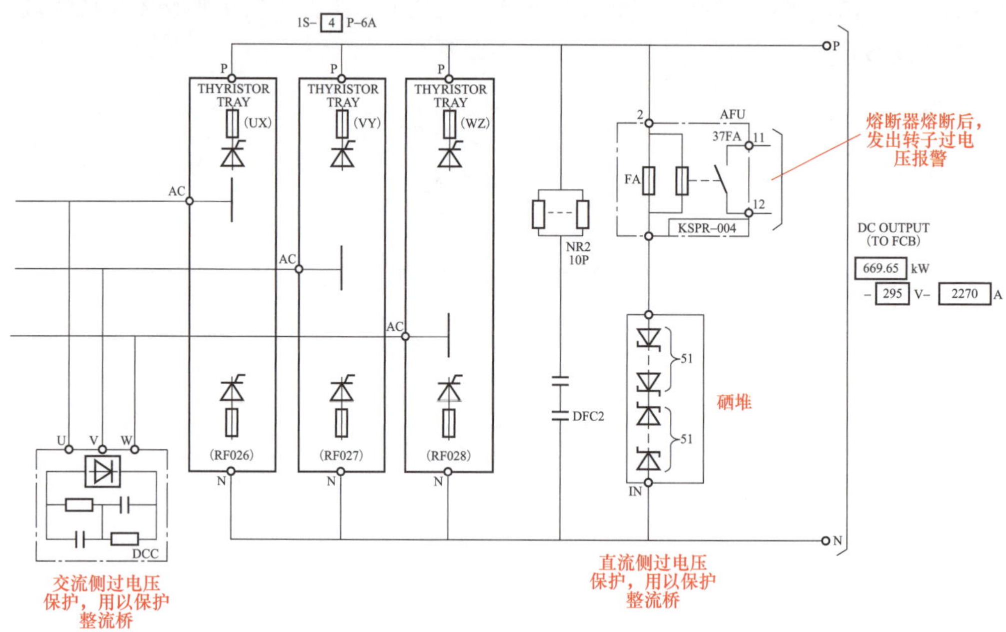

图 3-2-6　转子过电压保护回路

检查回路发现两只熔断器、硒堆均击穿，如图 3-2-7、图 3-2-8 所示。

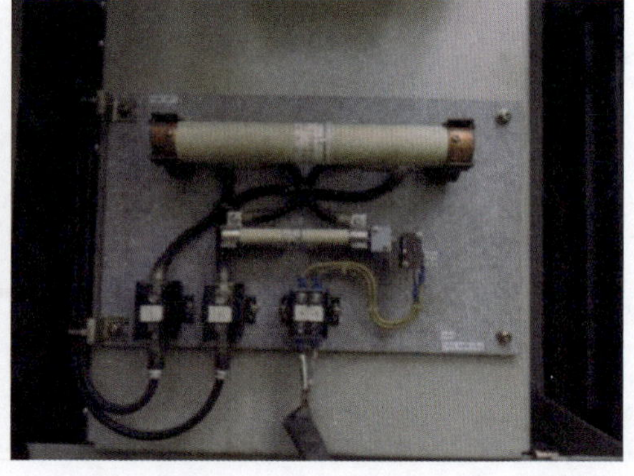

图 3-2-7　完好的硒堆与电容器

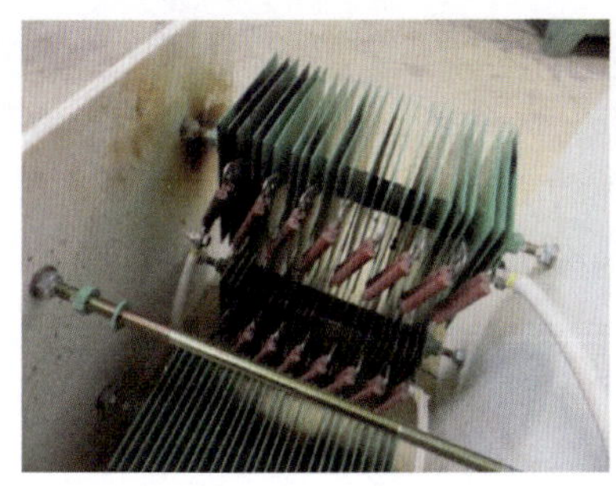
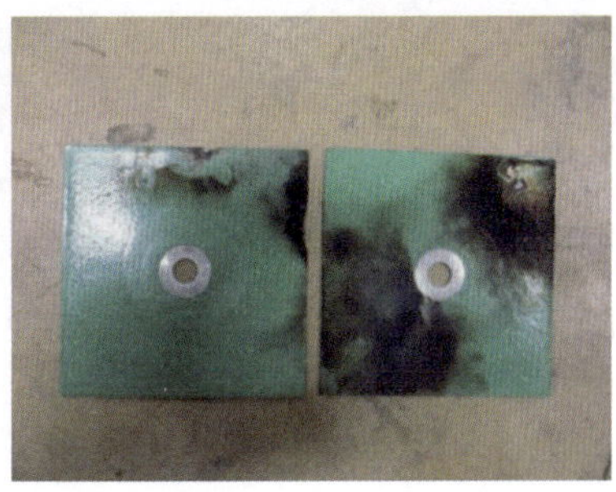

图 3-2-8　被击穿硒堆及硒整流片

转子过电压报警为无延时报警，故报警时刻即为硒堆、熔断器被击穿时刻，即灭磁开关断开后 1s。

硒堆所承受过电压可以来自两方面：

（1）整流桥侧，检查测量发现硒堆回路上侧阻容回路未损坏，如图 3-2-9 所示。

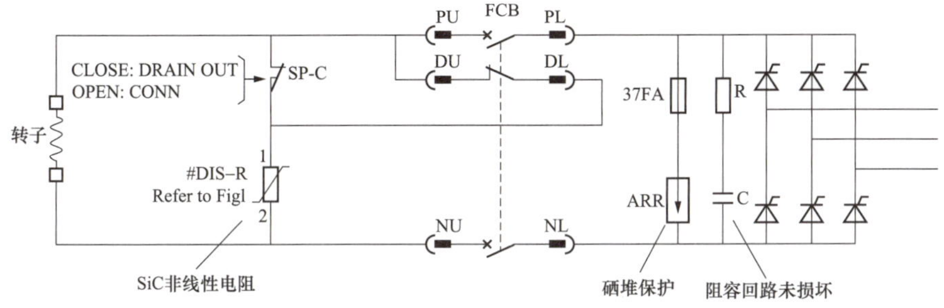

图 3-2-9　励磁回路中的硒堆保护和阻容保护回路

从趋势图中可看到，灭磁开关分闸时，整流桥已处于逆变状态（曲线 8 为 135°），同时分闸前触发角突然降为 20°，为正常状态（对比正常分闸时波形），故判断硒堆所承受过电压不应来自整流桥侧，如图 3-2-10 所示。

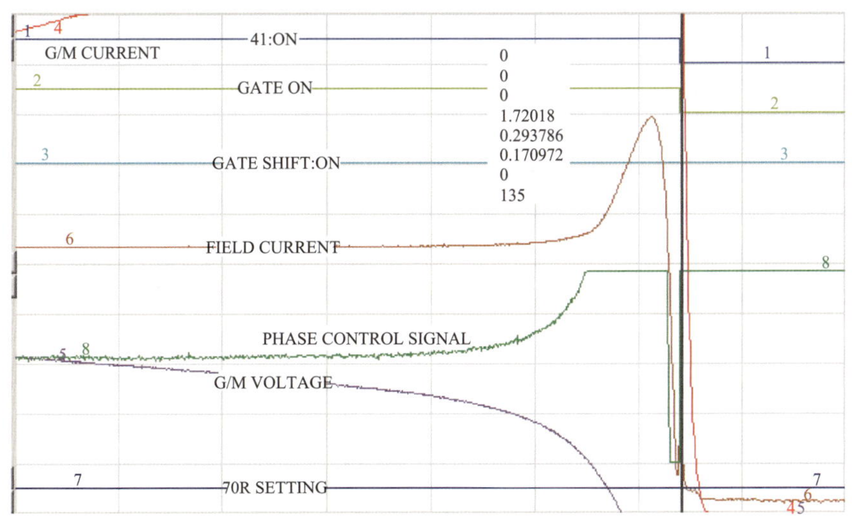

图 3-2-10　灭磁开关分闸时的励磁各信号趋势图

（2）转子侧：由于机组 86-1 跳机时，发电机未经逆变灭磁而直接断开灭磁开关 41，转子能量通过灭磁开关辅助动断触头由 SiC 非线性电阻吸收。故怀疑灭磁开关主触头与辅助触头动作时间不一致，即灭磁开关主触头分断时辅助动断触头还未接通，导致转子中所储存能量通过灭磁开关主触头分断时形成的电弧加在硒堆回路上，进而造成硒堆回路的被击穿。

三、防治对策

（1）结合机组检修，校验 1～4 号机组灭磁开关同步性，验证硒堆被击穿分析判断。

（2）结合机组检修或定检，加大对继电器的检查，同时做好熔断器、继电器等易损件的提报采购工作。

（3）基于首台机组投产运行已 7 年之久，分阶段更换各系统所有 48V、24V 电压等级继电器。

四、案例点评

由本案例暴露出一个问题：设备维护不到位，继电器作为易损易耗元器件，应制作台账，梳理继电器动作情况，对其中动作频繁的元器件定期更换，对动作不频繁的继电器定期校验，防止因二次元器件故障导致机组启动失败。

案例 3-3　某抽水蓄能电站机组励磁交流开关操作机构框架变形*

一、事件经过及处理

2018 年 9 月 6 日，某抽水蓄能电站 1 号发电电动机定检期间，运维人员对 1 号机组励磁交流开关进行检查，发现励磁交流开关操作机构手动储能轴杆两侧框架变形损坏，开关操作机构变形。运维人员打开开关塑壳护罩检查操作机构，发现开关操作机构两侧框架与手动储能轴杆的组合部位严重变形，框架金属框架侧板的边沿受力严重突出（正常应该是直的），两个主操作拐臂存在明显打击状凹坑，另外固定在该轴左侧的手动储能把手固定弹簧及转轴卡簧松脱。进一步进行检查后发现，框架整体变形。两个主操作拐臂部位变形。

缺陷发生时，该电站正在进行 1 号机组定检，220kV Ⅰ、Ⅱ段母线合环运行，1～4 号主变压器空载运行，2、3、4 号机组停机备用，厂用电分段运行。1 号机组定检，操作人员对检修设备进行了相关隔离措施，设置相关围栏，悬挂标志牌。

---

* 案例采集及起草人：何双军、梁绍泉（山东泰山抽水蓄能电站有限责任公司）。

发现缺陷后，运维人员立即启用仓库备品交流开关更换。

更换前对开关整体结构外观检查，内部操作结构及触头等检查。

对开关进行相关试验，包括：①断路器主触头的分、合闸时间，分、合闸的同期性测量；②分、合闸电磁铁的最低动作电压测量；③分、合闸线圈的绝缘电阻和线圈直流电阻测量；④合闸位置触头接触电阻测量；⑤开关的辅助回路和控制回路绝缘电阻；⑥进行多次手动储能及自动储能试验；⑦远方分、合开关试验。

机组定检后开机试验，验证更换后交流开关运行正常。

二、原因分析

该隔离开关为 ABB 公司生产的 SACE Emax E2N/E 16 型三极框架隔离开关，额定电流 1600A。该隔离开关操作机构在合闸时，被主拐臂压缩储能弹簧瞬间释放推动主拐臂动作，隔离开关操作机构主操作拐臂合闸后动作行程过大，对手动储能轴杆形成撞击，拐臂行程越大，撞击力越大。隔离开关框架的材料强度较差，随着开关动作次数的增加，固定手动储能轴杆的组合部位严重变形，轴、孔的间隙越来越大，手动储能轴杆松动无法牢固固定，引起手动储能把手卡簧等部件松脱。

对比 ABB 新交流开关及其他同型号的操作机构的开关，正常情况下开关合闸完成后主拐臂与框架手动储能轴杆正好位于接触临界点，即使在惯性作用下有极小超行程的现象，对手动储能轴杆也不会产生太大的冲击，在框架金属框架侧板材料具备足够的强度的情况下不会出现变形现象。

正常开关储能把手转轴与框架金属框架侧板紧密结合无间隙，金属框架侧板边沿应没有弯曲现象。

开关运行发生变形的根本原因：

（1）开关装配工艺不良。

厂家未严格按照产品设计图纸装配导致开关操作机构主操作拐臂合闸动作行程过大与设计出现偏差。开关正常合闸时主拐臂动作后与框架手动储能轴杆正好位于接触临界点，对手动储能轴杆不会产生太大的冲击，即使在惯性作用下超行程也不会较少，手动储能轴杆及框架受力很小，不会出现变形现象。

（2）开关框架的材料强度较差。

开关框架的材料强度较差，随着开关动作次数的增加，开关框架与手动储能轴杆的组合部位作为受力部位逐渐变形，手动储能轴杆失去对操作机构固定维持作用，在储能及分、合闸状态，各种机械力的作用引起开关操作机构整体出现变形。

三、防治对策

（1）严格履行设备到货验收流程，对开关设备需要进行全面的静态、动态检查。对开关框架等相关材质及强度进行仔细验收检查，确保符合运行要求。

（2）利用机组检修、定检，加强对开关的检修、维护保养工作，对操作机构动作部件、固定部件、组合部位全面仔细检查，确保检查不留死角。对其他机组励磁交、直流开关，同类型的开关也进行检查。

四、案例点评

由本案例可见，部分采购的设备备件存在装配工艺不良情况，厂家未严格按照产品设计图纸装配，导致开关操作机构主操作拐臂合闸动作行程过大与设计出现偏差，设备出厂验收不全面，未对开关进行全面的静态、动态检查。因技术原因，设备备件到货后无法进行有效的验收。

开关随机组设备启停经常性动作，因部件材料强度差，随着开关动作次数的增加，在较强机械力的作用引起开关操作机构部件及整体出现变形。运维人员对开关结构了解不深入，日常检修维护时对开关操作机构检查不全面，针对此次设备故障应当及时修订检修维护规程，完善开关设备检修维护的内容和周期。

案例 3-4　某抽水蓄能电站机组励磁系统定子电流互感器单相接地[*]

一、事件经过及处理

2018 年 4 月 20 日，某抽水蓄能电站在进行 1 号机组 C 级检修后发电方向并网试验运行时，发现励磁控制屏显示发电机定子电流为 3960A，同时监控系统显示发电机定子电流为 5500A 左右，存在较大偏差，如图 3-4-1、图 3-4-2 所示。

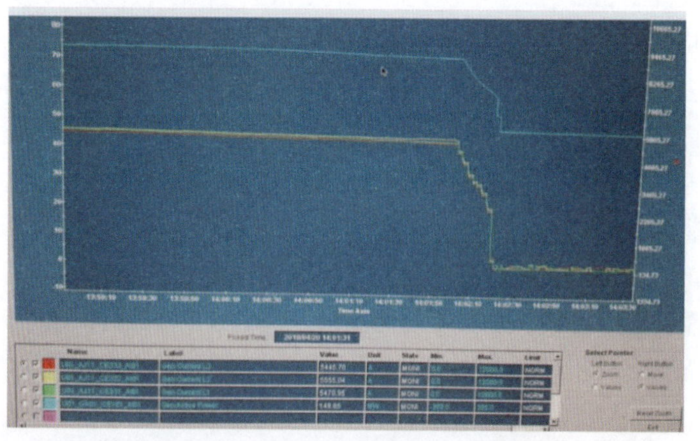

图 3-4-1　监控系统显示定子电流

* 案例采集及起草人：黄嘉、金清山、朱传宗、李倩（河北张河湾抽水蓄能电站）。

该电站励磁系统定子电流取三相电流的平均值，励磁控制屏显示电流与实际电流相比，相差1540A左右，小了1/3左右，故判断励磁系统采集定子电流可能存在缺相，值守人员立即执行停机流程。

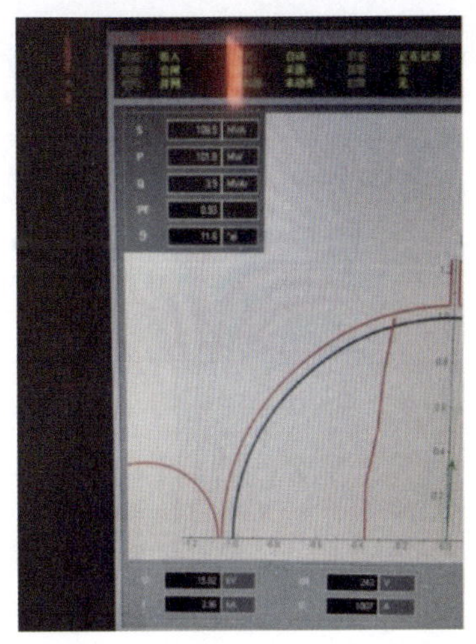

图3-4-2　励磁控制屏显示定子电流

事故排查及处理过程如下：

1. 故障查找

（1）由于1号机组C级检修过程中对发电机机端TA端子箱进行了改造，故首先将排查重点放在排查端子改造后的接线上。

1）核对发电机TA端子箱至励磁控制柜的接线，如图3-4-3所示。

经过核对电缆线号，确认发电机机端TA端子箱至励磁控制柜接线正确。

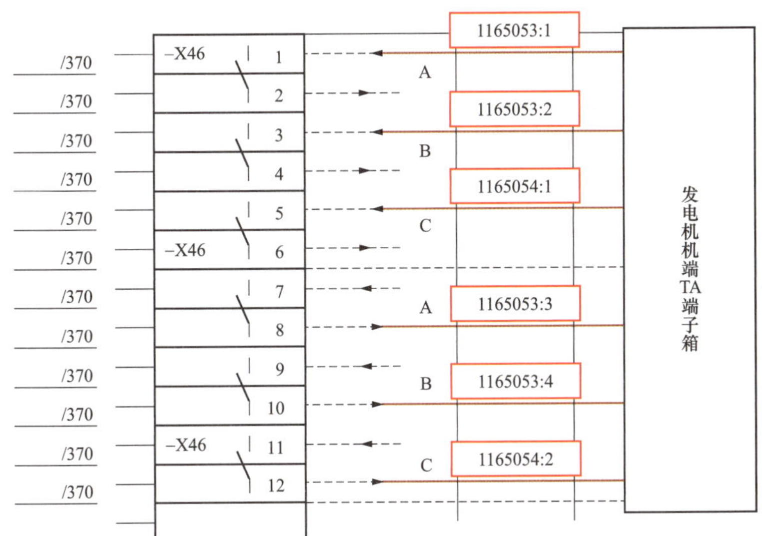

图3-4-3　励磁控制柜至TA端子箱的接线

2）为了验证发电机机端TA端子箱至励磁控制柜二次回路完好，进行了通流试验。在发电机机端TA端子箱用继电保护测试仪向励磁系统通入三相0.85A（二次额定电流）电流，励磁系统显示为10.19kA（发电机额定电流），采样正确，从而确认，TA端子箱至励磁系统的二次回路正常。

（2）检查电流互感器TA8（送励磁系统定子电流）各绕组的直阻，TA8接线图如图3-4-4所示。

将二次回路永久接地点断开，用万用表测量TA8二次绕组的直流电阻，得到测量结果，如表3-4-1所示。

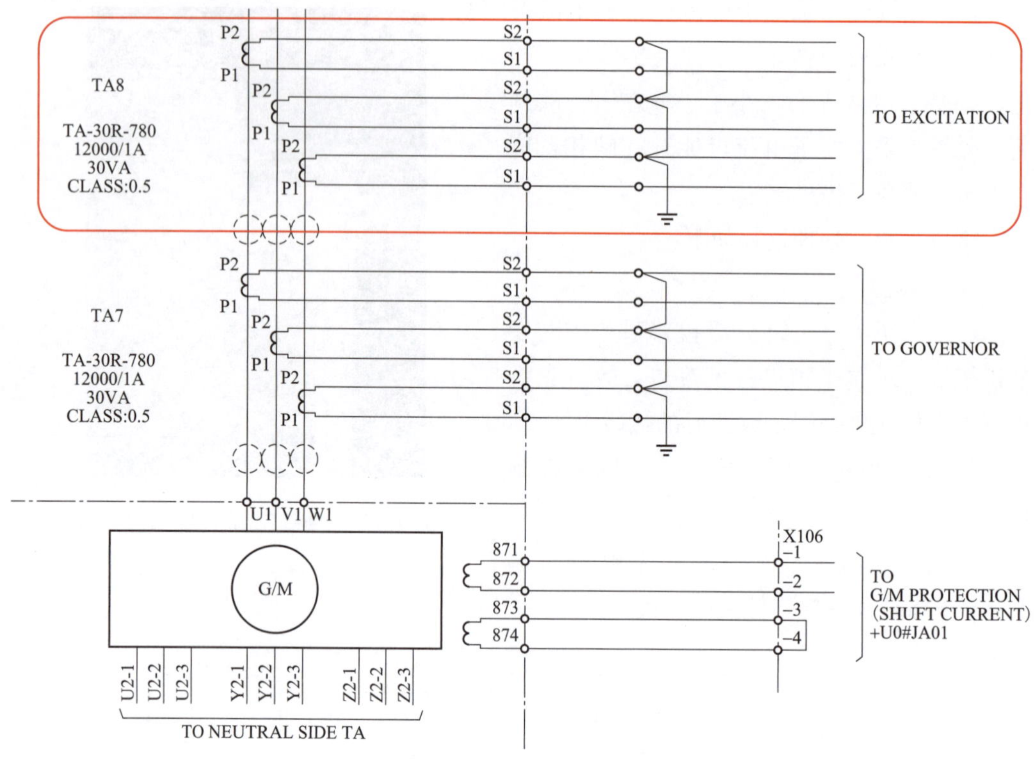

图 3-4-4　机端 TA 接线情况

表 3-4-1　　TA8 二次绕组直流电阻测量值

线圈	1S1/1S2	2S1/2S2	3S1/3S2
阻值（Ω）	75	75	53

从测量数据看，C 相二次绕组的直流明显偏小，怀疑 TA8 的 C 相二次回路存在异常情况。

（3）为了进一步验证上述猜想，将 TA8 的 C 相根部端子箱打开，将 TA 二次接线从端子箱拆除，在此二次回路向励磁系统进行通流试验，试验结果正常。测试结果证明，C 相 TA 根部端子箱出线侧至励磁控制柜二次回路正常，故怀疑 C 相 TA 端子接线柱与接线端子接触不良导致 C 相无电流，对接线进行紧固。

（4）为了验证故障处理情况，进行了发电机升流试验，如图 3-4-5 所示，但励磁系统显示定子电流仍小于实际值，故障依然存在。用钳形电流表测量发电机机端 TA 端子箱上下端口各相电流情况。

（5）根据上述数据，可以判断在发电机机端 TA 端子箱至 TA 根部存在接地点，接地点范围如图 3-4-6 所示。

在发电机升流试验时，图 3-4-6 中 B 点无电流，而 C 点有电流通过，证明回路并未开路，而是 B 点之前某个地方存在接地，导致电流未到达 B 点，而是通过某个地方的接地与 C 点形成回路。用万用表测量 B 点对地电阻（永久接地点解开后），测试结果为

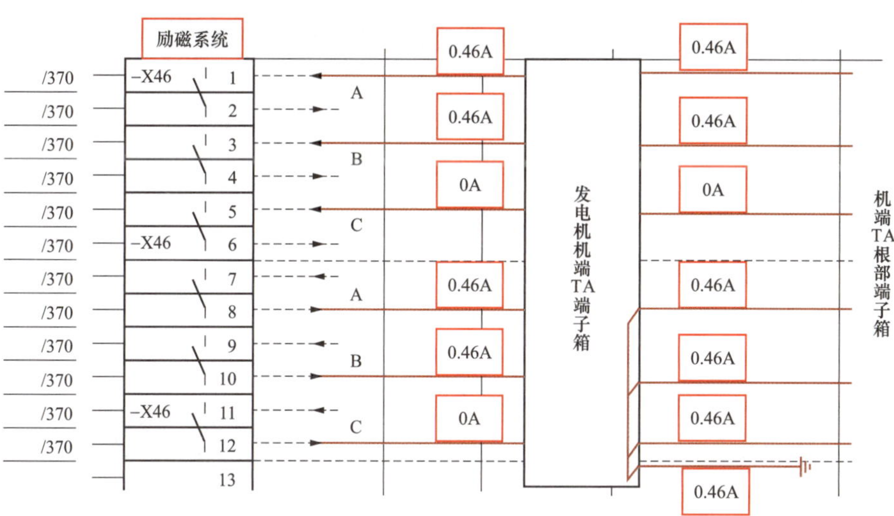

图 3-4-5　升流试验数据

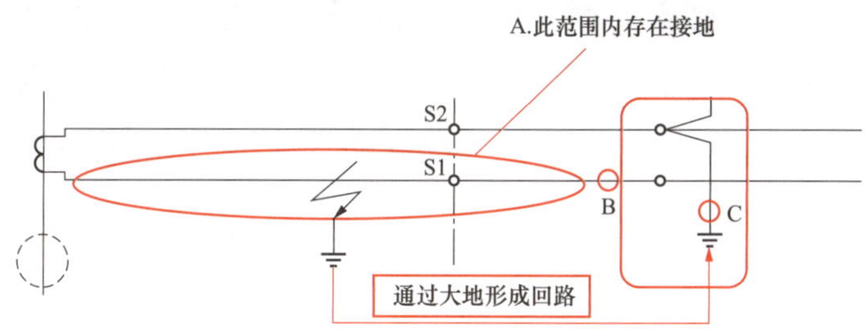

图 3-4-6　接地点范围示意图

77Ω，进一步证实B点至TA根部存在接地（正常应为无穷大）。

结合（3）的查找结果（C相TA根部端子根部出线侧至励磁控制柜二次回路正常），可进一步缩小范围，基本可以判断C相TA根部端子的接线柱或TA内部二次线存在接地。

（6）确认故障点。将C相TA根部端子板拆下进行检查，发现S1接线柱绝缘套管破损，接线柱（螺杆）对封闭母线外壳放电，如图3-4-7所示。

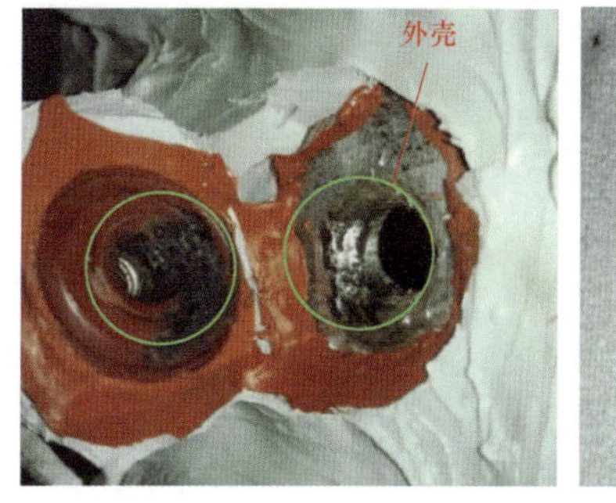

图 3-4-7　故障点

至此，接地点已确定为 TA8 的 C 相 TA 根部端子 S1 接线柱，通过封闭母线外壳接地，C 相二次电流未送致励磁系统的采集装置，导致励磁系统采集定子电流缺相，最终表征为励磁系统显示屏显示定子电流小于实际值。

2. 故障处理

（1）临时处理方法。

1）更换接线柱及绝缘套管，如图 3-4-8 所示。

2）为了强化接线柱与外壳之间的绝缘，在接线柱上增加两层绿色的绝缘套管，如图 3-4-9 所示。

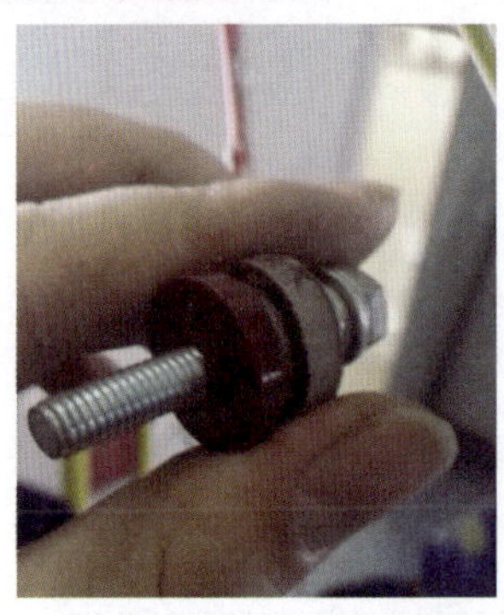

图 3-4-8　接线柱及绝缘套管

图 3-4-9　接线柱绝缘套管

3）上述步骤完成后，回装接线柱。接线完成后，用绝缘电阻表在发电机 TA 端子箱处测量 C 相对地绝缘，绝缘良好。

4）向调度申请发电并网试验，机组并网后，励磁控制屏显示定子电流及功率正常，缺陷临时处理完毕。

（2）彻底解决故障的过程。

1）确定解决方案。

a. 继续沿用当前的形式，寻找可替代的性能更加优越的绝缘套管替代当前使用的绝缘套管，可有效降低绝缘套管损坏的风险。

b. 改变电流互感器穿线板材质，用绝缘材料代替铝制材料，取消此部位的绝缘套管，彻底消除隐患。

经过对比分析及查阅资料，综合考虑可靠性与经济性，该电站最终决定采取第二种方案。

2）电流互感器接线板材质的选择。

经专业人员的多次分析论证，最终决定使用环氧绝缘板替代原有的铝制穿线板，此绝缘板是用玻璃纤维布与环氧树脂粘合并加温加压制作而成，适用于机械、电器及电子用高绝缘结构零部件，具有较高的机械和介电性能以及较好的耐热性和耐潮性，绝缘耐热等级 F 级（155℃）。

3）解决方案的实施。

a. 拆除原铝制穿线板。

因为接线柱表面全是强力胶，如图 3-4-10 所示，所以剥离强力胶时要特别小心，防止破坏接线。

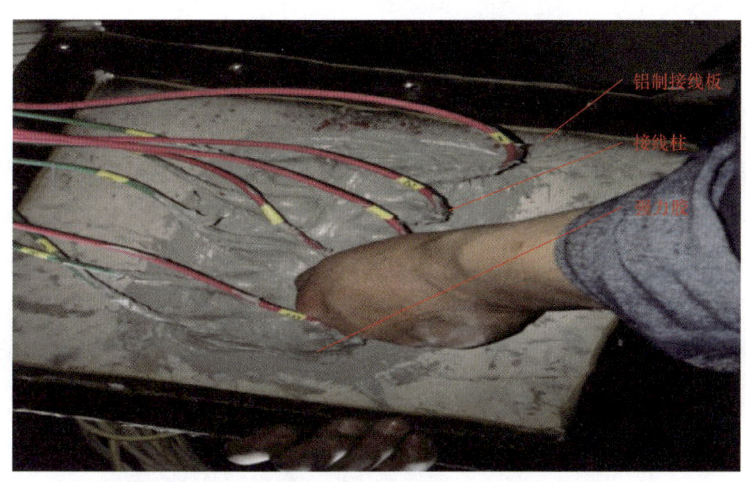

图 3-4-10　原铝制穿线板

由于原接线柱采用的是强力胶，接线柱拆下后表面覆盖了一层胶，线号都均已模糊不清，且强力胶已与接线柱融为一体，如图 3-4-11 所示。接线柱已无法再次使用，需要重新制作接线柱。

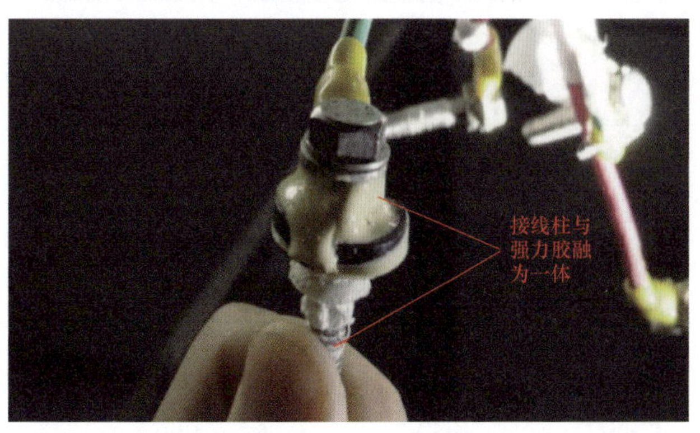

图 3-4-11　原接线柱

b. 制作接线柱。

此次采用 M6×50 的不锈钢螺栓制作全新的接线柱，如图 3-4-12 所示，以不锈钢螺杆作为导电介质，用螺母紧固穿线板两侧的接线。

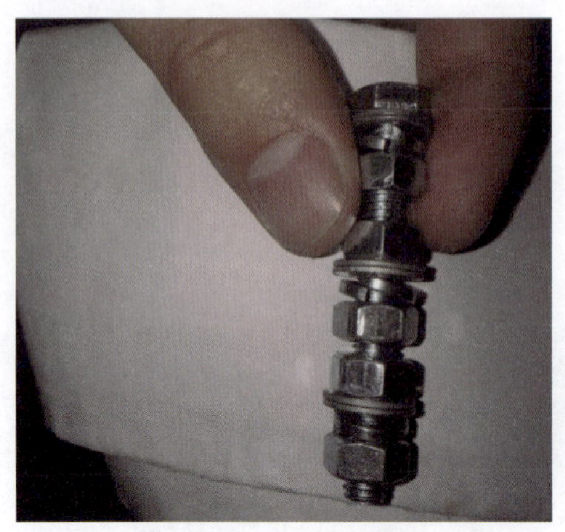

图 3-4-12　新接线柱

c. 制作绝缘板。

为了进一步确认新制作的环氧绝缘板与实际设备吻合，尽量在不更换电流互感器二次电缆的情况下完成绝缘板的更换工作，该电站根据拆下的铝制穿线板制作新的绝缘板，确保绝缘板尺寸、接线柱穿线孔位置及大小均符合现场实际情况。

(3) 绝缘板安装。

环氧绝缘板制作完成后，使用新制作的接线柱将电流互感器内外两侧电缆进行连接，为了确保接线正确性，根据原接线情况逐一连接内外接线。制作完成的 TA 穿线板如图 3-4-13、图 3-4-14 所示。

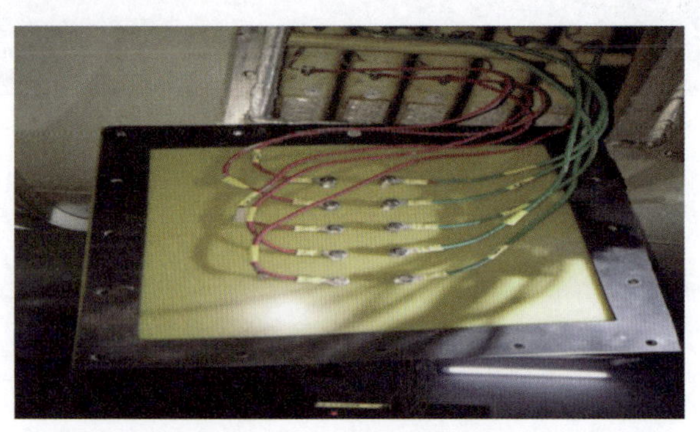

图 3-4-13　穿线板内部接线

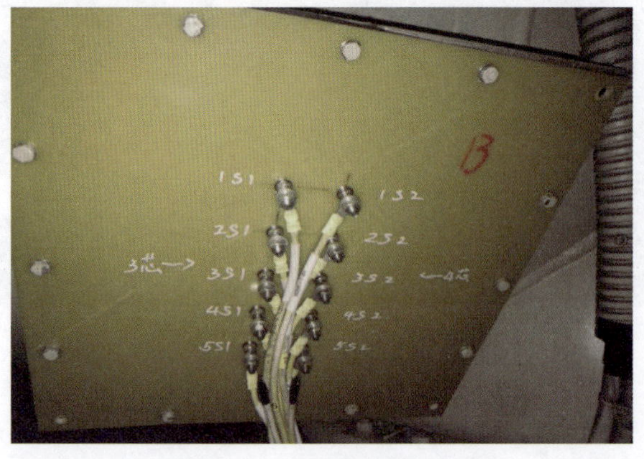

图 3-4-14　穿线板外部接线

(4) 绝缘测试。

在上述步骤全部完成后，用500V绝缘电阻表测量TA二次回路的绝缘电阻，结果均合格，绝缘板更换工作完成。

二、原因分析

直接原因：该电站1～4号机组机端电流互感器二次接线通过铝制端子板穿出封闭母线，接线柱通过绝缘套管与穿线板实现绝缘，随着运行时间的不断增加，1号机组机端电流互感器TA8的C相根部接线柱与穿线板之间的绝缘破损，导致电流互感器C相通过封闭母线外壳接地，电流互感器TA8的C相在TA接线柱处即被接地短路，励磁系统采集定子电流缺相。

电流互感器根部接线柱与穿线板之间的绝缘破损原因分析：

（1）绝缘套管为塑料材质，绝缘等级虽满足要求，但随着时间推移，套管容易老化发脆。

（2）运行时由于各种原因造成的振动，长时间容易引发电流互感器接线柱与封闭母线支撑铝板之间的绝缘套管因为长期摩擦导致破损，增大电流互感器与封闭母线外壳接触的风险。

三、防治对策

（1）结合设备检修工作，逐步更换发电机机端电流互感器穿线板，彻底消除设备隐患。

（2）每年结合机组及主变压器C级检修机会，对电流互感器穿线板及接线柱进行检查，发现松动或者绝缘板破损情况及时更换。

（3）由于环氧穿线板经济实用、制作方便，每隔5年全部进行更换，彻底消除各种安全隐患。

（4）对类似的端子进行排查，及时发现存在的缺陷及隐患。

四、案例点评

由本案例可见，电流互感器二次回路的检查及试验工作是极其重要的，电流互感器二次回路的检查应做到全面覆盖无死角，不能因为某些部位不方便检查而出现遗漏，电流互感器的二次回路应全部定期进行绝缘试验，以便及时发现二次回路存在的缺陷及隐患。继电保护用的电流互感器二次回路绝缘电阻一般会结合保护全校验进行检测，但测量回路的电流互感器很少有人关注，此案例提醒我们对于测量、计量回路的电流互感器二次回路绝缘和检查也要重视，制定完善的工作计划及验收标准，采取有效的方法消除设备存在的缺陷及隐患。

案例 3-5　某抽水蓄能电站机组励磁系统整流柜直流母排螺栓松动*

一、事件经过及处理

2018 年 8 月 31 日 15 时 5 分，某抽水蓄能电站 2 号机组发电运行时，运维人员巡检发现 2 号机组励磁系统 1 号功率柜输出电流约为 420A，2 号功率柜输出电流约为 410A，3 号功率柜输出电流约为 210A；3 个功率柜同一时刻实际电流如图 3-5-1～图 3-5-3 所示。该缺陷造成输出电流均流系数偏低，输出电流均流系数为 0.82，无法达到 0.85 的标准要求。3 个功率柜已出现均流系数低、电流不平衡的情况，单个功率柜出力降低必须提高其他两个功率柜出力才能保证正常励磁电流需求；功率柜长期异常运行将加速晶闸管老化，减少元器件寿命，功率柜损坏概率大幅提高。初步判断可能存在晶闸管损坏、螺栓松动等情况，任其发展恶化可能导致铜排、螺栓烧损，影响励磁系统正常出力，甚至可能导致整流柜损坏。运维人员通过检查相应表表计、回路，利用红外测温手段检查相关铜排，最终确定缺陷系直流母排螺栓松动所致，螺栓经过紧固后设备运行正常。

输出电流

图 3-5-1　1 号功率柜电流

输出电流

图 3-5-2　2 号功率柜电流

输出电流

图 3-5-3　3 号功率柜电流

《大中型同步发电机励磁系统技术要求》（GB/T 7409.3—2007）中规定功率整流装置的均流系数应不小于 0.85，均流系数指并联运行各支路电流平均值与支路最大电流之比，均流系数计算公式如下所示：

$$K_l = \frac{\sum_{i=1}^{m} I_i}{m I_{\max}}$$

* 案例采集及起草人：余睿、张斌（福建仙游抽水蓄能有限公司）。

式中　$\sum_{i=1}^{m} I_i$——m 条并联支路电流的和；

$I_{\max}$——并联支路中的电流最大值。

该电站机组励磁系统为南瑞电控生产的 NES5100 系统，其主要参数如下：发电机工况额定励磁电压 365V，额定励磁电流 1620A；电动机工况额定励磁电压 328V，额定励磁电流 1456A；空载状态空载励磁电压 141V，空载励磁电流 832A。每套励磁系统设 3 台三相晶闸管整流桥柜，满足 $N-1$ 设计，即正常运行时，有 1 柜退出运行仍能满足机组 2 倍强励要求。励磁系统功率柜采用自然均流方式，励磁系统 3 个整流柜并联运行且日常运行时均流系数在 0.9 以上。

分析可能存在的原因有：

（1）表计故障导致电流指示偏差。

（2）脉冲信号异常导致个别晶闸管未能正常导通。

（3）3 号整流柜相关一次回路螺栓松动，使铜排接触面积不足导致电流偏低。

（4）3 号功率柜中存在个别晶闸管故障，未能正常导通。

针对以上可能原因进行分析排查处理：

（1）表计检查。每个整流柜直流输出回路中均串接一个分流计，如图 3-5-4 所示。电流表并接在分流计上以相同变比换算出实际电流，分流计及电流表变比均为 3000A/75mV；利用万用表测量电流表毫伏电压及实际电流，总输出电流为灭磁开关柜内实际转子电流指示。

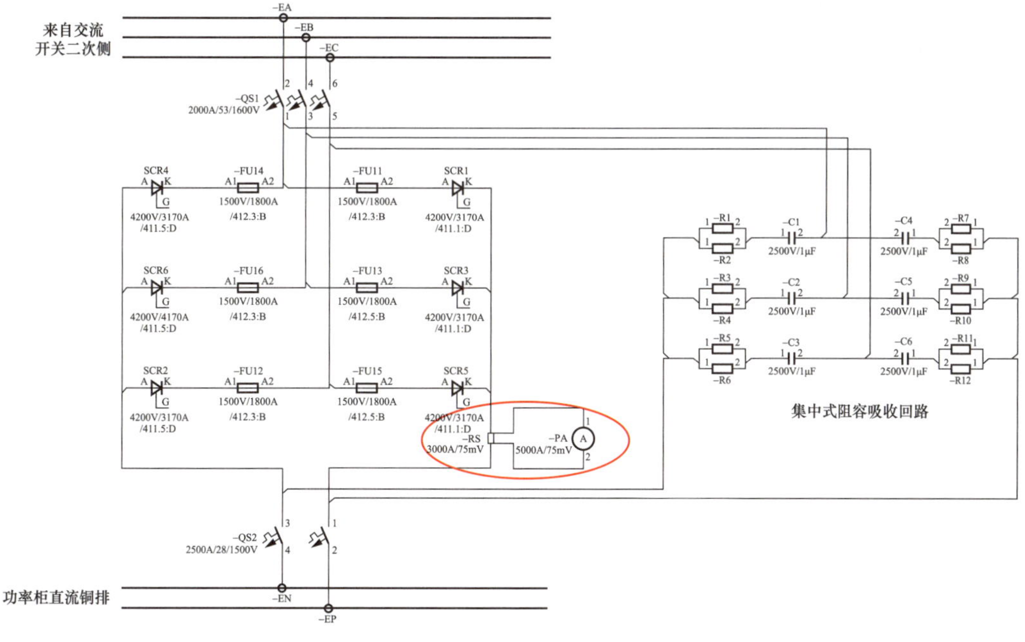

图 3-5-4　功率柜主回路图

表 3-5-1 整流柜电流表相关数据

项目	1 号整流柜	2 号整流柜	3 号整流柜	总输出
测量值（mV）	11	10	5	26
实际电流读数（A）	420	410	210	1140

考虑测量及目测读数误差，各电流表测量值以 3000A/75mV 换算后与实际电流读数基本一致，且灭磁开关柜上总电流表指示与 3 个功率柜总和相同，故可排除因电流表损坏导致整流柜电流指示异常的可能。

（2）脉冲回路检查。现场整流柜脉冲回路原理图如图 3-5-5 所示，晶闸管的触发信号由励磁调节器上的脉冲放大板输出脉冲信号，经脉冲盒送至晶闸管 G 极。机组正常运行时现场检查工控机上无脉冲回读、计数故障，脉冲盒指示灯正常，脉冲盒指示如图 3-5-6 所示。通过小电流试验进一步检查确认输出电压幅值正常、波形平稳无跳变，输出波形情况如图 3-5-7 所示，故可判断脉冲回路正常，晶闸管触发一致性良好，晶闸管正常导通，故可排除因脉冲回路异常导致电流指示问题的可能。

（3）整流柜一次回路铜排检查。在机组发电运行时利用红外测温仪测量整流柜内交直流铜排上的温度，测得三相交流铜排温度均衡，最高温度均在 32℃左右。直流侧铜排温度如图 3-5-8、图 3-5-9 所示，负极铜排最大温度为 32.8℃，而正极铜排最大温度为 46.2℃；初步判断正极铜排螺栓可能存在松动情况。

在机组停机并隔离相关回路后，检查发现 3 号整流柜内的直流正极铜排上有 4 颗螺栓松动，导致铜排接触不良引起电流降低。从图 3-5-10 可见，螺栓上所画力矩均存在严重偏移情况，紧固螺栓，并对其他略显松动的螺栓也做了紧固处理。经运行观察 3 个功率柜电流指示均衡，励磁系统均流系数升至 0.85 以上。

（4）对于个别晶闸管故障，未能正常导通的情况排除。

由于本次问题通过紧固螺丝得以解决，从侧面证明 3 号功率柜不存在个别晶闸管未能正常导通的情况。

二、原因分析

经检查确认 2 号机组励磁 3 号整流柜输出电流偏小的直接原因是直流正极铜排上有 4 颗螺栓松动，导致铜排接触不良引起电流降低。而导致缺陷的主要原因是设备运行时振动较大，在日常运维过程中检查不到位，最终引起螺栓松动。

三、防治对策

（1）励磁系统设备到货验收时应检查相关铜排螺栓紧固程度，避免螺栓紧固力矩不足导致运行时松动的情况。

（2）定期在日常运维、检修工作中检查相关部位螺栓紧固程度，及时紧固力矩不足的螺栓，保证设备安全可靠运行。

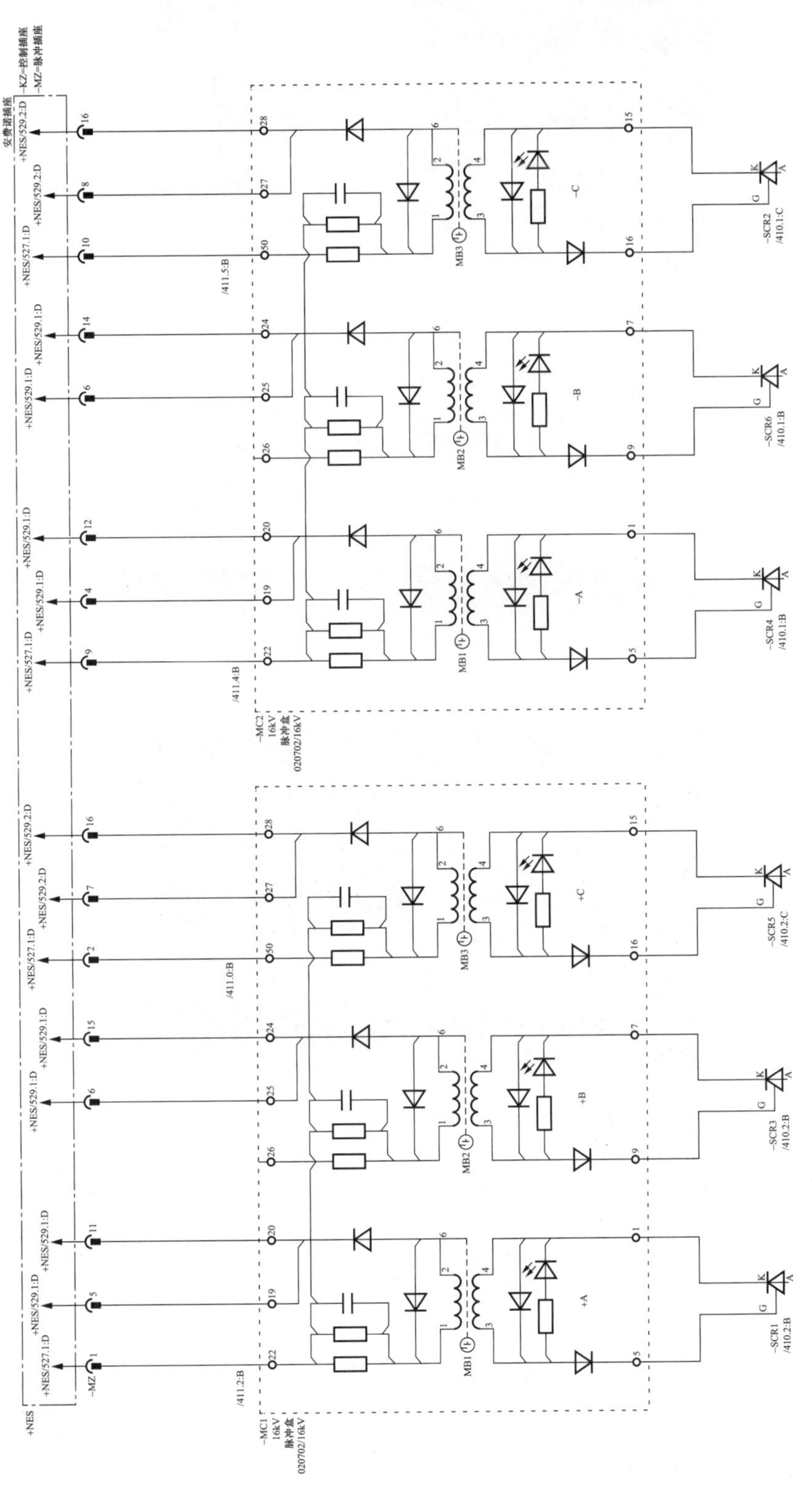

图 3-5-5　整流柜脉冲回路原理图

图 3-5-6　脉冲盒及其指示

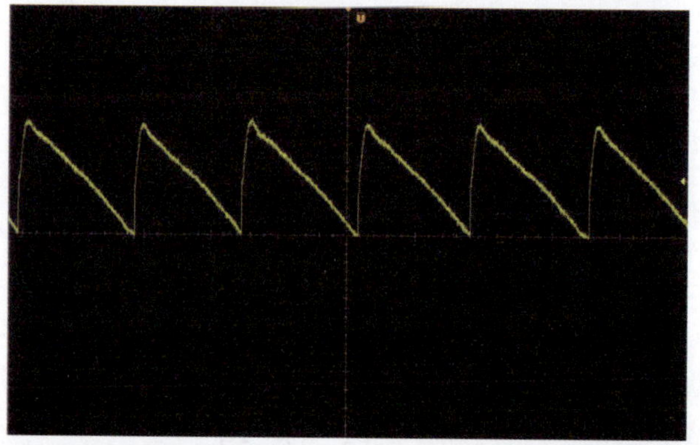

图 3-5-7　3 号功率柜小电流试验输出波形情况（触发角 60°）

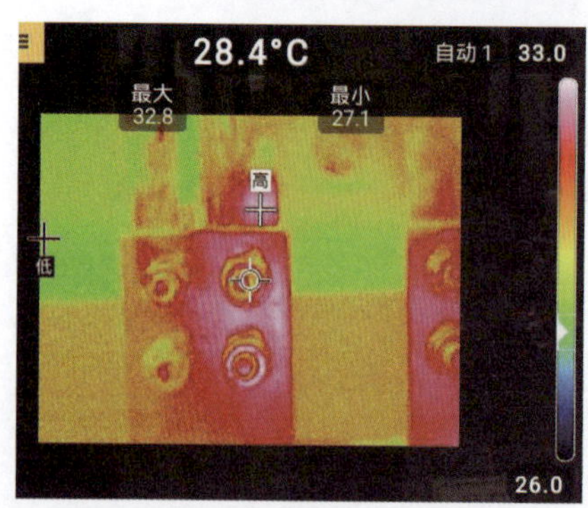

图 3-5-8　直流负极相铜排温度

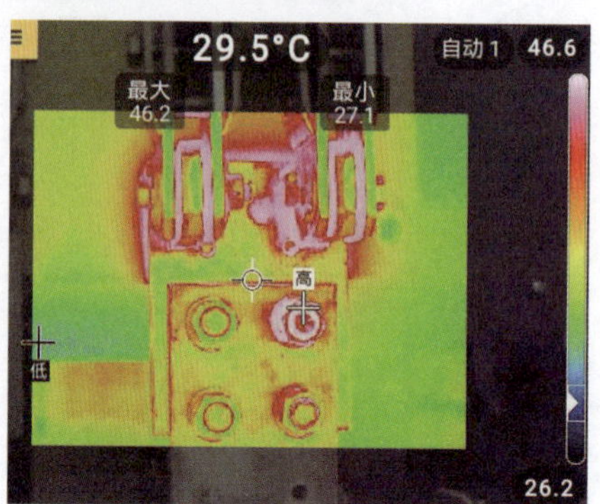

图 3-5-9　直流正极相铜排温度

（3）由于单个功率柜的电流未上送至监控系统，在日常巡检过程中应加强对各功率柜输出电流的检查，若出现均流系数偏低的情况应及时排查原因。

四、案例点评

本次问题原因是励磁系统铜排螺栓松动使其接触面积不足，引起接触电阻过大，铜排接触部分异常发热，温度升高；若未及时发现，任其发展恶化可能导致铜排、螺栓烧损，影响励磁系统正常出力，甚至可能导致功率柜损坏。该案例及缺陷排查方法对兄弟单位具有一定的借鉴意义。

图 3-5-10　3 号功率柜内的直流正极铜排螺栓

均流系数是励磁系统的一个重要指标，若均流系数达不到要求，系统又长期处于接近满负荷工作状态，电流大的整流柜可能会先出现故障，如晶闸管老化、快速熔断器熔断等。对于采用自然均流的励磁系统，若出现均流系数长期不满足规范要求而无法改善的情况，则应考虑对励磁系统进行改造、优化。

案例 3-6　某抽水蓄能电站机组励磁低励限制器动作*

一、事件经过及处理

2019 年 2 月 25 日 23 时 52 分，根据调度指令下发负荷曲线计划电站成组控制抽水调相启动 1 号机组，在同期并网后，励磁低励限制器动作 30s 后复归机组运行正常。

监控报警信息如下：

23:52:07，1 号机组励磁低励限制器动作。

23:52:07，1 号机组励磁限制器动作。

23:52，中控室值班人员发现报警，观察机组机端电压 15.06kV，无功功率下降至－56Mvar，30s 后报警复归，机端电压正常，无功功率返回至 0Mvar 附近运行正常，机组运行正常，记录报警内容、故障现象，具体原因待查，并且密切关注机组运行。

监控显示机端电压与无功波形，如图 3-6-1 所示。

并网时正常励磁会将机端电压调节至额定机端电压 15.75kV，同期装置会根据电网侧电压通过向励磁发送增减磁令来调节机端电压，如果机组正常同期并网则机组无功功率将会很小，但此次故障机端电压被调节至 15.06kV，无功功率下降至－56Mvar，进

* 案例采集及起草人：郭中元、张冰冰、庞新（华东宜兴抽水蓄能有限公司）。

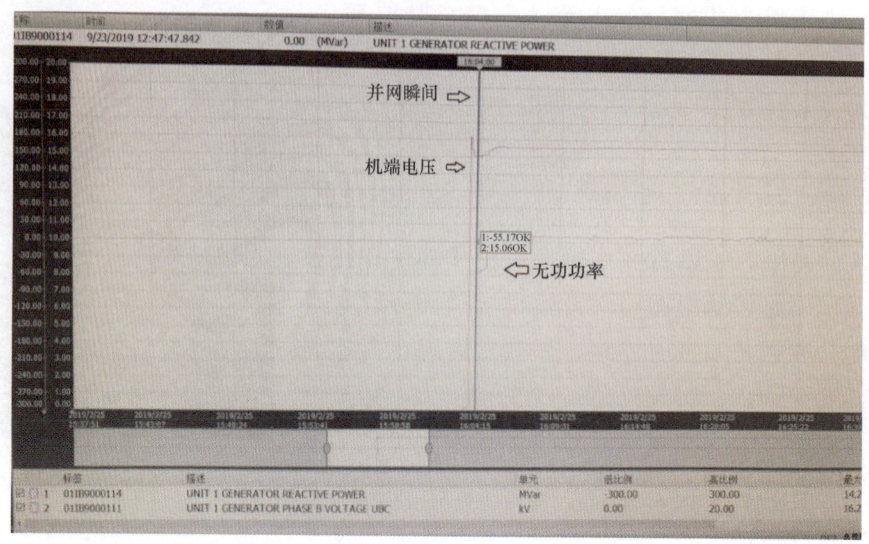

图 3-6-1　机端电压与无功功率波形

相深度较深，且通过观察往期趋势发现进相现象有严重的趋势，故推断是同期装置及其回路出现问题可能性较大。

此次故障发生后，之后接连几次开机均出现同期并网电压低进相并网，P-Q 限制器（低励限制器）动作的现象。因主变压器暂无停役计划，故检修人员采取了临时措施，并在主变压器停役后进行了处理。

临时措施如下：

（1）同期回路的 5 个负荷解除相差表、压差表，只留同期装置、频差表、同期闭锁继电器。

（2）同期并网最小电压 $U_{min}=94\%$。

（3）加强开机前对网端电压的巡视，并对运行交代记录同期并网后数据趋势。

1 号机组在同期并网后连续出现低励限制器动作，是由于同期并网机端电压低于网端电压造成。此原因是由于在同期装置投入时拉低 TV 二次侧电压所致。经检查，解除负荷会使 TV 压降减小，减小同期装置测量的误差，使得同期并网时低励限制器不会动作。修改同期并网最小电压 U_{min} 是为了避免非同期并网。

主变压器停役后的处理：主变压器低压侧 TV 星形绕阻引出线 TB22 端子接触电阻为 97Ω，经处理后接触电阻降为 0.1Ω。

同期采集电压正常，无压降，机组启动后正常并网缺陷消除。

二、原因分析

检修人员从 4 个方向分析了导致故障的可能性，分别为：

（1）励磁调节器问题导致并网电压低。

由于励磁在 95%时励磁切换至 AVR 调节（自动电压调节），并根据网端电压设定预设值调整机端电压，此时机端电压并无异常，且通过故障录波查看在同期装置未投入前电压幅值无异常变化。故排除励磁调节器问题导致并网电压低。

（2）同期支路问题导致同期电压偏低。

同期装置本体采样异常，导致测量网端电压低。使用继保仪器对同期装置进行采样试验，发现同期装置采样精度正常无偏差，故排除同期装置本体采样异常。

同期回路网端电压通过继电器辅助触点接入同期回路，如图 3-6-2 所示。辅助触点接触电阻升高，会造成分压导致同期装置实测网端电压下降。同期投入时，继电器 94GESL-D-1 励磁，继电器 224/225 和 226/227 触点导通，分别将主变压器低压侧 A/B 相电压引入同期回路。从两个方面排除该可能性，一是拆下 94GESL-D-1 继电器对它进行校验，发现 224/225 和 226/227 接触电阻为 0.3Ω，为正常值，且该继电器其他特性均正常；二是通过图 3-6-3 的故障录波图可以看出，在同期启动时，同期回路投入，此时故障录波回路的主变压器低压侧 B 相电压也存在压降，如果是同期回路内有接触电阻升高的情况，只会影响同期回路的支路，不会影响其他支路装置的采样，故同期回路的接触电阻升高情况排除。

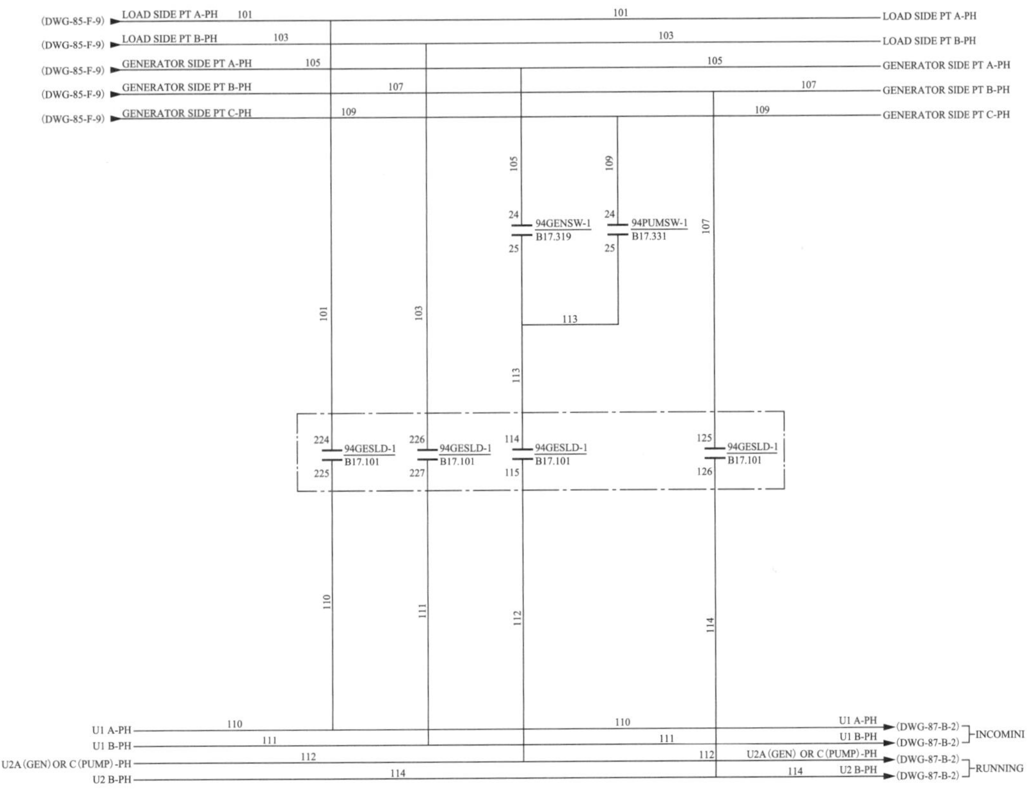

图 3-6-2　经继电器辅助触点接入同期回路

（3）主变压器低压侧 TV 本体问题，使同期采集电压与实际电压产生偏差进而导致进相并网。

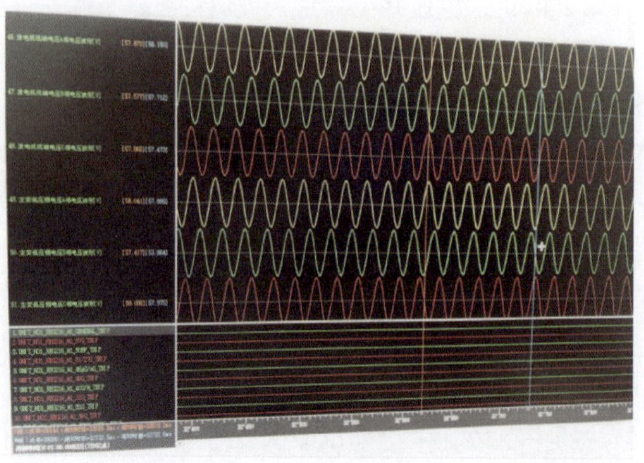

图 3-6-3　橘色为同期投入前故障录波蓝色为同期投入后故障录波

主变压器低压侧 TV 本体变比异常，导致并网时机端电压跟踪网端电压，同期发减磁令拉低机端电压导致进相－56MVA 并网。该电站主变压器低压侧 TV 只有一组，由一个二次绕阻与一个剩余绕组组成，其中二次绕组所带负荷从上级至下级分别为主变压器保护 A 组、主变压器保护 B 组、发电机—变压器组故障录波器、励磁回路、同期回路。剩余绕组负荷分别为主变压器 A 组保护、主变压器 B 组保护、发电机—变压器组故障录波器，如图 3-6-4 所示。由于只有 B 相有异常，剩余绕组未感应到不平衡电压且在主变压器停役后，将 TV 本体 B 相拉出，做了 TV 精度校验，试验结果正常。故排除主变压器低压侧 TV 本体变比异常。

（4）主变压器低压侧 TV 星型绕阻二次回路问题，导致同期测量电压偏差。

将 TV 本体甩开，在 TV 二次绕组引出端子上加上三相电压，在主变压器低压侧 TV 小空气开关上侧测量空气开关上侧电压，发现电压无明显偏移，将同期拆下的两块测量表计（作为大负载使用）接入空气开关上侧 A/B 相、B/C 相、A/C 相，发现接入 A/B 和 B/C 相时电压为 97V，接入 A/C 相时电压为 100V，故分析问题出在 TV 二次引出端子至主变压器低压侧 TV 小空气开关 B 相线阻升高，导致带了稍大负荷后，造成分压现象，导致产生测量压降。经测量，B 相相线从 TV 二次引出端子至主变压器低压侧 TV 小空气开关线阻为 97Ω，而 A 相、C 相和 N 线均为 0.1Ω。故开始检查 B 相相线从 TV 二次引出端子至主变压器低压侧 TV 小空气开关此段连接。经检查，为 TB 2 端子 422 接线处发生接触电阻升高，如图 3-6-5 所示位置。经过处理，B 相相线从 TV 二次引出端子至主变压器低压侧 TV 小空气开关 B 相上侧线缆电阻为 0.1Ω。

综上所述，缺陷发生的原因为变低压侧 TV 星形绕阻二次回路内阻增大，导致同期测量电压下降，所以导致同期发送减磁令给励磁以至于机端电压下降，同期并网后瞬时进相运行，同期装置切除后机端电压和机组无功恢复正常。

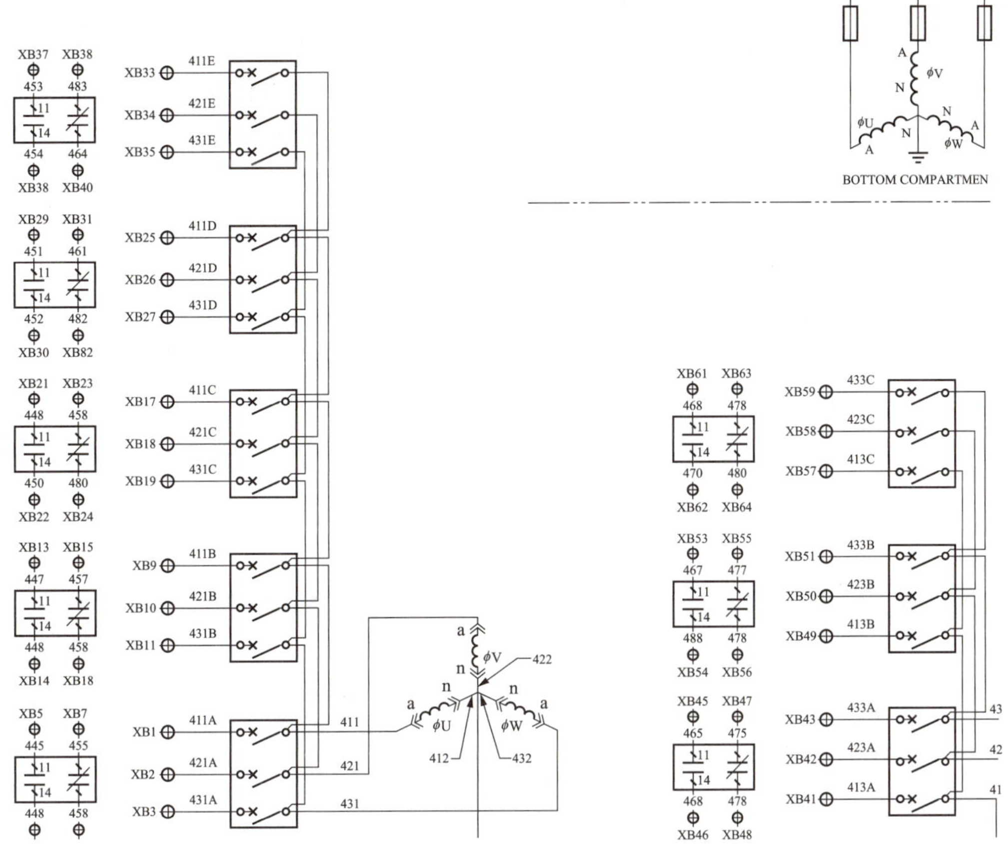

图 3-6-4　主变压器低压侧 TV 二次绕组

三、防治对策

（1）结合检修全面检查并落实主变压器低压侧 TV 二次回路电阻测试并形成台账，分析趋势有问题提早处理。

（2）加强值守工作，机组运行所有状态过程实时监控，对异常情况提早发现、处理。

（3）检修人员要认真做好设备状态分析，对所负责设备的运行状态数据及时做好收集及分析，提前发现问题。

	TB	
421	1	421
422	2	422
423	3	423
424	4	424
	5	
	6	

图 3-6-5　B 相相线从 TV 二次引出端子

（4）加强检修作业全过程管控，技术人员、管理人员、监理人员、监督人员必须到岗到位，认真履行质量签证和三级质量验收制度，确保投运设备安全可靠。

（5）修改、补充和完善现场运行维护规程，工作中加强对 TV/TA 的检查维护工作。

四、案例点评

由本案例可见，虽然此次处理的最终措施比较简单，仅仅是对一个端子进行了处理紧固，但是分析过程却并不容易，分析了大量波形，查看了励磁、同期、主变压器低压侧 TV、故障录波器等大量图纸，做了多次试验才最终解决。

从此次事件中可以总结以下几点：

（1）不能忽视机组在运行时的任何异常情况，一旦发现异常情况需立即分析处理。就此次事件来说，虽然进相深度并不深，但是这是一个持续恶化的事件，如果任之发展下去有可能会造成严重的非同期并网事件，此时冲击电流会对发电机定子端部产生应力，轴系振动形成疲劳损耗，轻则缩短寿命，重则大轴断裂，对转子也会产生严重的损耗。另外，如果是主变压器低压侧 TV 本体发生问题，也会造成过励磁保护的拒动和误动以及主变压器低压侧接地保护的误动。

（2）虽然运行人员和检修人员及时发现并处理了此次事件，但在运行过程的监视下还有所欠缺，对数据趋势的分析还有待加强。

（3）考验了励磁系统低励限制器的功能，将无功功率限制在设定值范围以内。

（4）处理缺陷时需各专业积极配合，发挥协同合作的力量，这样才能保证机组的安全稳定运行。

案例 3-7 某抽水蓄能电站机组励磁系统转子温度测量模块故障*

一、事件经过及处理

2017 年 6 月 5 日 5 时 12 分，某抽水蓄能电站 3 号机组发电启动过程中，由于励磁二级故障动作导致启动失败，3 号机组执行电气事故停机。机组停机成功后，现地检查励磁系统报警为“59：Rotor over-temp 2nd stage (1)”，根据励磁系统报警内容判断本次跳闸主要原因为：转子温度保护跳闸动作导致机组事故停机，故障时刻监控系统转子温度曲线如图 3-7-1 所示。

励磁系统设置转子温度定值为：

报警段：$R=150℃$，$T=90s$；

跳闸段：$R=200℃$，$T=60s$。

励磁起励后转子温度迅速上升至 150℃（此处为最大量程，实际温度已超过 200℃），且持续时间为 60s，已达到跳闸段延时，励磁系统因温度保护动作跳闸。

根据转子温度计算公式 $T=\frac{U_{ex}-U_{exb}}{I_{ex}}\times\frac{TMP_0+KTR_1}{RST_0}-KTR_1$，计算得出图

* 案例采集及起草人：王洋、李晟宇、梁睿光（辽宁蒲石河抽水蓄能有限公司）。

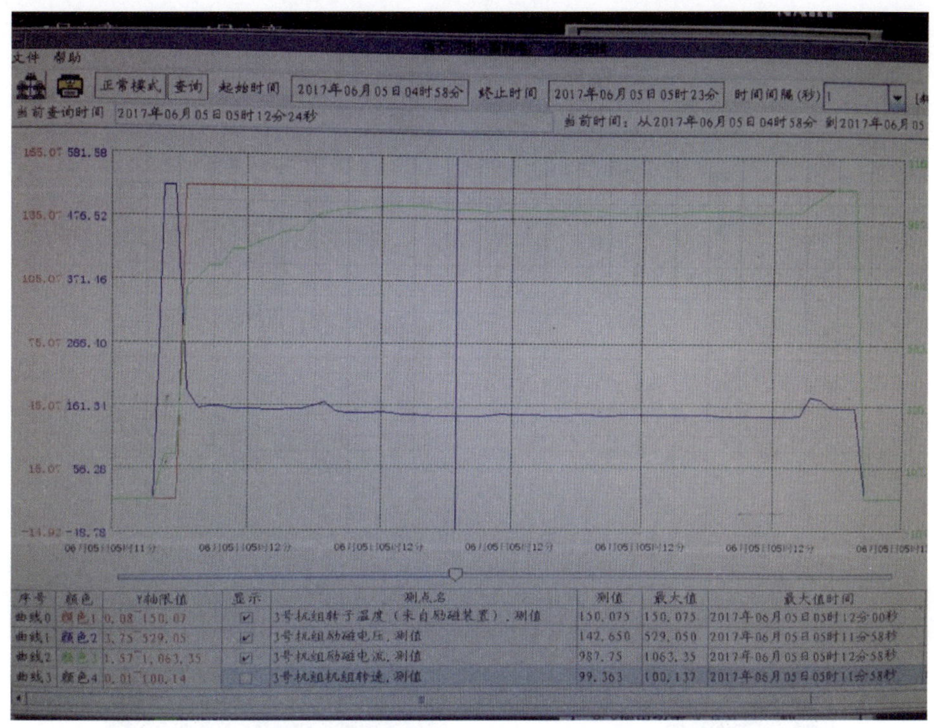

图 3-7-1 故障时刻监控系统转子温度曲线

3-7-1中蓝线时刻转子温度 $T=77$℃，而实际图 3-7-1 中蓝线时刻以及之后部分转子温度均为 150℃（实际大于 200℃），在励磁电流、励磁电压均正常的情况，转子温度计算错误。

二、原因分析

励磁系统调节器主要采用 P320 V2 转子测温系统，该系统依据铜的温度—阻值的特性曲线，根据计算电阻值以输出相应的温度，测温模块主要分为测量模块、计算模块以及跳闸模块（150℃报警，延时 90s；200℃跳闸，延时 60s）。通过对励磁系统的检查，经分析，造成转子二级温度故障的可能原因有：

（1）励磁电压测量回路异常。

（2）励磁电流测量回路异常。

（3）关于转子温度计算的程序异常。

1. 问题排查

（1）检查励磁电压测量回路。励磁电压经过熔断器 F04，由变送器 U04 转换后分别送至调节器的通道 1 和通道 2，参与励磁电压相关的调节、控制。

检查励磁电压测量模块 U04，模块正常，测量其工作电源为直流 24V，正常；测量熔断器 F04 电阻，阻值为 0.1Ω，正常，分别如图 3-7-2、图 3-7-3 所示。

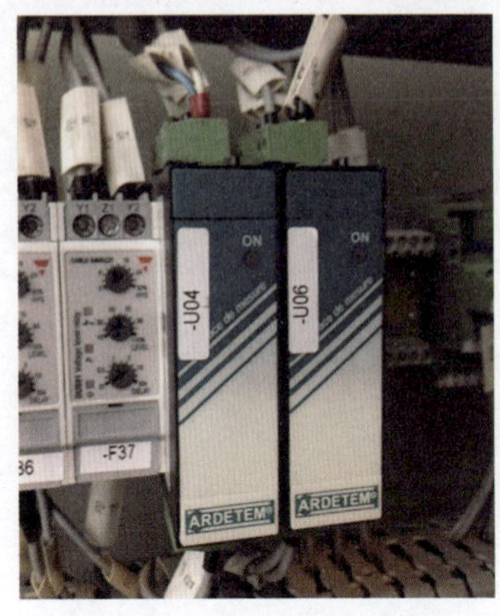

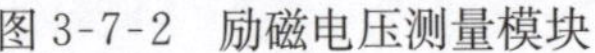

图 3-7-2　励磁电压测量模块

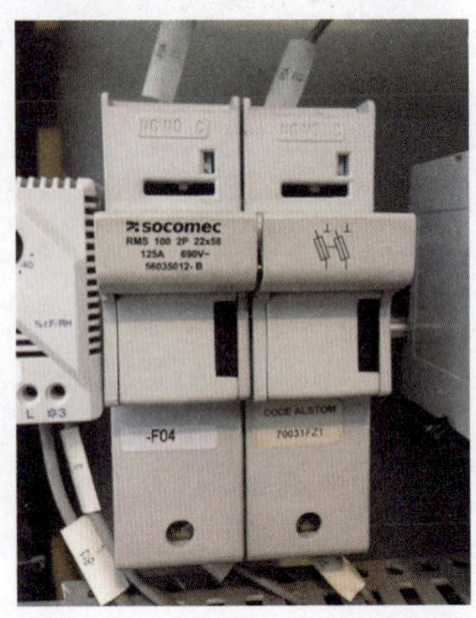

图 3-7-3　励磁电压测量熔断器

分别检查励磁调节器通道 1、通道 2 模拟量输入模块 A1.6、A2.6 关于励磁电压输入端子（3、5），端子接线紧固，无松动，如图 3-7-4 所示。

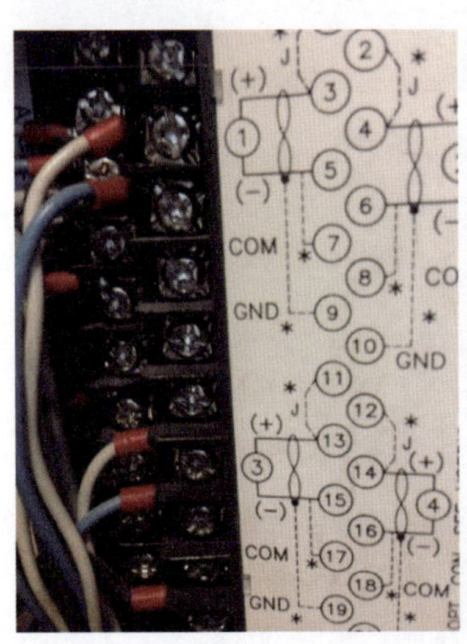

图 3-7-4　双通道模拟量输入励磁电压输入模块

通过以上检查，判断励磁电压测量回路正常。

（2）检查励磁电流测量回路。

通道 1 励磁电流测量回路：（T41、T42、T43）—端子 X22（1、2、3）—U30—A52—A1.6（13、15）。

通道 2 励磁电流测量回路：（T51、T53）—端子 X21（1、2、3、4）—U34—A53—A2.6（13、15）。

分别测量电压互感器（T41、T42、T43），（T51、T53）直阻，测值正常，如表 3-7-1所示。

表 3-7-1　　**电流互感器直阻**　　（单位：Ω）

测量端子	X22		X21		
	1-2	2-3	1-4	2-4	3-4
电流互感器编号	T51	T53	T41	T42	T43
阻值	11.0	10.8	11.2	11.3	11.2

检查端子 X22（1、2、3），X21（1、2、3、4），端子紧固无松动。

检查整流模块 U30、U34，正常。

测量 A52、A53 电阻，阻值正常，如表 3-7-2 所示。

表 3-7-2　　**A52、A53 电阻测量**　　（单位：Ω）

模块号	A52	A53	模块号	A52	A53
L	12.3	12.3	G	15.1	15.2
J	12.3	12.2			

检查各电阻、稳压二极管接线紧固，测量阻值正常，外观无异常，励磁调节器通道 1、通道 2 模拟量输入模块 A1.6、A2.6 关于励磁电流输入端子（13、15），端子接线紧固，无松动，如图 3-7-5、图 3-7-6 所示。

图 3-7-5　模块 A52

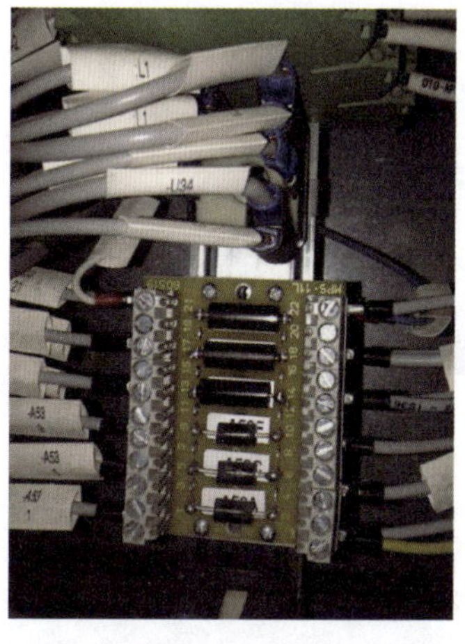

图 3-7-6　模块 A53

通过以上检查，判断励磁电流测量回路正常。

通道 1 励磁电流 $I_f=977A$，励磁电压 $U_f=134.8V$，如图 3-7-7 所示，调节器采集的励磁电流 $I_{ex}=1712\times57.06\%=976.9A$，励磁电压 $U_{ex}=290\times47.67\%=138V$，励磁电流、电压基本一致，故通道 1 数据采集回路正常，如图 3-7-8 所示。

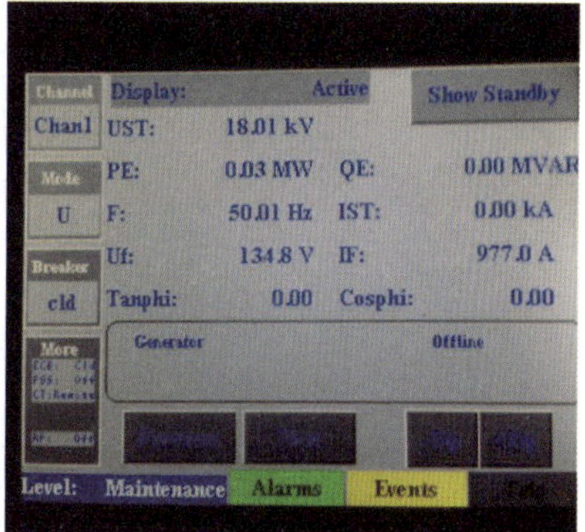

图 3-7-7　通道 1 显示

通道 2 励磁电流 $I_f=977.2A$，励磁电压 $U_f=137.1V$，如图 3-7-9 所示，调节器采集的励磁电流 $I_{ex}=1712\times57.08\%=977.2A$，励磁电压 $U_{ex}=290$

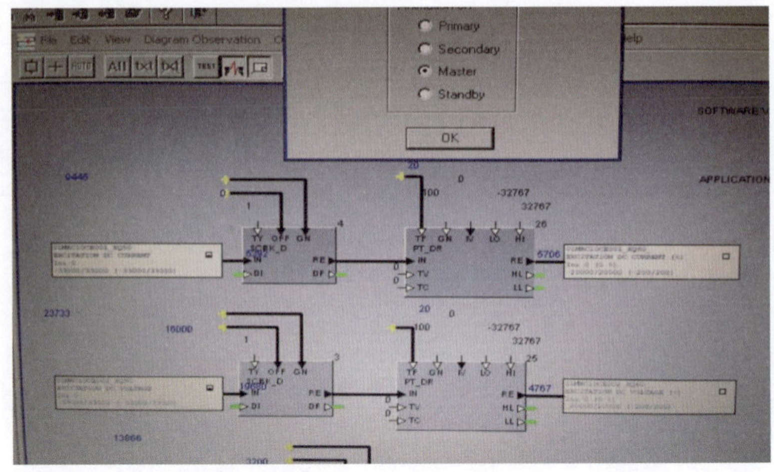

图 3-7-8　通道 1 采样

×46.49%=134.8V。励磁电流、电压基本一致，故通道 2 数据采集回路正常，如图 3-7-10 所示。

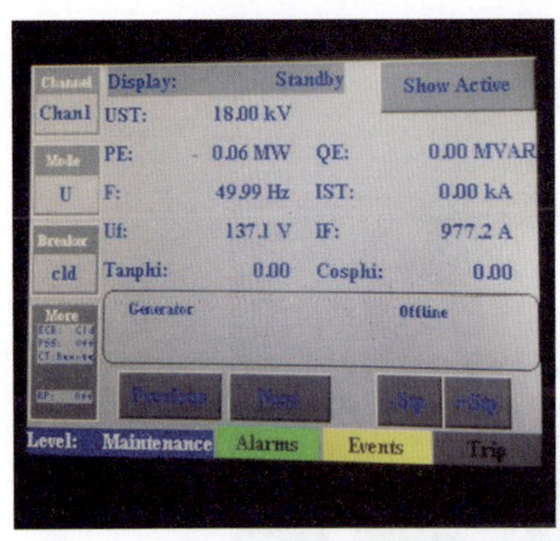

图 3-7-9　通道 2 显示

输出延时模块如图 3-7-11 所示，主要作用是使温度值输出沿着铜介质的温升曲线进行递增或递减，使温度更接近于真实值，防止因励磁电流或电压的瞬时改变造成温度突变。由于软件 BUG，当该模块输入为 error 时，该模块输出为饱和值，即 32767。所以，在机组起励时转子测温功能投入导致温度初始值过大，造成瞬间温度上升至温度顶值，由于温度递减必须按照铜温升曲线递减，所以导致在 60s 内无法递减至 200℃以下，温度保护正确动作。

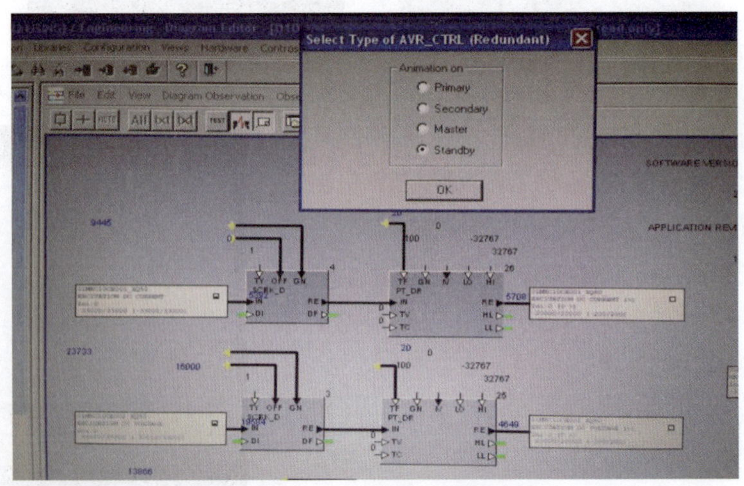

图 3-7-10　通道 2 采样

2. 确定故障点

软件 BUG 导致该模块输出错误，导致温度输出超高限。

3. 处理步骤

将温度保护跳闸逻辑进行修改，闭锁温度保护跳闸。

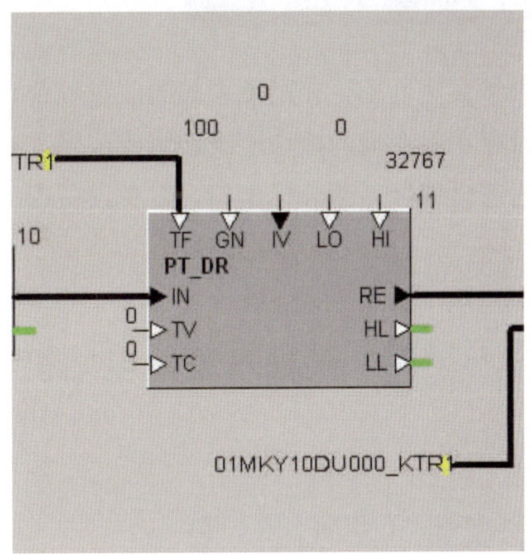

图 3-7-11　输出延时模块

转子温度保护模块主要分为采集模块、测量模块以及跳闸模块。励磁系统各虚拟模块程序存在一定的漏洞。程序编写程序模块存在部分接口未接入的现象，由于发电机转子剩磁的原因，所以励磁系统电流测量模块检测到转子电流为 0A 的次数极低，调试过程中未发现故障模块清除功能线未接入是导致本次缺陷的直接原因。

（1）采集模块故障。

机组停机时，转子温度保护跳闸模块退出运行，转子温度测量以及采集模块依旧在运行。当采集模块检测到励磁电流绝对值为 0 时，测量模块输出 error。根据程序算法主要通过 U/I 计算转子电阻，所以当 I 为 0 时，输出为 error，程序编程人员未设置筛选功能，采集模块报错是本次故障的主要原因。

（2）测量模块故障。

PT_DR 模块接到 error 命令时，输出为饱和值，即 32767。由于 PT_DR 模块中 TC 未接线，导致在机组保护跳闸模块投入运行前无法将输出数值置为 0。机组起励时温度不是从 0℃开始的，而是从温度的程序饱和值（32767）开始向正常温度递减，在 60s 没有降至 200℃以下，转子温度保护正确跳闸。本次测量模块清除功能未接线，程序编程人员对测量模块不熟悉，机组每次启动前都没有启动清除功能，是导致本次缺陷的另一主要原因。

（3）跳闸模块设计不合理。

跳闸模块为单一跳闸点设计不合理，跳闸点应通过判断逻辑，确定故障后方可执行跳闸程序。

三、防治对策

（1）对励磁系统跳闸回路进行梳理，排除不必要的跳闸点。

（2）对励磁系统逻辑计算模块进行排查，对模块接口未接入的点进行处理。

四、案例点评

由本案例可见，在励磁系统验收过程中，应针对励磁系统内部软件进行验收，各程序逻辑存在不合理的模块应重新修改逻辑，避免部分模块非正常状况下运行。同时，对于跳闸逻辑综合判断分析出口，避免设备误动导致机组启动失败，影响设备稳定运行。

案例 3-8 某抽水蓄能电站机组励磁系统风机控制回路故障*

一、事件经过及处理

2018 年 10 月 14 日，某抽水蓄能电站 500kV 系统合环运行，10kV 厂用电分段运行。3 号机组发电工况启动过程中，当机组转速上升到 95%额定转速投入励磁后，由于励磁系统 AVR（励磁调节器）综合限制动作导致工况转换失败，转事故停机。

17:07:21，3 号机组励磁系统 AVR 综合限制动作。

17:07:21，3 号机组励磁调节器 A 套一般故障动作。

17:07:21，3 号机组励磁调节器 B 套一般故障动作。

17:07:32，旋转备用至发电转换条件不满足，流程退出。

运维人员通过简报分析，判断 3 号机组励磁系统 3 号功率柜故障动作，发出 3 号机组励磁系统 AVR 综合限制动作、3 号机组励磁调节器 A 套一般故障动作、3 号机组励磁调节器 B 套一般故障动作，使旋转备用至发电转换条件不满足，最终导致 3 号机组发电工况转换失败。

对可能造成功率柜故障动作原因进行排查，3 号功率柜故障动作原理图如图 3-8-1 所示。

（1）功率柜熔丝熔断。

现场检查功率柜熔丝熔断运行正常，排除熔丝熔断可能。

（2）风压检查继电器未动作。

启动风机进行检查，3 号功率柜风机控制回路如图 3-8-2 所示。

启风机前：在功率柜内熔丝未熔断的情况下则 K3 动断触点闭合，风机未启动 KA13 绕组失磁，KA13 的动断触点闭合，风压监测 FYJ1 未得电则 KZ：15、16 触点断开，此时 K6 绕组励磁，K6 动断触点断开，不报出功率柜故障信号。

启风机时：在功率柜内熔丝未熔断的情况下则 K3 动断触点闭合，KA13 绕组励磁，

* 案例采集及起草人：张雷雷、余忠伟、刘泽（安徽响水涧抽水蓄能有限公司）。

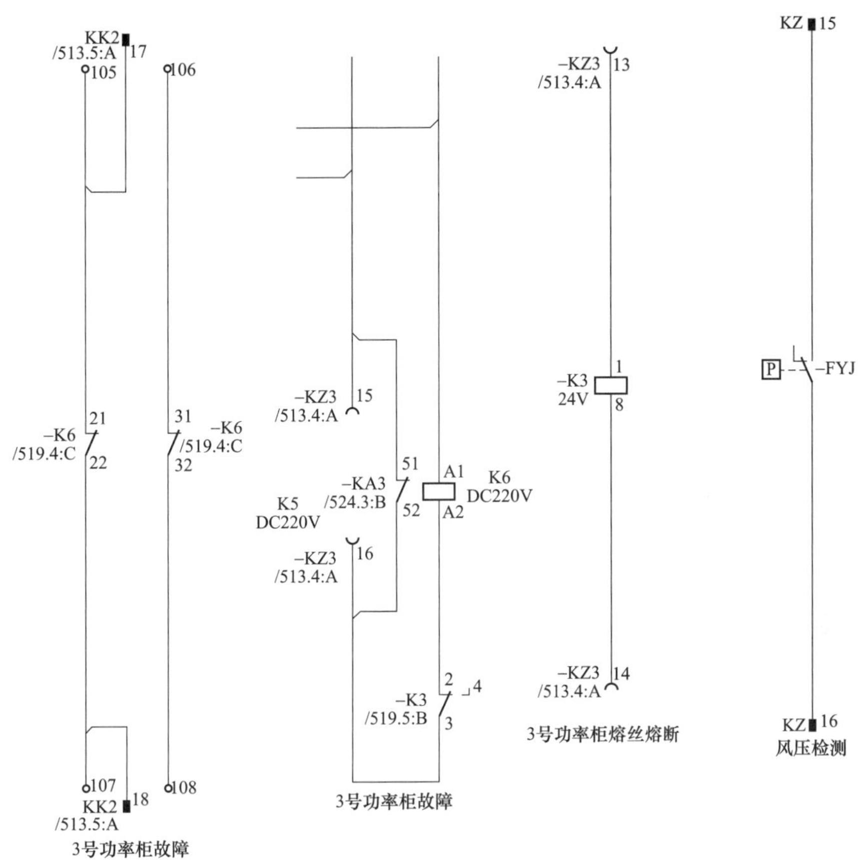

图 3-8-1 3 号功率柜故障动作原理图

启动功率柜内一台风机，KA13 的动断触点断开，风压监测 FYJ1 仍未得电则 KZ：15、16 触点断开，此时 K6 绕组失磁，K6 动断触点闭合，报出功率柜故障信号。

启风机后：在功率柜内熔丝未熔断的情况下则 K3 动断触点闭合，KA13 绕组励磁，启动功率柜内一台风机，KA13 的动断触点断开，风机启动后立即检测到风压信号，风压监测 FYJ1 得电则 KZ：15、16 触点闭合，此时 K6 绕组再次励磁，K6 动断触点断开，功率柜故障信号复归。

由此可见，励磁系统启动风机后，立即报出功率柜故障信号，待风压监测信号动作后，功率柜故障信号立即复归。在励磁系统实际运行中，功率柜故障信号动作与复归的时间间隔在 1s 之内。

（3）通过短接端子的方式给 3 号功率柜的 2 台风机启动令，分别启动 2 台风机多次，监控系统均正确报出“3 号机组 3 号励磁功率柜故障动作”和“3 号机组 3 号励磁功率柜故障复归”。

经过上述反复试验，未发现 3 号机组 3 号励磁功率柜内风机控制回路和故障复归回路有异常。初步判断为 3 号功率柜内风机启动后风压检查回路造成的偶发故障。

为防止再次发生类似情况，进行以下处理方式：

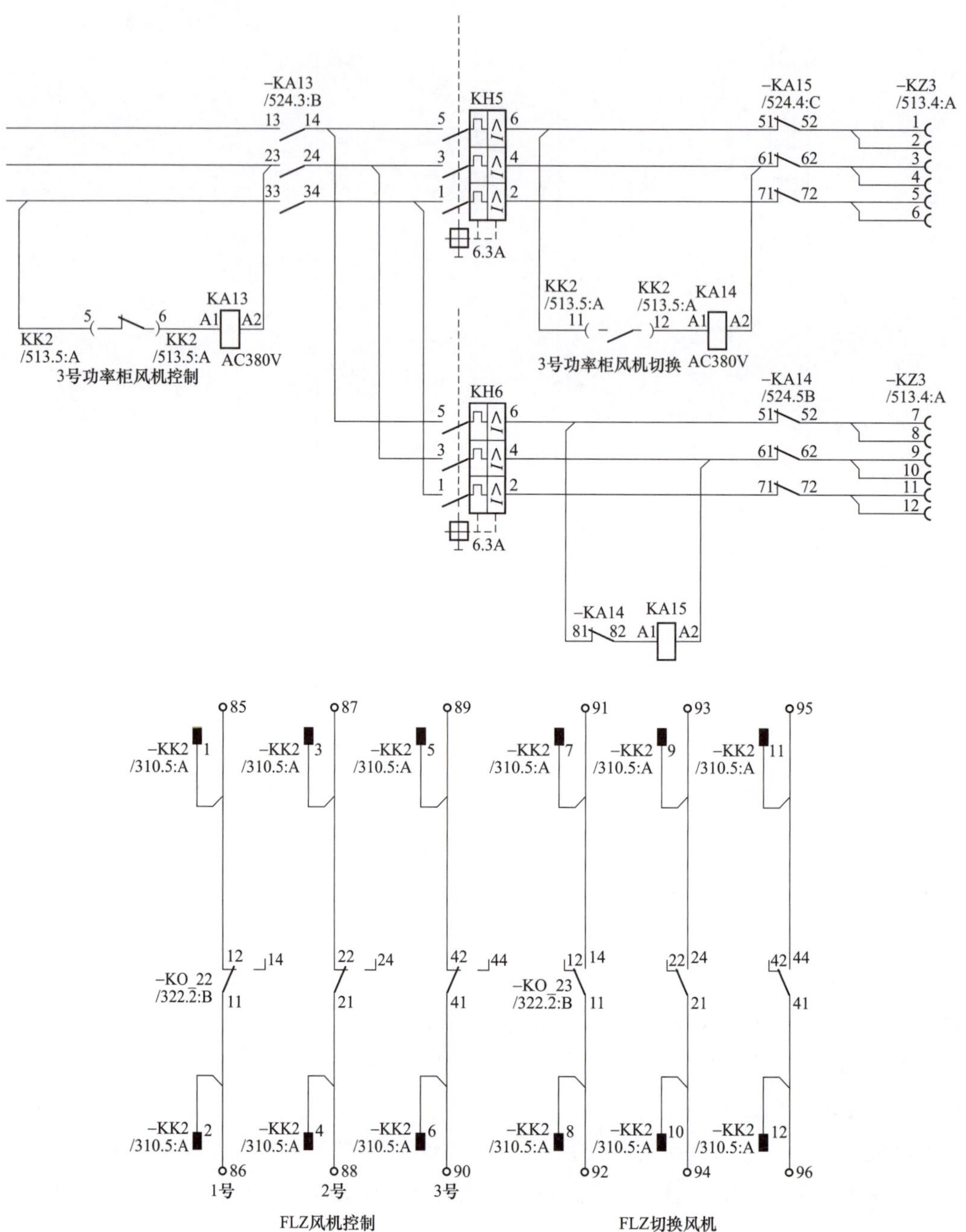

图 3-8-2　3 号功率柜风机控制回路

（1）对 3 号机组 3 号励磁功率柜故障信号回路、3 号励磁功率柜风机控制回路进行端子紧固。

（2）对风压继电器风道进行吹扫、进风软皮管进行绑扎固定。

（3）启动 3 号励磁功率柜内风机，检查风机运行正常，风机启动信号及风压动作信号均正常。

（4）在励磁系统控制回路中增加导风板（导风器）打开的位置信号，与风压继电器动作信号并接（取“或”），作为风机启动成功的判断条件，有效避免了风压继电器异常导致的功率柜故障的情况发生。

二、原因分析

直接原因：风压继电器动作时间滞后，导致监控预启动条件不满足。

造成风压继电器动作时间滞后的原因：

（1）风压继电器风压管路在进风时有异物堵塞。风管式风压继电器容易受到干扰。

（2）风压继电器动作频繁出现老化现象。检查巡检和日常维护工单，检查项目中未对辅助触点进行检查，未制定详细检查周期。

检查近 6 个月的运行情况，未发生同类情况，可以确认为偶发性故障。

三、防治对策

（1）风压继电器信号判断源单一不可靠，计划在机组励磁功率柜内增加一路风压检测信号，并使用更可靠的限位开关。

（2）将“励磁功率柜故障”信号从机组旋转备用转发电预启动条件中取消。

四、案例点评

由本案例可见，风管式风压继电器在运行过程中容易受到干扰，在开机过程中容易造成启机不成功。虽然此次故障是偶发性缺陷，但不排除以后再次发生的可能性，而且由于风管隐蔽性强，在日常巡检和定检的时候难以检查，随着运行的时间加长、元器件老化等因素，容易发生偶发性缺陷。因此，应在后续制订元器件更换计划，同时进行改造，增加一种不同原理的传感器，实现冗余配置，防止受到干扰造成不必要的启机失败。

案例 3-9 某抽水蓄能电站电力系统稳定器（PSS）试验异常导致机组低压过流保护动作*

一、事件经过及处理

2008 年 6 月 2 日上午，某抽水蓄能店站按照调度批准，计划进行 2 号机组电力系统

* 案例采集及起草人：张冰冰、郭中元、杨敏之（华东宜兴抽水蓄能有限公司）。

稳定器（PSS）试验，该试验由某中试所和厂家共同进行。试验开始后，在10时8分发现500kV分段5012断路器跳闸，经现地检查，确认2号机组保护A组和B组低压过流保护（51/27）一段动作跳闸。发现跳闸后，现场立即终止PSS试验。

1. 试验前状态

试验前500kV断路器状态：宜珠线5051断路器、500kV分段5012断路器、宜岷线5054断路器合闸。

试验前机组状态：2号机组发电带250MW负荷。

2. 试验前保护状态

发电机保护状态：A组、B组保护全部投入跳闸。

主变压器保护状态：A组、B组保护全部投入。

3. 继电保护动作信息及故障录波波形

2号机组保护动作信息如表3-9-1所示。

表3-9-1　2号机组保护动作信息

时间	报警信息	备　注
10:08:07.333	51/27G 1ST STAGE Start Signal ON	低压过流保护一段启动
10:08:07.333	51/27G 2ND STAGE Start Signal ON	低压过流保护二段启动
10:08:08.310	51/27G 1ST STAGE Trip Signal ON	低压过流保护一段跳闸
10:08:08.553	49G/M 1st Start Signal ON	过负荷保护一段启动
10:08:08.553	49G/M 1st Trip Signal ON	过负荷保护一段报警
10:08:08.923	51/27G 1STSTAGE Trip Signal OFF	低压过流保护一段跳闸复归
10:08:08.923	51/27G 1STSTAGE Start Signal OFF	低压过流保护一段启动复归
10:08:08.926	51/27G 2ND STAGE Start Signal OFF	低压过流保护二段启动复归
10:08:09.093	49G/M 1st Trip Signal OFF	过负荷保护一段启动复归
10:08:09.093	49G/M 1st Start Signal OFF	过负荷保护一段报警复归

其中，相关保护定值及动作后果如表3-9-2、表3-9-3所示。

表3-9-2　低压过流保护（51/27G）定值

保护动作结果	保护定值	保护延时
一段跳500kV分段5012断路器	$I=1.3I_N$，HOLD-VOLTAGE$=0.8U_N$	Delay =1s
二段跳相关线路断路器、桥断路器及电气跳机	$I=1.3I_N$，HOLD-VOLTAGE$=0.8U_N$	Delay =2s

表3-9-3　过负荷保护（49G/M）定值

保护动作结果	保护定值	保护延时
一段发信号	$I=1.1I_N$	Delay =2s

故障录波器TESLA3000录波如图3-9-1～图3-9-3所示。

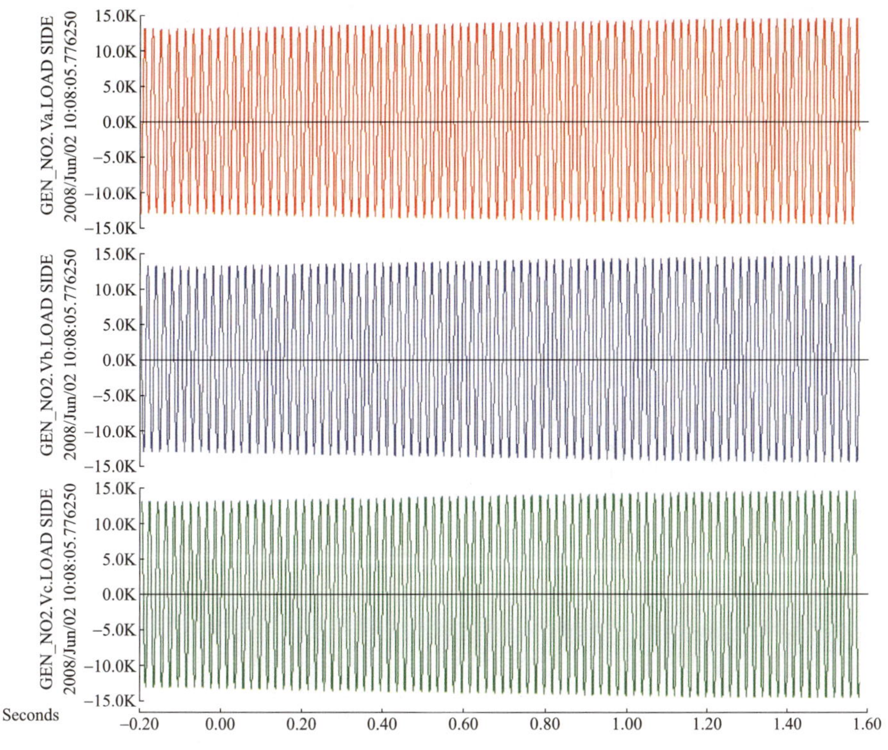

图 3-9-1　发电机机端 A、B、C 三相电压故障时波形

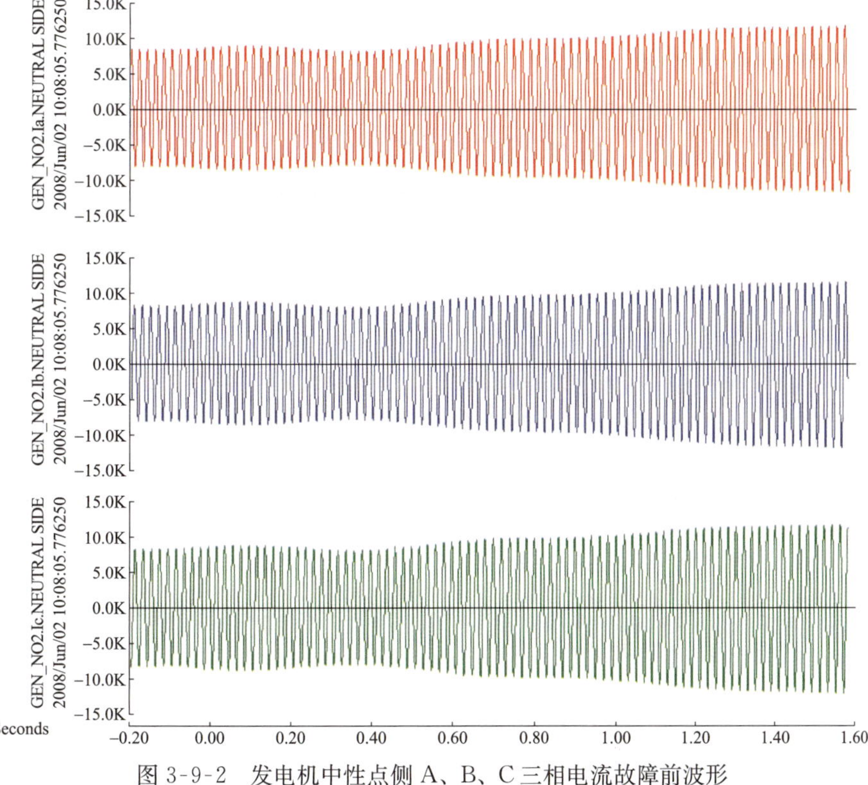

图 3-9-2　发电机中性点侧 A、B、C 三相电流故障前波形

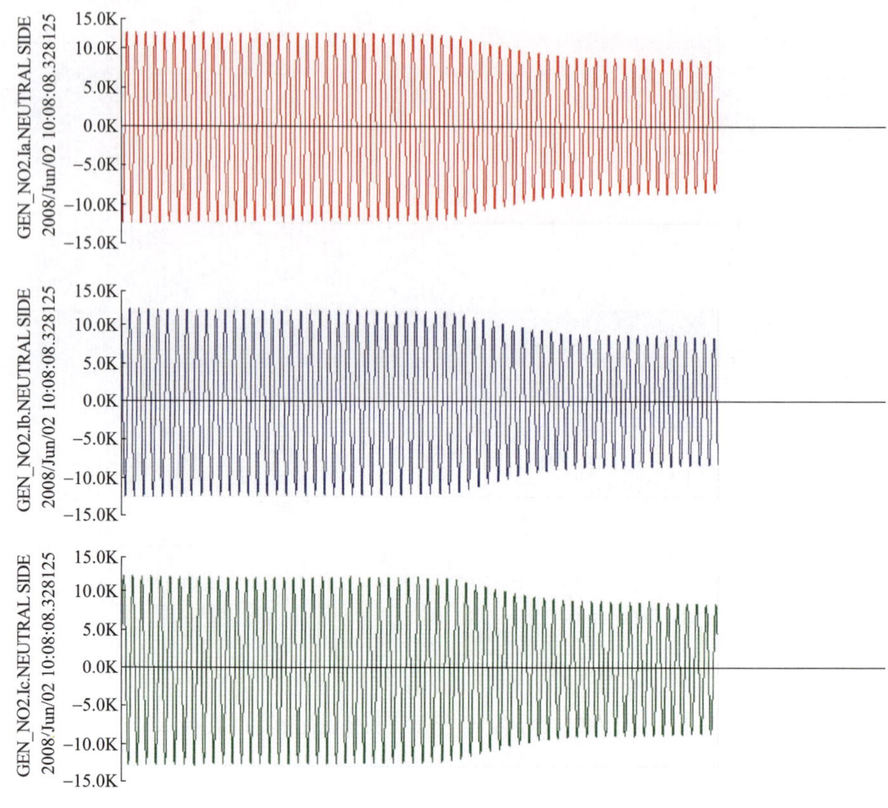

图 3-9-3　发电机中性点侧 A、B、C 三相电流故障时和故障后波形

从以上波形可以看到，在进行 PSS 试验时：

（1）单相电压峰峰值高至 15kV，对应的线电压为 18.373kV（额定电压为 15.75kV）。

（2）在试验时相电流值达到 1.33I_N，满足低压过流保护 1 段动作定值，保护正确动作，跳开 500kV 分段 5012 断路器。

本次 500kV 分段 5012 断路器跳闸后，相关人员立即停止试验，检查试验步骤、试验参数。在 2 号机组励磁 PSS 试验过程中，调试人员打开 PSS-CONTRAL 功能块，切换到 PSS 开环模式（STAB TEST &OPEN LOOP），如图 3-9-4 蓝线所示，导致励磁系统测试脉冲幅度参数 P11 AMPLITUDE，经过切换开关直接输出至稳定器输出信号（12020 STABILIZER SINGNAL），该信号直接作用于励磁系统自动电压调节（AVR PID）调节模块。P11 默认数值是 1000，从而引起 AVR 调节电压输出产生很大阶跃引起机端电压升高，使发电机无功功率增加（根据计算机监控系统记录，最大无功功率达到 214Mvar），发电机电流增大，导致发电机低压过流保护动作。

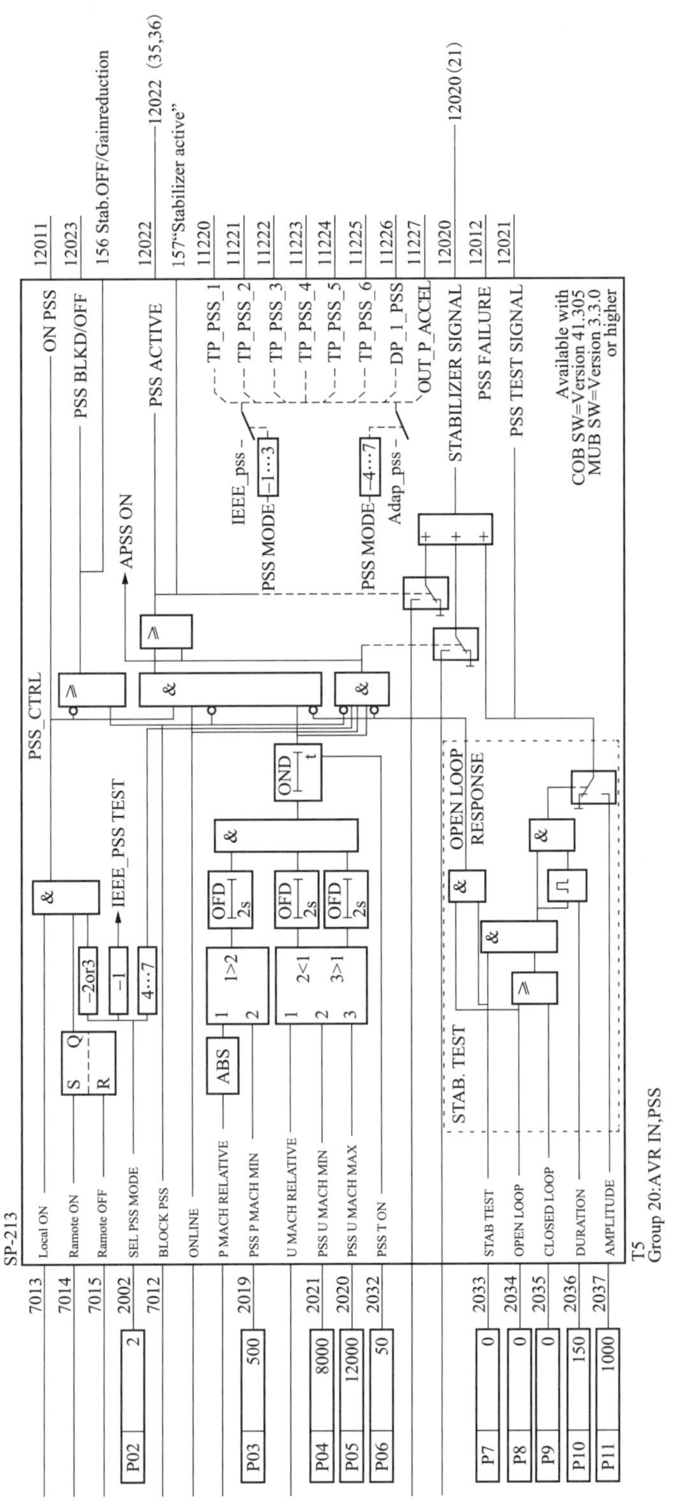

图 3-9-4　PSS控制功能块逻辑

下一次开始试验前，将励磁系统脉冲幅度参数 P11 默认值设为 0，试验过程中逐步增加给定值，直到满足试验要求。

二、原因分析

综合分析所述，本次 500kV 分段 5012 断路器事故跳闸直接原因为：在 PSS 试验过程中，为了检验 PSS 输出与有功功率波动方向相反的特性，励磁调试人员打开 PSS 控制功能模块里（PSS-CONTRAL）稳定测试（STAB. TEST）功能模块，切换到开环（OPEN LOOP）模式，此时励磁系统测试脉冲幅度（P11 AMPLITUDE）参数为默认值，由于默认值过大（默认参数 P11 为 1000），不合适该电站抽水蓄能机组的特性，即励磁系统默认调试参数与现场不匹配，试验参数设置不合理，导致 PSS 误输出，引起发电机电压和电流升高，导致机组低压过流保护一段正确动作。由于该试验模式时间很短，故没有到达低压过流保护二段动作时限。

分析本次事故间接原因为：试验时没有仔细检查相关参数是否合理，没有提前做好风险预控工作。

三、防治对策

（1）下次进行励磁系统涉网试验前仔细检查相关参数，从而避免该类事故的再次发生。

（2）对重要的试验做好事故预想和风险防控工作。

（3）加强试验全过程管控，技术人员、管理人员、监理人员、监督人员必须到岗到位，履职尽责，认真履行重大试验监督制度，确保试验安全可靠。

四、案例点评

由本案例可见，对重要的试验做好事故预想和风险防控工作是十分必要的。尤其是励磁系统涉网试验，试验前试验人员需仔细检查相关参数，确保参数正确。ABB UNITROL 5000 系列型号励磁系统，在国内应用不少，因试验参数设置不合理导致试验失败等问题屡见不鲜，而 UNITROL 5000 系列励磁系统参数设置灵活多变，如何杜绝参数不匹配引起的事故，需试验和维护人员对励磁系统的参数、原理熟稔于心，需提高相关人员的技能水平。

案例 3-10 某抽水蓄能电站 SFC 输入变压器绝缘油气体含量超标*

一、事件经过及处理

2018 年 10 月 10 日，根据技术监督计划，某抽水蓄能电站在 SFC 输入变压器停运状态取变压器绝缘油油样送至试验单位进行油化验。10 月 12 日试，验单位通知试验结果显示变压器油中乙炔和总烃含量分别为 23.719μL/L 和 335.651μL/L，超过了《水电站电气设备预防性试验规程》（Q/GDW 11150—2013）规定的注意值：C_2H_2（乙炔）的注意值为 5μL/L，总烃的注意值为 150μL/L。

随即运维人员对 SFC 输入变压器的外观进行检查，未发现明显异常。为了防止变压器油进一步劣化，该电站立即采取以下应急措施：

（1）决定减少 SFC 启动的频次，增加变压器油送检的次数，对变压器油品质进行跟踪观察，关注油中溶解气体含量的变化趋势，修前历次试验结果详见表 3-10-1。

表 3-10-1　某抽水蓄能电站 SFC 输入变压器绝缘油色谱试验数据汇总　（单位：μL/L）

化验日期	2018.10.12	2018.10.15	2018.10.24	2018.11.13
H_2	22.658	23.045	23.187	24.085
CO	44.413	40.644	47.201	48.369
CO_2	738.399	747.711	774.824	851.156
CH_4	62.922	56.616	58.918	59
C_2H_4	212.99	214.222	222.394	224.567
C_2H_6	36.02	38.553	37.185	37.175
C_2H_2	23.719	24.804	26.041	26.063
总烃	335.651	334.195	344.538	346.805

（2）在 SFC 输入变压器运行期间开展红外热像测温特巡，制定火灾预案，加强 SFC 输入变压器消防喷淋系统日常维护与功能检测。

（3）开展机组背靠背启动试验，机组拖动方式改由背靠背拖动模式。

（4）紧急联系行业电站变压器可替代备件，为变压器检修做事故应急储备。

（5）开展变压器紧急检修项目采购，对变压器进行现场吊检。

* 案例采集及起草人：康晓义、陈昌山（河南国网宝泉抽水蓄能有限公司）。

二、原因分析

根据《变压器油中溶解气体分析和判断导则》（GB/T 7252—2001）中 10.2 的规定，三比值法进行计算，编码组合 1 2 2，初步判断故障类型为：低能放电兼过热。参考故障实例：引线对电位未固定的部件之间连续火花放电、分接抽头引线和油隙闪络不同电位之间的油中火花放电或悬浮电位之间的火花放电。

根据后期观察，发现变压器高低压侧箱沿均出现放电痕迹，初步推断故障原因为变压器箱沿由于漏磁场强作用产生放电，但不排除内部电气连接部件局部放电的可能，具体原因需根据吊检情况进一步确定。

1. 变压器吊检分析

（1）绕组、铁心、引线及围屏检查。

变压器高低压绕组及连接固件、铁心及夹件、高低压侧引线套管等内部组件未见局部烧蚀等异常情况，绝缘围屏绑扎牢固，铁心无形变，铁轭与夹件间绝缘良好，铁心无多点接地，铁心拉板及铁轭拉带紧固。但变压器绕组外观略有变形，如图 3-10-1 所示，绕组变形为变压器频繁合闸冲击所致，形变量较小不影响正常运行；对铁心及夹件接地引线固定螺栓进行紧固性检查，未发现松动情况；对内部其他螺栓紧固性检查，也未发现松动情况。

图 3-10-1　输入变压器吊罩后内部情况

根据内部检查结果，排除变压器内部器身、引线、围屏等电气部件异常导致放电进而引起变压器绝缘油可燃气体超标可能。

（2）箱沿检查。

变压器上箱盖处有多处漏磁放电痕迹，高压侧 3 处，低压侧 3 处。烧蚀点均存在于变压器顶盖与外壳的箱沿结合面上，其中高压侧靠近压力释放阀和循环油泵附近箱沿烧蚀情况最为严重，该处上盖板粘有金属熔化物，如图 3-10-2 标注 1，对应部位顶盖外侧烧黑，如图 3-10-2 中标注 2，下沿橡胶密封垫烧蚀碳化，如图 3-10-2 中标注 3，对应箱沿限位筋（ϕ6mm 的钢棍）内沿烧熔约 7cm，所产生的金属异物与该处的密封胶条融化在了一起，如图 3-10-2 标注 4 所示。其他烧蚀部位现象较轻，无明显损坏。

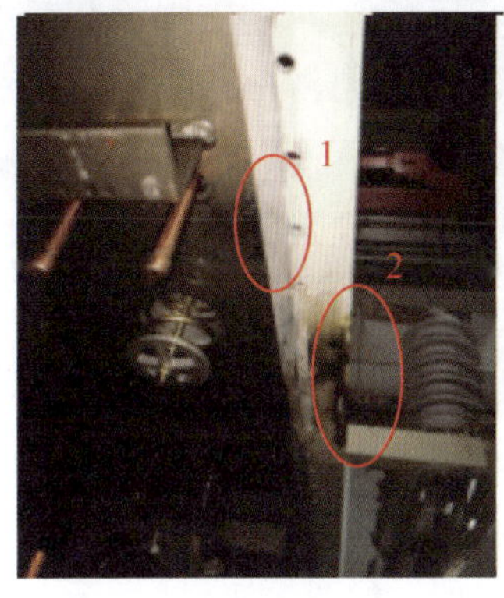

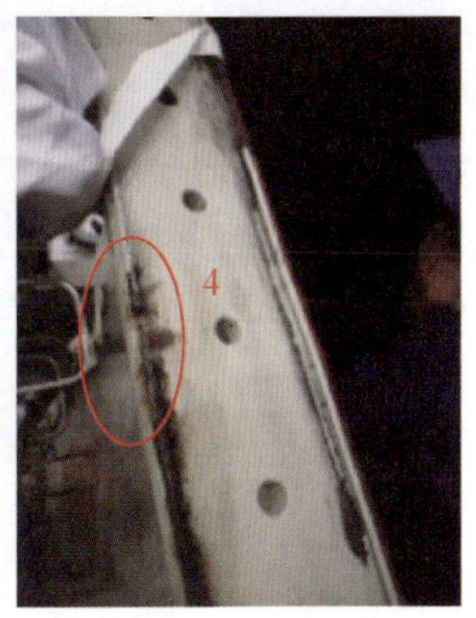

图 3-10-2 输入变压器高压侧顶盖及箱沿最严重烧蚀部位情况

由此得出结论，本次变压器绝缘油可燃气体超标故障点主要集中在变压器高低压侧箱沿上，根据检修单位运维经验，箱沿放电多与变压器各部件接地形式有关，具体放电原因需进一步检查。

(3) 变压器各部件接地情况检查。

顶盖接地主要靠布置在变压器壳体左右两侧的两根软接地扁线通过变压器外壳接地，而铁心及夹件接地则是通过接地引线接至顶盖上；变压器顶盖及箱体上沿均由防护漆覆盖，包括顶盖与箱体固定螺孔，箱盖和箱沿不能通过连接螺栓实现金属联通，变压器顶盖及箱体金属连接不充分，如图 3-10-3 所示。

图 3-10-3 输入变压器顶盖、铁心及夹件接地引接情况

由此判断，本次变压器绝缘油可燃气体超标的最终原因为变压器铁心及夹件接地连接设计不够合理，其通过变压器顶盖与箱体接地，但顶盖与箱体金属连接不充分，不能有效释放变压器合闸瞬间励磁涌流产生漏磁磁场作用的电动势，进而引发箱沿放电。

2. 故障机理复原

该电站 SFC 每次启动时，SFC 输入变压器均承受直接充电冲击，SFC 输入变压器运行时尤其是合闸瞬间漏磁较大、磁场强，漏磁在变压器顶盖对应部位产生涡流和悬浮电位，由于顶盖接地只有两根软扁线，导致漏磁产生的局部涡流和悬浮电位不能顺畅对地释放，最终涡流和悬浮电位放电导致金属严重发热乃至烧熔，过程高温使绝缘油分解出了乙炔等特征气体。而 SFC 输入变压器在运行中合闸冲击较为频繁，长期的集聚最终导致了乙炔和可燃气体超标以及故障的恶化。

三、防治对策

（1）对变压器顶盖和箱沿上加装铜制线夹连接，改善变压器接地回路金属连接状况。

1）对顶盖螺孔上端面和箱沿螺孔下端面防护漆的打磨清理，如图 3-10-4 所示。

图 3-10-4 顶盖及箱沿螺孔面防护漆打磨

2）在顶盖和箱沿上加装铜制线夹连接，同时更换螺栓，增加垫片，保证线夹的接触面积，使电流得以均匀分配，效果如图 3-10-5 所示。

图 3-10-5 线夹装配及最总效果图

（2）优化 SFC 启动程序。同 SFC 厂家进行沟通，对 SFC 程序进行优化，避免 SFC 输入变压器在每次 SFC 启动过程中遭受合闸冲击。

（3）修改 SFC 运检规程，将变压器油色谱分析周期由 3 年一次改为每年一次，及时发现变压器油劣化趋势。

（4）将变压器顶盖边沿红外成像测温列入日常维护项目，及时检查变压器相关部件运行过程中温度是否有异常。

四、案例点评

本案例增进了对欧标变压器内部结构的了解，提升了对涡流和悬浮电位放电产生因素及危害的认识。由本案例设备故障可见，变压器铁心、夹件及外壳接地对于变压器安全运行至关重要，其接地回路必须通畅且满足各工况下感应电势的释放。同时，鉴于抽水蓄能机组启动的频繁程度，SFC运行方式的优化也关系到SFC输入变压器的运行可靠性。应根据机组启动频次，适当增加变压器油色谱分析次数，确保能及时发现变压器的异常。另外，有条件时，可备SFC输入变压器一台，当SFC输入变压器出现故障时，可以将故障变压器送到检修单位检修，这样可以避免现场条件不满足导致的检修不彻底情况出现。

案例3-11　某抽水蓄能电站SFC输入/输出变压器低压侧电缆温度异常*

一、事件经过及处理

2014年9月，某抽水蓄能机组抽水填谷启动，运维人员在SFC输入/输出变压器巡检时发现有焦糊味，进一步排查发现输入/输出变接头有熔融的情况，如图3-11-1所示。

运维人员在第二台机组SFC调相刚启动时，用红外测温仪对SFC输出变压器电缆接头进行红外测温。随着机组转速的升高，输出变压器出现明显的电缆接头温升，其中有一组接头相对于其他接头，温升速率极大，最高温度达80℃。

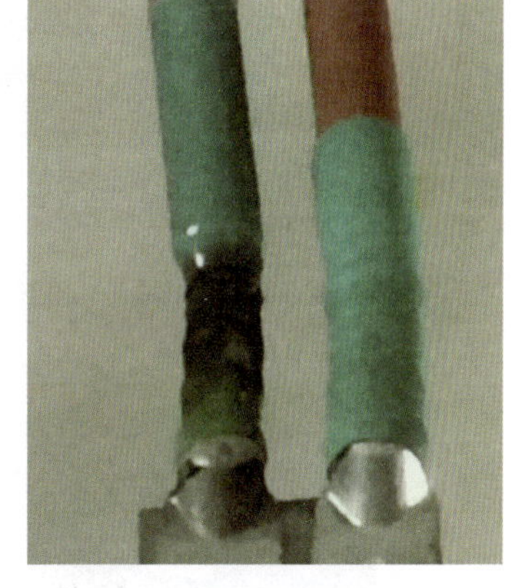

图3-11-1　电缆接头熔融

运维人员在输出变压器启动2min后，用红外测温仪测得的B相最高温度达190℃。该电缆接头相对于其他接头温度极高。根据《电力电缆及通道运维规程》（Q/GDW 1512—2014），导体在运行中最高温升不得超过50K，该电缆运行时存在安全隐患。

运维单位迅速购置了400mm²的铜铝专用过渡接头更换原有铜质接头，现场完成接头拆除、制作与更换。新接头制作后对电缆接触电阻进行检测，数据正常。

安排运维人员全面检查并去除被割伤的导线，邀请经验丰富的老专家现场指导制作，并强化完工时对导线无割痕的验收工作。

---

* 案例采集及起草人：蒋佳杰、夏斌强（华东宜兴抽水蓄能有限公司）。

机组抽水工况运行，运维人员随即用红外测温仪对新电缆接头进行红外测温。测得的每根电缆接头温度大致相等，温度分布平均。初步处理后测温，最高温度为 25.9℃。

运维人员将更换 SFC 输入/输出电缆列入电缆防火重点工作，进行项目储备。

图 3-11-2 电缆接头制作

2017 年 11 月，该电站结合电缆防火治理项目，对 SFC 输入/输出变压器低压侧 24 根电缆全部更换为载流量更大的铜芯电缆，从根本上消除这一隐患。为保证更换过程中电站出力不受影响，本项工作结合 SFC 系统年度检修完成，主要完成 SFC 电缆拆除、电缆制作，预防性试验、桥架加固、防火封堵、试运行等工作，运维人员连续奋战 3 天，每天从早上 7 点工作至凌晨，机组顺利抽水并网，现场施工见图 3-11-2～图 3-11-6 所示。

运维人员在电缆更换完成后，在机组抽水工况运行过程中，对新更换电缆进行红外测温，测得的电缆接头温度分布均匀。数据如下：SFC 输出变压器最高温度为 18.9℃、SFC 输出变压器最低温度为 13.5℃、SFC 输入变压器最高温度为 18.3℃、SFC 输入变压器最低温度为 12.3℃。

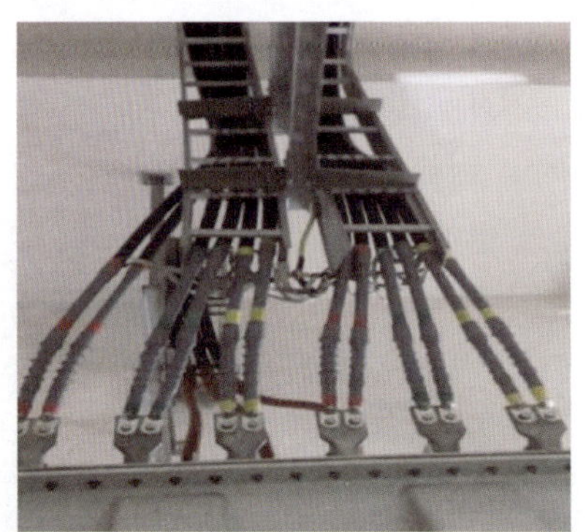

图 3-11-3 输出变压器低压侧电缆

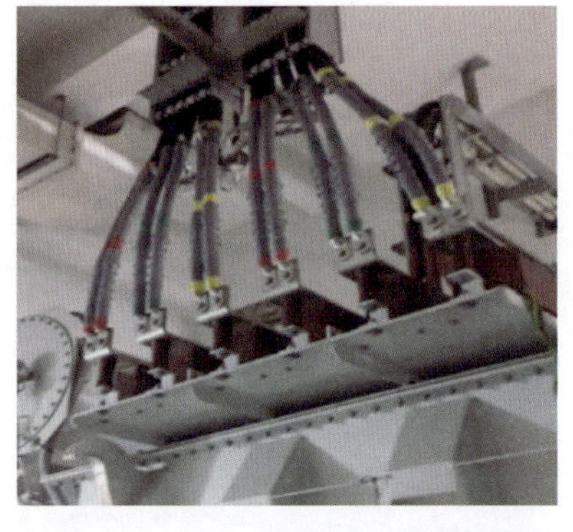

图 3-11-4 输入变压器低压侧电缆

图 3-11-5 输出变压器盘柜侧固定

图 3-11-6 输入变压器盘柜侧固定

二、原因分析

直接原因：该电站机组抽水启动常规的方式是用 SFC 拖动，而拖动时额定电流为 1711A。如此高的电流值通过，很容易因为设备容量、安装、材质等质量问题或者环境散热问题发生过热，设备安装时国内大电流设备通常是使用大的紫铜排，用电缆短时通过如此高的电流的场合的使用案例并不多，因而在建设时并未受到充分的重视。

该电站 SFC 输入/输出变压器低压侧至 SFC 整流桥逆变桥用的电缆型号为 GZR-WD-YLV63-400，2 根并联使用，由于铝制电缆载流量小，400mm^{2}的电缆额定载流量为 736A，两组并联使用小于额定电流，且铝制接头与铜牌之间容易产生较大的过渡电阻，SFC 电缆从 2014 年开始发生接头过热熔融现象。运维人员从发现缺陷的那一刻，便一直在查找和分析缺陷原因，以求彻底根除。通过一系列的整改措施，最后通过更换 SFC 输入/输出变压器低压侧 24 根铜芯电缆，使 SFC 输入/输出变压器低压侧电缆温度异常的缺陷完全消除。

造成电缆反复发热的原因：

（1）未使用铜铝过渡材质，电缆接头长时间工作产生电腐蚀，增大了接触电阻，从而使电缆发热。

（2）部分导线被割伤，电缆受损从而引起发热。

（3）电缆容量设计太小，400mm^{2}的铝制电缆额定载流量为 736A，两组并联使用小于额定电流，从而引起电缆接头发热。

（4）两根并联的电缆，其中一根电阻变大时，会导致电缆分流不均。

三、防治对策

（1）举一反三，对重要负荷的电缆进行定期红外检测，并生成相关红外台账。

（2）与电缆厂家联系，对重要负荷所采用的各类电缆特性进行深入分析。

（3）组织开展安全学习，重新宣贯电缆防火反措要求。

四、案例点评

本案例暴露出抽水蓄能电站在建设初期，SFC 输入输出变压器低压侧电缆选型严重错误，导致电缆长期运行之后出现故障。其次，部分电缆接头位置被割伤也是导致故障出现的重要原因。后续电站在建设期需加强对电缆工作的监督，包括电缆选型、出厂验收、施工验收等。同时，设备安装工艺必须严格把关，特别是一些重要设备和重要负荷，施工单位往往并不清楚这些设备是用作什么场合，可能存在不认真负责导致施工工艺无法跟上设备需求的情况。

案例 3-12　某抽水蓄能电站 SFC 输入变压器引线终端与调压分接开关连接处放电*

一、事件经过及处理

2018 年三季度，某抽水蓄能电站在对 SFC 输入变压器绝缘油化验时，发现乙炔含量为 8.04μL/L，超出注意值 5μL/L，对其进行超声波局放、高频局放、宽频脉冲局放、直流耐压、直阻及介损等电气试验，均未发现异常。初步判断变压器油箱内部出现低能放电，择机对其进行处理。

2019 年 5 月 17 日，将 SFC 输入变压器运抵生产厂家进行返厂维修。对变压器排油后吊芯检查，发现变压器 C 相高压侧引线与分接开关绝缘板连接螺杆松动，导致引线与螺杆连接处虚接放电，引线线鼻子因为虚接碳化严重，其孔径由原来的 16mm 变为 22mm，且规格为 M16 的螺杆也因为电腐蚀而产生了深度为 5mm 的凹槽，螺杆下端绝缘板表面积聚了大量的电蚀铜屑，如图 3-12-1、图 3-12-2 所示。变压器油由于受到引线连接处虚接放电的影响，油中生成了大量的乙炔气体。

图 3-12-1　绝缘板连放电点

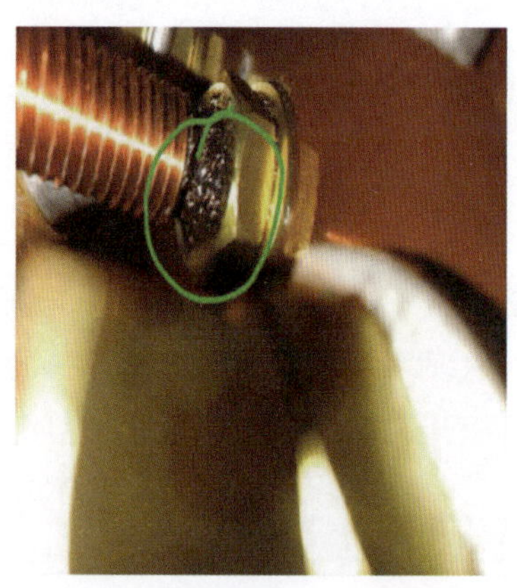
图 3-12-2　导电螺杆因电腐蚀

该故障点位于 C 相高压侧 4 号引线与分接开关连接板固定螺杆处。本挡位处于 3 挡，由 1、4、5、8 号引线构成。检查发现 4 号引线线鼻子外端两个并螺帽存在明显松动，线鼻子与螺杆底端接触面处存在虚接放电，长期的电蚀作用导致螺帽、螺杆及引线线鼻子均不同程度地出现碳化现象。

---

* 案例采集及起草人：杨旭、胡德凯（安徽响水涧抽水蓄能有限公司）。

具体处理步骤如下：

（1）将故障引线处螺帽、线鼻子拆除，对故障螺杆表面及绝缘杆处采用酒精进行清理，确保故障点无放电杂质遗留。

（2）拆除故障引线下端绝缘板并清理其表面积聚的大量铜屑。

（3）拆除故障引线线鼻子，并采用冷压的方式重新制作引线线鼻子，确保线鼻子套管与引线导体接触紧密。

（4）考虑到原故障螺杆已产生 5mm 深的凹槽，螺杆的强度及导电性能均有所下降。若将引线重新回装至原故障螺杆上，无法确保其在后续运行中能够满足强度及导电能力要求。经征求 SFC 输入变压器厂家意见后，决定将故障引线（4 号引线）和与其处于同一挡位的相邻引线（5 号引线）在分接开关绝缘杆处并接，使其保持在同一挡位长期运行，如图 3-12-3 所示。

图 3-12-3 故障引线与相邻引线并接后照片

（5）将故障引线与相邻引线并接后，采用力矩扳手将其紧固至额定力矩，并对连接处外表面进行了检查，无异常现象。

（6）为确保乙炔超标故障彻底消除，维护人员拆除三相绝缘杆上的其他引线螺帽，对其他螺帽、线鼻子及螺杆表面均进行了详细检查，无异常。按照相关力矩要求对其进行了回装。

（7）进一步对变压器器身上的其他所有螺杆进行检查紧固，发现器身压紧螺钉及上、夹件拉紧螺杆部分位置存在螺母松动现象，对其按照标准重新进行了紧固。

（8）对变压器器身其他部位检查完毕后，将其重新回装至油箱内，重新充注新的绝缘油（25 号），采用真空滤油机对其进行热油循环 20h，以过滤掉器身及铁心内残余的故障气体。

（9）回装相应密封圈、油箱盖、瓷套管及铜导电接线柱等部件，并对变压器充油至额定油位。按照相关要求，对变压器温度计精度进行了检查对比，并对变压器油箱进行了打压试验，以确保油箱表面无漏点。

（10）按照变压器电气试验要求，对其进行了出厂电气试验，试验数据均合格。

二、原因分析

变压器在机组抽水启机时存在频繁冲击合闸现象，冲击合闸时因大电流的作用，会使得绕组内部产生巨大的电磁力，致使变压器内部产生巨大的振动现象。变压器 C 相高压侧引线与分接开关绝缘板连接螺杆在电磁振动力的作用下，产生松动，继而导致 C 相引线线鼻子与螺杆连接处虚接放电。

三、防治对策

（1）重视对SFC启动回路变压器的巡视，特别应加强对变压器运行声音、振动、运行温度及运行油中气体含量的监视，并且关注设备参数的变化情况，发现异常及时处理。

（2）制定相关技术方案，改变SFC输入变压器的运行方式，使其长期处于带电状态，避免SFC输入变压器短时送电过程中受到电磁力冲击。

四、案例点评

由本案例可见，电气设备在出厂时应严格把控安装质量，特别是要加强重要导电回路、重要承重部件的螺栓紧固程度把控。同时，设计院在研究机组启动设备回路时，应考虑到频繁电流冲击产生的振动对变压器内部器身的影响，以避免变压器内部导电回路发生放电故障。

案例3-13　某抽水蓄能电站SFC输出隔离开关导向头烧蚀*

一、事件经过及处理

2017年8月29日，某抽水蓄能店站维护人员在对1号SFC输出隔离开关进行维护时，发现1号SFC输出隔离开关A、B、C三相动触头导向头均存在不同程度烧蚀，三相导电杆存在不同程度露铜现象，如图3-13-1所示。

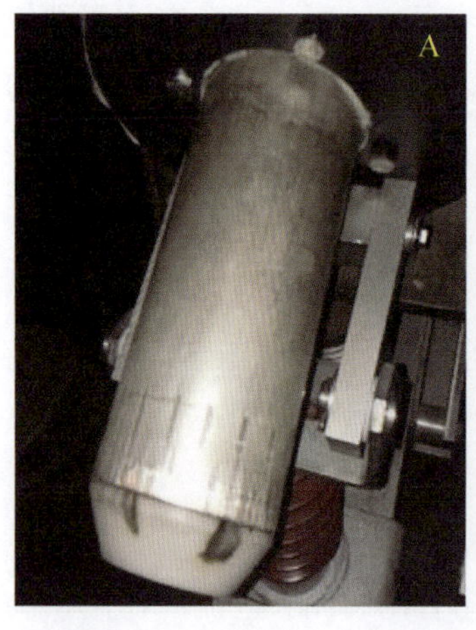

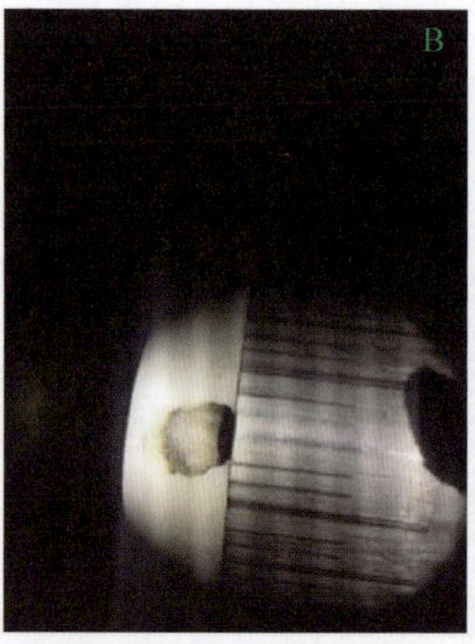

图3-13-1　1号SFC输出隔离开关导向头烧蚀图

* 案例采集及起草人：冯海超（华东天荒坪抽水蓄能有限责任公司）。

8月30日，维护人员在对2号SFC输出隔离开关进行维护时，发现2号SFC输出隔离开关A、B、C三相动触头导向头也存在1号SFC输出隔离开关相似情况，且较其情况更为严重，其中2号SFC输出隔离开关B相导向头已近烧毁，导向头融化后液体掉落之其下方传动绝缘子上，绝缘子受热，长此以往，传动绝缘子3、4道裙边烧裂，如图3-13-2所示。

图3-13-2　2号SFC输出隔离开关B相现场缺陷图

进一步检查，发现2号SFC输出隔离开关B相左侧传动杆与传动绝缘子底座紧固螺栓松动，导致隔离开关B相合闸不到位，动触头仅与前排引弧光触指接触，接触面积极小，如图3-13-3所示。

其次，所有导向头烧蚀部位均由端部（与动触头导电杆相连接触面处）向扩展，端部烧蚀最为严重，且烧蚀部位均出现较为明显露铜现象，如图3-13-4所示。

图3-13-3　传动绝缘子底座紧固螺栓松动图

图3-13-4　SFC输出隔离开关触头现场图

事件发生后，现场负责人立即组织人员对隔离开关本体进一步检查，对隔离开关触头进行清扫，确认隔离开关动静触头无明显烧蚀情况。

现场负责人立即汇报班组、部门及相关领导，并联系SFC厂家。

输出隔离开关厂家技术人员，并对缺陷情况进行梳理沟通。根据设备实际情况，决定对1号SFC输出隔离开关进行正常清扫维护，并对后期运行情况加强关注。由于2号SFC输出隔离开关B相导向头已烧毁，传动绝缘子部分裙边烧裂，需对其导向头及传动绝缘子进行更换，其更换过程如下：

（1）拆除烧毁的动触头导向头。

（2）退出动触头导向头两颗固定销钉。

（3）更换新的动触头导向头，重新插入两颗固定销钉。

（4）拆除烧裂的传动绝缘子，更换新的绝缘子。

（5）对操作结构所有连接螺栓进行紧固。

（6）动触头、静触头处重新涂抹导电润滑脂。

（7）进行手动、电动分合试验，测量隔离开关动、静触头断口间距及合闸插入深度，测量电动分合时电机运行电流及隔离开关接触电阻。

二、原因分析

1. 安装工艺控制不到位

该电站两把SFC输出隔离开关均于2014年11月底进行大修，与同年度进行大修的被拖动隔离开关均为同批产品，维护过程中并未发现被拖动隔离开关出现此类缺陷，因此，排除产品质量问题。分析认为隔离开关安装工艺控制不到位，动静触头中心不在同一水平线，隔离开关分合过程中，导电杆表面局部摩擦力增大，导致导电杆局部磨损，长时间运行，磨损严重处接触电阻加大。大电流只作用下，产生极大热量，导致导向头严重烧蚀，长时间运行，烧蚀面积逐步扩大。

2. 设备维护管理工作不到位

2号SFC输出隔离开关B相左侧传动杆与传动绝缘子底座紧固螺栓松动，导致隔离开关B相合闸不到位，接触电阻增大，隔离开关长时间多次合闸运行，触头发热严重，进而烧毁导向头。该设备维护不及时，设备缺陷未被及时发现。据统计，该电站机组抽水启动次数较多，年均1200台次以上，近两年均接近1900台次，每把SFC输出隔离开关年均动作次数均在600次以上，近两年均接近1000次，如表3-13-1所示。需按厂家要求，每年度至少维护一次，并执行严格的维护方案，保证设备安全稳定运行。

表3-13-1　　该电站2015～2017年度抽水启动次数汇总表

年份	抽水启动次数（次）	SFC输出隔离开关年均动作次数（次）
2015	1220	610
2016	1888	944
2017（至8月31日）	1290	645

3. 备品备件管理不到位

由于缺陷导向头数量较多，导向头备品数量不足，未及时全部进行更换。

4. 设备巡视不到位

由于1、2号SFC输出隔离开关均安装于1、2号SFC输出电抗室内，属带电运行区域，日常巡检不具备进入条件，隔离开关本体巡视存在盲区，不能及时关注隔离开关运行状态。

三、防治对策

（1）加强现场验收，尤其加强关键点验收，并修改相关作业指导书。

（2）结合厂家要求，制定切实有效的设备维护计划，同时，修改厂内相关设备规程规定。

（3）设备主人应做好所管设备备品备件梳理补充工作，保证缺陷后，备品可用、够用。

（4）针对日常巡视条件不具备问题，结合现场检修，在 SFC 输出隔离开关观察窗处加装可视装置，及时关注设备运行状态。

四、案例点评

由本案例可见，电站应加强对一次设备本体的运维工作，确保一次设备运行的安全稳定。基建初期，设备选择、安装布置应充分考虑后期运维的便利。运维阶段，应加装设备施工工艺控制，制定合理的运维周期，做到应修必修，及时发现、消除设备故障。

案例 3-14　某抽水蓄能电站 SFC 输入开关电流互感器绝缘异常*

一、事件经过及处理

2016 年 8 月 4 日，某抽水蓄能电站运维人员对 SFC 开展定期维护，操作组人员执行将 SFC 系统由备用转检修的操作，此时 SFC 系统输入输出断路器均摇至试验位置，输入、输出侧的接地隔离开关已合，试验人员现场准备试验仪器，例行定期检查过程中，对 SFC 2 号输入断路器 06 清扫检查时发现，SFC 2 号输入断路器 06 进线侧电流互感器绝缘电阻偏低，其中 TA 绝缘电阻为 3.6MΩ，铜排绝缘电阻为 2MΩ，并且 TA 表面有细秘的水珠，如果继续投入运行后有绝缘击穿风险。如果绝缘击穿，将会出现接地故障，会造成保护跳闸，因此拆除 SFC2 号输入断路器 06 靠 4 号主变压器低压侧电抗器 L04 侧电缆终端头，SFC 系统退出运行，机组抽水工况启机采用背靠背模式。

维护人员现场检查确认 SFC 2 号输入断路器 06 进线 TA 绝缘电阻降低。在完成现场安全措施隔离后，开展故障处理。

---

* 案例采集及起草人：李子龙、王熙（湖北白莲河抽水蓄能电站）。

检查 SFC 输入开关柜 06，发现柜内环境较潮湿，TA、铜排上有细密水珠，TA 表面无明显损坏痕迹。

对柜内设备进行绝缘电阻测试，发现柜内卧式放置的 TA（用于测量及 SFC 系统本体保护 P127，品牌为土耳其 ALCE）、后柜壁上悬挂的 TA（用于主变压器 A、B 套保护，品牌为广东四会，2015 年 6 月更换）、开关柜内壁挂式 TA 至 06 开关手车连接铜排绝缘均较低，暂时不能投入运行。

拆除柜内壁挂式 TA 和后柜门后，壁挂式 TA 经干燥处理后绝缘由小于 5MΩ 上升至大于 100MΩ（2015 年更换时为大于 200GΩ），且该 TA 二次接线端子处有明显锈蚀现象。

对开关柜进行干燥处理，设备绝缘水平明显上升（铜排绝缘电阻由 2MΩ 上升至 1.2GΩ，TA 绝缘电阻由 3.6MΩ 上升至 107MΩ）。

测量断路器 06 一、二次绕组直流电阻，电阻值正常。

判断为 SFC 2 号输入断路器 06 进线侧电流互感器本体未损坏，绝缘电阻降低的原因为 TA 本体受潮湿空气侵袭导致绝缘电阻降低。

处理步骤如下：

（1）8 月 4 日将 06 开关柜内 TA 拆除，定期对 TA 进行干燥处理后进行绝缘测量，具体数据如表 3-14-1 所示。

表 3-14-1　TA 干燥处理后绝缘值

时间	绝缘值（A 相一次对二次及地）	绝缘值（B 相一次对二次及地）	绝缘值（C 相一次对二次及地）
8 月 4 日 22:00	8.2MΩ	10.7MΩ	4.9MΩ
8 月 5 日 09:00	66MΩ	70MΩ	16.2MΩ
8 月 6 日 10:27	107MΩ	93MΩ	18.3MΩ

随着干燥时间的增长、TA 绝缘值呈增大趋势，冷却后绝缘值呈降低趋势。对 06 开关柜母排进行干燥处理后进行绝缘测量，具体数据如表 3-14-2 所示。

表 3-14-2　母排干燥处理后绝缘值

时间	绝缘值（A 相对地）	绝缘值（B 相对地）	绝缘值（C 相对地）
8 月 4 日 20:00	8.9MΩ	2.0MΩ	1.8MΩ
8 月 5 日 09:50	880MΩ	340 MΩ	276MΩ
8 月 6 日 10:27	3.8GΩ	1.2GΩ	1.3 GΩ

随着干燥时间的增长、母排绝缘值呈增大趋势，冷却后绝缘值呈降低趋势。进一步验证了 06 开关柜内 TA、母排绝缘受盘柜内湿气影响严重。

（2）8 月 9 日开始对原 5 面开关柜进行整体更换，更换为 6 面开关柜。

（3）更换开关柜前依据《电气设备交接试验标准》（GB 50150—2006）对开关柜进行了全面的电气设备交接，试验全部结果均合格，满足投运要求。

（4）从 8 月 22 日开关柜投运至 8 月 26 日，SFC 拖动机组累计运行 10 次，启动成功率为 100%，输入开关柜、输出开关柜运行无异常。

二、原因分析

造成此次事件的直接原因是：设备运行环境较差，SFC 开关柜布置在主变压器廊道 SFC 室，盘柜底部为 3m 高的夹层，该夹层为母线洞风机通风风道，故障前 SFC 开关柜底部从下到上的防火封堵依次为防火板、阻火包、防火泥，由于风道内存在一定的风压，导致部分潮湿空气从盘柜底部的防火封堵间隙进入盘柜内部，附着在柜内的 TA 等设备上，导致盘柜内设备绝缘降低。

造成此次事件的间接原因是：

（1）盘柜设计不合理，开关柜内布置有两组 TA、一组 TV 以及小车开关，内部设备布置过于密集，绝缘距离偏低，在潮湿环境下易发生绝缘降低、相间短路放电现象。

（2）未根据当前设备运行环境差采取有效的控制措施，SFC 室布置的除湿机未能完全满足现场设备运行环境的要求；虽在 6 月份按计划向调度提出 SFC 开关柜改造申请，受迎峰度夏影响调度未批复，设备劣化分析和评估不足，未采取针对性检查控制措施导致 SFC 断路器 06 进线 TA 进一步受潮导致绝缘降低。

三、防治对策

（1）加强设备维护管理。结合 SFC 开关柜改造，完善柜内干燥除湿设备、增强 SFC 室除湿效果，将开关柜内电气设备布置进行优化，使开关柜的 TV 独立设柜，增大设备电气隔离距离。做好开关柜底部防火封堵，从根本上改善设备运行环境，根据季节及环境的特点，优化主厂房主变压器洞风机、母线洞风机、通风空调系统和除湿系统的运行方式，保证全厂电气设备在较为干燥的环境中运行。

（2）加强技术监督管理。严格执行技术监督相关要求，认真落实技术监督工作计划；设备后期运行过程中结合实际情况，定期对 SFC 系统设备开展预防性试验，确保设备健康水平。

四、案例点评

该电站 2016 年 3 月在进行 SFC 输入断路器 05 检查维护过程中，已发现 05 断路器 TA 绝缘降低，但未对 06 断路器 TA 进行同类型检查，未根据预防性试验规程要求“必要时（怀疑绝缘电阻降低时）对相关设备进行耐压试验”，在没有采取相关措施且没有各级许可的情况下直接将开关送电运行，管理过程存在缺失。

该电站在已知 SFC 系统设备运行环境不佳、潮气较重的情况下，虽在 SFC 设备室内增设了 2 台除湿机，湿度情况略有改善，但未能从根本上解决问题，未制定有效的防范措施。

在设备运维过程中，要加强一次设备运行环境的关注，加强对盘柜防火封堵情况的检查，对于预防试验过程中发现的问题，应举一反三对，对其他同类运行设备进行排查，提前发现和消除设备隐患。

案例 3-15　某抽水蓄能电站 SFC 旁路隔离开关故障*

一、事件经过及处理

2016 年 3 月 28 日 15 时 44 分，某抽水蓄能电站应调度要求启动 3 号机组抽水，15 时 45 分监控系统报警 SFC 旁路隔离开关转换故障，3 号机组启动失败。

事故发生后，ON-CALL 组人员对 SFC 旁路隔离开关进行隔离。维护人员电动操作旁路隔离开关发现隔离开关动作正常，但 SFC 控制柜面板显示旁路隔离开关旁路位置与实际不一致。检查旁路隔离开关位置开关，发现旁路隔离开关转动轴上的凸轮均存在松动情况。

重新调整凸轮位置，紧固固定螺丝。经现场多次电动、手动分合试验，指示正常。抽水工况不并网试验正常。

二、原因分析

SFC 旁路隔离开关有两个运行位置，一个位置是旁路位置，另一个位置是串联变压器运行位置，每个位置对应位置开关。

当 SFC 启动机组时旁路隔离开关首先合闸于旁路位置，当 SFC 拖动机组到 38r/min 时，按照逻辑旁路隔离开关从旁路位置切换至串联变压器运行位置。故障发生时，旁路隔离开关切换至旁路位置过程中，旁路隔离开关转动轴上的凸轮行程未触发旁路位置，致使该位置的位置开关未动作，旁路隔离开关合闸超时，CPU 判断隔离开关位置切换未成功，发出跳闸信号给监控系统，机组启动失败。

旁路隔离开关的传动轴上安装有硬塑料材质的凸轮，该凸轮分为两半，咬合后由顶丝固定于传动轴上，该凸轮随旁路隔离开关传动机构转动，通过凸轮突出的部位来带动隔离开关位置触点的闭合，如图 3-15-1 所示。

分析此次隔离开关位置触点未完全到位的原因，由于该凸轮固定顶丝松动发生位移，导致隔离开关本体到位后位置触点未导通。近年来机组运行频繁，每日 SFC 装置启动 7 次，旁路隔离开关动作时振动较大，导致凸轮固定螺丝松动，进而导致凸轮发生位移。

---

* 案例采集及起草人：刘洋、刘龙飞（山西西龙池抽水蓄能电站）。

图 3-15-1　旁路隔离开关的传动轴上凸轮及位置开关

三、防治对策

（1）运行人员巡检时注意观察旁路隔离开关是否到位，检查传动轴凸轮是否有松脱现象，发现松动及时处理。

（2）将旁路隔离开关传动轴凸轮检查、紧固列入日常维护项目。

四、案例点评

本案例暴露出两个问题：一是设备维护不到位，未及时发现旁路隔离开关转动轴凸轮松脱；二是产品选型未考虑 SFC 系统高频次运行的情况，SFC 旁路隔离开关设计寿命仅 5000 次左右，2016 年高峰期 SFC 每日拖动次数高达 8 台次，按照设计寿命仅能高频次运行不到两年。故在设备维护期间，对于频繁动作的隔离开关、断路器等设备需加强维护，防止高频动作造成磨损加快，引起设备故障。电站设计阶段，需按照电站设计电量核算各断路器、隔离开关的动作寿命是否能满足设计需求，做好设备选型工作。

案例 3-16　某抽水蓄能电站 SFC 输入变压器保护装置因励磁涌流误动*

一、事件经过及处理

2018 年 1 月 13 日夜间，某抽水蓄能电站按照调度要求 1 号机组使用 SFC 进行抽水启动，运行正常；随后调度要求再启动一台机组抽水，值守人员使用 SFC 方式启动 2

* 案例采集及起草人：刘勇、刘洋（山西西龙池抽水蓄能电站有限责任公司）。

号机组，启动过程中 SFC 输入变压器差动保护跳闸，造成 2 号机组启动失败。

对 SFC 输入变压器、输出变压器、输入断路器、输出断路器以及其他一次设备进行检查无误后，将 SFC 输入变压器差动保护报警复归，SFC TRIP 信号复归，SFC 系统恢复备用状态。

二、原因分析

1. 现场检查

现场检查监控记录，SFC 输入变压器差动保护动作时间为输入断路器、输出断路器合闸的瞬间。

SFC 输入变压器保护装置，读取保护动作记录如下：

W1 L1：1971.0A　L2：962.0A　L3：683.0A

W2 L1：30.0A　L2：45.0A　L3：30.0A

W3 L1：127.5A　L2：45.0A　L3：30.0A

Idiff＝1.59In　Irestr＝0.03In　m（harm. restr）＝0.0

Idiff＞tripped　relays operated

Id/In（Idiff）：差动电流

Is/In（Irestr）：制动电流

Idiff0：制动电流＝0 时的差动电流大小

Idiff2：制动电流＝2 时的差动电流大小

Idiff10：制动电流＝10 时的差动电流大小

Idiff＞＞：差速断电流

d［Id］：为补偿谐波或穿越性故障电流将差动特性曲线向上平移的大小

SFC 输入变压器差动保护设计原理如图 3-16-1 所示。

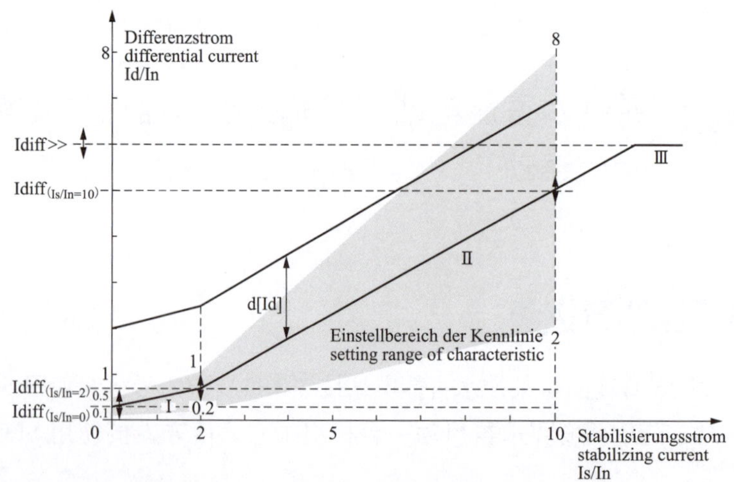

图 3-16-1　SFC 输入变压器差动保护设计原理图

定值设定如下：

Idiff0＝0.3、Idiff2＝0.8、Idiff10＝7

Idiff＞＞＝8、d［Id］＝0.5

可得出制动电流和差动电流的函数关系：

Idiff＝0.775Irestr－0.75（Irestr＞＝2）

Idiff＝0.25Irestr＋0.3（Irestr＜2）

m（harm. restr）：在特性曲线向上平移 d［Id］值后，仍然能检测到有励磁涌流或穿越性故障电流时，再次将特性曲线向上平移 m 值。

2. 问题排查

SFC 输入断路器、输出断路器合闸瞬间，输入变压器出现励磁涌流，这时变压器差动保护装置中计算出的谐波制动系数 m（harm. restr）＝0.0，根据保护设计原理可知：此时差动保护动作曲线没有抬高，并可以计算出 Irestr＝0.03In 时的保护动作值抬高到 Idiff＝0.3075In。故障记录里显示故障时刻 m（harm. restr）＝0.0，可以判定当时由于 m（harm. restr）值为 0.0，保护动作值为 0.3075In，此时实测 Idiff＝1.59In，故保护动作跳闸。

综上所述得出可能故障原因如下：

当输入、输出开关合闸瞬间，由于励磁涌流较大，高次谐波分量徒增，但保护装置计算 d［Id］及 m（harm. restr）为 0，差动保护动作曲线未抬高，而此时差动电流 Idiff＝1.59In，大于保护动作值 Idiff＝0.3025In，造成差动保护动作。

三、防治对策

结合 SFC 检修工作，对输入变压器冲击时的励磁涌流及变压器带电运行后的谐波分量进行测试分析，并研究改变设备运行方式，修改监控逻辑，减少 SFC 输入变压器的冲击。

联系有资质的单位对 SFC 输入变压器差动保护定值进行核算，出具计算书后结合实际情况，调整定值，躲过变压器冲击时的励磁涌流。

四、案例点评

本案例暴露出一个问题：SFC 变压器作为日常不带电的设备，在机组抽水工况启动频繁时，变压器频繁带电冲击，可能造成励磁涌流加大，需根据冲击频次对变压器进行定期检查、维护。

案例 3-17　某抽水蓄能电站 SFC 输出断路器位置触点故障*

一、事件经过及处理

2018 年 5 月 21 日 21 时 49 分，某抽水蓄能电站机组抽水调相启动，启动过程中各辅机启动正常，至静止变频器（SFC）拖动升速。21 时 53 分，当时机组转速 61.36%，有功功率－11.6Mvar，无功功率 9.7Mvar，因流程超时转机组电气事故停机，同时 SFC 跳闸。22 时 8 分，机组事故停机成功，转为停机备用态。

检查监控报文如下：

21:49:34，机组抽水调相操作流程启动。

21:53:55，SFC 输出断路器合闸失败，流程退出（电站上位机启动：机组抽水调相操作）。

21:53:55，流程超时转电气事故停机，机组电气事故停机操作（流程自启动）。

22:08:54，机组电气事故停机操作成功（流程自启动）。

运维人员根据监控系统报文分析，启动失败的原因为：开机过程中，当流程执行至启动 SFC 拖动机组时，因监控系统未收到 SFC 输出断路器合闸信号，判断 SFC 输出断路器合闸失败，导致流程退出，机组转为电气事故停机。

监控系统报“SFC 输出断路器合闸失败，流程退出”，可能由以下两个原因造成：

（1）断路器因控制回路、板卡等故障导致实际未合闸，无合闸反馈信号，导致监控系统判断开关合闸失败。

（2）断路器正确合闸，因反馈回路、辅助触点等故障，导致监控系统未正确收到反馈信号，判断断路器合闸失败。

通过查阅监控报文、流程信息及历史曲线，流程执行至启动 SFC 拖动机组后，监控系统发信至 SFC，SFC 调用上电流程，期间发输入及输出断路器合闸命令，至监控系统判断“SFC 输出断路器合闸失败，流程退出”，延时为 180s，为监控系统流程超时判断延时。而 SFC 内部 PLC 流程判断输出断路器合闸失败的条件为，发出输出断路器合闸信号 2s 后，未收到输出断路器合闸位置信号反馈，该延时远小于监控系统流程超时判断延时，且当 SFC 判断输出断路器合闸失败后，会启动 SFC 跳闸，并联跳机组。从 SFC 启动至监控系统发出“SFC 输出断路器合闸失败，流程退出”时，SFC 并无故障及跳闸信息，故判断 SFC 内部 PLC 收到输出断路器合闸位置信号反馈，判断输出断路器动作正确，内部流程

---

* 案例采集及起草人：胡梦辰、王洋、梁睿光（辽宁蒲石河抽水蓄能有限公司）。

正常执行。且至监控系统发出“SFC 输出断路器合闸失败，流程退出”时，机组转速已至额定转速的 70%，升速曲线稳定，与历次抽水启动升速曲线无明显差异，故也可以判断 SFC 输出断路器合闸正常，电气轴正确建立，SFC 系统工作也无异常。

根据上述分析，机组抽水调相启动过程中 SFC 输出断路器合闸失败的原因为：输出断路器位置信号未能正确上送至监控系统，导致监控系统无法判断断路器实际位置，最终导致本次缺陷。分析 SFC 输出断路器合闸信号未正确上送至监控系统可能由以下 3 个原因造成：

（1）SFC 输出断路器辅助触点端子松动或回路断线。

（2）机组公用 LCU 开入板（SFC 输出断路器辅助触点所在板卡）故障。

（3）SFC 输出断路器辅助触点损坏。

根据上述原因的分析，展开现场检查如下：

（1）对 SFC 输出断路器位置信号回路进行检查，重点检查断路器本体分闸/合闸位置信号端子（－XC/27，28；－XC/29，30），未发现端子松动、接线脱落等异常现场。测量各二次接线导通情况，均导通良好，无电阻增大等异常现象。

（2）对机组公用 LCU 进行合闸信号开入测试，在 SFC 输出开关柜处短接 SFC 输出断路器分闸/合闸位置信号（－XC/27，28；－XC/29，30），如图 3-17-1 所示。

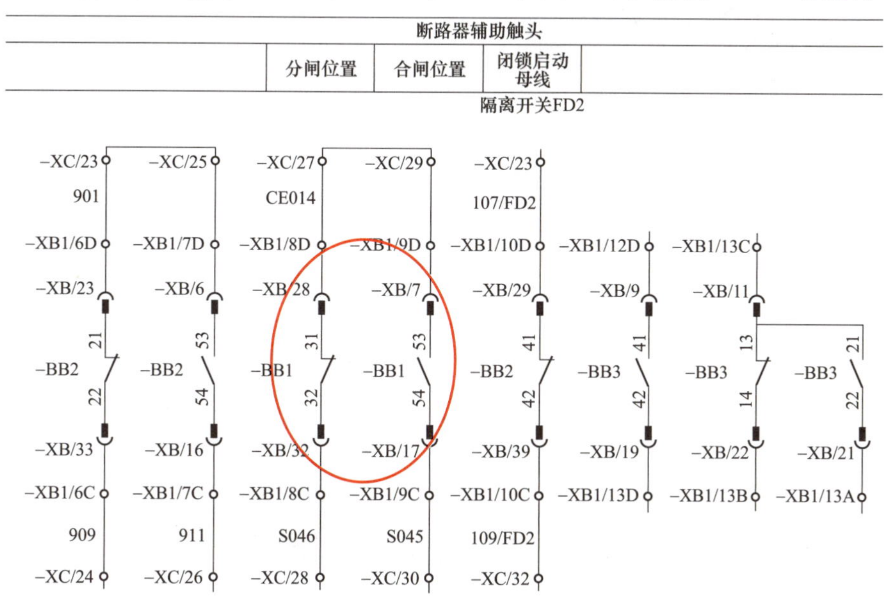

图 3-17-1 SFC 输出开关辅助触点

检查机组公用 LCU 开入信号显示情况，现地 LCU 屏及监控上位机均正确显示 SFC 输出断路器的分闸/合闸位置，故判断合闸反馈回路正常，现地 LCU 工作正常，与上位机通信正常。

（3）对 SFC 输出断路器本体进行检查，将输出断路器摇至试验位置，检查断路器外观无异常，触头无烧蚀放电痕迹。进行断路器分、合闸试验，现地操作输出断路器合闸，断路器能够正常合闸，合闸后本体指示正确，但机组公用 LCU 无法收到 SFC 输出断路器合闸位置反馈，无法判断 SFC 输出断路器实际位置，确定故障点在 SFC 输出断路器内部。

对 SFC 输出断路器进行解体检查，如图 3-17-2 所示。对辅助触点逐一进行检查，发现输出断路器本体合闸后，有一组断路器辅助触点（—BB1）未正确变位，进一步检查发现断路器辅助触点传动轴断裂导致辅助触点无法跟随断路器本体进行联动，如图 3-17-3～图3-17-5所示。故确定本次缺陷发生的主要原因为 SFC 输出断路器辅助触点连杆断裂，导致辅助触点失效。

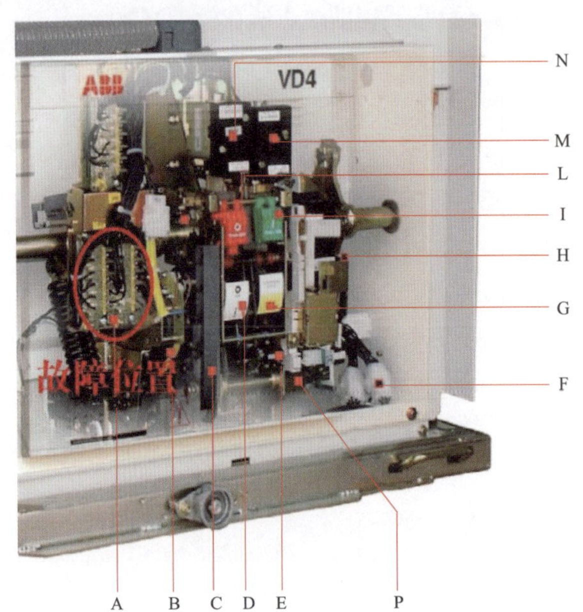

A—分/合闸位置辅助触点
B—储能电机
C—手动储能把手
D—分/合闸机械位置指示
E—操作计数器
F—电气附件连接插头
G—弹簧储能指示
H—脱扣器
I—合闸按钮
L—分闸按钮
M—合闸闭锁电磁铁
N—第二分闸电磁铁
P—弹簧储能/未储能信号触点

图 3-17-2　SFC 输出断路器内部构造图

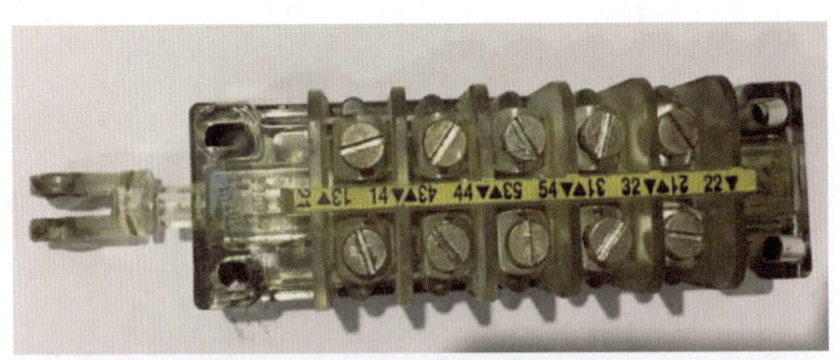

图 3-17-3　SFC 输出断路器辅助触点与机械连杆断裂后示意图

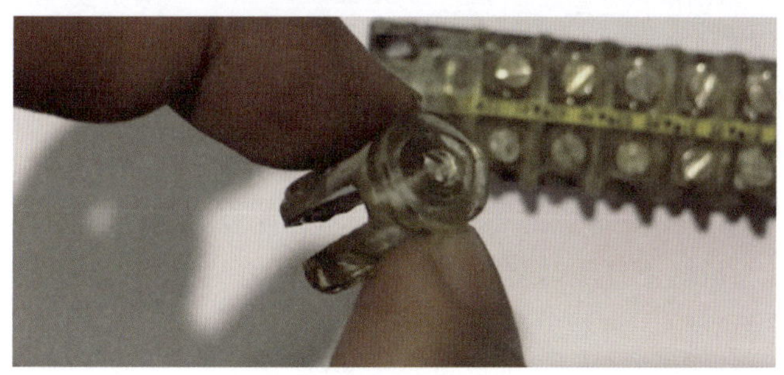

图 3-17-4　SFC 输出断路器辅助触点机械连杆断裂上半部分

图 3-17-5　SFC 输出断路器辅助触点机械连杆断裂下半部分

处理过程：

（1）拆除 SFC 输出断路器前面罩，对 SFC 输入断路器辅助触点－BB1、－BB2、－BB3 进行导通测试，如图 3-17-6 所示。经测试发现，辅助触点－BB1 不跟随断路器本体分合进行变位，拆下输出断路器辅助触点－BB1 后，发现其机械连杆断裂，导致辅助触点失效。确认故障点位置：SFC 输出断路器辅助触点－BB1机械连杆断裂，导致 SFC 断路器辅助触点无法动作，不能正确反应断路器本体状态。

图 3-17-6　SFC 输出断路器内部辅助触点

（2）对故障的辅助触点－BB1 进行更换，更换后对 SFC 输出断路器进行分合闸试验，并对断路器的全部辅助触点进行测试，断路器动作正常，辅助触点转换正常。

二、原因分析

本次故障的 SFC 输出断路器为 ABB 公司制造的 VD4/P 型真空断路器，其额定电压 24kV，额定电流 1250A，额定频率 50/60Hz，短路开断电流 25kA。

导致本次故障的直接原因：SFC 输出断路器辅助触点传动轴断裂，无法正确反应断路器本体位置状态，导致监控系统未能收到 SFC 输出断路器合闸信号位置反馈，但 SFC 控制系统正常收到输出断路器信号反馈（由另一组辅助触点提供）并正常执行机组拖动流程，同时机组监控系统仍继续等待 SFC 输出断路器合闸位置反馈，最终导致监控系统延时 180s 判断“SFC 输出断路器合闸失败，流程退出”，机组转电气事故停机。

造成流程超时，机组电气事故停机的原因是：

（1）设备维护不到位，对断路器辅助触点的维护仅停留在导通性试验和动作试验，未对内部各元件包括辅助触点进行机械性能方面的检查与评估，是 SFC 输出断路器辅助触点传动轴断裂的主要原因。

（2）SFC 输出断路器辅助触点的机械连杆质量欠佳，在断路器整体未达到机械寿命的情况下，发生断裂的现象。

（3）监控系统机组抽水调相启动流程中存在逻辑漏洞：机组抽水启动流程中至启动 SFC 拖动时，发 SFC 启动命令后，由 SFC 内部流程控制机组拖动过程，判断 SFC 运行状态是否正常。在 SFC 内部流程中，已对 SFC 各断路器状态、晶闸管桥、电气量进行全面判断，但监控系统无法从 SFC 控制系统获取 SFC 运行状态，仅靠“SFC 输出断路器合闸”信号作为流程执行判断节点，并延时 180s 作为超时停机的事故启动源，并不能准确反映 SFC 运行状态是否正常。

（4）运维人员技术水平不足，设备管理不到位，对于设备内部的易损件认识不清晰，未纳入设备定期工作，未能提前发现 SFC 输出断路器辅助触点损坏的问题。

三、防治对策

（1）将 SFC 输入、输出断路器辅助触点定期检查或更换项目纳入设备运检规程，制定详细的检查周期和检查方法，防止类似事件再次发生。

（2）对 SFC 输入、输出断路器进行全面检查，评估各部件的老化情况及剩余寿命，根据评估结果安排断路器维护检修。

（3）对监控系统机组抽水调相启动流程进行梳理完善，建议监控系统流程“判断电气轴已建立”后，不再以“SFC 输出断路器合闸失败”等同类冗余判断信号作为事故启动源，减少当“一次设备运行正常，二次信号反馈错误”导致的机组启动失败的情况，提高机组启动成功率。

四、案例点评

由本案例可见，要优化监控系统流程和判据，避免不必要的判断条件、同一信号反复判断、单一信号跳机等逻辑导致的因反馈信号丢失导致跳机或启动失败事件。同时，还要提高对设备结构原理的学习，做好设备隐蔽部件的检查及维护，特别是动作频繁的设备，防止因为隐蔽部件的损坏导致严重的后果。要完善设备台账、检修维护项目和记录，进一步提高设备本质安全水平，提高运行的稳定性。

案例 3-18　某抽水蓄能电站 SFC 输出断路器分闸继电器故障*

一、事件经过及处理

2018 年 9 月 10 日 23 时 50 分，某抽水蓄能电站机组正常抽水调相工况启动过程中，SFC 事故/故障联跳 2 号机组，导致启动失败，2 号机组执行事故停机流程。发生故障后，值守人员采用背靠背启动方式拖动机组成功，未造成负荷延误。运行人员现地检查 SFC 控制器报出故障信息：SFC 控制器开出 SFC 输出断路器分闸，令断路器分位信号反馈至控制器时间超过断路器最大分段时间（200ms），SFC 故障。监控简报如下：

23:50:12.234，ICB61（1 号输入断路器）分位。

23:50:12.275，EXCITATION ON CMD 复归。

23:50:12.304，OCB61（输出断路器）合位复归。

23:50:12.362，SFC 事故/故障联跳机组。

23:50:12.381，OCB61（输出断路器）分位。

23:50:12.407，OCB63（逆变桥侧断路器）合位复归。

23:50:12.415，OCB63（逆变桥侧断路器）分位。

23:50:12，机组事故停机动作（K1/K2）。

23:50:12，机组有事故停机信号（KAJ2）。

23:50:12，机组紧急事故停机动作（K3/K4）。

23:50:12，机组有紧急事故停机信号（KAJ1）。

23:50:14，机组有紧急事故停机信号（KAJ1）复归。

23:50:19，主变压器洞 SFC alarm converter。

23:50:19，机组有事故动作。

事故发生后，电站相关技术人员开展如下处理工作：

（1）运行人员立即组织对 SFC 输出断路器进行隔离。

（2）维护人员现场检查 SFC 输出断路器位置状态正常，无异音异味情况。

1）检查 SFC 输出断路器分闸回路：各触点端子紧固，无松动虚接情况。

2）检查 SFC 输出断路器分位触点：

a. 检查航空插头位置正常，无松脱情况，如图 3-18-1 所示。

---

* 案例采集及起草人：徐伟涛、朱溪、吴杨兵（浙江仙居抽水蓄能有限公司）。

b. 检查输出断路器辅助触点位置未有脱开情况发生，传动轴动作正常，如图 3-18-2 所示。

c. 检查 SFC 输出断路器分闸绕组 Y1 触点连接牢固，如图 3-18-3 所示。

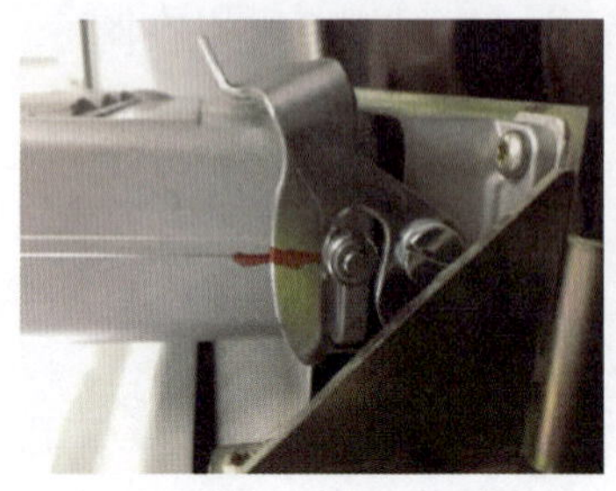

图 3-18-1　航空插头

图 3-18-2　断路器辅助触点

图 3-18-3　分闸绕组 Y1

d. 测量输出断路器分位触点电阻，测量结果如表 3-18-1 所示，分析得知，触点电阻正常。

表 3-18-1　　断路器触点电阻测量记录

触点位置	SFC 输出断路器触点电阻（Ω）	触点位置	SFC 输出断路器触点电阻（Ω）
C7-D7	0.3	A10-B10	0.3
A8-B8	0.3	A11-B11	0.3
C8-D8	0.4	A9-B9	0.3

3）检查 SFC 输出断路器分合闸线圈，各线圈电阻值正常，如表 3-18-2 所示。

表 3-18-2　　分合闸线圈测量情况

线圈	电阻（Ω）	线圈	电阻（Ω）
分闸线圈 Y1	490k	合闸线圈 Y9	544k
分闸线圈 Y2	1.333k		

4）对输出断路器分闸控制回路及触点重新进行检查紧固，SFC 输出断路器现地分合闸 3 次无异常。

5）利用监控记录、断路器机械特性测试仪及 SFC 控制器记录开展 SFC 输出断路器正常分闸及本次故障分闸的时序分析，如图 3-18-4、图 3-18-5 所示。

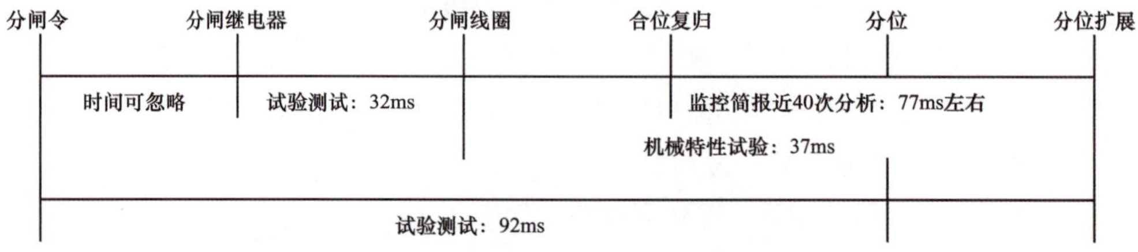

图 3-18-4　SFC 输出断路器正常分闸时序图

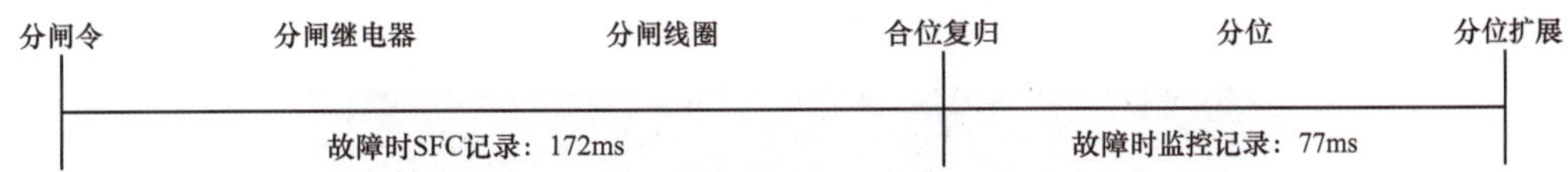

图 3-18-5　本次故障时 SFC 输出断路器时序图

得到以下结论：

从两个时序图可看出，故障时 SFC 输出断路器从分闸令开出至合位复归时间比正常时多出 90ms 以上；输出断路器合位复归至分位扩展的时间未发生变化，均为 77ms。本次 SFC 输出断路器分闸超时的发生的过程在 SFC 开出分闸令开出至合位复归的过程中。

（3）对 SFC 控制器开出 SFC 输出断路器分闸令至合位复归过程分析：

1）分闸令开出至分闸继电器回路。该回路仅以导线相连，检查接线未见松动。该回路故障的可能性极低。

2）分闸令继电器线圈励磁至触点动作。经继电器校验合格。但不排除存在偶发性的继电器线圈励磁后触点延迟动作的可能性。

3）分闸继电器触点动作至断路器分闸线圈动作回路。检查分闸线圈，未见电阻变化，未见回路接线松动，且断路器本身分闸过程正常。该回路故障的可能性极低。

4）分闸线圈动作至合位复归。合位复归至分位的时间未见变化，且断路器本身分闸正常。若合位复归故障延迟开出，那么合位复归至分位扩展的时间会相应缩短，但仍为 77ms，未见变化。因此，该回路故障不可能发生故障。

5）对 SFC 输出断路器分闸令开出继电器 DC-K14 进行 5000 次动作性能试验发生一次 24ms 的延时现象，其余分合测试触点通断都正常，如图 3-18-6、图 3-18-7 所示。该动断触点偶尔有轻微的接触不良导致触点导通延迟的现象。对 DC-K14 解体检查发现将 DC-K14 继电器解体检查，发现其用于 SFC 输出断路器跳闸的两组串联的辅助触点（51∶52；61∶62）有拉弧氧化痕迹，如图 3-18-8、图 3-18-9 所示。

图 3-18-6　负载测试录波概图

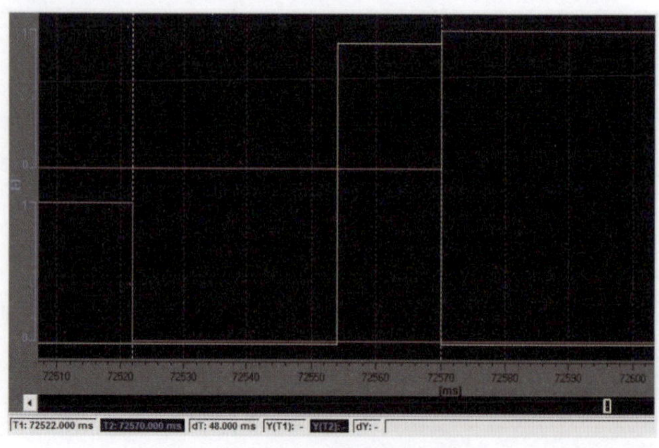

图 3-18-7　负载测试录波延迟情况放大图

该继电器触点接触不良现象严重时会导致 SFC 输出断路器跳闸延迟，但不会发生继电器拒动现象。据此，可以明确本次 SFC 启动完成后联跳的根本原因是：SFC 输出断路器分闸回路的分闸继电器 DC-K14 的动断触点（51∶52；61∶62）接触不良引起。由于 SFC 启动频繁，从调试起至今已累计有数千次启动，该 SFC 输出断路器也已有数千次分合，因该继电器触点直接作用于断路器的跳闸回路，负载为 220V 直流感性线圈，继电器触点不可避免产生拉弧现象。

图 3-18-8　继电器拉弧痕迹

图 3-18-9　继电器拉弧痕迹

相关说明：图 3-18-6 上部棕红色线表示分闸反馈，下面的棕红色线表示分闸命令，正常分闸反馈时间约为 24ms，即分闸命令变为至分闸反馈变位的时间差。当反馈时间大于 30ms 时将触发黄色线。图 3-18-7 中触发黄色线变位，反馈时长约为 48ms，与正常相比约有 24ms 延时。

（4）更换继电器及扩展触点，校验记录见表 3-18-3。

表 3-18-3　　继电器校验记录

名称	线圈电阻（Ω）	动作电压（V）	返回电压（V）	动作时间（第一次）	动作时间（第一次）	动作时间（第一次）
原继电器	174	11.57	3.56	32.6ms	32.3ms	33.3ms
新继电器	163	11.60	3.40	32.2ms	32.3ms	32.0ms

综上分析，故障发生时 SFC 输出断路器分闸继电器 DC-K14 的动断触点（51∶52；61∶62）接触不良导致 SFC 开出分闸令开出至合位复归的过程时长达到 172ms，同时输出断路器本身机械分闸时间大于 30ms，且分闸反馈回路串联有拓展继电器，分闸监视时间 200ms 内，SFC 控制器必然无法接收到输出断路器的分位反馈信号，最终导致本次故障。

（5）检查其他继电器。

1）对其他涉及断路器分合闸控制的继电器 DC-K11（输入断路器合闸继电器）、K12（输入断路器分闸继电器）、K13（输出断路器合闸继电器）、K15（输入断路器跳闸继电器）、K16（输出断路器跳闸继电器）进行了校验，结果正常，如表 3-18-4 所示。

表 3-18-4　　继电器校验记录

继电器	线圈电阻（Ω）	动作电压（V）	返回电压（V）	动作时间（第一次）	动作时间（第一次）	动作时间（第一次）
DC-K11	165.1	12.72	3.85	36.4ms	35.8ms	35.8ms
DC-K12	170.8	13.00	4.00	37.8ms	37.7ms	37.6ms
DC-K13	164.5	12.66	4.86	29ms	28ms	27.7ms
DC-K15	165	11.67	4.67	21.5ms	21.2ms	24.9ms
DC-K16	164	10.67	3.39	29.1ms	28.7ms	29.8ms

2）原 SFC 输出断路器送至 SFC 控制器的分位信号由扩展继电器给出，目前已改接至本体位置触点，以缩短断路器分位反馈时间。

3）排查其他 SFC 断路器分位反馈触点信号，发现 SFC 旁路断路器分位信号同样存在经过分位拓展继电器反馈至控制器情况。目前已通过异动手段将分位反馈触点变更至断路器辅助触点。

4）根据厂商建议，日常维护中加强该类继电器辅助触点动作时间的校验，应每年对断路器分合闸继电器的各个辅助触点进行不少于 100 次动作与返回时间校验，如发现动作时间出现离散大于 10ms 时应考虑予以更换新继电器。目前已对 SFC 各断路器分合闸令开出的继电器辅助触点分别进行了 100 次动作时间测量，均未发生离散大于 10ms 的情况，结果正常。

二、原因分析

直接原因：分闸令开出继电器触点接触不良，偶发性故障延时导通，导致 SFC 控制器开出输出断路器分闸令至断路器分位信号反馈至控制器的总时长超时，报出 SFC

故障，机组联跳 2 号机组。

间接原因：SFC 输出断路器送至 SFC 控制器的分位信号由断路器本体位置触点再经由分位扩展继电器送出，反馈回路设计不合理，分位扩展继电器环节导致固有反馈时长增加。

三、防治对策

（1）针对输出断路器分闸控制继电器 DC-K14 存在偶发性故障的情况，一方面对继电器进行校验，并进行更换，另一方面对其他位置同类型继电器进行更换，并进行拆解及重复试验，检查是否有同类型情况，必要时对继电器重新进行选型更换。

（2）排查发现输出断路器和旁路断路器反馈至 SFC 控制器的分位触点取自分位拓展继电器，这会增加断路器反馈位置的时延。将其反馈触点直接取自断路器辅助触点，减少时延，提高反馈位置可靠性。

（3）对 SFC 其他分合闸令开出继电器进行定期校验，进行 100 次动作时间测量校验，根据时间离散情况，对不良继电器进行更换。

四、案例点评

由本案例可见，针对断路器分合闸继电器除常规校验外，还应针对性进行动作时间测量校验，确认继电器劣化情况，及早进行更换。设备运行阶段，要更加注重对二次元件的针对性校验检查，提高二次元件运行稳定性，预防由于二次元件故障造成的缺陷。

案例 3-19 某抽水蓄能电站 SFC 输出断路器分闸回路故障*

一、事件经过及处理

2019 年 6 月 27 日 00 时，某抽水蓄能电站 500kV 合环运行，6 号机组抽水工况运行，3 号机组抽水调相工况运行，3、6 号主变压器负载运行，1、2、4、5 号主变压器空载运行，6.3kV 厂用电分段运行正常。

00:42:00，根据调度指令，1 号静止变频器（以下简称 1 号 SFC）拖动 1 号机组抽水调相工况启动，电气轴正常建立，即 1 号 SFC 输出断路器 OCB81、输出隔离开关

* 案例采集及起草人：夏向龙（华东天荒坪抽水蓄能有限责任公司）。

OPI81 和 1 号机组被拖动隔离开关 SBI11 均在合闸位置。

00:43:33，监控出现“08U-GA020K0533 1 号 SFC 18kV CELL ALARM”即：1 号 SFC 18kV 单元报警，但机组工况启动未受影响。

00:47:33，1 号机组启动同期，机组断路器 GCB01 合闸成功。

00:47:35，1 号机组未到达抽水调相稳态，机组工况转换失败，机组断路器 GCB01、灭磁开关 FCB01 跳开。监盘发现 1 号 SFC 输出断路器 OCB81 未正常分闸，电气轴未解列。即输出隔离开关 OPI81 和 1 号机组被拖动隔离开关 SBI11 仍在合闸位置。机组无法到达停机稳态。

运维人员现地按下 1 号 SFC 急停按钮，1 号 SFC 输入断路器 ICB81 拉开，但输出断路器 OCB81 仍未拉开；现地检查发现 OCB81 现地盘柜指示灯全灭，且手动无法拉开 OCB81。15min 后 1 号 SFC 输出断路器现地盘柜电源恢复，指示灯显示正常。运维人员现地手动拉开输出断路器 OCB81、输出隔离开关 OPI81、1 号机组被拖动隔离开关 SBI11 后，1 号机组开机条件满足。检查 1 号机组无异常后，值守负责人用 2 号 SFC 拖 1 号机组，1 号机组抽水调相工况启动成功。

二、原因分析

现场进行故障排查，输出断路器 OCB81 未分闸可能的原因有：

(1) 1 号 SFC 未收到 1 号机组断路器 GCB01 合闸信号。

(2) 1 号 SFC 输出断路器 OCB81 本体机构故障。

(3) 1 号 SFC 输出断路器 OCB81 控制回路故障。

对可能存在的问题进行逐一排查：

(1) 查阅历史趋势，GCB01 已合闸信号中间继电器＝08U＋GA02－K0432 正常励磁，因此排除 1 号 SFC 未收到 1 号机组断路器 GCB01 合闸信号的可能性。

(2) 在对 1 号 SFC 可靠隔离后，运维人员将 1 号 SFC 输出断路器 OCB81 摇出，现地手动储能后进行多次分合闸试验，均未发现异常，排除 OCB81 本体机构故障的可能性。

(3) 根据现场图纸，对 1 号 SFC 输出断路器 OCB81 控制回路进行详细检查。1 号 SFC 输出断路器 OCB81 分闸控制回路如图 3-19-1 所示。

(4) 对控制电源进行检查。通过图 3-19-1 可知，分闸回路 1 和分闸回路 2 取自不同的电源。在 1 号 SFC 输出断路器 OCB81 现地控制柜用万用表分别检查，发现分闸回路 1 的控制电源供电正常，分闸回路 2 的控制电源丢失。

经现场检查，分闸回路 2 的控制电源上级位于＝08U＋GA03 辅助电源柜，查看后发现 GA03 辅助电源柜中分闸回路 2 控制电源空气开关 Q0375 已跳开。对 Q0375 单独进行检查并多次分合，确认该空气开关无异常。

(5) 对控制回路进行检查。

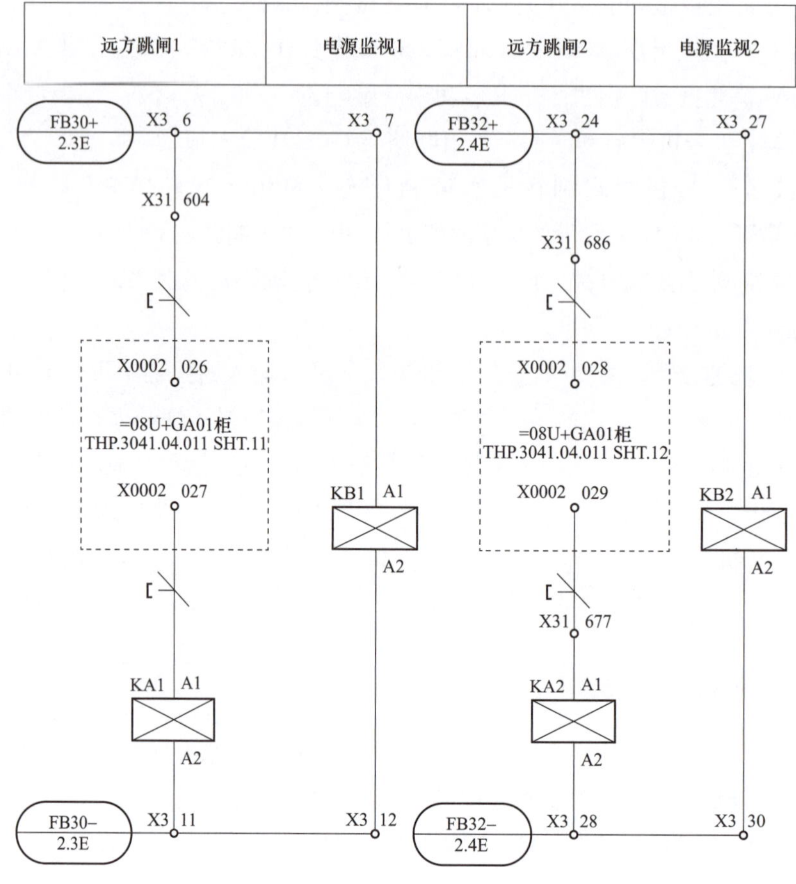

图 3-19-1　1 号 SFC 输出断路器 OCB81 分闸控制回路图

1）1 号 SFC 输出断路器 OCB81 分闸回路 1。经检查发现，分闸回路 1 的控制电源端子＝08U＋AJ17－X1：1 松动，该端子松动后将导致分闸回路 1 失电。同时，该回路为信号回路，这也解释了之前 OCB81 现地盘柜指示灯灭的现象。OCB81 分闸回路 1 控制电源端子图纸如图 3-19-2 所示。

2）1 号 SFC 输出断路器 OCB81 分闸回路 2。拉开 Q0375，解开分闸回路 2 的控制电源端子＝08U＋AJ17－X1：5，对 Q0375 下端至 AJ17 柜摇绝缘，检查无异常。合上 Q0375 后短接 X31：686/677，现地模拟远方跳闸 2，结果 Q0375 再次跳开。对 OCB81 跳闸线圈 2 进行检查发现电阻仅有 1.8Ω，而正常情况下应为 52Ω 左右，其他检查无异常。

3）对 SFC 内部逻辑回路进行检查。发现 1 号 SFC 输出断路器 OCB81 分闸回路 1 和回路 2 任一回路电源丢失，均会发出电源监视报警。该报警经内部逻辑处理后统一输出“1 号 SFC 18KV CELL ALARM”即：1 号 SFC 18kV 单元报警信号（该报警信号为总报警），并送向监控。

根据上述分析本次故障的直接原因：

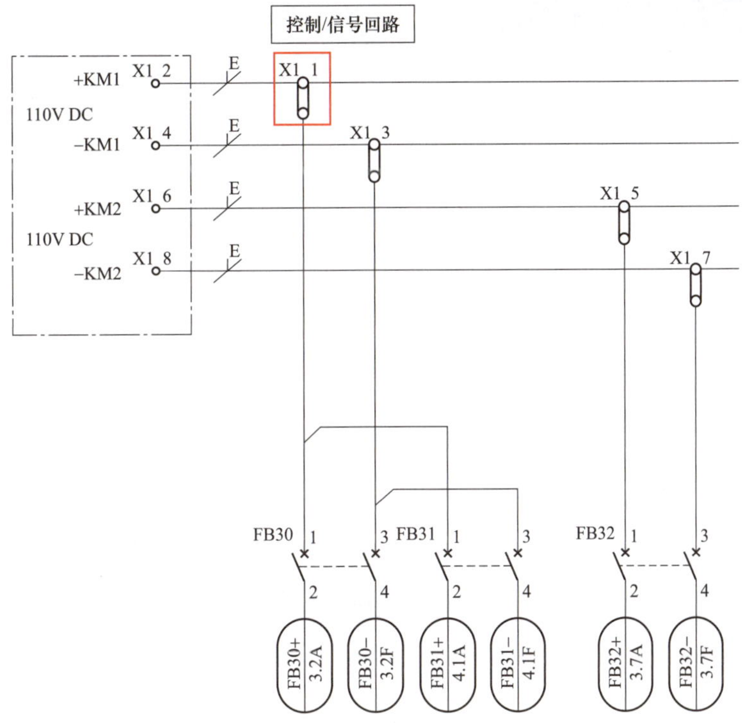

图 3-19-2　OCB81 分闸回路 1 控制电源端子图纸

（1）1 号 SFC 输出断路器 OCB81 现地盘柜控制柜位于 OCB81 本体上方。OCB81 平时分合次数多且分合时现场振动较大，使分闸回路 1 的控制电源端子松动。

（2）OCB81 分闸线圈 2 短路，导致 AJ17 柜 110V 直流控制电源 B 空气开关＝08U＋GA03－Q0375 跳开。

根据以上分析可知，端子松动和分闸线圈 2 短路同时发生，是导致此次故障的直接原因。

分析间接原因：SFC 一次设备维护通常与 500kV 单元维护一同进行，间隔维护周期长。但 OCB81 分合次数较其他断路器分合次数明显偏多，因此无法及时发现该设备存在的隐患。

三、防治对策

（1）SFC 发生严重缺陷时，将直接闭锁同组的 3 台机组抽水调相工况启动，不利于企业的安全生产。因此，要求厂家对同类型的分闸线圈进行逐一排查，并告知产品质量是否存在问题。

（2）迎峰度夏、迎峰度冬期间，SFC 输出断路器分合闸次数较多，容易导致现地盘柜控制柜内端子松动等问题。结合现场实际，对检修规程进行相应修改，同时制定符合现场实际的检修计划。同时，在今后的设备改造项目中，加强对设备的验收工作。

四、案例点评

由本案例可见，电站在对新设备投运前检查验收时应严谨、细致。投运后检查维护时，应按照设备实际运行环境定期对设备本体内元器件进行校验，并定期对设备控制回路进行检查，保证设备安全稳定运行。同时，要结合本次事故，举一反三，对其他设备进行检查、排查，加强对一次、二次设备的定期检查和维护工作。

案例3-20　某抽水蓄能电站SFC电流变送器故障*

一、事件经过及处理

2015年05月11日1时7分，某抽水蓄能电站按照省调令1号机组抽水调相工况启动，1时9分1号机组开始抽水调相工况转动。当SFC拖动1号机组转速升至68%时，监控系统报出“Excitation Current FB FAULT COMING（励磁电流反馈故障）、“SFC TRIP COMING”（SFC系统跳闸）、“ICB2 FB Error Coming”（输入断路器2反馈故障）、“SFC StorError coming”（SFC存储故障）报警信息，导致SFC故障退出运行，值守人员将1号机组走电气停机流程停机。

1时18分，值守人员现地检查发现，SFC现地控制盘柜显示“T Excit Current Feedback Failure”（励磁电流反馈故障）报警信息，设备无异常，做好故障信息记录后将SFC现地盘柜报警信息复归。

故障发生后，运维人员对SFC至励磁盘柜励磁电流给定信号及反馈信号回路接线进行检查。

励磁电流给定值信号由SFC发出的直流0～10V电压信号经SFC柜U51转换为4～20mA电流信号，送至机组励磁控制柜板卡U70 AI输入回路；励磁电流实际反馈信号由机组励磁控制系统板卡U71发出的直流0～10V电压信号经励磁柜内U14转换为4～20mA电流信号，送至SFC柜的U50。由SFC系统内部程序对励磁电流给定、反馈值两个信号进行比较，如偏差超过12%，延时5s后SFC跳闸。

检查励磁给定值回路SFC侧U51变送器及端子排X03（350、351），励磁系统盘柜内U70板卡AI输入端子排X30（1、51）接线，励磁电流反馈回路励磁盘柜内U71板卡AI输出端子、U14变送器及端子排X35（2、52），SFC系统盘柜内U50变送器及其端子排X03（320、321）接线正常。

---

* 案例采集及起草人：梁绍泉、何双军（山东泰山抽水蓄能电站有限责任公司）。

进行启动试验，对比回路中各侧电流数据，分段进行查找。

试验前分别在 X03（350、351）、X30（1、51）、X35（2、52）、X03（320、321）处串联电流表，进行机组抽水调相工况启动试验，当转速达到 80%时停机，试验中通过对比励磁侧、SFC 侧控制屏与电流表示数发现励磁侧数据正常，SFC 侧 SFC 系统发出的励磁电流给定值异常，如表 3-20-1 所示。

表 3-20-1　　SFC 侧 SFC 系统发出的励磁电流给定值

项目	控制屏示数（A）	电流表测量值（mA）	电流表示数换算值（A）
SFC 励磁电流给定	1150	14.04	1014
励磁电流实际值	995	13.72	981.72

初步判断为 SFC 系统侧到励磁系统变送器 U51 存在问题，用信号发生器对 SFC 侧变送器 U51 进行校验，如表 3-20-2 所示。

表 3-20-2　　SFC 侧变送器 U51 校验数据

输入电压（V）	实际转换电流（mA）	理论转换电流（mA）	实际值与理论值差值（mA）
0	4	4	0
1	5.61	5.6	0.01
2	7.21	7.2	0.01
3	8.81	8.8	0.01
4	10.41	10.4	0.01
5	12.01	12	0.01
6	13.67	13.6	0.07
7	14.03	15.2	1.17
8	14.02	16.8	2.78
9	14.08	18.4	4.32
10	14.07	20	5.93

转换电流曲线对比如图 3-20-1 所示。

由此可以确定故障原因为：SFC 系统侧到励磁系统变送器 U51 故障，实际励磁电流与给定值偏差过大，导致励磁电流反馈故障，引起机组启动失败。对 SFC 系统侧到励磁系统变送器 U51 进行更换，更换后再次进行抽水调相工况启动试验，机组启动正常。

SFC 系统给定的励磁电流设定值与励磁电流实际值曲线如图 3-20-2 所示。

由上述图表可以得出，更换变送器后

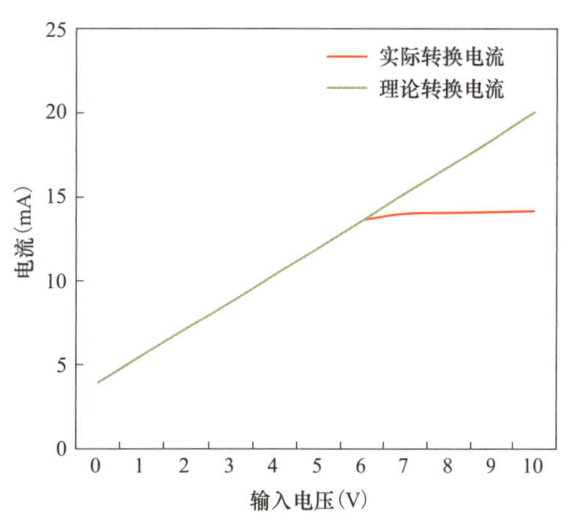

图 3-20-1　转换电流曲线对比

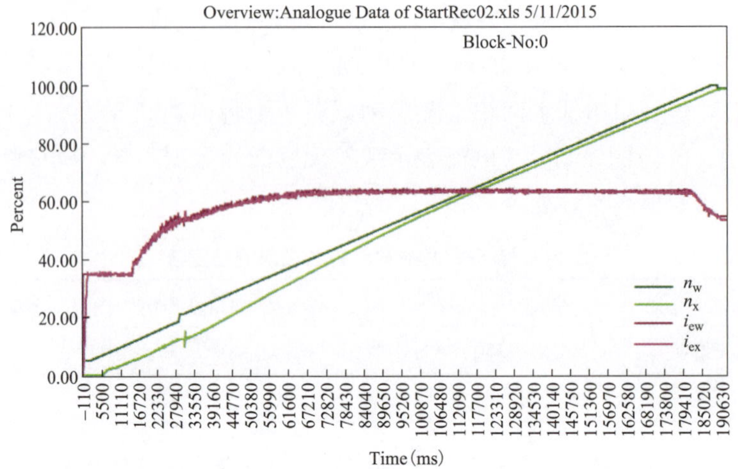

图 3-20-2　给定的励磁电流设定值与励磁电流实际值曲线

SFC 系统发出的励磁电流给定值与励磁电流实际值一致。

二、原因分析

根据报警信息进行分析查找，报警原理图如图 3-20-3 所示。INTS_iew-OUT 为 SFC 系统发出的励磁电流给定值；INTS_iex 为励磁电流实际值。

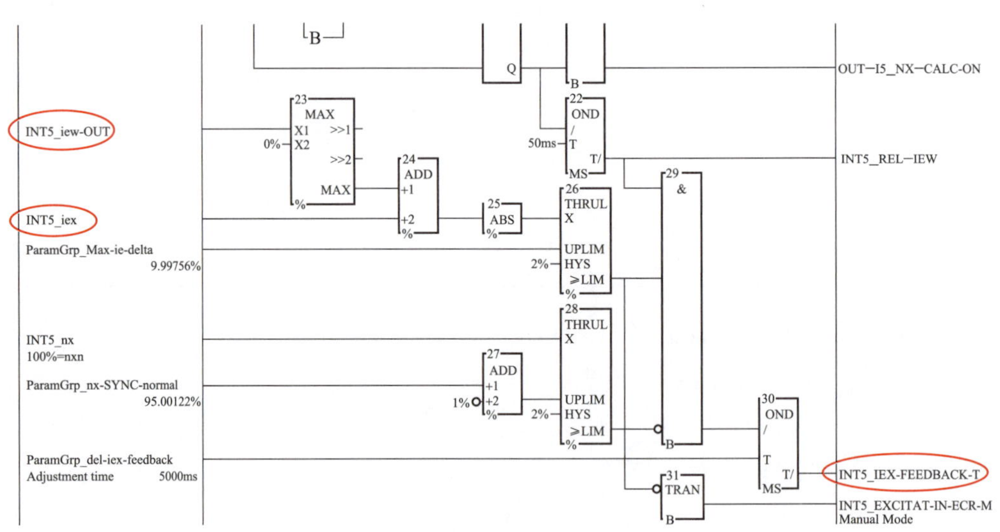

图 3-20-3　报警软件逻辑

由图可知，励磁电流设定值通过 MAX（23）功能块输入 ADD（24）功能块，通过 ADD 功能块与取反后的励磁电流实际值相加算出两者偏差，ABS 功能块将偏差值取绝对值处理，将其输入 THRUL（施密特上限触发器）模块。当输入值≥阈值水平“UP-LIM”＋滞后输入值“HYS”时（即输入值≥12%），输出信号“>=LIM”将会变为逻辑状态 1，当转速小于 94%与 EXC ON（励磁系统投入）逻辑状态同时为 1 时，延时 5s 输出报警信息并跳 SFC。

通过查看分析 SFC 启动曲线，发现 SFC 系统发出的励磁电流给定值与励磁电流实际值两者之间存在偏差，如图 3-20-4 所示。

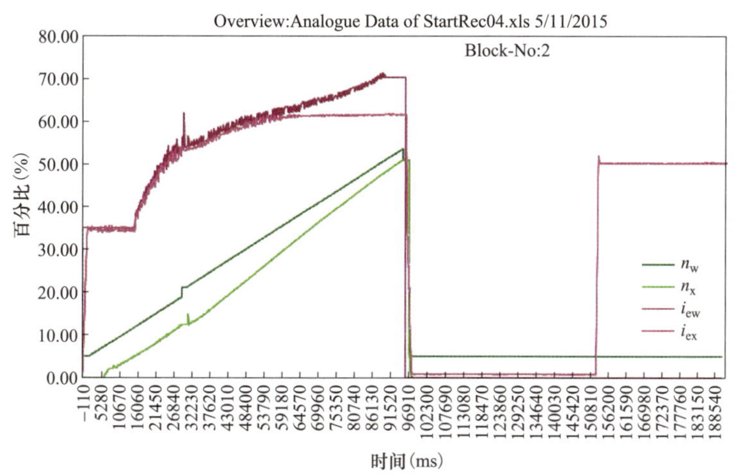

图 3-20-4　励磁电流给定值与励磁电流实际值偏差曲线

n_w—转速给定值；n_x—转速实际值；i_{ew}—SFC 系统发出的励磁电流设定值；i_{ex}—励磁电流实际值

分析上图可知，在达到 60%额定励磁电流以前，i_{ew}与 i_{ex}两者曲线基本吻合，当大于 60%额定电流后，i_{ew}仍持续上升而 i_{ex}基本保持不变，两者偏差逐渐增大。分析可能是励磁电流给定及反馈信号回路存在问题，该回路中有两个变送器，分别为 U50 和 U51，如果变送器存在极有可能导致该故障发生。

通过检查试验发现，SFC 侧变送器 U51 性能不稳定，当输入电压大于 6V，其转换电流保持在 14mA 左右，与理论值偏差逐渐增大，与 SFC 记录故障波形趋势一致，可以确定为变送器 U51 故障导致启动失败。

三、防治对策

（1）部分设备及元器件已接近使用寿命，合理安排设备更新改造，使设备处于良好健康状态。

（2）加强设备维护保养，聘请厂家人员对设备进行全面检查。

（3）针对类似元器件，结合机组检修对励磁、保护等系统进行检查，确保各系统安全稳定运行。

四、案例点评

由本案例可见，电子元器件运行时间过长，性能会出现下降，易导致设备不安全情况发生。应定期对电子元器件进行检查校验，确保电子元器件性能良好，发现性能下降的电子元器件应及时进行更换处理，避免因电子元器件问题导致设备不安全情况发生。

案例 3-21　某抽水蓄能电站 SFC 输入断路器辅助触点故障*

一、事件经过及处理

2018 年 6 月 4 日 11 时 17 分，某抽水蓄能电站 500kV 系统合环运行，10kV 厂用电分段运行。4 号机组在抽水调相启动过程计算机监控系统简报：

11:17:08，1 号 SFC 输入断路器分位复归。

11:17:08，1 号 SFC 输入断路器合位动作。

11:17:08，1 号 SFC 输入断路器分位复归。

11:17:08，1 号 SFC 输入断路器分位动作。

11:17:25，4 号机组开机失败动作。

11:17:26，SFC 输入断路器合闸失败，流程退出。

运维人员现场检查，造成输入断路器 ICB61 合位信号丢失的原因可能为：

(1) SFC 输入断路器 ICB61 合位开入信号到监控的的回路有故障。

(2) SFC 输入断路器 ICB61 合位的辅助触点故障。

对 SFC 输入断路器 ICB61 合位开入信号到监控的回路进行检查，在开关柜内模拟断路器的合位信号，短接 SFC 输入断路器柜内（X5：25，X5：26），监控可以收到位置变化。可以判定 SFC 输入断路器 ICB61 合位开入信号到监控的回路正常，如图 3-21-1 所示。

根据图 3-21-2 ICB61 断路器合位触点接线图可以看出，断路器 ICB61 发到监控的合位开入信号是通过输入断路器 ICB61 盘柜内端子（X5：15，X5：16）送到主变压器洞 LCU 柜 1 内的（XII：28，XII：29）。将 ICB61 合闸后测量端子（X5：15，X5：16），发现信号未通。

将断路器本体前盖打开后检查发现，BB1 辅助触点连接头断裂，如图 3-21-3 所示。

立即将断路器 ICB61 辅助触点进行更换，更换后对断路器的分、合位置信号回路进行核对，核对正常。断路器在试验位置进行分、合试验，监控上核对信号，断路器位置显示正确。并进行 SFC 拖动试验。

---

* 案例采集及起草人：张雷雷、刘泽、刘远伟（安徽响水涧抽水蓄能有限公司）。

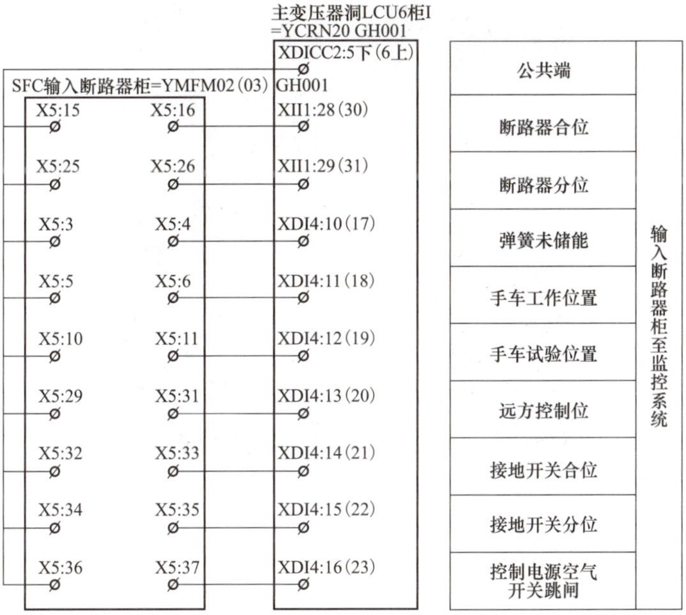

图 3-21-1　监控接口图

二、原因分析

直接原因：由于断路器 ICB61 动作频繁，其辅助触点属于塑料易损件，长时间频繁动作导致辅助触点连接轴处发生断裂，导致断路器合闸后无法收到位置信号。

造成辅助触点连接轴处发生断裂的原因：

（1）断路器检修工作存在漏项。检查断路器 ICB61 的检修报告，未发现有对断路器辅助触点进行检查和更换的记录。

（2）动作频繁的断路器的检查频次不足。检查巡检和日常维护工单，检查项目中未对辅助触点进行检查，也未制定详细检查周期。

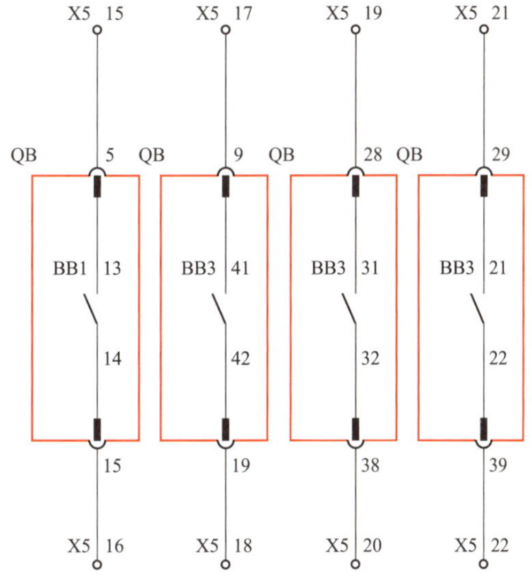

图 3-21-2　ICB61 断路器合位触点接线图

三、防治对策

（1）针对易损件结合检修时未进行更换，将此类易损的辅助触点进行更换增加到检修项目中去，并结合断路器检修时进行更换。

图 3-21-3　断路器 ICB61 本体辅助触点图

(2) 对动作频繁的断路器进行专项检查，并制定检查内容，计划每季度对断路器进行一次检查。

四、案例点评

由本案例可见，一些隐蔽易损件在常规巡检过程中难以发现问题，要做好盲区检查周期和要求。如若出现问题难以查找，后果严重。因此，对于现场设备动作频繁的应做好专项检查工作，特别对于元器件老化问题应做好更换周期，并定期做好相关试验，防止运行过程中发生故障造成不必要的损失。

案例 3-22　某抽水蓄能电站 SFC 启动断路器次回路故障*

一、事件经过及处理

2016 年 5 月 14 日 0 时 42 分，某抽水蓄能电站变频器启动 1 号机组抽水调相试验启动过程中，因启动回路故障导致 1 号机组启动失败，监控报警。

主要监控报警信息如下：

2016-05-14 0:42:24，同期合闸命令送 SFC 分变频器出口电源开关 AJ20 成功。

2016-05-14 0:42:25.574，同期合闸命令送监控系统合 1 号机组主断路器成功。

2016-05-14 0:42:25.648，监控 OIS 上出现灭磁开关分闸（FIELD CBOPEN AL）、

* 案例采集及起草人：扆博、谷峥（北京十三陵蓄能电站）。

机组跳闸继电器动作（UNIT TRIP RELAY OPERATE）和变频器故障（SFC FAULT）跳闸报警信号。

2016-05-14 0:42:25.898，1号机组主断路器跳闸（GENERATOR CB TRIPPED AL）信号发出，主断路器跳闸，机组执行停机流程。

事故发生后，该电站相关技术人员进行了如下处理：

（1）现地检查1号机组励磁、调速器系统，显示屏，显示有外部紧急停机信号，系统本身无异常。

（2）检查1号机组故障录波，1号机组收到“机组 SFC 和 MBTB 跳闸”信号，机组灭磁开关分开，主断路器分开，机组走停机流程。现地检查变频器系统发现，SFC 报警显示装置 Kpad 上出现紧急停机报警，系统本身无异常。

（3）对断路器本体操作机构进行检查，并对断路器进行3次手动分合闸，未见异常，检查断路器保护系统，未见断路器保护动作报警信号，对启动回路二次端子进行检查和紧固，未见异常。

（4）对变频器系统的 SFC 紧急停机（EMERG. STOP SFC）回路进行信号传动，现地 SFC Kpad 出现紧急停机报警。经过梳理分析认为，尽管变频器在机组启动并网成功后自身进行了电流闭锁，但仍能够接收到外部跳闸信号，导致变频器跳闸并给机组跳闸信号，导致机组灭磁开关跳闸，并连跳主断路器。

通过对1号机组进行排查，也未发现机组设备存在故障或缺陷，不会影响机组正常抽水启动。为了确保1号机组正常启动，对变频器外部紧急停机逻辑进行修改，将变频器紧急停机（EMERG. STOP SFC）信号引入变频器13.8kV出口电源开关AJ20合位信号，保证AJ20分开后，闭锁变频器紧急停机（EMERG. STOP SFC）信号；而在机组变频器启动过程中，不会闭锁变频器紧急停机（EMERG. STOP SFC）信号，从而防止机组主断路器并网后跳闸导致机组启动失败，逻辑示意图和逻辑控制图分别如图3-22-1、图3-22-2所示。

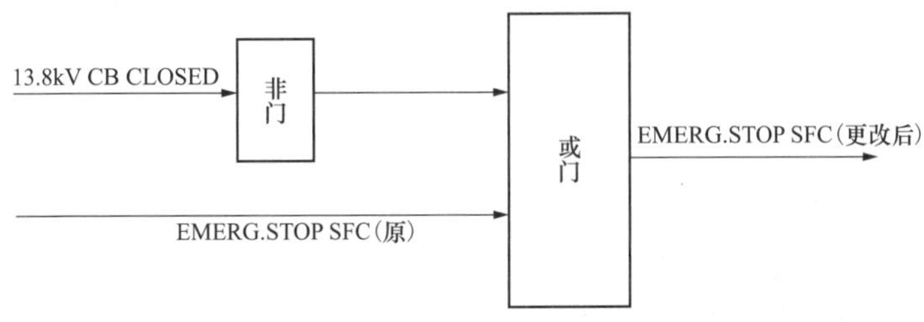

图3-22-1　变频器紧急停机信号逻辑示意图

（5）因2016年5月13日对3号启动断路器设备进行了年度定检工作，并对SFC与1号启动开关柜（1SSWG）的联络断路器AJ10进行了备件更换，怀疑1号机组启动失败可能和更换断路器有关。1号机组变频器抽水启动时，SFC系统通过变频器输出断路器AJ20和SFC与1号启动开关柜（1SSWG）的联络断路器AJ10为1号机组提供变频交流电来同步驱动水轮机组，实现1号机组抽水泵工况并网，其电气主接线图如图3-22-3所示。

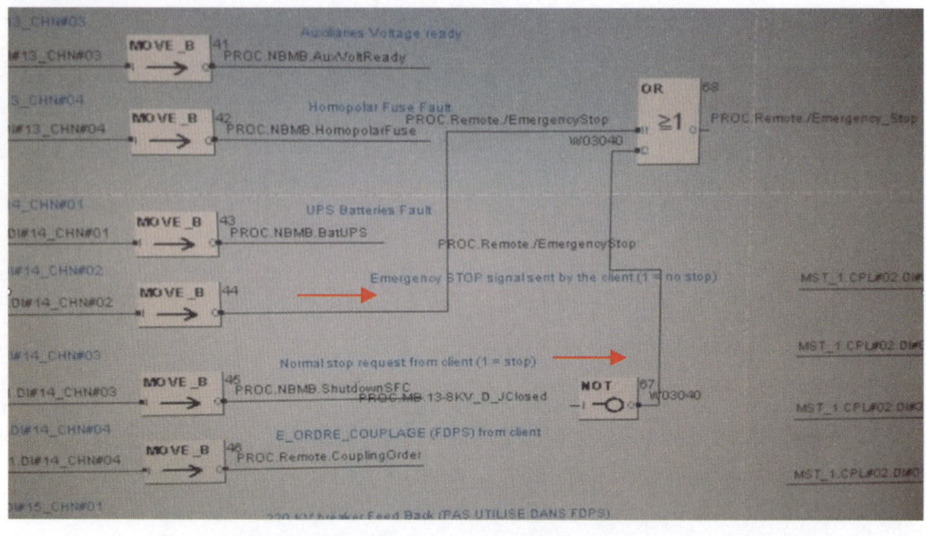

图 3-22-2　变频器紧急停机信号逻辑控制图

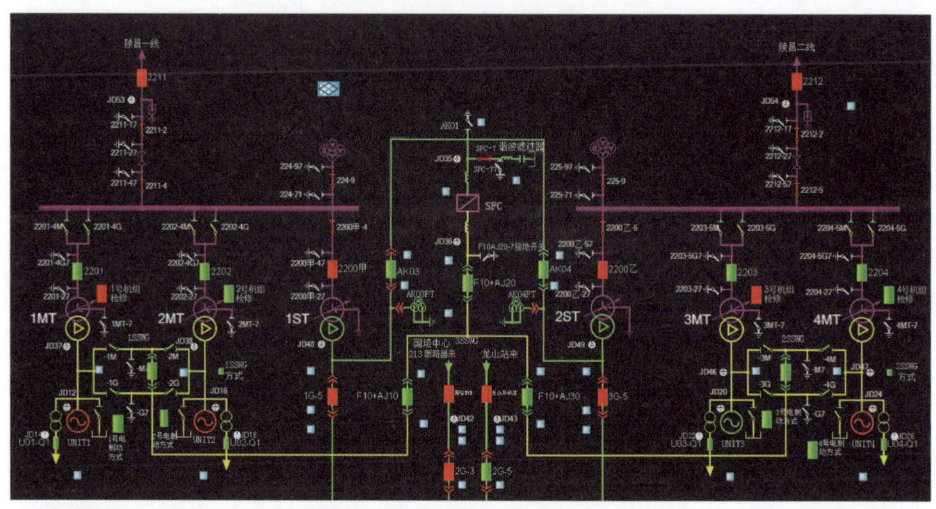

图 3-22-3　电气主接线图

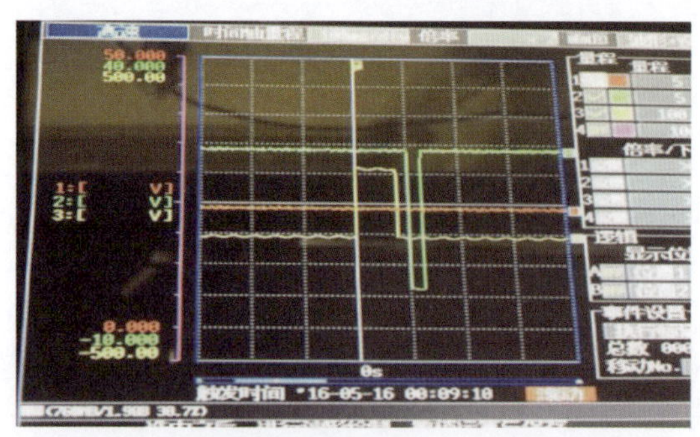

图 3-22-4　2号机组背靠背启动3号机组过程中录波图

（6）为了验证跳闸信号是否从联络断路器AJ10发出，2016年5月16日0时9分10秒，进行了2号机组背靠背启动3号机组抽水试验，机组录波启动，波形如图3-22-4所示。2016年5月16日0时19分38秒，又进行了1号机组变频器启动抽水试验，机组录波启动，波形如图3-22-5所示，其中红线和绿线分别接如图 3-22-6 所示的变频器紧急停机（EMERG. STOP SFC）回路中的 131 和 135 端子，黄线接如图 3-22-7 所示的联络断路器 AJ10 分闸回路中的 K011 继电器动断触点的 51 端子。从图 3-22-5 和图 3-22-6 中可以看出，0s 时刻 K011 继电器动断触点有电位变化，持续时间为 38ms；变频器紧急停机（EMERG. STOP SFC）回路中的 131 端子电位变化，从 48ms 持续至 60ms 左右。

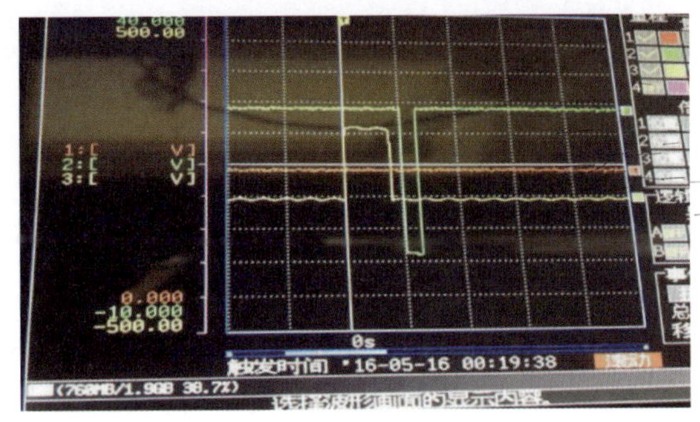

图 3-22-5 1 号机组变频器启动过程中录波图

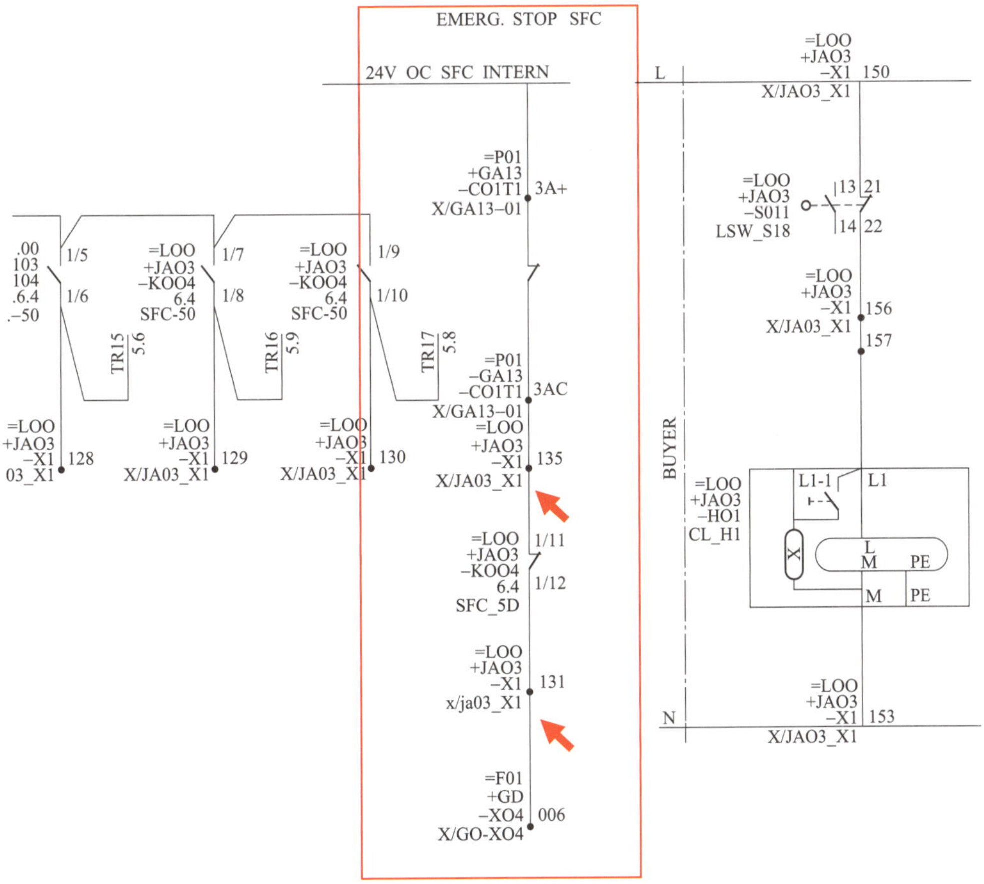

图 3-22-6 变频器紧急停机回路图

（7）分析图 3-22-5 和图 3-22-6 的故障录波，发现跳闸信号可能来自联络断路器 AJ10 分闸回路，信号通过 K011 和 K022 继电器动断触点送至跳闸矩阵，通过跳闸矩阵送出变频器紧急停机（EMERGENCY STOP SFC）信号，如图 3-22-8 所示，从而使 JA03-K004 继电器动作，如图 3-22-9 所示，K004 继电器动断触点打开，导致图

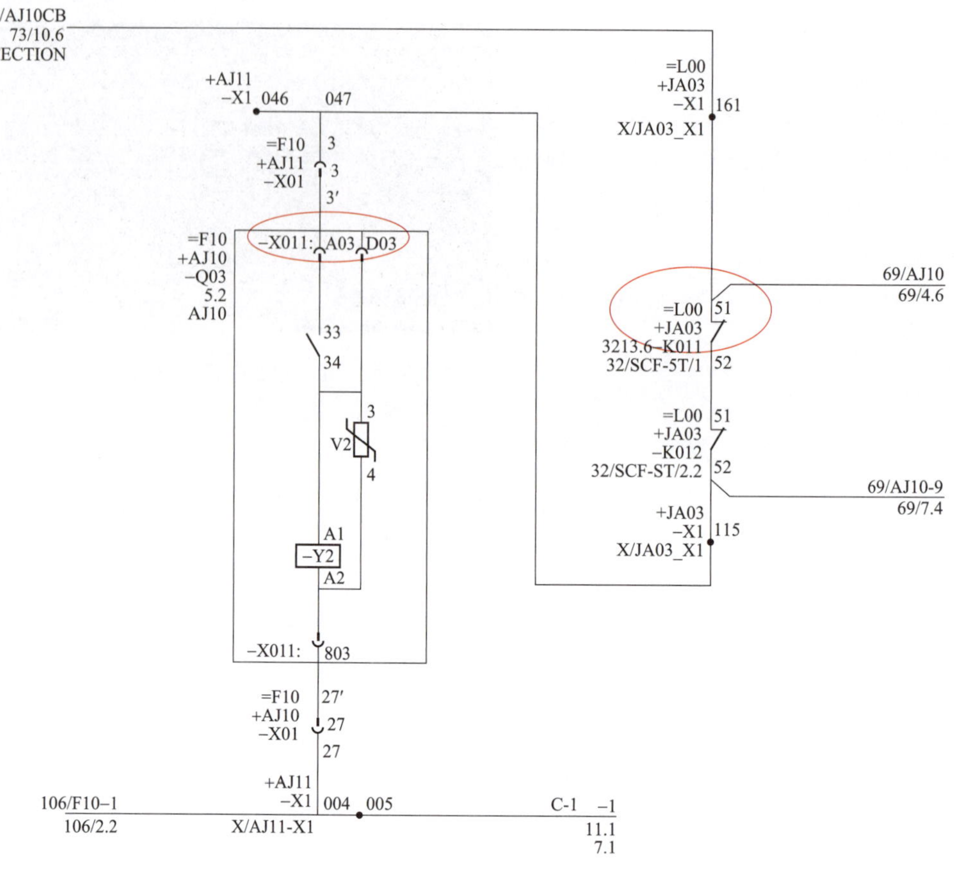

图 3-22-7　联络断路器 AJ10 分闸回路

3-22-6中的 131 端子变为 0 电位，并向变频器发出紧急停机（EMERG. STOP SFC）信号，但由于已在变频器系统中已加入紧急停机（EMERG. STOP SFC）闭锁信号（当变频器输出断路器 AJ20 分开后），所以不会导致机组启动失败。

现地对联络断路器 AJ10 本体的二次回路加录波进行监视，远方合分联络断路器 AJ10 发现，录波波形与在跳闸矩阵所接录波波形一致。对联络断路器 AJ10 二次插头至本体内部二次线路进行检查，发现分闸回路的 C03 和 D03 端子二次线路被短接，如图 3-22-10所示。而分闸回路的 C03 和 D03 端子被设计用来作为监测信号端子，但在实际使用中并未应用。

梳理联络断路器 AJ10 分闸逻辑图，如图 3-22-7、图 3-22-11 所示，当监控系统发出 AJ10 分闸令后，由于 C03 和 D03 二次线短接，此时图 3-22-4 中的 33、34 触点和图 3-22-8 中 S1 的 23 和 24 触点均在闭合状态（AJ10 在合位），K011 和 K012 继电器动断触点在合位（SFC 已电流闭锁，在备用态），导致监控系统发出的分闸信号通过 K011 和 K012 继电器动断触点进入跳闸矩阵。

对 C3 和 D03 短接的二次接线进行处理，如图 3-22-12 所示。处理后，对 AJ10 恢复措施，并远方分合 AJ10 3 次，录波信号未再出。机组恢复备用状态后，在多次机组启停中录波信号未再出，缺陷消除。

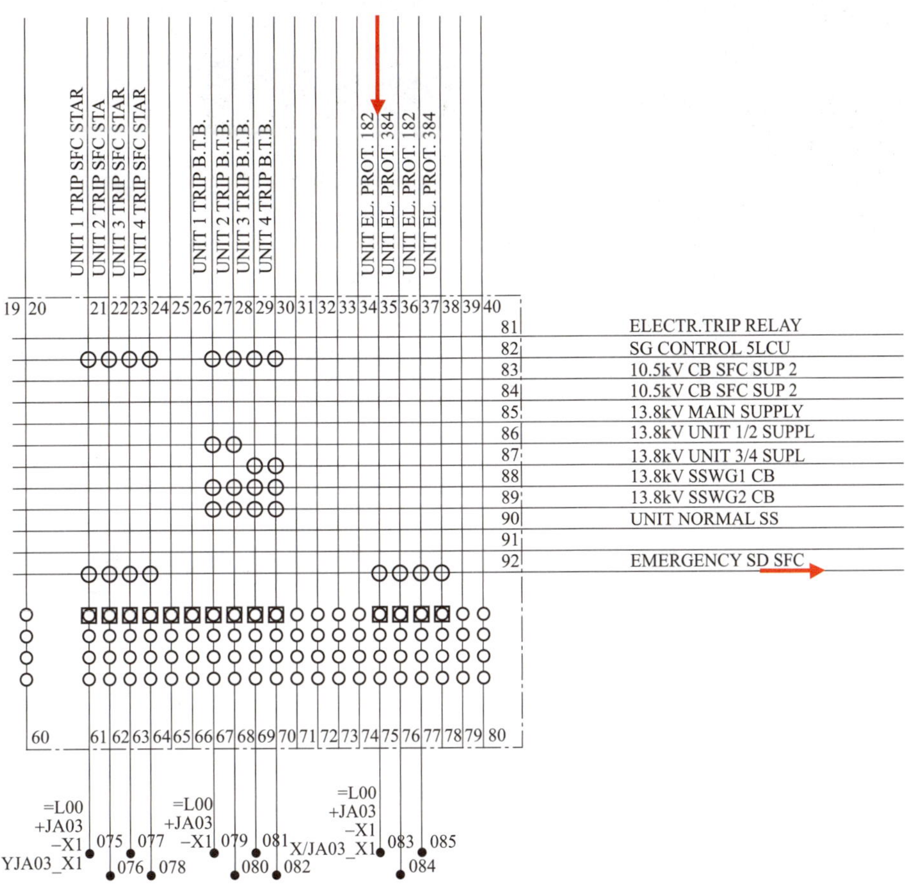

图 3-22-8　公用跳闸矩阵图

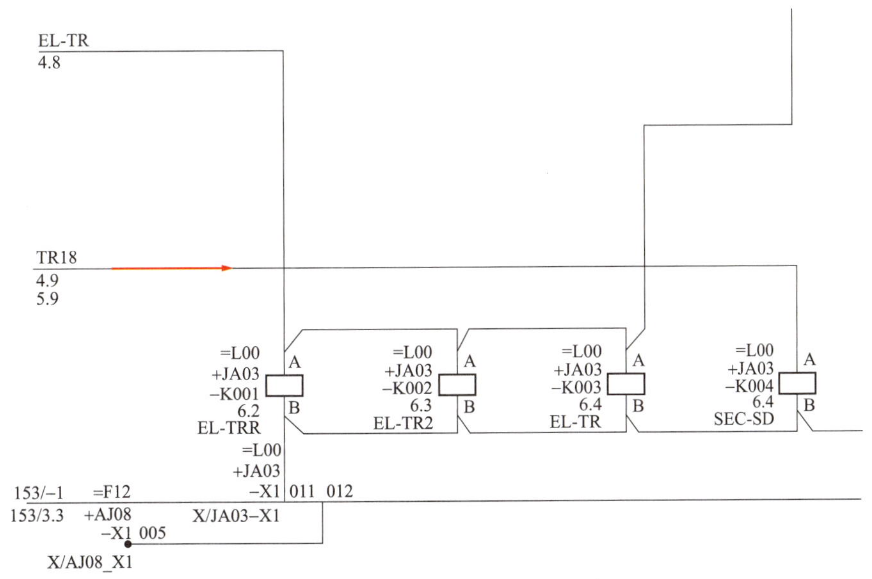

图 3-22-9　JA03-K004 继电器二次图

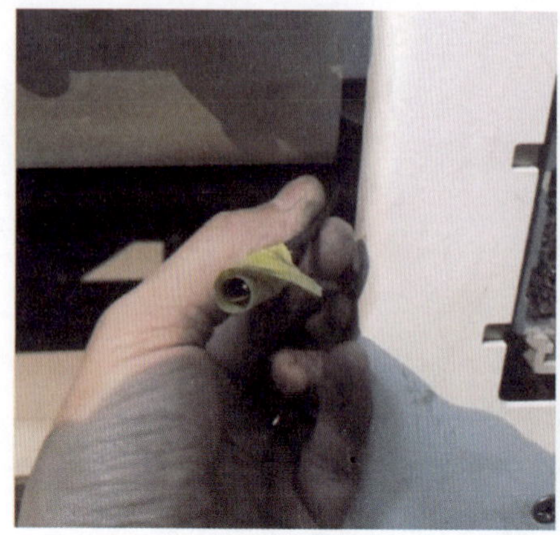

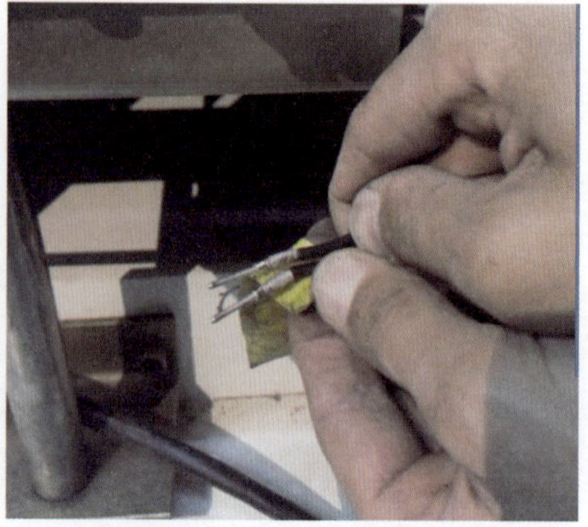

图 3-22-10　C03 和 D03 端子二次线路短接现场图

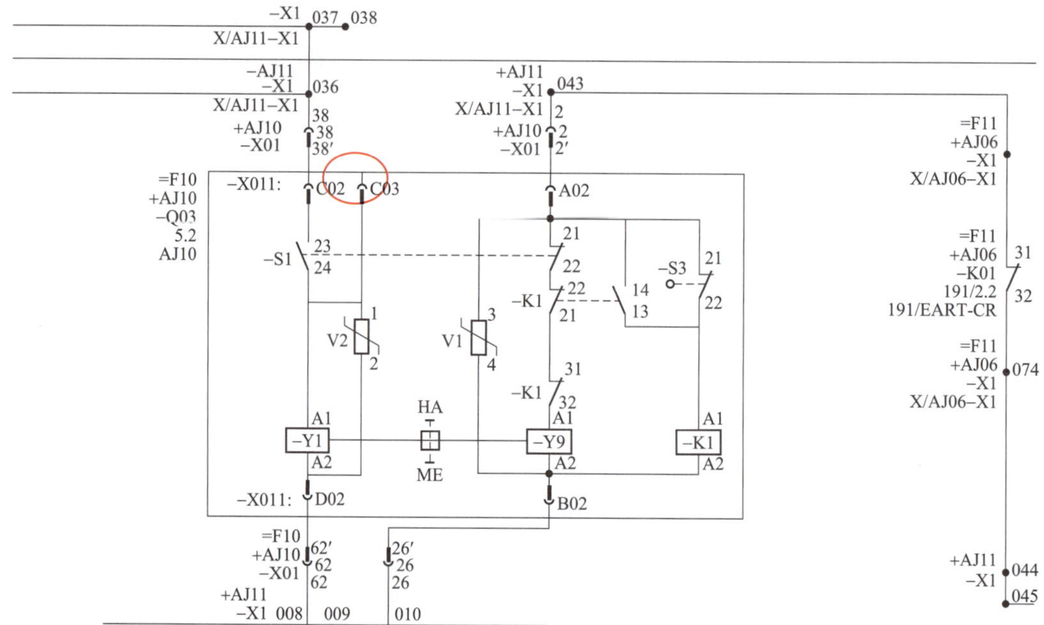

图 3-22-11　AJ10 开关分合闸回路图

二、原因分析

该故障的产生是由于断路器设计的问题，将 C03 和 D03 二次线保留作为监控信号端子使用，但在实际使用中并未应用，但生产厂家对未使用的 C03 和 D03 二次线处理不彻底，造成 AJ10 分闸回路的 C03 和 D03 二次线短接，致使监控系统发出的正常分闸信号经 C03 和 D03 短接后通过 K011 和 K012 继电器动断触点进入公用保护跳闸矩阵，使变频器收到 EMERG. STOP SFC 信号，机组启动失败。

图 3-22-12 二次接线处理后现场图

但本次缺陷也暴露了在设备验收时，虽按照行业和企业规程规范要求对设备二次回路进行验收，但未能深入挖掘出潜在的隐蔽性缺陷。同时，在设备日常维修、改造和维护过程中，没有对设备二次回路进行深入梳理和分析，对检修规程的要求执行不严，未能及时发现该隐蔽性缺陷。

三、防治对策

（1）对 1、2、3 号启动开关柜的所有此类型断路器进行全面检查，对断路器的 C03 和 D03 二次线均进行绝缘包扎处理。

（2）对启动断路器的二次回路进行全面梳理，并对照现地断路器的实际接线进行核对，避免类似情况的再次发生。

（3）针对设备日常维修、改造和维护问题，严格执行检修规程、管理手册、执行手册的要求，对维修、改造和维护的设备二次回路应认真梳理、检查。

（4）针对设备验收问题，严格按照行业和企业规程规范要求，对设备二次回路做好全面检查和验收工作，对验收工作中发现的问题和疑问，彻底解决完成后再予以验收。

四、案例点评

该电站 AJ10 断路器实际工作过程中，C03 和 D03 二次线并未使用，而由于断路器设计的原因，将 C03 和 D03 二次线保留了下来，从而产生了隐患。反思本次缺陷产生的直接原因和间接原因，强化对检修、改造和维护的设备二次回路的梳理、检查工作，严格执行设备验收工作流程，杜绝类似情况的再次发生。

案例3-23　某抽水蓄能电站SFC输入断路器控制回路故障*

一、事件经过及处理

2019年3月7日，某抽水蓄能电站SFC（静止变频器）拖动1号机组由停机转抽水调相启动，在SFC输入断路器ICB61（以下简称ICB61，该断路器为SFC的输入断路器）分合闸过程中报出“SFC输入断路器ICB61控制回路断线1、控制回路断线2”故障报警，并随即复归。监控简报如表3-23-1所示。

表3-23-1　　监　控　简　报

时间	监控简报
23:33:55.000	SFC输入断路器ICB61合闸令开出
23:33:55.258	SFC输入断路器ICB61控制回路断线1
23:33:55.258	SFC输入断路器ICB61控制回路断线2
23:33:55.758	SFC输入断路器ICB61分位复归
23:33:55.766	SFC输入断路器ICB61合位
23:33:56.302	SFC输入断路器ICB61控制回路断线1复归
23:33:56.302	SFC输入断路器ICB61控制回路断线2复归

查看监控报文，ICB61合闸令发出后便出现该断路器的控制回路断线报警，当该断路器合闸后，控制回路断线报警复归，运维人员现场检查断路器本体及控制柜，未发现异常。

查询历史事件记录，自投产以来，每次ICB61断路器分闸或合闸时均会报出该报警信号，且保持2～3s即复归。

查ICB61控制回路断线监视接线。“SFC输入断路器ICB61控制回路断线1”为主变压器洞现地控制单元DI［284］（第284个开关量输入点），对应端子号为XDI12：20，该信号由SFC输入变压器保护柜送出，对接端子号为9XD1、9XD5，如图3-23-1所示。

SFC输入变压器保护柜内端子9XD1、9XD5之间串接两副继电器的触点，分别为继电器TWJ3的一副动断触点及继电器HWJ1的一副动断触点，如图3-23-2所示。

---

* 案例采集及起草人：汪鹏鹏（浙江仙居抽水蓄能有限公司）。

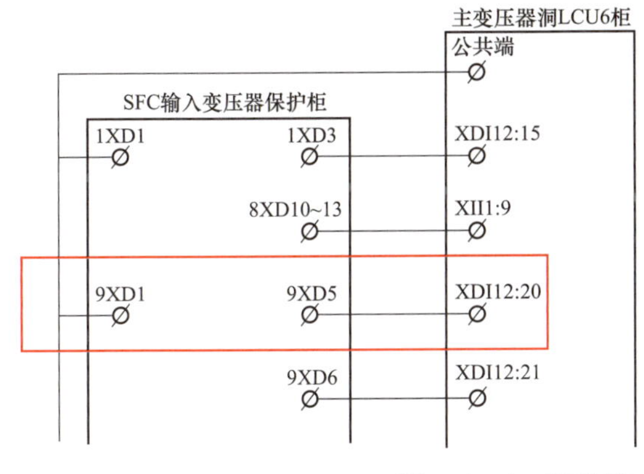

图 3-23-1　SFC 接口图

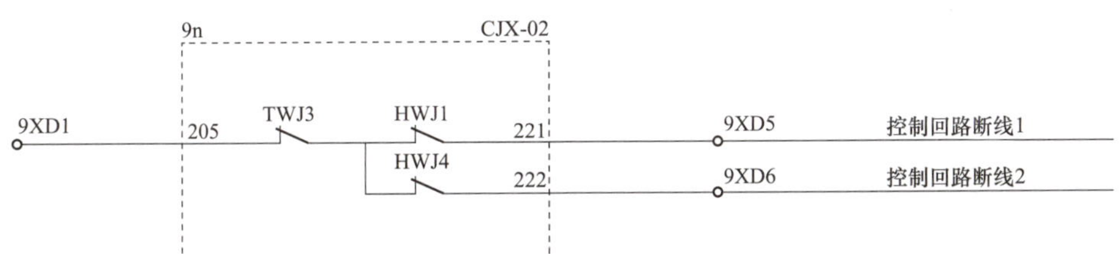

图 3-23-2　SFC 输入断路器 ICB61 分合闸监视回路

该断路器控制原理图如图 3-23-3 所示。合闸回路：正电源自小母线＋KM1 至 XC30 的 301 端子经过继电器 TJW1、TJW2、TJW3 至 XC30 的 815 端子经 ICB61 断路器辅助触点 S1 的 11/12、合闸线圈 Y9、手车位置的辅助触点 SL 至 XC30 的 806 端子回到小母线 KM1。分闸回路：正电源自小母线＋KM1 至 XC30 的 301 端子经过继电器 HWJ1、HWJ2、HWJ3 至 XC30 的 807 端子经 ICB61 的位置断路器 S1 的 23/24 触点、分闸线圈 Y1 至 XC30 的 808 端子回到小母线－KM1。

当 ICB61 处于分闸位置时，S1 的 23/24 触点（动合触点）断开，继电器 HWJ1 失磁，图 3-23-2 中 HWJ1 的动断触点合上，若此时合闸线圈 Y9 断线，则继电器 TWJ3 失电失磁，图 3-23-2 中 TWJ3 的动断触点闭合，则“控制回路断线 1”信号回路导通，发出报警（此时发出断线报警必然是因为合闸线圈 Y9 断线）；反之，若合闸线圈 Y9 未断线（或合闸监视回路无断点），则继电器 TWJ3 得电励磁，图3-23-2中 TWJ3 继电器的动断触点则断开，报警回路无法导通，则不报警。处于合闸位置时则同理。

进一步排查发现，上述控制原理图存在另一个设计缺陷，即该监视回路只能在断路器合位时监视分闸回路，在分位时监视合闸回路，无法单独监视合闸回路或分闸回路，如此会出现以下两种情况：

（1）当 ICB61 处于分位时（SFC 停机状态），若此时分闸线圈 Y1 断线，则无法报警，维护人员不能提前得知分闸线圈断线，当机组抽水调相或抽水启动时，SFC 启动，输入断路器 ICB61 合闸，而当 SFC 拖动完毕，SFC 退出运行时，断路器由于分闸线圈 Y1 断线而无法分闸，造成 SFC 故障跳 SFC，影响 SFC 拖动下一台机组。

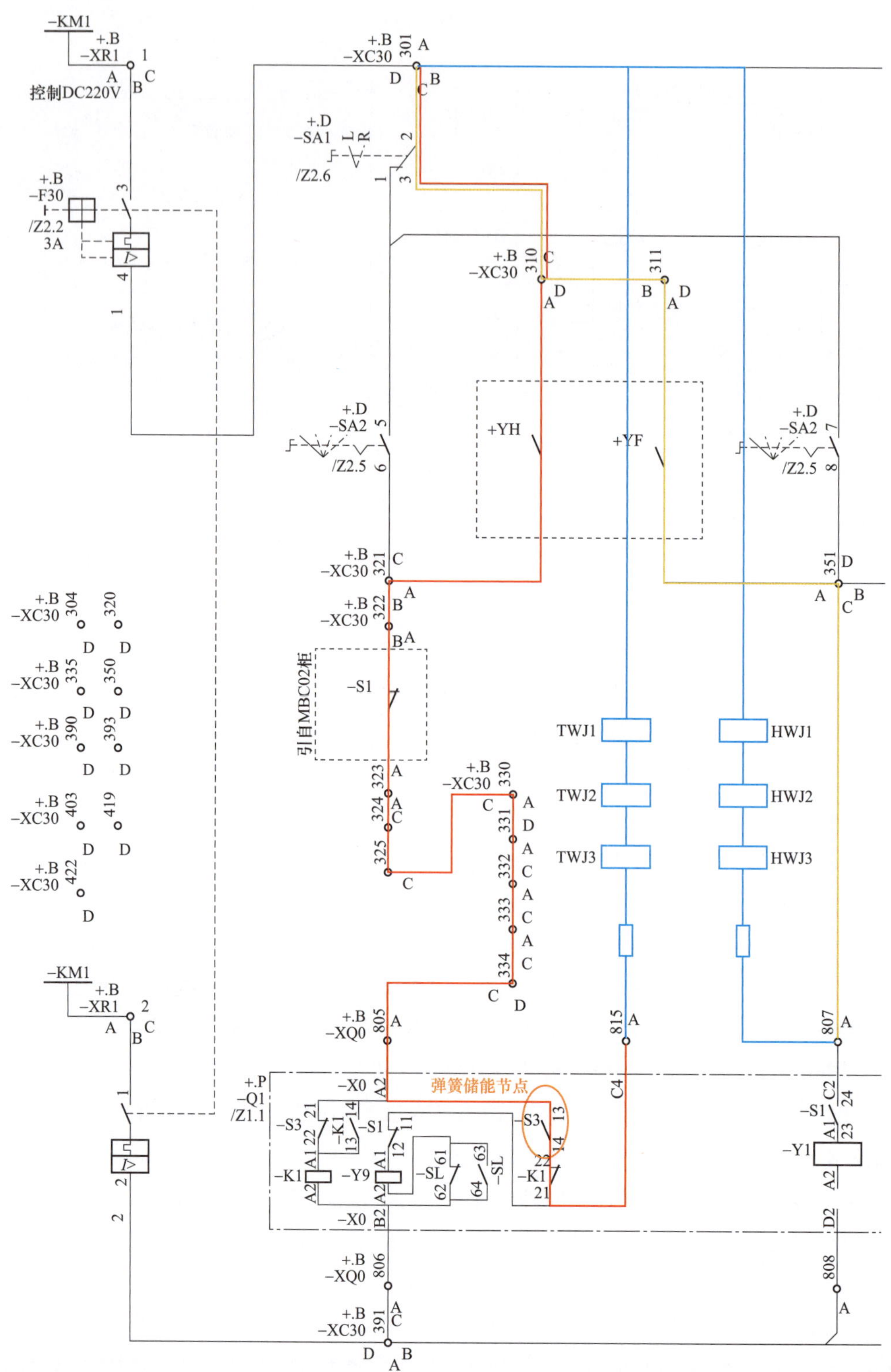

图 3-23-3　输入断路器 ICB61 控制图

（2）当ICB61处于合位时，合闸线圈Y9断线，无法报出断线报警，运维人员无法提前得知，则ICB61分闸后无法再次合闸，影响SFC拖动下一台机组。

二、原因分析

根据对应简报分析：23:33:55.000合闸令开出，23:33:55.258出现断线报警，23:33:55.766 ICB61合位动作，23:33:56.302断线报警复归，可知合闸令开出后，YH闭合，图3-23-3中合闸回路（标示红颜色部分）将合闸回路监视继电器TWJ1、TWJ2、TWJ3短接，继电器失电失磁导致图3-23-2中TWJ3动断触点闭合，断线报警回路导通，发出报警。而当ICB61合位动作后，分闸回路监视继电器HWJ1得电励磁，图3-23-3中HWJ1动断触点断开，报警回路断开，报警复归。

分闸时同理，图3-23-3中分闸动力回路（标示黄颜色部分）将分闸回路监视继电器HJW1、HWJ2、HWJ3短接，继电器失电失磁，动断触点连通报警回路，待断路器分到位之后，合闸监视回路继电器得电励磁，报警回路断开，报警复归。

综上所述，本次故障原因为：由于分合闸监视回路存在设计缺陷，导致断路器从合/分闸令发出至断路器实际合/分到位持续时间内，相应监视回路被短接，导致发出控制回路断线报警。

另外，由于设计问题，该监视回路只能在断路器合位时监视分闸回路，在分位时监视合闸回路，无法同时合闸回路或分闸回路。

三、防治对策

（1）对于存在设计缺陷的控制回路及时做相应更改，对ICB61、ICB62合分闸监视回路进行异动，将合闸回路及分闸回路分开监视，如图3-23-4、图3-23-5所示。

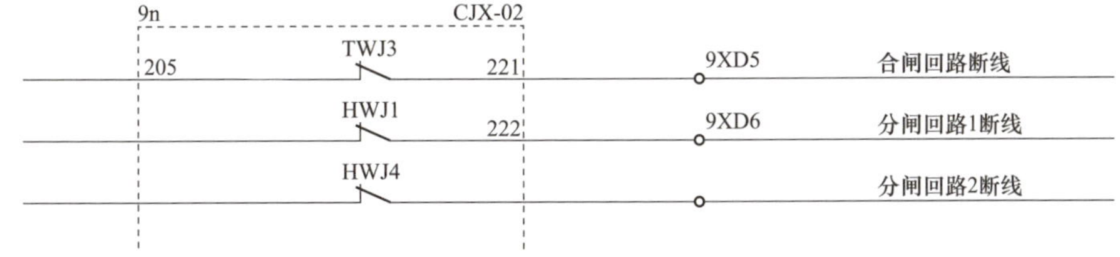

图3-23-4　将三条控制回路分开监视

（2）将该报警信号在监控系统下位机PLC中做5s滤波处理，防止该信号在断路器分合过程中出现“抖动”。

四、案例点评

由于设计上的缺陷导致断路器分合闸控制回路监视功能不完善。一方面，通过更改控制回路接线，对监视回路进行调整，使之不仅能够有效规避出现控制回路报警问题，

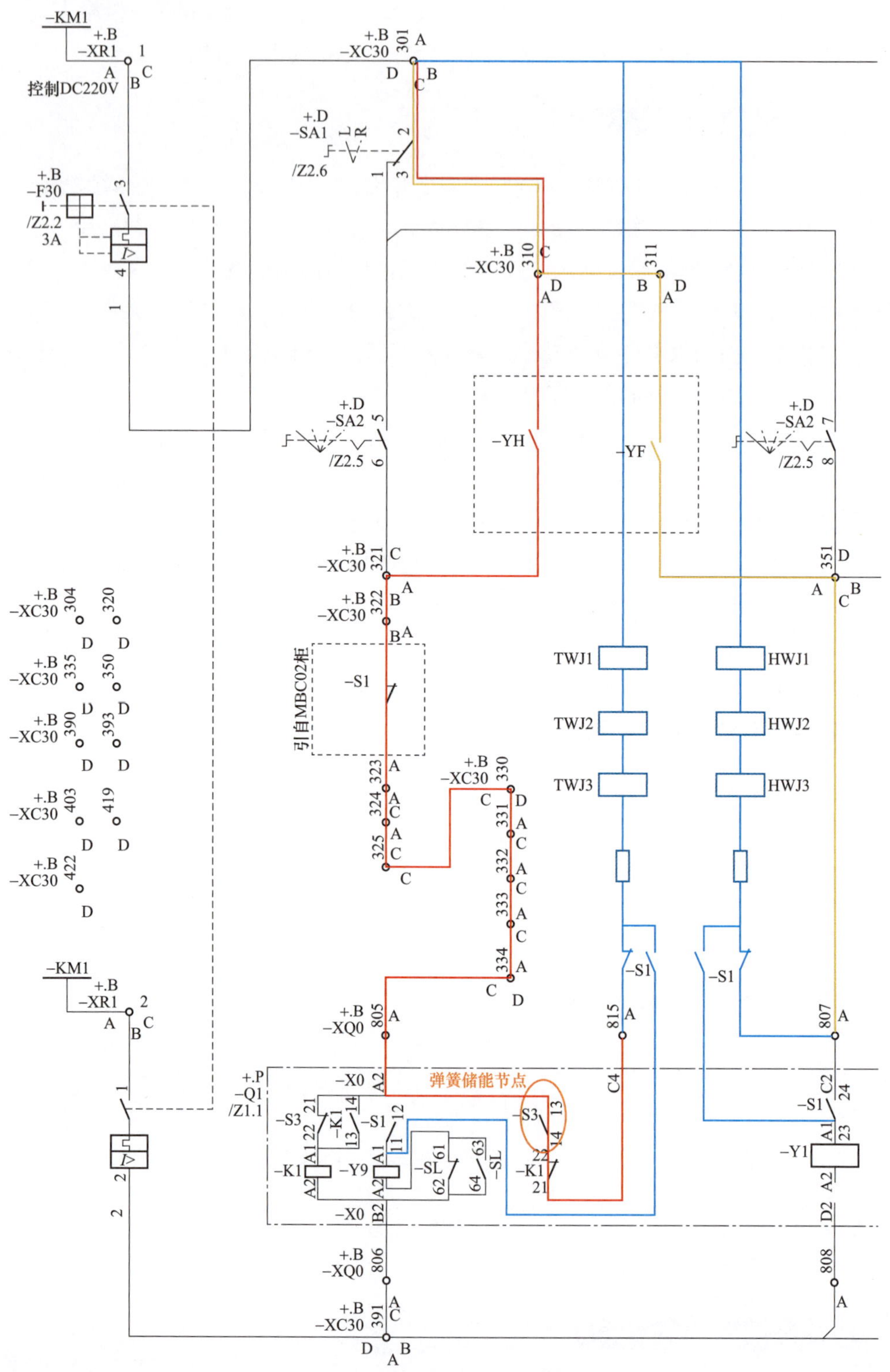

图 3-23-5　更改后的分合闸监视回路

亦能在任何情况下对分闸和合闸回路同时进行监视。另一方面，从监控程序出发，通过计算机监控系统 PLC 编程软件对该信号采集做延时 5s 的滤波处理，可有效避开断路器分合闸过程中这段时间的误报警。本案例分别从软件、硬件上同时做出修改，双重保障，有效解决控制回路断线及监视功能不全面问题。

案例 3-24 某抽水蓄能电站机组二次长电缆电容效应导致 SFC 启动失败*

一、事件经过及处理

2019 年 4 月 14 日 0 时 2 分 58 秒，SFC 控制系统升级改造后进行 2 号机组抽水调相工况启动试验，输入断路器 ICB2 合闸后立即跳闸，造成 SFC 启动失败。

（1）监控系统报警：

监控系统显示“ICB2 ON COMING”（SFC 输入断路器 ICB2 合闸）。

监控系统报出“SFC TRIP COMING”（SFC 跳闸）。

监控系统显示“ICB2 OFF COMING”（SFC 输入断路器 ICB2 分闸）。

监控系统报出“ICB2 Feedback failure COMING”（SFC 输入断路器 ICB2 反馈故障）。

（2）SFC 现地报警：

0 时 2 分 58 秒，1、2 主变压器保护动作跳闸。

2 号机组抽水调相工况启动，输入断路器 ICB2 合闸后立即跳闸，SFC 现地显示报警信息为 1、2 主变压器保护动作跳闸，但 1、2 号主变压器保护屏及监控系统无任何 1、2 号主变压器保护动作信息，可以排除是主变压器保护动作导致 SFC 跳闸，可能为该二次回路问题导致跳闸。

为解决此问题，简化主变压器保护动作跳 SFC 回路图，简化后的示意图如图 3-24-1 所示。

分析如下：当 SFC 启动 2 号机组（或 1 号机组）时，机组选择继电器－K404 吸合，其辅助触点闭合，由于－K404 继电器与主变压器保护装置之间距离较长（总长约 400m），对地分布电容较大，当－K404 继电器辅助触点闭合瞬间，该段长电缆开始充电，导致主变压器保护动作跳 SFC 继电器－KS6 线圈负电侧电压突然降低，严重时造成－KS6 动作跳 SFC。

---

* 案例采集及起草人：杨艳平、梁绍泉（山东泰山抽水蓄能电站有限责任公司）。

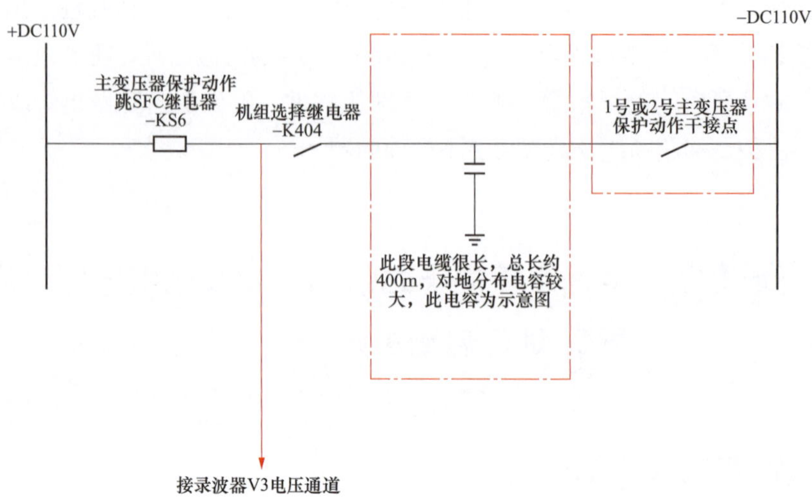

图 3-24-1　主变压器保护动作跳 SFC 回路图

解决方案如下：

将图 3-24-2 中接线端子对调，由原 21 号端子接 X05：571 改为接 X05：572，原 22 号端子接 X05：572 改为接 X05：571，改完后主变压器保护动作跳 SFC 回路简化示意图如图 3-24-2 所示。

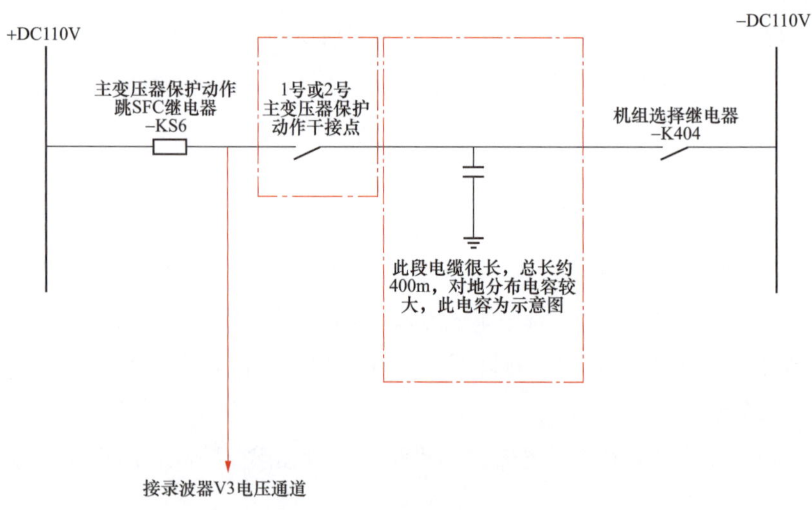

图 3-24-2　接线修改后的主变压器保护动作跳 SFC 简化示意图

当 SFC 启动 2 号机组（或 1 号机组）时，此时机组选择继电器－K404 闭合，但由于此时 1 号（或 2 号）主变压器保护未动作，因此－KS6 继电器线圈负电侧电压不会因为长电缆的充电而导致电压降低，从而避免了－KS6 继电器误动作导致 SFC 跳闸故障的出现。

二、原因分析

跳闸回路图分析：通过查询 SFC 现场报警信息及监控系统报警信息，结合 SFC 系统软硬件图分析，确认跳闸回路为 1、2 号主变压器保护动作跳 SFC 回路。由于 1、2 号主变压器保护动作跳 SFC 回路中间经过 LCU6 及信号切换柜多次转接，将整个跳闸回路梳理如图 3-24-3 所示。

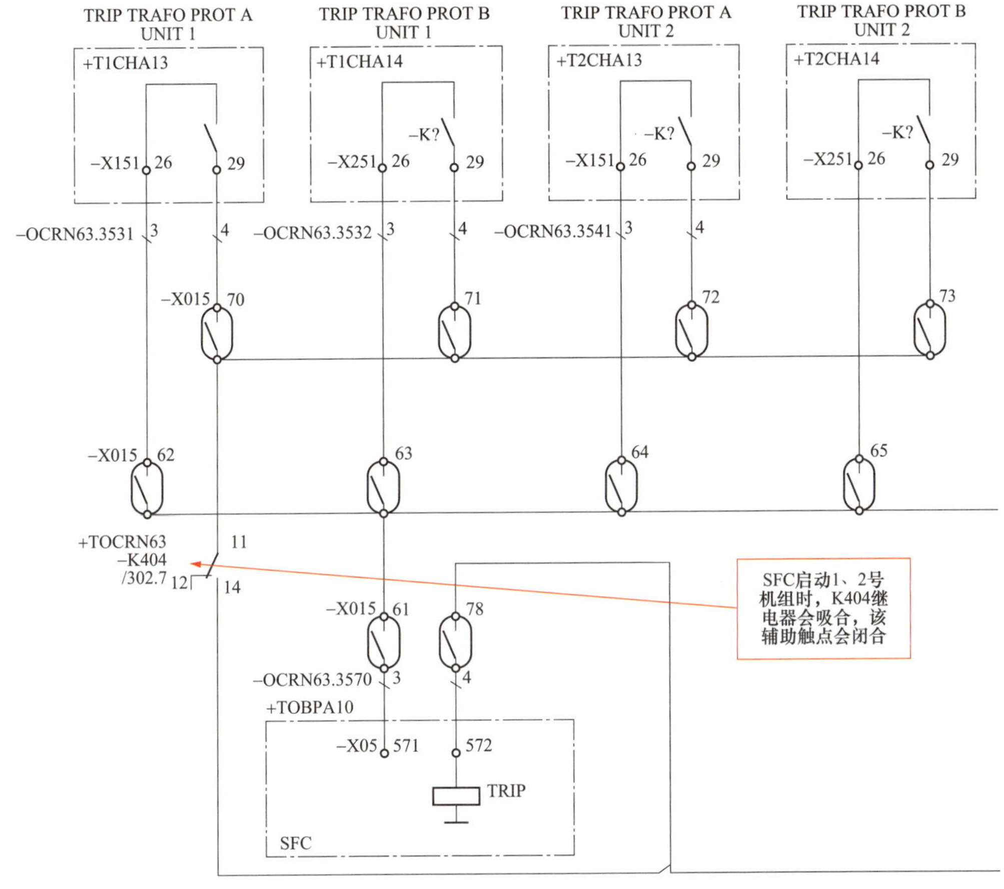

图 3-24-3　主变压器保护动作回路接线图

SFC 跳闸二次回路图分析：

（1）每次当 SFC 拖动 1、2 号机组 CP 工况启动时，LCU6 选择继电器 K404 均会保持吸合，其辅助触点窜入 SFC 跳闸回路中。若启动过程中 1、2 号主变压器保护动作出口，将会直接通过硬布线跳 SFC。

（2）本次 SFC 控制系统升级改造，除了将原 SFC 控制系统升级外，还新增一套 SFC 系统。因此，为保证外部信号的切换，新增一面信号切换柜，确保外部信号随主用 SFC 装置的切换而同步切换。主变压器保护跳 SFC 信号切换示意图如图 3-24-4 所示。

信号切换柜主变压器保护跳 SFC 回路图分析：

（1）当 1 号或 2 号主变压器保护动作时，图 3-24-4 中 KS6 继电器吸合，若此时是 ABB SFC 作为主用，则图 3-24-5 中－1ZJ4 动合触点吸合，将－KS6 动合辅助触点接入 SFC 跳闸回路，ABB SFC 装置跳闸；反之，若 NARI SFC 作为主用，则图 3-24-

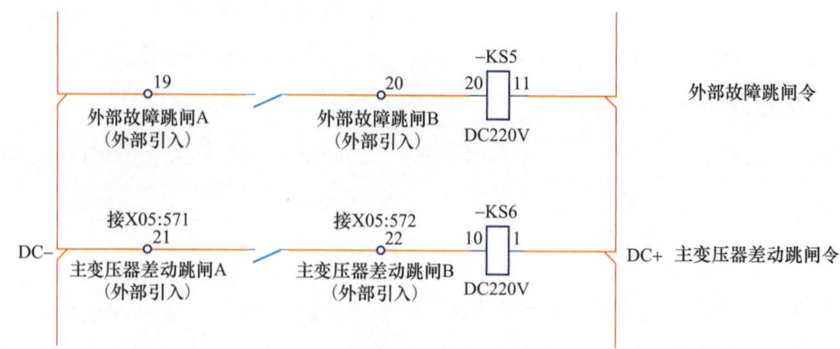

图 3-24-4　主变压器保护跳 SFC 回路图（信号切换柜）

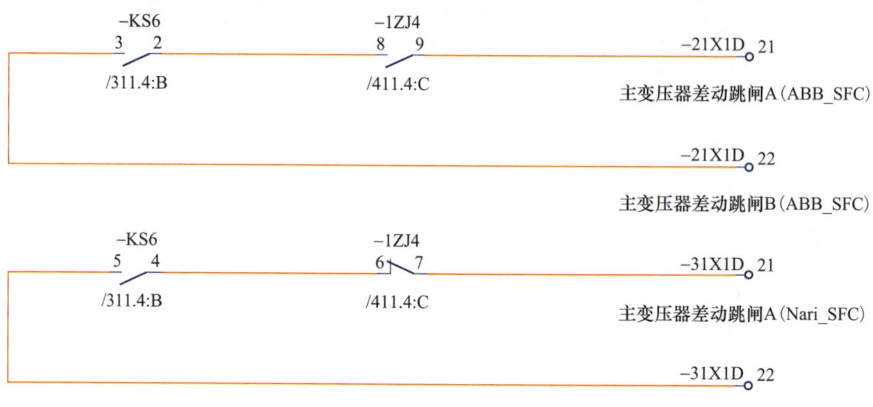

图 3-24-5　主变压器保护跳 SFC 回路图

5 中－1ZJ4 动断触点吸合，将－KS6 动合辅助触点接入 SFC 跳闸回路，NARI SFC 装置跳闸。

（2）问题排查：SFC 跳闸时，现地查看 1、2 号主变压器保护装置，均无保护动作信息，因此可以排除主变压器保护动作导致 SFC 跳闸的可能性。为了找到故障原因，在 KS6 继电器线圈的负电侧（图 4 KS6 继电器 10 号接线端子）引出电压信号至录波器 V3 通道，当 SFC 启动 2 号机组时，录波图如图 3-24-6 所示。

录波图分析：SFC 启动 2 号机组时，1 号或 2 号主变压器保护跳 SFC 中间继电器 KS6 负电侧线圈电压出现突降，之后再缓慢上升至额定电压直流＋110V。SFC 出现跳闸故障时，该电压突降尤为明显，电压由直流＋110V 突降至－70V，也就是说，此时 KS6 继电器线圈两侧电压差达到 180V。

根据对上述回路及录波图分析，推测故障原因可能有如下几个方面：

（1）KS6 继电器故障，SFC 启动时线圈误吸合导致 SFC 跳闸。

（2）与 KS6 继电器相连的电缆绝缘偏低，导致跳闸回路出现接地故障。

（3）与 KS6 继电器相连的电缆较长，电容量较大，图 3-24-1 中 LCU6 机组选择继电器－K404 动作后，对长电缆进行充电，导致 KS6 继电器线圈两侧压差过大误动作。

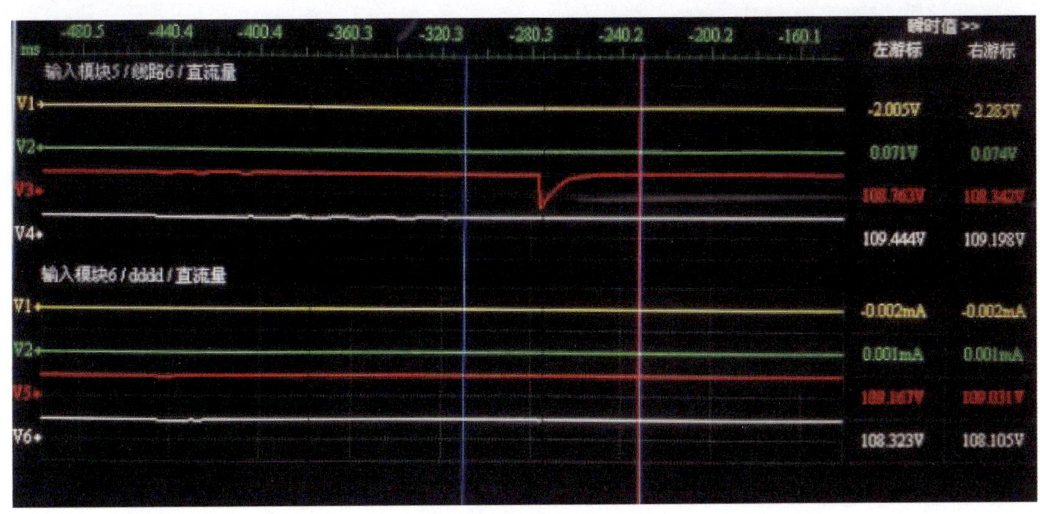

图 3-24-6 SFC 启动时 KS6 继电器电压突降录波

针对上述 3 种可能性进行针对性检验：

（1）对 KS6 继电器进行校验，动作电压为直流 126V，为额定电压的 57%。将主变压器跳 SFC 中间继电器 KS6 与外部故障跳 SFC 中间继电器 KS5 线圈接线对调，将 KS6 及 KS5 继电器线圈负电侧录波，SFC 启动 2 号机组时，发现为主变压器保护跳 SFC 中间继电器（KS5）负电侧电压突降，外部故障跳 SFC 中间继电器（KS6）负电侧电压正常，因此可以判断 KS6 继电器正常，问题出在主变压器保护跳 SFC 回路上。

（2）测量与 KS6 继电器相连的各段电缆芯线间及芯线对地绝缘，均正常，均在 100MΩ 以上，因此可以排除电缆绝缘不良的问题。

（3）若原因为电缆较长，电容量较大，机组选择继电器 K404 动作瞬间，电缆充电电流较大，主变压器保护跳 SFC 中间继电器 KS6 负电侧电压突降而导致 KS6 继电器动作进而造成 SFC 跳闸，则根据电容充放电规律，电容两侧电压不可能突变，即如果两次充电时间间隔越短，则 KS6 继电器负电侧电压下降越小，反之若两次充电时间间隔越长，则 KS6 继电器负电测电压下降越大，KS6 继电器动作的可能性也越大。为验证上述猜测，用短接线短接图 3-24-1 中机组选择继电器 K404 的 11、14 号动合辅助触点，若两次短接时间间隔越短，则录波器录得的 KS6 继电器负电侧电压下降越小，反之则越大，与电容器充放电规律完全一致。至此，基本可以确定故障即为电缆较长、分布电容较大导致。

三、防治对策

（1）对涉及长电缆的中间跳闸继电器进行排查，更换为大功率继电器。

（2）对 SFC 信号切换柜接线设计进行优化，避免出现因长电缆充电时导致中间继电器电压降低的现象出现。

四、案例点评

通过本案例的分析可知，长电缆电容效应对控制回路的影响较大。为防止电缆电容效应的影响，应从设计的角度进行考虑，增设大功率继电器。同时，应排查控制回路中重要开入信号是否设置大功率继电器，如没有应进行更换。

第四章　监控自动化系统

案例 4-1　某抽水蓄能电站机组监控系统主控制器故障导致高速加闸*

一、事件经过及处理

2018 年 8 月 13 日 20 时 18 分，某抽水蓄能电站 4 号机组带 300MW 负荷发电稳态运行中，机械制动在 100%额定转速（250r/min）时异常投入，导叶异常关闭，逆功率保护动作，机组消防火灾报警，4 号机组电气停机。

值守人员将上述情况通知运维负责人，汇报网调 4 号机组电气停机情况，并申请 4 号机组检查消缺。

4 号机组停稳后，ON-CALL 人员现场检查发现 4 号机组消防系统出现感烟报警，4 号机组风洞门有焦糊味及烟尘冒出，风洞内无明火。现场检查球阀、中轴套、水轮机等转动部件，无异常。查看 4 号机组保护盘柜 A、B 套保护装置跳闸指示灯亮，报警信息为机组逆功率保护动作，4 号机组故障录波数据如图 4-1-1 所示。

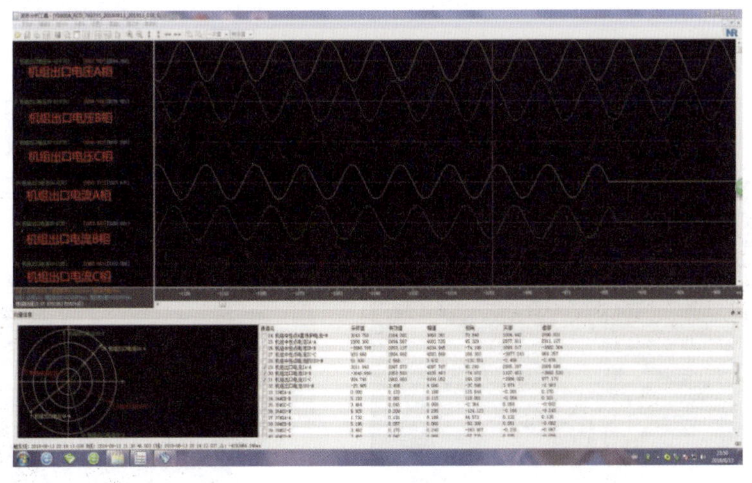

图 4-1-1　4 号机组故障录波记录

* 案例采集及起草人：黄高鹏、祁威威、郑庭华（湖北白莲河抽水蓄能电站）。

图 4-1-2　4 号机组风洞内风闸检查情况

网调批准 4 号机组退出备用后，布置安全措施，对 4 号机组进行检查处理。

（1）进入 4 号机组风洞，对 6 台机械制动风闸进行检查，确认 6 台机械制动闸板磨损严重，机坑内有大量粉尘，4 号发电机定转子受到不同程度的污染，如图4-1-2所示。

（2）进行定、转子绝缘电阻试验，试验结果正常，如表 4-1-1 所示。

表 4-1-1　　定、转子绝缘电阻试验数据

时间（s）	15	60	600
转子绕组对地绝缘电阻值（MΩ）	13.4	13.7	—
定子绕组整体对地绝缘电阻值（MΩ）	76.4	258	1040

（3）组织人员对 4 号机组风洞内粉尘进行清扫。按照清扫方案共进行 8 次清扫，9 月 6 日清扫完毕后，完成发电机定转子相关预防性试验，定子绝缘为 A 相 3.32GΩ、B 相 3.38GΩ、C 相 3.40GΩ（10min，5000V），定子直流耐压通过，转子绝缘为 48.4MΩ（1min，2500V），试验结果满足规范要求。

（4）对制动系统进行检测、修复：更换 6 个机械制动闸板，清扫 12 块制动环板的检查，测试风闸制动器投退及缸体保压功能，结果正常；测量 4 号机组机械制动环板波浪度，结果满足相关要求，如图 4-1-3 所示。

渗透检测 12 块制动环板，未发现裂纹缺陷，无明显拉伤及灼烧痕迹。超声检测 60 根制动环板拉紧螺栓（直径 42mm，长 2.9m），结果正常。超声波检测 12 块制动环板，未发现制动环板内部分层、裂纹等异常现象，如图 4-1-4 所示。

图 4-1-3　4 号机组机械制动环板波浪度测量

图 4-1-4　4 号机组机械制动环板超声波检测

制动闸板上的制动材料经武汉理工大学金属结构实验室检测（扫描电镜分析、X射线衍射分析），结果显示材料主要成分为钙铁硅酸盐化合物，为非导电材料，如表4-1-2所示。

表 4-1-2 制动材料主要成分检测表

成分	重量（%）	原子摩尔量（%）	成分	重量（%）	原子摩尔量（%）
CK	74.52	84.13	S K	1.01	0.43
O K	12.27	10.40	Zn K	0.47	0.10
Mg K	0.61	0.34	Au M	2.26	0.16
Al K	8.86	4.45	合计	100.00	

调整机械制动闸板与制动环板间隙，回装风闸集尘鬃毛刷。4号机组制动系统检测、修复完毕，随后对风闸投退进行测试，投退时间在正常范围内，保压试验正常，投退一致性良好，闸板未出现磨损情况，如图4-1-5所示。

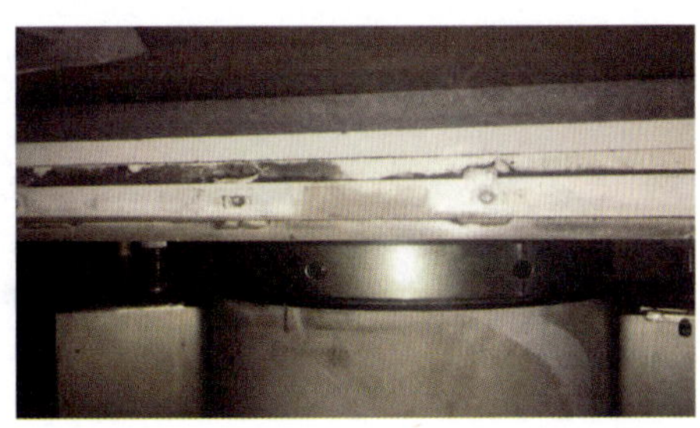
图 4-1-5 4号机组机械制动间隙调整

（5）对历史事件进行检查，4号机组发电工况稳态运行过程中，机械制动电磁阀403EM发生异常动作，6个风闸投入，最终导致4号机组电气停机。分析导致4号机组机械制动电磁阀403EM异常动作的可能原因有：

1）4号机组机械制动电磁阀403EM本体故障。

2）4号机组机械制动电磁阀403EM控制回路故障。

3）监控系统程序异常，误发信号导致4号机组机械制动电磁阀403EM动作。

（6）4号机组机械制动电磁阀403EM检查。

检查4号机组机械制动控制箱内机械制动电磁阀403EM，外观正常。通过监控系统强制开启关闭信号数次，观察电磁阀403EM动作正常，机械制动投退正常。排除4号机组机械制动电磁阀403EM故障可能性。

（7）4号机组机械制动电磁阀403EM控制回路检查。

查看4号机组机械制动电磁阀403EM控制回路，自监控系统数字量输出板卡至电磁阀线圈，检查回路端子无松动，板卡无异常情况。通过监控系统信号强制，观察电磁阀403EM动作正常，机械制动投退正常。排除4号机组机械制动电磁阀403EM控制回路故障可能性。

（8）查看监控系统历史记录，发现事故发生时4号机组LCU（现地控制单元）主备用PCX（主控制器）出现自动切换的现象，如图4-1-6所示。

进一步检查发现，PCX切换过程中，4号机组状态信号出现变位现象，机组发电状态消失，机组状态变为初始状态。同时导叶开启电磁阀命令信号被重置，导叶自动关闭，如图 4-1-7 所示。

Date and Time	Variable and Label			
13/08/2018 20:16:12 400	99KCZ04_G03TDCE	L04 MASTER HOC REGR FAULT	主用PCX故障	ABSENCE -> PRESENCE
13/08/2018 20:16:12 400	99KCZ04_G08TDCE	L04 TIME HEAD OF CELL		SYNCHRO -> N-SYNCHR
13/08/2018 20:16:22 540	99KCZ04_G08TDCE	L04 TIME HEAD OF CELL		N-SYNCHR -> SYNCHRO
13/08/2018 20:16:22 540	99KCZ04_G09TDCE	L04 CELL REDUNDANCY LINK		NORMAL -> FAULT
13/08/2018 20:18:30 000	99KCZ04_G09TDCE	L04 CELL REDUNDANCY LINK		FAULT -> NORMAL
13/08/2018 20:18:30 000	99KCZ04_G10TDCE	L04 STAND-BY HEAD OF CELL		FAULT -> NORMAL
13/08/2018 20:18:34 980	99KCZ04_G13TDCE	L04 STAND-BY HOC APPLI		RUNNING -> STOPPED
13/08/2018 20:18:40 180	99KCZ04_G13TDCE	L04 STAND-BY HOC APPLI	备用PCX开始运行	STOPPED -> RUNNING
13/08/2018 20:18:46 680	99KCZ04_G07TDCE	L04 MASTER HEAD OF CELL	备用PCX启用	SECOND -> PRIMARY
13/08/2018 20:18:46 680	99KCZ04_G10TDCE	L04 STAND-BY HEAD OF CELL	备用PCX故障	NORMAL -> FAULT
13/08/2018 20:19:17 200	99KCZ04_G03TDCE	L04 MASTER HOC REGR FAULT		PRESENCE -> ABSENCE
13/08/2018 20:19:17 200	99KCZ04_G05TDCE	L04 STD-BY HOC REGR FAULT		PRESENCE -> ABSENCE

图 4-1-6 PCX 切换历史记录

Date and Time	Variable and Label		Description	
13/08/2018 20:18:46 567	83LRG_04GEV001JD_C	UNIT CB 001JD POSITION	N-CLOSED -> CLOSED	
13/08/2018 20:18:46 567	83LRG_04GEV001JD_O	UNIT4 CB OPEN POSITION	YES -> NO	
[illegible]	[illegible]	[illegible]	[illegible] -> NO	机组备用状态丢失
13?08?2018 20?18?46 671	64GTA_001GA_DZ_GE	UNIT GENERATING STATE	YES -> NO	机组发电状态丢失
13?08?2018 20?18?46 671	64GTA_001GA_DZ_GP	UNIT IN G/GC/P/PC STABLE STATE	DETECTED -> N	机组发电方向/抽水方向状态丢失
13?08?2018 20?18?46 671	64GTA_001GA_DZ_IN	UNIT INIT STOP STATE	NO -> YES	机组为初始状态
13?08?2018 20?18?46 671	04GTA_001GA_DZ_RUN	UNIT IN RUNNING STATE	YES -> NO	机组运行状态丢失
13?08?2018 20?18?46 671	04GTA_001MQ_BZ_FCG	React.POWER SP	N-FORC -> FORCING	
13?08?2018 20?18?46 671	04GTA_001MQ_DZ_MU	Control object: Voltage	N-SEL -> SELECTED	
13?08?2018 20?18?46 671	04GTA_001MW_BZ_FCG	POWER SP		

图 4-1-7 机组状态信号历史记录

根据监控系统内部逻辑，如图 4-1-8、图 4-1-9 所示。机组在初始状态下如监测到机组转速大于 0，监控将判断机组启动蠕动流程，启动蠕动流程将启动高压油顶起系统并投入机械制动。

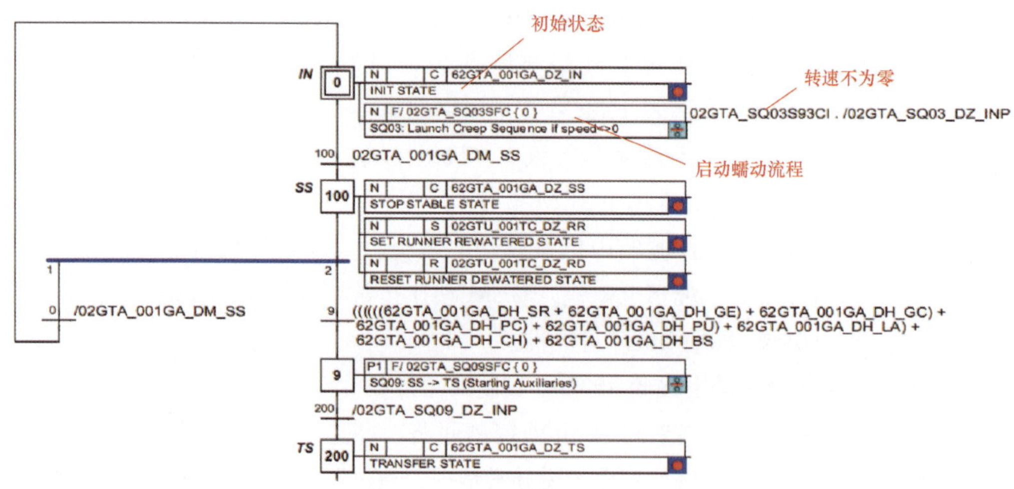

图 4-1-8 启动蠕动流程条件图

专业人员会同厂家监控系统专家对 4 号机组 PCX 切换及切换过程中出现信号变位的原因进行分析，判断事件原因为主用控制器（右侧）受扰动影响发生故障，尝试进行切换，但因备用控制器（左侧）已处于内部故障状态（由于设计原因，该信号未列入监控报警信号，因而运维人员未能及时发现），于是触发备用控制器（左侧）自动重启，备用控制器重启完成后，升为主用，重新对机组进行控制，但由于重启过程中对应用程序进行了初始化，导致机组的当前状态、导叶开启电磁阀命令等信号发生了变位，引起机械制动误投入、导叶自动关闭，最终导致电气停机。

二、原因分析

此次事件经过为 4 号机组发电工况下 PCX 发生故障，主备用 PCX 自动切换异常导致重要信号发生变位，其中包括机组发电状态、导叶紧停电磁阀开启命令等重要信号消失，引起误投入机组机械制动、导叶自动关闭，最终导致逆功率保护动作，机组电气跳机。

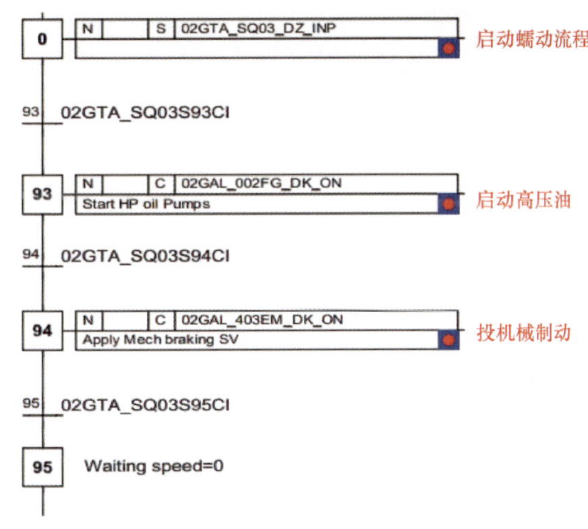

图 4-1-9　蠕动流程投入机械制动流程图

直接原因：4 号机组主用 PCX 长时间运行后发生故障。

间接原因：

（1）备用 PCX 内部故障未触发报警不合理。

（2）主备用 PCX 切换存在设计缺陷。监控系统 LCU 不能实现主备用 PCX 无扰动切换，PCX 切换过程中，将导致发电工况下运行机组状态信号出现变位现象。

（3）机械制动控制逻辑及回路设计不合理，存在机组高转速加闸风险。监控系统逻辑中转速大于 20%额定转速、机组出口断路器合闸位、导叶非全关位置信号未闭锁机械制动投入；监控系统逻辑中未设置高转速加闸保护，当出现高转速加闸时，机械不能自动退出；机械制动控制回路未串接机组出口断路器已分闸、机组导水叶已全关、机组转速较低信号触点。

（4）专项反措落实不及时。虽然该电站结合防高转速投机械制动反措要求制定了反措整改计划，但认识高度不够，整改时间制定不合理，未及时落实反措要求。

三、防治对策

（1）监控系统程序优化：

1）增设所有现地控制单元备用 PCX 故障告警。

2）完善机组现地控制单元 PCX 看门狗程序及回路，主备用 PCX 同时停运将触发现地控制单元 F8000 网络有效性故障，该故障将导致看门狗动作。同时完善看门狗硬接线回路，看门狗动作时将触发机组机械停机主跳继电器 002XV 动作。

3）设置高转速加闸保护程序。机组在调速器 T-ADT（测速装置）测速有效时，机组转速大于 25%额定转速（模拟量或开关量），监控监测到机械制动投入信号（6 选 2）延时 0.2s 退机械制动，同时闭锁投机械制动（转速大于 20%额定转速闭锁），作用于报警和水力机械事故停机。

4）完善机械制动投入程序。机组机械制动控制逻辑中高转速（大于20%额定转速）、GCB（机组出口断路器）合闸位置、导叶非关闭位置信号将闭锁机械制动投入。

（2）机械制动投入二次回路完善。在机械制动投入回路中，窜入导叶全关、GCB分闸、转速低于20%等信号触点，并进行试验。

（3）日常维护及检修作业完善：

1）完善监控系统运检规程并制定《关于现地控制单元主备用PCX运行监视及故障处理的管理规定》，保证运维人员实时掌握现地控制单元主备用PCX健康稳定运行情况，防止因现地控制单元主备用PCX同时故障导致机组失控。

2）完善机组启机测试检修作业指导书，将机组制动控制回路闭锁功能测试、现地控制单元PCX冗余切换测试纳入启机测试项目中。

3）强化反措管理机制。组织相关管理人员召开专题会议，重新明确反措的组织机构和相关管理人员职责，全面梳理近几年的专项反措，对不符合项进行重新评估，对整改落实情况进行核实，对未能完成整改的项目评判其风险并立即制定技术防范措施。

四、案例点评

针对机组发电运行中出现的机械制动异常投入现象，电站对定转子粉尘污染进行彻底清扫，对机械制动系统进行检测修复并对其功能进行试验，并通过历史记录和监控程序进行梳理，最终确认机组机械制动异常投入原因为：监控系统主备用控制器切换过程中部分信号量发生变位，导致监控进入蠕动程序，启动高压油顶起系统并投入机组机械制动。电站通过监控系统程序优化、机械制动控制回路完善及模拟试验，避免发生类似的监控系统主备用控制器异常切换和机械制动异常投入。

同时，此次事件体现出在机组运行工况下进行冗余控制器切换试验的重要性及增设防高转速投风闸闭锁条件的必要性，可为日常技术管理工作提供借鉴。

案例4-2　某抽水蓄能机组振摆保护装置误动*

一、事件经过及处理

2017年7月，某抽水蓄能电站500kV线路合环运行，1、3、4号主变压器空载运行，2号主变压器空载运行，1、3机组停机稳态，2号机组发电转停机，4号机组停机

* 案例采集及起草人：肖凌云（浙江仙居抽水蓄能电站）。

转发电，厂用电分段运行正常。

7 月 16 日 9 时 34 分，2 号机组在停机转发电工况转换过程中由于 2 号机组振摆保护跳闸输出导致紧急事故停机，启动 4 号机组带 375MW 发电运行，2 号机组停机流程执行正常，其他设备状态无异常变化。现地查看监控盘柜及状态监测系统报警信息，如图 4-2-1 所示。

2017-07-16 09:34:01.000	浙江仙居抽水蓄能电站2#机组开出第23点动作(2号
2017-07-16 09:34:01.000	浙江仙居抽水蓄能电站2#机组开出第22点动作(2号
2017-07-16 09:34:01.000	浙江仙居抽水蓄能电站2#机组调节条件不满足动作,
2017-07-16 09:34:01.000	浙江仙居抽水蓄能电站2#机组调节条件不满足动作,
2017-07-16 09:34:01.000	2号机组机械紧急事故停机操作(流程自启动)
2017-07-16 09:33:59.508	2号机故障录波装置录波启动复归
2017-07-16 09:33:58.936	2号机振摆保护跳闸输出
2017-07-16 09:33:58.341	(SJ30)2号机球阀回油箱液位低
2017-07-16 09:33:58.000	浙江仙居抽水蓄能电站2#机组开出第113点动作(2号
2017-07-16 09:33:56.744	2号机振摆保护系统跳闸报警输出

图 4-2-1　监控报警情况

该厂电站状态监测系统作用于报警和跳机并接入监控系统。

1. 造成振摆保护系统跳闸输出的原因

（1）机组本身振摆过大超限跳机。

（2）监控系统误发振摆输出跳闸信号。

（3）状态监测系统误发振摆输出跳闸信号。

2. 问题排查

（1）监控查看机组振摆情况，发现下导摆度在 09:33:49 时开始超跳机整定值（600μm），此时 $+X$、$-Y$ 方向分别为 605、595μm，期间 $-Y$ 方向未升至 600μm，在 09:34:11时开始下降，$+X$、$-Y$ 方向分别为 598、514μm。下导摆度确实较大，两个方向同时超过了一级报警值（500μm），但未同时超过跳机值（600μm），不会输出振摆保护跳闸信号。跳机逻辑：任一部位单方向超报警整定值且延时 10s 作用于报警，任一部位振摆 $+X$、$-Y$ 方向同时超跳机整定值且延时 60s 作用于跳机。该项基本可排除。

（2）7 月 16 日对监控系统和状态监测相关的盘柜进行了接线排查，未发现错接线情况。模拟振摆保护输出信号监控显示也正确，且在未收到状态监测系统给出的振摆保护系统跳闸报警输出和振摆保护跳闸输出信号的情况下，监控本身不会发出振摆保护跳闸输出信号。该项基本可排除。

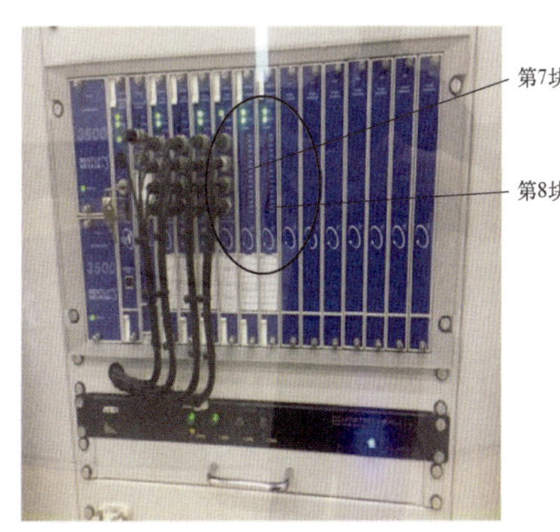

图 4-2-2　2 号机组状态检测系统

（3）现地检查机组状态监测系统各指示灯指示正确，如图 4-2-2 所示，装置本身无故障报警。查看状态监测系统报警信息，未发现当日的任何报警信号（分析可能未刷新），初步分析卡件误发跳机信号。查看状态监测系统内部设置的保护定值及逻辑程序均正确，如图4-2-3所示。

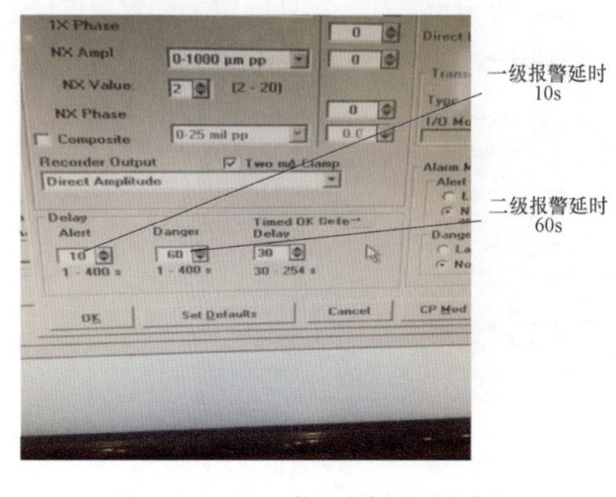

图 4-2-3　3500 装置内部设置的保护定值及逻辑程序无异常

7 月 17 日，对 2 号机组状态监测系统内部程序进行检查，发现 3500 装置上的第 7、第 8 块卡件内部程序写反。即：第 7 块卡件正常应是振摆Ⅰ级报警信号输出，第 8 块卡件正常应是振摆Ⅱ级报警和跳闸信号输出，而实际上 2 号机组启动失败时第 7 块卡件作用为振摆Ⅱ级报警和跳闸信号输出，第 8 块卡件作用为振摆Ⅰ级报警信号输出，相应地，正常应输出上导＋X 方向Ⅰ级报警信号的第 7 块卡件上的 CH1 通道实际被作用于发出振摆Ⅱ级报警和跳闸信号输出，正常应输出上导－Y 方向Ⅰ级报警信号的第 7 块卡件上的 CH2 通道实际也被作用于发出振摆Ⅱ级报警和跳闸信号输出。

查看跳机时的上导摆度，发现从 09:33:47 开始机组处于发电暂态时上导＋X 方向确实有一段时间超过Ⅰ级报警值（300μm）且持续时间大于 10s，而监控系统报出振摆保护系统跳闸报警输出和振摆保护跳闸输出信号的时间刚好在 09:33:57 左右，验证了此次保护误动的原因。

3. 处理过程

（1）执行临时措施：

1）当监控系统同时收到“2 号机组振摆保护系统跳闸报警输出”信号和“2 号机组振摆保护跳闸输出”信号和“2 号机组振动摆度二级报警”信号延时 2s 启动机械紧急事故停机。

2）3500 装置中 2 号机组下导摆度＋X 和－Y 方向同时超过 600μm 并延时 180s 输出振摆保护跳机信号；TN8000 装置中各振摆值任一方向超过 600μm 并延时 180s 输出振摆保护二级报警信号。

（2）对卡件进行故障排查，确认第 7、第 8 块卡件内部逻辑程序写反后对该 2 块卡件进行逻辑程序重新编写，核对无误后导入系统并备份。

二、原因分析

振摆保护系统误跳的主要原因为：3500 装置上的第 7、第 8 块卡件内部逻辑程序写反。

机组处于发电暂态时上导＋X 方向摆度超过Ⅰ级报警值（300μm）且持续时间大于

10s，机组状态监测系统发出“上导＋X 方向摆度超过Ⅰ级报警信号”，由于第 7、第 8 块卡件程序写反，监控系统收到“上导＋X 方向摆度超过Ⅰ级报警信号”后报出“振摆保护系统跳闸报警输出和振摆保护跳闸输出信号”，并发出“2 号机组紧急事故停机信号”作用于机械跳机。

振摆保护系统误跳的间接原因为：未定期备份核对振摆装置内部程序的正确性，人员技术水平不足，对状态监测系统内部程序不了解，维护时无法发现设备出厂后存在的错误。

三、防治对策

（1）规范出厂验收内容，对存在程序内部逻辑的设备要验证其逻辑动作的正确性，尤其是涉及机组保护的程序。

（2）将状态监测系统内部程序的核对与备份列入检修作业指导书，定期对状态监测系统内部程序的核对与备份。

（3）修改保护动作试验检修作业指导书，增加“从程序内部发出信号模拟动作”的相关内容。

四、案例点评

由本案例可见，质量管控需从设备验收初期抓起。工程交接验收时，设备内部程序往往被忽视，内部程序一旦出现问题就会让运行维护人员束手无策，无从排查，影响设备的安全稳定运行，危害性极大。所以，要加强同厂家设计安装人员的交流学习，提升运行维护人员自身的技能水平，规范出厂验收内容，对存在程序内部逻辑的设备要验证其逻辑动作的正确性与合理性，将保护程序的核对和备份列入作业指导书，定期对程序进行备份和核对。同样的，也要考虑程序逻辑设计时正确性和合理性，在考虑实用性的同时还应考虑尽可能地精简，避免不必要的逻辑冗余问题。

案例 4-3　某抽水蓄能电站机组同期装置故障*

一、事件经过及处理

2019 年 1 月 3 日 1 时 41 分，某抽水蓄能电站 1 号机组抽水启动过程中，由于同期并网超时，导致启动失败。监控简要报文如表 4-3-1 所示。

---

* 案例采集及起草人：袁二哲（国网新源控股有限公司回龙分公司）。

表 4-3-1　　　　　　　　某 1 号机组启动失败监控简要报文

时间	监控简报
01:28:56	1 号机组抽水（当晚第 1 次抽水启机）
01:32:52	1 号机组大于 95%转速信号
01:32:59	1 号机组开出第 151 点动作（1 号机组启动同期）
01:33:00	1 号机组同期失败
01:41:09	1 号机组电气事故停机（厂站上位机启动）(同期并网超时停机)
01:54:02	1 号机组电气事故停机操作成功

值守人员观察到，在 1 号机组同期并网期间，机组“启动同期令”发出后，约 1s 即报出“1 号机组同期失败”，与往常 300s 的时间相比，差距较大，且机组长时间并不上网，立即通知 ON-CALL 人员现地检查。

ON-CALL 人员现地检查同期装置的测值，，机端侧电压 U_g 显示为 0V，频率 F_s 显示为 0Hz，线路侧电压 U_s 显示为 101.1V，频率 F_l 显示为 50.00Hz，同期双电压表显示机端电压与同步电压均为 100V 左右，同期装置超时停机后，同期报“对象漏选”。同期装置的测值如表 4-3-2 所示。

表 4-3-2　　　　　　　第一次启动失败时同期装置上的数据显示

序号	参数	说明
1	U_l=101.1V	系统侧电压值
2	U_g=0.0V	发电机侧电压值
3	F_l=50.00Hz	系统侧频率值
4	F_g=0.0Hz	发电机侧频率值
5	$\Delta\varphi$=0.0°	相角差值
6	Δu=101.1V	电压差值
7	Δf=−50.00Hz	频率差值

同期装置上的数据显示，同期装置采集不到机端电压及频率。其采集不到机端电压的可能性有 3 种：

（1）同期选机端电压互感器（TV）的扩展继电器（1KS10）故障，TV 回路断线。

（2）同期装置采样通道故障。

（3）同期装置 CPU 死机。

这 3 种可能性均需机组停机后做进一步检查。

同期装置抽水工况参数定值如表 4-3-3 所示。

机组超时停机。等机组停稳后，令监控远方开出 DO151（1 号机组启同期命令），同期选机端 TV 扩展继电器（1KS10）正常点亮，继电器均能正确动作。选机端 TV 回路工作正常。排除第（1）种可能性。

表 4-3-3　　抽水工况的同期装置定值单

测控元件名	整定值（动作量单位）		功能说明
对象 2（抽水工况）	Type	Gen	开关类型（Gen/Line）
	fs	50Hz	系统频率（50/60Hz）
	NoV	Type1	无压合设置
	TDL	120ms	合闸脉冲导前时间（ms）
	fai	25.0°	允许环并合闸角（°）
	bsfai	25°	辅 CPU 闭锁角度（°）
	Δuh	+2.0V	允许压差高限（V）
	Δul	−2.0V	允许压差低限（V）
	Δfh	+0.15Hz	允许频差高限（Hz）
	Δfl	−0.15Hz	允许频差低限（Hz）
	dltfai	0.0°	相角差补偿（°）
	KUl	1.000	系统电压补偿因子
	KUg	1.000	待并电压补偿因子
	Tf	7s	调速周期（s）
	Kpf	40	调速比例项因子
	Kif	0	调速积分项因子
	Kdf	0	调速微分项因子
	TV	5s	调压周期（s）
	Kpv	20	调压比例项因子
	Kiv	0	调压积分项因子
	Kdv	0	调压微分项因子

为便于继续排查问题，向省调申请 1 号机组抽水并网试验，省调同意。第二次抽水启机期间，监控简要报文如表 4-3-4 所示。

表 4-3-4　　第 2 次抽水过程中监控简要报文

时间	监控简报
02:15:47	1 号机组抽水，测值设值：1（当晚第二次抽水并网试验）
02:19:41	1 号机组开出第 151 点动作（1 号机组启动同期）
02:19:42	1 号机组同期失败
02:23:10	1 号机组同期故障（现地手动复归同期装置）
02:23:10	1 号机组同期故障复归
02:24:18	1 号机组停机操作（厂站上位机启动）
02:36:51	1 号机组电气事故停机操作成功（机组 LCU 调用流程）

现地观察，同期装置启动后，液晶面板显示机端电压 U_g 为 99.7V，机端频率 F_g 为 49.51Hz，均固定不再变化，如表 4-3-5 所示。

表 4-3-5　　第二次启动失败时同期装置上的数据显示

序号	参数	说明
1	U_l=100.7V	系统侧电压值
2	U_g=99.7V	发电机侧电压值
3	F_l=50.01Hz	系统侧频率值
4	F_g=49.51Hz	发电机侧频率值
5	$\Delta\varphi$=61.2°	相角差值
6	Δu=1.0V	电压差值
7	Δf=0.50Hz	频率差值

ON-CALL 人员立即点按装置前面板上的 Reset 按钮（复位按钮），现地复归同期装置，先后共复位 3 次，后咨询厂家得知，因此时已经复归启动同期命令，故复位后同期装置未能再次调节机端电压及机端频率，ON-CALL 人员遂下令值班人员手动停机，02:36:48 机组停稳。

机组停稳后，将同期装置断电重启，装置重启过后，再次向省调申请同期并网试验，省调同意，抽水过程中监控简要报文如表 4-3-6 所示。

表 4-3-6　　第三次成功抽水过程中监控简要报文

时间	监控简报
02:55:20	1 号机组抽水，测值=设值：1（当晚第 3 次抽水并网试验）
02:59:46	1 号机组开出第 151 点动作（1 号机组启动同期）
03:01:08	1 号机组 GCB 合位（1 号机组抽水并网成功）
03:01:47	1 号机组抽水操作成功

1 月 4 日，厂家人员携带同期装置备件紧急赶赴电站，到场后，输入现场使用的同期装置定值后，立即将 SJ-12D 同期装置进行单体假同期试验，确认一切正常后，对现场同期装置进行更换。

将 1 号机组抽水换相开关、发电换相开关拉至试验位置后，向省调申请机组假同期并网试验，省调许可。

23:36:12，1 号机组发电假同期试验并网成功。

23:51:28，1 号机组抽水假同期试验并网成功。

1 月 5 日凌晨 0 时 10 分，安措恢复完毕，向省调申请抽水。

00:16:51，1 号机组抽水真同期试验并网成功。

16:28:34，1 号机组发电真同期试验并网成功。

二、原因分析

同期装置厂家组织对现场返回的同期装置进行了大量的分析、试验与拷机。技术中心组织相关专家、人员对同期装置软件代码进行分析、研究，软件代码未见能引起“对象漏选”的异常代码。同期不响应的原因怀疑为外部回路接触不良或同期装置板件偶发性故障。

在工厂拷机中，仅发生一次“对象漏选”，推测对象选择回路中相关芯片存在缺陷，已接近失效，会有不稳定的状况发生。考虑因为该芯片导致1月3日，1号机组启动同期时，装置未获取到对象输入，故同期装置判定同期失败，并报“对象漏选”。

三、防治对策

针对“对象漏选”问题采取的改进措施如下：

（1）复查紧固同期相关回路端子。

（2）更换全新的同期备件，排除原同期硬件可能的偶发性故障问题。

（3）软件方面的优化措施：

1）PLC程序针对同期异常情况添加保护程序，即程序实时扫描，在同期因对象漏选、频率异常等因素导致同期失败后，自动再次启动同期。

2）优化同期装置固件，同期装置监视硬件采集的异常情况，当在同期过程中发生异常时，同期装置复位并初始化同期板件。

3）同期装置将硬件采集异常记录通过串口输出至监控系统上位机，便于实时监视及历史存储。

四、案例点评

由本案例可见，安全质量管控需从可研设计时期抓起，从源头开始把控设备质量，对于特别重要的同期装置，一定要督促厂家提高产品质量，防止出现严重的并网事故。该型号同期装置此前因抽水工况谐波大的问题出过故障，厂家已修复，最近几次异常均发生在抽水启动过程中，不排除为老问题重复出现的可能。

案例4-4 某抽水蓄能电站机组转速测量信号故障*

一、事件经过及处理

2017年8月10日22时46分，某抽水蓄能电站值守人员按照调度指令执行3号机组抽水调相工况启机操作；22时50分，监控系统报“机端电压未达到85%，流程退

* 案例采集及起草人：张子龙、李承龙（辽宁蒲石河抽水蓄能有限公司）。

出”，流程超时机组自动执行电气事故停机；22 时 50 分，机组电气事故停机成功。

运维人员到达现场后立即对事故发生期间监控系统历史数据进行查询，结果发现在事故发生时，机组对应的实际转速为 62%、机端电压为 10.9kV（即额定电压的 60%），由此确认事故发生时机组机端电压确实不满足大于 85%判断条件，排除监控系统误报警可能性。正常机组机端电压在 85%时对应的实时转速约为 87%，所以可以判定本次事故是由于流程执行过程中在机组转速未达到要求转速时，便提前进行机端电压 85%的判定，最终导致机组流程超时，执行电气事故停机流程。

如图 4-4-1、图 4-4-2 流程所示，在流程判定“转速＞90%”条件满足之后，便进行“停止高压油顶起装置”操作、“机组电压＞85%”判定，由此确认事故发生时“转速＞90%”条件已经满足，但此时机组的实际转速仅为 62%，所以可以判定流程中“转速＞90%”的测点测值异常，导致流程提前判定“机组电压＞85%”。

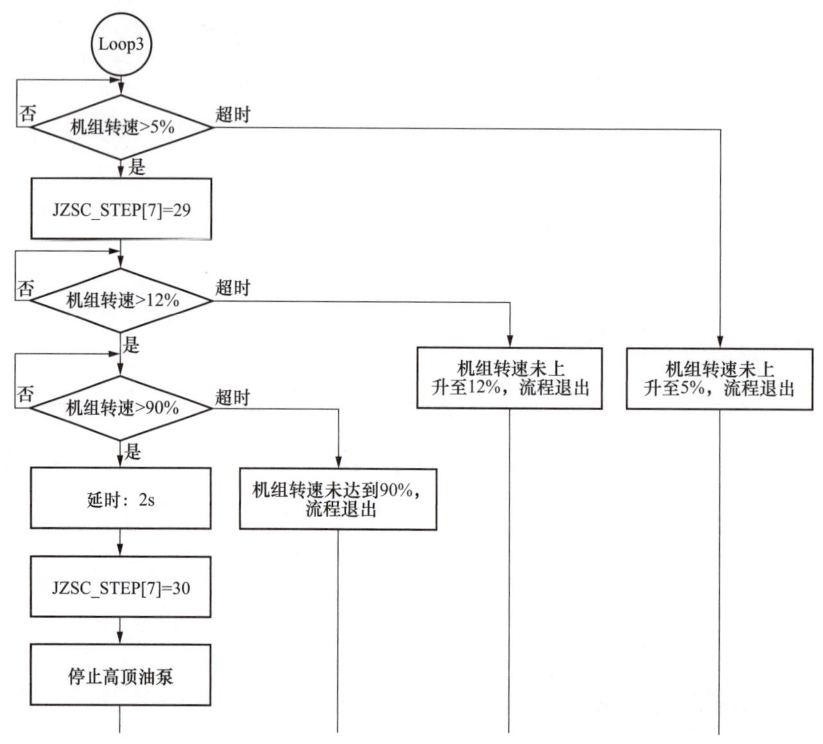

图 4-4-1　SFC 拖动升速中转速开关量判定逻辑

流程中“转速＞90%”判定条件对应的测点为“3 号机组高压油退出转速 RV10＞90%”，运维人员现场对其进行查看，发现机组在机组实际转速为 0 的情况下，该测点测值显示仍然为“1”，故确认该测点故障。运维人员现场将 3 号机组现地控制单元对应的“3 号机组高压油退出转速 RV10＞90%”测点上送信号线解除，发现测点测值仍然为“1”，确认该故障与现地设备上送回路无关。继续将现地控制单元盘柜对应测点的模块与端配板间集成通用信号线解除，此时测点测值变位为“0”，由此确认由于通用信号

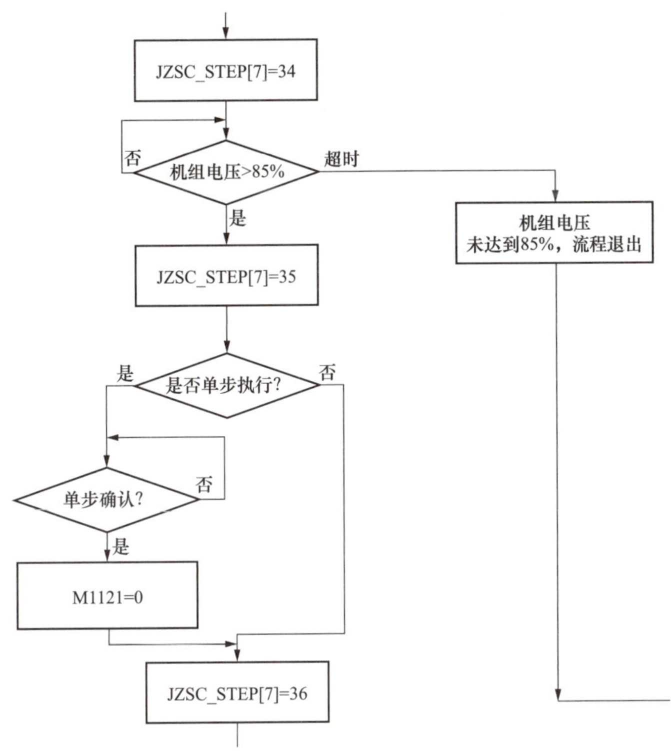

图 4-4-2　机组 85%电压判定

线缆故障导致“3 号机组高压油退出转速 RV10>90%”测点测值始终为“1”。

确认为通用信号线故障后，对其进行更换，“3 号机组高压油退出转速 RV10>90%”测点测值立即为“0”，现场手动对调速器控制柜内 RV10 继电器（3 号机组高压油退出转速 RV10>90%）励磁 10 次，监控均正确收到 3 号机组高压油退出转速 RV10>90%信号正确变位反馈。

二、原因分析

在缺陷的处理分析过程中已经明确，本次事故发生的直接原因为：“3 号机组高压油退出转速 RV10>90%”测点对应的通用信号线缆故障，故障信号线缆如图 4-4-3 所示。

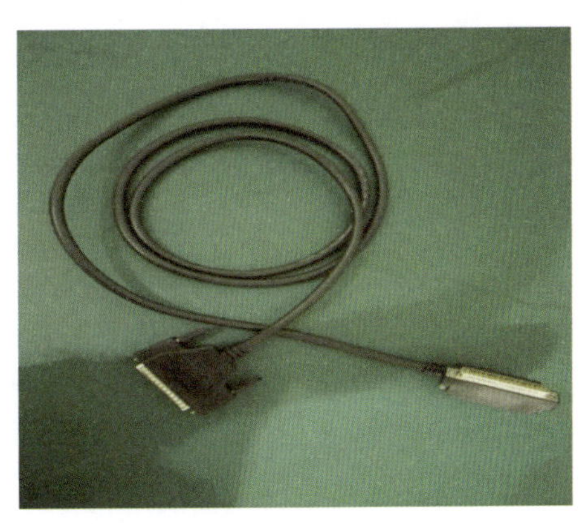

图 4-4-3　故障通用信号线缆

该类型通用信号线为集成型，在将其拆除后运维人员对该信号线测点进行逐一通断测试，发现公共端插针与故障测点对应插针互通，由此确认应为通用信号线缆内部绝缘出现问题。

通过上述分析可知，本次事故的直接原

因为通用信号线缆故障导致流程执行超时，机组电气事故停机。在对直接原因进行深度分析确认后，得出导致本次事故发生的间接原因为：

（1）运维人员技能水平较低，未能及时发现3号机组高压油退出转速RV10>90%测点自动置位。运维人员应每日对监控系统的异常报文进行统计分析，做到提早发现、及时处理。

（2）该电站机组预启动条件配置不完善，转速>90%信号满足，机组仍然满足启动条件，未做任何限制。

三、防治对策

本次事故中，引发事故的直接原因是集成通用信号线故障，此为一个偶然事件。通过对本次事故的直接原因、间接原因的深入分析，可采取如下措施进行防治：

（1）联系厂家对通用信号线进行检测鉴定。

（2）将机组转速开关量信号全部加入机组预启动条件，若出现信号误动，可通过预启动条件提前发现并予以消除。

（3）运维人员结合机组检修对开关量输入模块、通用信号线缆、端配板进行校验，发现异常及时进行处理、更换。

四、案例点评

由本案例可见，通用信号电缆等集成类元件一旦发生故障将会引起严重的后果，并且事故排查过程也较为繁琐，所以设备管理单位应该重视对集成类元件的校验与寿命评估，加强日常设备的专业巡检力度，另外在设备验收时要严把质量关，认真核对设备相关证明报告，保障设备投运质量。

案例4-5　某抽水蓄能电站机组调速器导叶控制卡件故障*

一、事件经过及处理

2014年8月7日18时18分，某抽水蓄能电站1号机组发电工况启动，在机组同期并网后负荷上升过程中，由于3号导叶控制卡件SPC3本体故障，导致3号导叶开度反馈与SPC3卡件开度设定值偏差大于跳机值后触发1号机组机械停机流程，1号机组转机械停机，启动失败。监控报警如表4-5-1所示。

---

* 案例采集及起草人：王浩、贾先锋、姜沛东（河南国网宝泉抽水蓄能有限公司）。

表 4-5-1　　1 号调速器柜报警信息表

报警时间	报警信息	报警翻译
18:18:23	01GRE_001RG_DI_F，T-SLG　NORMAL　OPERATIONAL　FAULT	调速器主用卡件故障
18:18:23	01GRE_002RG_DI_F，T-SLG　STANDBY　OPERATIONAL　FAULT	调速器备用卡件故障
18:18:23	01GTA_002XV_DI_TRP　QUICK　STOP　002XV　TRIPPED	机组转机械停机

现地检查，1 号机组调速器控制柜中 3 号导叶控制卡件 SPC3 面板故障灯点亮，主备用频率/功率调节单元 UPC（N/S）主故障灯点亮；现地调速器人机界面 HMI 上报 SPC3 卡件的接力器主用传感器测量故障（SE1_MES），SPC3 卡件的接力器传感器跟踪设定值偏差报警（MN_TRACK），SPC3 卡件的接力器传感器跟踪设定值偏差跳机（MJ_TRACK）。调速器报警记录见图 4-5-1。

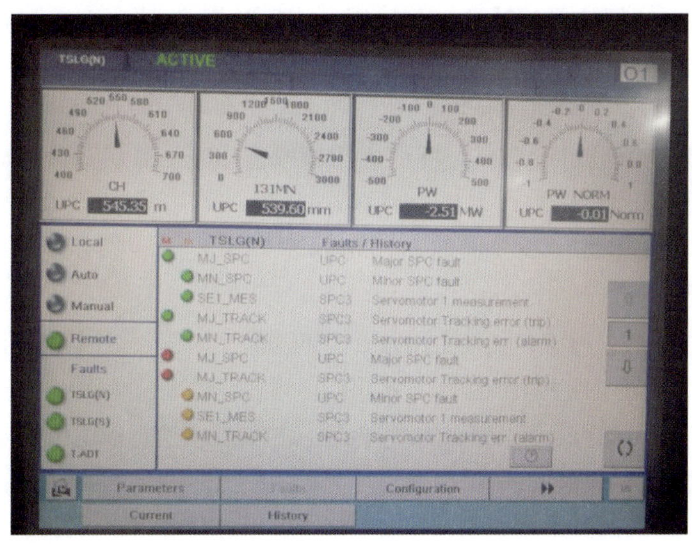

图 4-5-1　SPC3 HMI 界面报警记录

根据报警记录中 SE1_MES 报警与 tracking（alarm）报警出现时间，判断导致跳机原因是导叶设定值与实测值存在偏差（跟随性差）。通过调取监控历史曲线也可印证 3 号导叶开度相比其他导叶存在偏差。现地检查 3 号导叶主备用开度传感器无松动，反馈电流无异常。现地测量导叶接力器伺服线圈电阻为 4.4Ω，检查伺服阀芯未发现卡涩，手动动作无异常。排除导叶接力器测量回路与电液控制回路的故障可能。

现地打开调速器电调柜门，发现柜内温度与其他机组相比明显偏高，检查导叶控制 SPC3 卡件外部接线及供电电源电压，均未发现异常。检查 3 号导叶位置传感器在导叶关闭时的信号反馈正确，但导叶控制卡件 SPC3 内部出现类似继电器快速频繁动作的杂音，且面板故障报警无法手动复归。对 SPC3 卡件的 CPU 电压进行测量为 4.44V，低于正常值 5V。初步判断 SPC3 卡件的 CPU 电压过低是导致这次故障的原因，随后更换了 3 号导叶的控制卡件 SPC3，报警自动复归。之后对 3 号导叶进行了导叶静水开关试验，3 号导叶的主用、备用位置传感器的 input/ouput 的信号在导叶开、关过程中反馈正常，较为平稳，未出现突变或异常现象，且3号导叶的开启、关闭曲线平滑无异常。

在调速器控制柜上新增排风扇，以改善控制柜通风条件，降低盘柜内部温度，优化电气卡件工作环境，经测量，盘柜内温度为28℃，符合卡件正常工作环境温度。之后进行了机组空载SR工况试转，机组运行正常。

二、原因分析

该电站的水轮机调速器控制设备主要包括冗余的频率/功率调节单元UPC（N/S）和20个接力器控制卡件SPC（1～20）。每个SPC卡件接收安装于导叶接力器上的位置传感器（主/备）反馈信号，并控制导叶伺服阀，调整导叶至设定开度（UPC发令）。正常运行时主用位置传感器参与控制，故障时切换至备用传感器，SPC卡件报故障，同时将故障信息上送UPC（N/S）报故障。SPC卡件位置传感器逻辑设置介绍如下：

（1）根据调速器逻辑设置，导叶的主用位置传感器信号丢失（小于4mA）或断线不可用，则调速器报出主用UPC小故障，同时调速器自动将导叶主用位置传感器切至备用位置传感器。如果此时备用传感器也在故障状态，则报大故障，机械停机。

（2）导叶在开启过程中，如果主用位置传感器的反馈值，偏离导叶开度控制输出设定值，并达到报警值，且主用传感器与备用传感器之间的差值也大于设定值，则调速器报出Servomotor Tracking error（alarm）报警，并自动切换至备用位置传感器，继续保持机组运行，直至备用传感器故障出现后才会机械停机。

（3）导叶在开启过程中，如果导叶的主用、备用位置传感器的反馈值均与导叶输出设定值出现偏差，并且大于报警设定值，则发出Servomotor Tracking error（alarm）报警，如果达到跳机值则调速器报出Servomotor Tracking error（trip），导致调速器总控制卡件UPCN和UPCS主故障，继而导致机组快速停机。

根据现地调速器控制柜故障信息，结合SPC卡件位置传感器管理逻辑分析，出现主用传感器SE1_MES报警有以下3种情况：

（1）当主用传感器电源故障（测量电流值小于4mA），备用无电源故障（测量电流值大于4mA）。

根据报警记录信息，若为主传感器电源故障SE1_MES报警，备用无电源故障，位置传感器将切换至备用，出现的tracking（alarm）报警将会出现在故障发生后30s后，这与实际报警同时出现不符，此种情况可排除。

（2）主用传感器慢速变化故障，当主用传感器测量值与设定值偏差大于4%，且保持30s后，此时再检测到主备用传感器测量偏差大于3%。

根据报警记录信息，因未出现主备用传感器测量偏差大于3% SE_DIS报警，此种情况也可排除。

（3）当主用传感器测量值与设定值偏差大于 4%，且保持 30s 后，将 tracking（alarm）和 SE1_MES 报警；若偏差值大于 5%，且保持 30s 后，将 tracking（trip）报警并跳机。

根据实际报警记录中 SE1_MES 报警与 tracking（alarm）报警出现时间比较吻合，判断导致跳机原因为导叶设定值与实测值存在偏差（跟随性差）。通过调取监控历史曲线也可印证 3 号导叶开度相比其他导叶存在偏差，如图 4-5-3 所示。

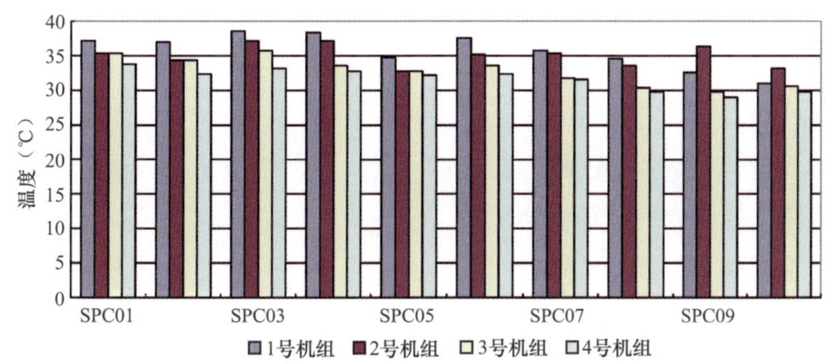

图 4-5-2　导叶设定值与测量值偏差逻辑图

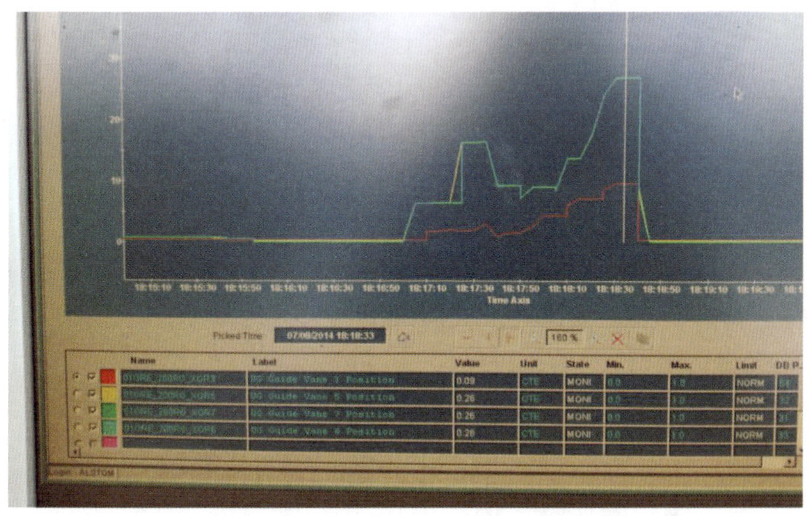

图 4-5-3　监控导叶开度历史曲线

导叶设定值与实测值存在偏差（跟随性差）可能的原因为：

（1）导叶接力器位置传感器测量故障。通过现地检查，主备用传感器本体无油污、无水渍污染，固定良好，上送信号无异常，结合上面报警信息分析，主备用传感器测量未出现大的偏差（SE_DIS 报警），基本上可排除传感器本身故障。

（2）导叶卡塞，接力器本体窜油，油压异常，伺服阀阀芯发卡等引起的故障通过拆开伺服阀阀芯，检查无杂物，动作灵活，通过手动通伺服阀阀芯，导叶开启正常，导叶位置传感器反馈信号平滑无异常，可排除此类机械元件故障。

（3）伺服阀线圈故障。拆下伺服阀线圈，用万用表测量，阻值约 4.4Ω，正常，排除伺服阀线圈故障导致的无法准确执行动作伺服阀阀芯，导致导叶跟随性差。

（4）SPC 卡件内部故障。现地检查 SPC3 卡件外部接线无异常，供电电源电压无异常，3 号导叶位置传感器在导叶关闭时的信号反馈正确，但导叶控制卡件 SPC3 内部出现类似继电器快速频繁动作的杂音，且面板故障报警无法手动复归。根据调速器的功能设置，如果调速器出现故障后，必须在故障消失后，小故障会自动复归，大故障需手动复归。本次机组跳机导叶全关后大故障已手动复归，但 SPC3 故障却无法手动复归，更换 3 号的控制卡件 SPC3 备件后，报警自动复归。

综合以上原因分析，判断本次故障的直接原因为：3 号导叶控制卡件 SPC3 内部元器件故障。

因调速器 SPC 卡件故障情况不止一次发生，严重影响了机组安全稳定运行，为此展开了导致卡件故障的原因分析：

（1）SPC 卡件质量问题。1 号机组调速器盘柜于 2008 年投入带电调试、运行，已运行近 7 年。但同样使用此设备的其他电站，投产期相近，未发生此类故障。SPC 卡件质量问题可能性不大。

（2）SPC 卡件 CPU 电压。正常运行情况下，SPC 卡件 CPU 电压约为 5V，但通过测量故障的 SPC3 CPU 电压约为 4.44V，明显低于此正常值，通过测量其他正常运行的 SPC1、SPC4、SPC11 为 5.05V，SPC10、SPC20 为 5.06V，满足此要求。

（3）SPC 卡件运行环境。SPC 卡件长期带电运行，良好的通风环境及定期的除尘，将会延长其使用寿命。2013 年，因 SPC 卡件程序进行了一次升级，当时对其内部进行了一次彻底除尘清扫，内部比较干净，排除此情况的影响。对于通风效果不良，引起的卡件温度过高，导致的卡件过早老化情况，2014 年 8 月 13 日上午对机组调速器电气柜 SPC 卡件内侧温度进行了检测，测量数据如图 4-5-4、图 4-5-5 所示，1、4 号机组停机备用；2 号机组运行 40min 左右；3 号机组运行 2h 以上。

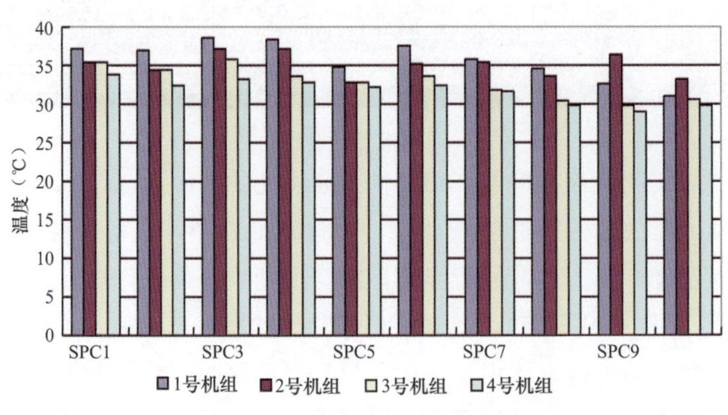

图 4-5-4　SPC1～10 号卡件内侧温度图表

通过温度图表比对，发现 1 号机组停机状态调速器控制柜内部温度偏高，运行时将会更高，正常情况下模块运行环境温度应保持 38℃以下方可安全运行，过高将会运行

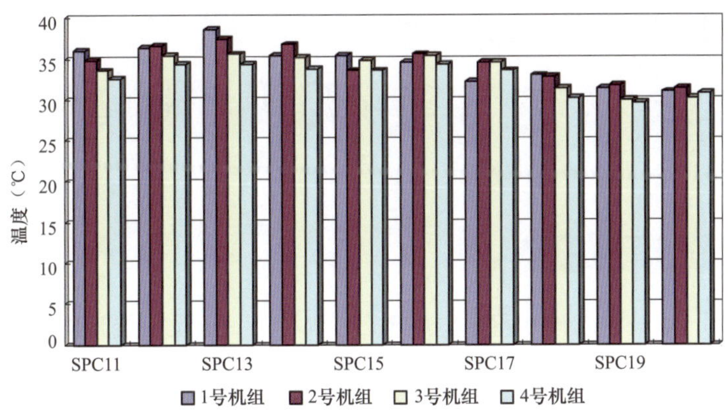

图 4-5-5　SPC11～20 号卡件内侧温度图表

异常。

检查 1 号机组调速器控制柜结构及通风设备运行情况，发现排风扇运行正常，但因控制柜设计不合理，柜中间有隔板，加上安装期间，电缆布线将进风口堵住了一大部分，进风受阻，导致冷风不能有效送至各支架模块，且不能正常将热风排出。

综合上面的分析认为，调速器 SPC3 卡件故障的最终原因为：受盘柜内通风散热影响，卡件内部过热老化，造成 CPU 电压幅值下降，工作不稳定。

三、防治对策

（1）设备运行时间较长，SPC 卡件内部个别元器件出现损坏，加强备品备件管理，准备充足的备件，发现异常时，能够及时予以更换。

（2）结合机组定检或检修，对调速器 SPC 卡件内部的 CPU 元件电压进行测量，检测模块工作状态，并依据相关规范，对不符合要求的卡件（工作电压过低）进行更换。

（3）对于电气元件多、散热困难的电气盘柜进行优化，通过增加风机等措施保证电气柜内电气元件工作在适宜的环境下。

四、案例点评

通过本案例可知，电气盘柜在初期选型时，应根据盘柜内设备计算发热量来确定选用的散热方式，环境温度低于盘柜内温度 5～10℃时可选用风扇散热，在盘柜底部设置送风机，盘柜顶部设置排风机，且进风量应大于排风量，进风口需加装滤网；若环境温度与盘柜内温度接近且盘柜内温度大于 35℃时，宜选择工业空调或者热交换器进行散热。通过合理安排内部电气元件安装位置，保证内部发热电气元件能充分接受冷却。若电气设备散热达不到要求，会导致电气卡件长期运行在高温环境，严重影响寿命及卡件可靠性。因此，确保电气元件工作环境良好，是保证电气元件安全稳定运行的重要因素。

案例 4-6　某抽水蓄能电站机组调速器测速卡件故障*

一、事件经过及处理

2016 年 1 月 11 日，某抽水蓄能电站电气 500kV 一回线出线带电运行；500kV Ⅰ、Ⅱ段母线正常运行；2 号机组抽水带－300MW 负荷，2 号主变压器负载运行；3 号机组备用，3 号主变压器空载运行；4 号机组抽水带－300MW 负荷，4 号主变压器负载运行。该电站的 500kV 电气主接线如图 4-6-1 所示。

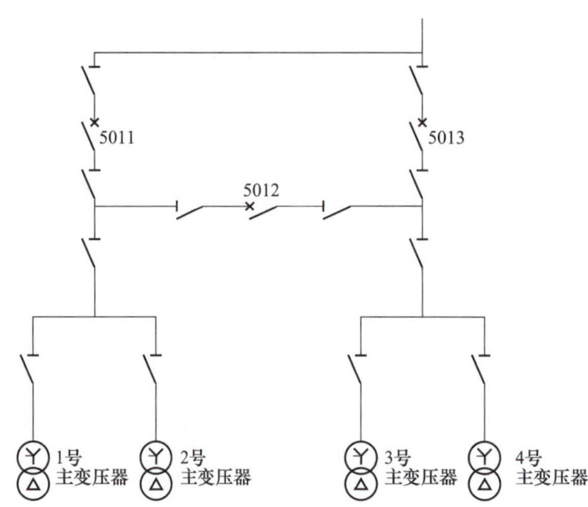

图 4-6-1　500kV 电气主接线图

0 时 54 分，接调度令，1 号机组抽水调相工况启机，于 0 时 59 分并网成功。

1 时 3 分 2 秒，1 号机组在抽水调相转抽水过程中跳机，2 号机组抽水工况跳机，500kV 出线断路器 5011、桥断路器 5012 跳开，1 号厂用变压器高压侧断路器、1 号 SFC 输入断路器、1 号发电机出口断路器跳闸。

现地检查发现，1 号机组 B 组保护 P345 保护装置“TRIP”指示灯点亮，保护装置中报警信息为低压过流保护动作。其他保护（1 号主变压器保护、2 号发电机—变压器组保护、短线保护 1、5011 断路器保护、5012 断路器保护、5013 断路器保护、线路保护）均无跳闸信息。

查看监控历史记录，1 号机组在抽水调相转抽水过程中，因 1 号机组大量吸收无功功率，导致低压过流保护动作跳闸。

1、2 号机组到达停机稳态后，值守人员向调度申请将 1、2 号机组退备，ON-CALL 运维负责人开展机组隔离操作并通知设备主人对机组全面检查，对机组发电机定转子、上下机架、水车室、调速、球阀等系统进行了检查，未发现异常。

从监控系统查阅 1 号机组的开机记录，发现监控未收到 1 号机组 95％转速信号。在

---

* 案例采集及起草人：方书博、霍献东（河南国网宝泉抽水蓄能有限公司）。

抽水调相转抽水过程中，励磁系统未从电流调节模式切换至电压模式，励磁电流始终维持在PC工况时的励磁电流值。从抽水调相工况到抽水工况转换过程中，监控流程不检测励磁调节模式，导叶正常打开，机械输入功率增加，为保持功率平衡，需靠发电机从系统吸收大量无功功率来增大定子电流，而吸收大量无功功率又会使发电机机端电压严重下降，最终导致1号机组低压过流保护动作跳闸。确认故障原因为1号机组调速器测速卡件T-ADT的95%额定转速信号通道故障。

事故同时暴露出监控程序设置不合理，监控未收到95%转速信号，未自动转停机流程。保护定值设置错误等问题，导致低压过流保护先于失磁保护动作。具体处理过程如下：

（1）更换故障测速卡件，对部分长期带电运行或运行寿命较长的元器件，结合定检、检修进行逐步地替代、改造，避免因设备老化或维护不到位造成机组跳机或断路器跳闸等严重事件发生。

（2）95%转速信号用于切换励磁调节模式、停止高压注油泵，但该信号不参与流程控制，未收到该信号不会导致机组机械停机，为防止再次发生该事故，将监控程序修改为如未收到95%转速信号则可直接发出报警，并转入停机流程，避免机组达到稳态后跳开500kV设备。

（3）低压过流保护作为系统后备保护，动作时间为1.5s，未与主变压器及线路后备保护配合。根据《大型发电机变压器继电保护整定计算导则》（DL/T 684—2012）中4.2.1低压过流保护与主变压器后备保护动作时间配合的原则，主变压器后备保护最长动作时间3s，将低压过流保护动作时间整定为3.5s。

二、原因分析

2号机组和1号机组的保护故障录波曲线如图4-6-2、图4-6-3所示。从图中可以看出，2号发电机出口母线电压、电流曲线正常，1号发电机出口母线电压降低，电流增大，低压过流保护正常动作。

该电站低压过流保护配置如下：

GROUP 1 SYSTEM BACKUP

Backup Function　Volt controlled（电压控制过流保护）

V Dep OC Char　DT（定时限保护）

V Dep OC I> Set　1.180A（过电流定值）

V Dep OC Delay　1.500s（保护延时）

V Dep OC V<1 Set　85.00V（低电压定值）

V Dep OC k Set　250.0×10^{-3}（过电流系数）

电流互感器变比：15000/1；

额定电流：$I_e=I_{gn}/n_a=0.714$（A）；

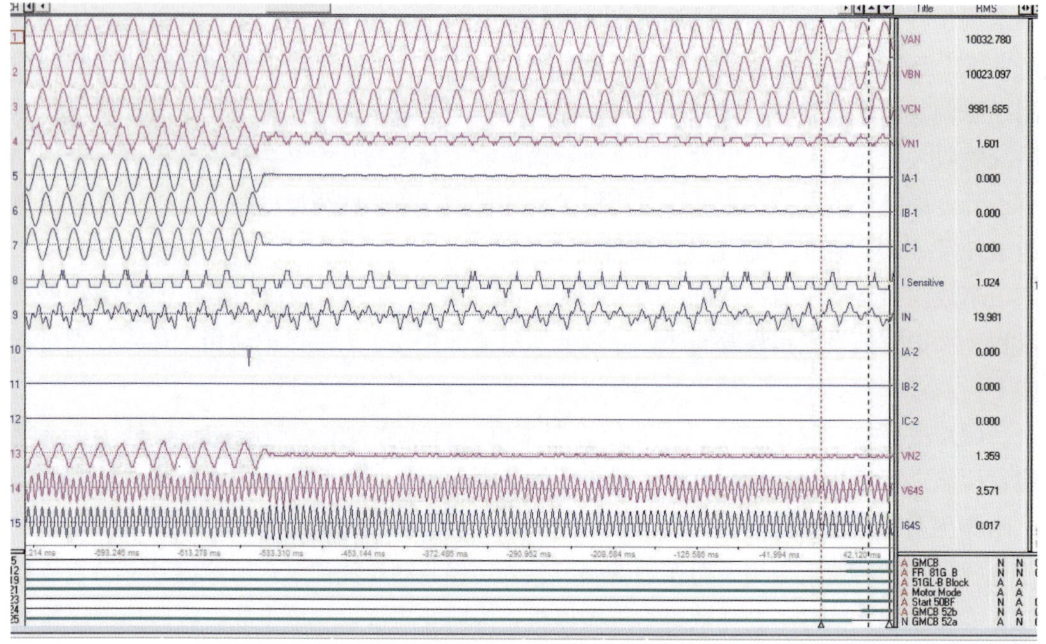

图 4-6-2　2 号机组保护故障录波曲线

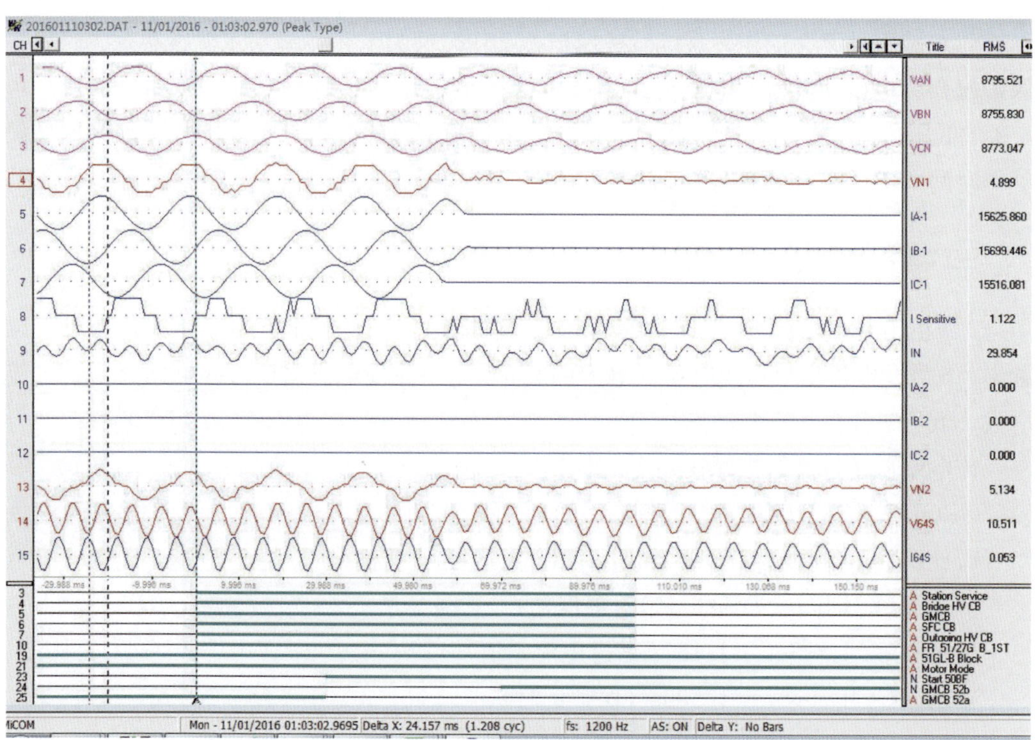

图 4-6-3　1 号机组保护故障录波曲线

电压互感器变比：18000/100；

额定电压：$U_e = U_{gn}/n_v = 18000/180 = 100$（V）；

低压过电流定值 $I=I>$ Set×0.25=1.18×15000×0.25=4425（A）；

低电压定值 $V<1$ Set=85/100×18000/1.732=8833.7（V）。

根据保护跳闸矩阵得知，低电压过电流保护属于发电电动机及相邻设备短路故障的后备保护，仅在电气制动（发电、水泵）、水泵启动（拖动、被拖动）时闭锁，其他工况不闭锁。1号机组在跳机时处于抽水调相转抽水工况，因此，此低压过流保护不闭锁。

由图4-6-3可知，低压过流保护动作时（01:03:02.9695），电流为 I_a=15625.860（A）、I_b=15699.46（A）、I_c=15516.081（A）；电压值为 U_a=8795.521（V）、U_b=8755.830（V）、U_c=8773.047（V）。电流值超过定值3.5倍，电压值超过电压定值。

01:03:01.469，低压过流保护启动。

01:03:02.969，低压过流保护延时1.5s，保护出口跳闸。

分析故障直接原因：

（1）故障时励磁电流、励磁电压分析。根据监控历史记录，查看1号机组跳机前后发电机定子电压、定子电流、有功功率、无功功率、励磁电压、励磁电流曲线，如图4-6-4所示，在1号机组抽水调相工况到抽水工况转换过程中，有功功率按正常趋势增加，励磁电流一直保持抽水调相工况时的励磁电流（960A左右），励磁电压保持稳定。

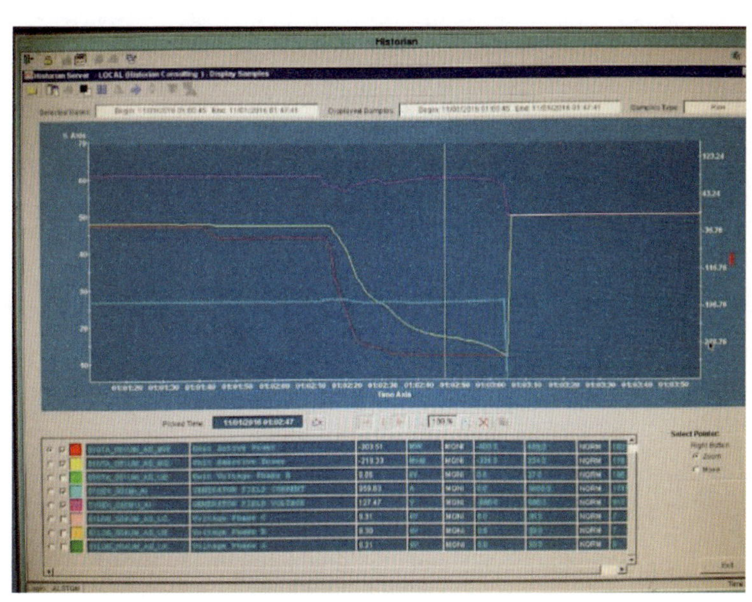

图4-6-4 1号机组跳机前后励磁电压、励磁电流曲线

吸收的无功功率迅速增加，定子电压下降，定子电流上升，直至低压过流保护动作，跳开1、2号机组及500kV断路器5011、5012。

（2）励磁电流模式未切换至电压模式分析。在正常情况下，机组在抽水调相启机时，转速达到95%额定转速，励磁调节模式从电流模式切换至电压模式，在抽水调相工况到抽水工况转换过程中，励磁电流应按设定规律上升。但根据当时机组的实际情况和历史曲线，1号机组励磁电流保持恒定，判断在转速达到95%额定转速时，励磁调节模式未从电流模式切换至电压模式，励磁电流保持不变。

（3）95%转速信号分析。调速器测速卡件T-ADT，根据机组转速，向监控输出不同的转速触点，然后监控根据不同的信号功能，执行对应的流程和功能。95%额定转速信号，由调速器经内部继电器至发送监控，经监控中间继电器扩展后送出两个信号，一个信号被送往励磁系统，用于实现励磁调节模式切换，另一个信号作用是监控自身用来发出停止高压注油泵运行的命令。查阅监控记录，未查到95%转速信号。

综合判断调速器测速卡件故障为本次故障的直接原因，调速器测速卡件的95%额定转速信号回路故障，励磁系统未收到95%额定转速信号，励磁模式未切换至电压模式，励磁电流未跟随抽水功率的增大而增大，导致机端电压降低，机组大量吸收无功功率，低压过流保护动作。

分析故障间接原因：

（1）该电站低压过流保护动作于跳500kV断路器，作为机组的近后备保护，主变压器、电站出线的远后备保护，其动作时间应与主变压器相间短路后备保护动作时间配合整定。该电站主变压器高压侧过流保护作为500kV出线的远后备保护，动作延时为3.0s，而低压过流保护延时为1.5s，动作时间未与主变压器后备保护配合，导致低压过流保护先于主变压器高压侧过流保护动作。

（2）本次故障时，1号机组机端出现低电压、过电流现象，由图4-1-2、图4-1-3故障录波曲线可知，发电机从系统吸收的最大无功功率为270MW（机组容量300MW），机组处于低励状态，此时，应由失磁保护动作将机组解列。查阅保护装置事件记录，失磁保护已经启动，因机组失磁保护动作时间按躲过系统最大振荡时间取1.5s，和低电压过流保护动作时间一样，但低压过流保护先于失磁保护启动，导致事故扩大（2号机组抽水工况跳闸、500kV断路器跳闸）。

根据以上分析可知，低压过流保护动作时间整定错误，是导致本次事故扩大的间接原因。

三、防治对策

（1）对部分长期带电运行或运行寿命较长的元器件，可结合定检、检修进行逐步地替代、改造，避免因设备老化或维护不到位造成机组跳机或断路器跳闸等严重事件发生；同时，可对调速器的T-ADT卡件进行定期测试，比如对各个转速的信号进行检查、测试，确保各个转速通道能够正常工作。

（2）加强人员专业技能的培训，提升其对设备认知的能力，提高设备的消缺和维护能力。

(3) 立即开展监控程序的梳理、异动。对用于投入励磁、停止高压注油泵的 95%转速信号，在机组启动过程中，监控如未收到则可直接发出报警，并转入停机流程，避免机组达到稳态后跳开 500kV 设备。

(4) 按照《大型发电机变压器继电保护整定计算导则》(DL/T 684—2012) 中 4.2.1 低压过流保护与主变压器后备的动作时间配合，将低压过流保护动作时间整定为 3.5s，大于失磁保护动作时间 (1.5s) 及主变压器后备保护动作时间 (3s)，防止越级跳闸，事故扩大。

四、案例点评

因抽水蓄能电站一次接线复杂，运行工况繁多且转换频繁，大量模拟量、开关量参与到机组流程控制，因此应加强自动化元件的日常维护和试验。继电保护作为切除故障的第一道防线和防止故障扩大造成停电事故的最后一道防线，是保证电力设备安全和限制大面积停电最基本、最重要、最有效的手段。应杜绝继电保护“三误”事件发生，防止事故扩大，确保机组、电网安全稳定运行。

案例 4-7　某抽水蓄能电站机组调速器电液转换器电磁线圈断线*

一、事件经过及处理

2016 年 2 月 18 日 15 时 16 分，某抽水蓄能店站 4 号机组发电工况开机失败，机组转速上升过程中导叶异常关闭，机组转电气事故停机。

根据调度指令，该电站运行人员执行 4 号机组由停机备用转发电流程，上库水头 381.5m。流程发出后，各辅助设备正确启动，机组进入停机热备态。换向隔离开关合闸，主进水阀打开后，流程至“启动调速器”，如图 4-7-1 所示。调速器发出 RO-T 命令（发电工况启动令），导叶打开 9%开度开始冲转机组。15 时 16 分，机组转速上升至 74%，导叶突然关闭。运行人员发现监控报“调速器大故障 R29-G 停机动作”，机组执行事故停机流程。

机组停机后，运维人员现场对 UPC（调速器机组过程控制器）检查，发现调速器主备 UPC 同时报大故障信号，可以复归，UPC 工作正常没有死机迹象。模拟导叶拒动情况，主备 UPC 同时报大故障，与事故情况一致。进行油压装置启动试验，压力管路压力表计示数正常。模拟紧急停机电磁阀 AD200 投退试验，

* 案例采集及起草人：李承龙（辽宁蒲石河抽水蓄能有限公司）。

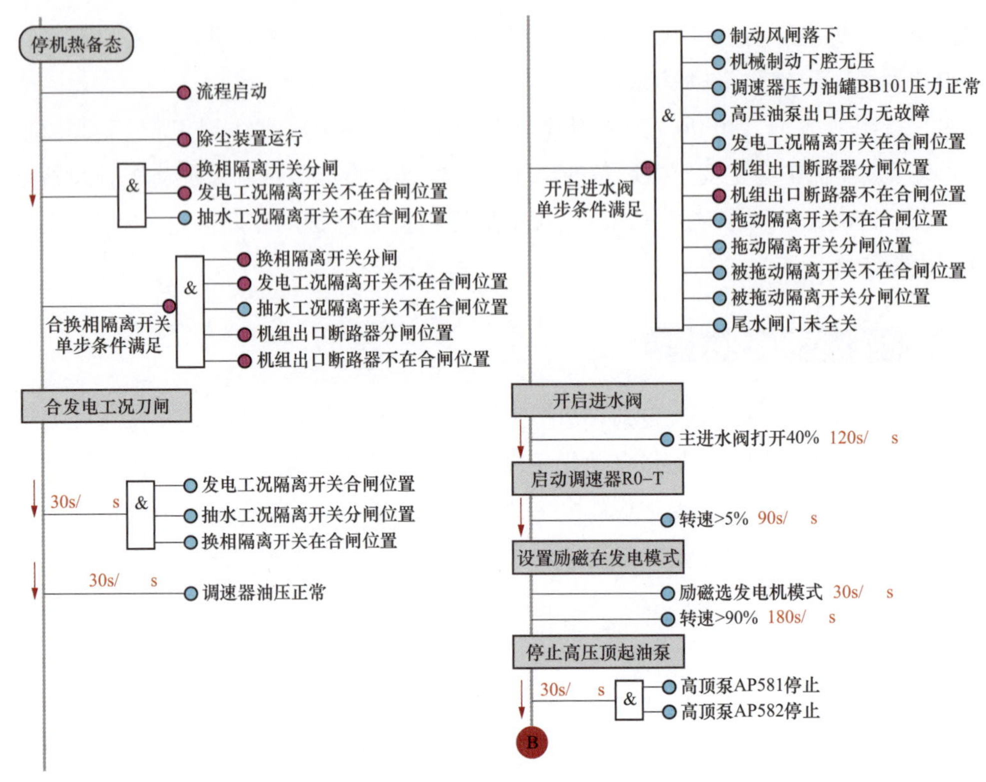

图 4-7-1　开机流程图

反馈正常。

运维人员进行导叶静水开闭试验，试验过程中导叶拒动而未能正常开启，传感器反馈为 0%与现地情况一致。调速器电液转换器控制回路电压正常。运维人员对 4 号机组调速器电液转换器（见图 4-7-2）进行线圈电阻测量，测量电阻值为 1.7MΩ，如图 4-7-3 所示。正常情况下调速器电液转换器电磁线圈阻值应为 26Ω 左右，确认电液转换器故障。

运维人员对电液转换器备件进行线圈电阻测量为 26.6Ω，确认正常。在电液转换器周围做好防护，松动固定螺栓，排尽残油后更换电液转换器。完成安装后，运维人员对新安装电液转换器进行校准，测定平衡电压为直流 2.3V（标准为直流 2～3V），对导叶进行动作试验，试验结果正常。现场进行机组启动试验，机组启动成功，试验结果正常。

二、原因分析

此次事故停机的直接原因为：4 号机组调速器电液转换器电磁线圈断线，导致 4 号机组调速器电液转换器回到关导叶位置，因而导叶在开启过程中异常关闭，调速器 UPC

图 4-7-2　故障电液转换器图

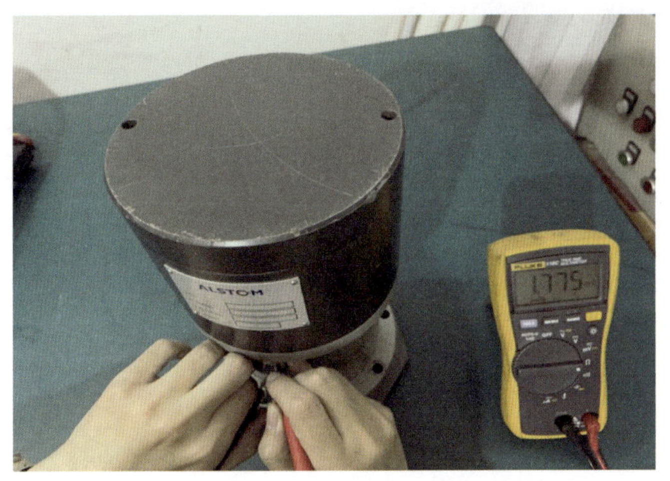

图 4-7-3　线圈电阻测量图

判断导叶拒动报大故障后跳机。

此次事故的间接原因为：该电站缺乏对电磁阀线圈的监测措施，未能发现线圈老化趋势。

三、防治对策

本次事故中，引发事故的直接原因是电液转换器电磁线圈断线，此为一个偶然事件。但该电站此前没有针对调速器电液转换器电磁线圈的检修检查项目，因此没有针对此问题的数据统计，无法提前发现线圈老化趋势，也就必然导致电液转换器电磁线圈最终断线情况的发生。

可采取如下措施进行防治：

（1）定期检查各机组电液转换器运行情况，联系设备厂家，掌握设备维护周期。对于运行时长较长、线圈关键指标变化明显的设备进行更换、返厂维修。

（2）针对调速器电液转换器电磁线圈等机组正常运行过程中无法直接观察的位置，应采取间接方式检查。完善机组定检项目，增加对电液转换器电磁线圈的阻值测量记录，完善相应台账数据，掌控线圈老化程度，确保提前发现，及时处理。

四、案例点评

由本案例可见，设备管理应重视关键指标数据的统计与分析，从保持设备稳定运行的角度出发，落实设备定期健康状态分析要求。日常定检时，强化对设备日常巡检不易排查的位置的检查，并做好数据统计，有效掌握如线圈内阻、开关触点电阻、开关、探头位置变化等趋势变量。因此，建立并执行一套标准、可更新的定检、检修标准制度是十分必要的。

案例 4-8　某抽水蓄能电站机组调速器电流采集模块故障导致机组过励磁保护动作*

一、事件经过及处理

2010 年 1 月 6 日 8 时 51 分，某抽水蓄能店站 1 号机组发电并网，带负荷 180MW，9 时 1 分，1 号机组电气跳机，现地检查 1 号机组过励磁保护（59/81G-B）动作跳闸。

1. 机组保护动作信息

机组保护动作信息如表 4-8-1 所示。

表 4-8-1　　1 号机组保护动作信息

时间	报警信息	备注
08:51:50.260	GEN MODE ON	发电工况
08:55:00.363	59/81 G/M 3RD STAGE Start Signal ON	过励磁保护三段反时限启动
08:56:08.703	59/81 G/M 1ST STAGE Trip Signal ON	过励磁保护一段报警
08:56:08.703	59/81 G/M 1ST STAGE 1.05 V / f	过励磁保护一段报警值
09:01:46.733	System IO General Trip Signal	机组保护总跳闸
09:01:46.733	59/81 G/M 3RD STAGE Trip Signal ON	过励磁保护三段反时限跳闸
09:02:46.733	59/81 G/M 3RD STAGE 1.07 UN/fn	过励磁保护三段反时限跳闸值
09:01:47.126	59/81 G/M 1ST STAGE Trip Signal OFF	过励磁保护一段报警复归
09:01:47.156	59/81 G/M 3RD STAGE Trip Signal OFF	过励磁保护三段反时限复归

1 号发电机—变压器组故障录波器录波如图 4-8-1 所示（通道 1、2、3：发电机中性点电流 A、B、C 相；通道 4、5、6：发电机机端电压 A、B、C 相；通道 7：过励磁保护动作），通过波形可以看到，跳闸前发电机三相电压均达到 16.8kV，发电机三相电流均达到 10.7kA，电压、电流波形未发生畸变（发电机额定电压为 15.75kV，额定电流为 10.19kA）。

2. 计算机监控系统信息

计算机监控系统信息如表 4-8-2 所示。

---

* 案例采集及起草人：张冰冰、郭中元、杨敏之（华东宜兴抽水蓄能有限公司）。

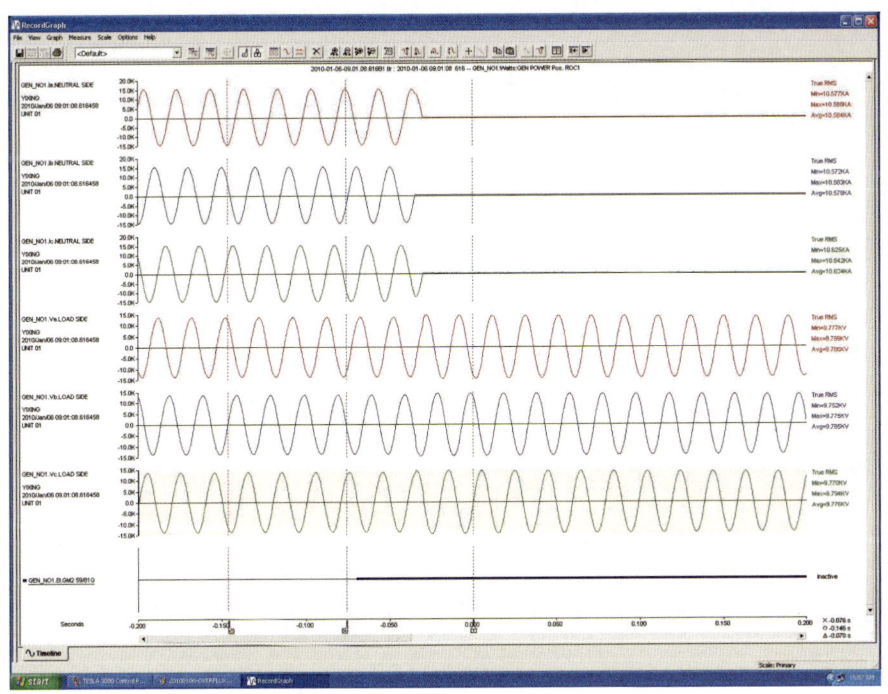

图 4-8-1　故障录波器录波波形

表 4-8-2　　监控系统报警信息

时间	报警信息	备注
08:51:37.139	U1 BREAKER CLOSED	1 号机组断路器在合位
08:54:07.000	set value 180.00MW	1 号机组设置有功功率 180MW
08:54:30.510	U1 GMPROT MN2：59/81G TRIP	1 号机组过励磁保护跳闸
09:01:04.950	U1 EXCITATION LIMITER ACTIVE	1 号机组励磁电流限制器动作
09:01:04.950	U1 STATOR CURRENT LIMITER ACTION	1 号机组定子电流限制器动作
09:01:08.563	U1 GMPROT MN2：UNIT STOPPING	1 号机组电气停机
09:01:08.587	U1 GCB OPND	1 号机组断路器在分位
09:01:09.976	U1 GOV SPEED>115%	1 号机组转速大于 115%
09:01:10.487	U1 TRB OVERSPPED EMERGENCY SD SW2	1 号机组电气过速二级动作
09:01:10.492	U1 TRB OVERSPPED EMERGENCY SD SW1	1 号机组电气过速一级动作

计算机监控系统记录数据在 9 时 1 分 5 秒励磁系统过励限制器和定子电流限制器动作，使得励磁电流和定子电流下降，使得发电机负荷开始下降，如图 4-8-2 所示。

1 号机组带负荷过程中，计算机监控系统录到的电流波形取自监控系统交流采样装

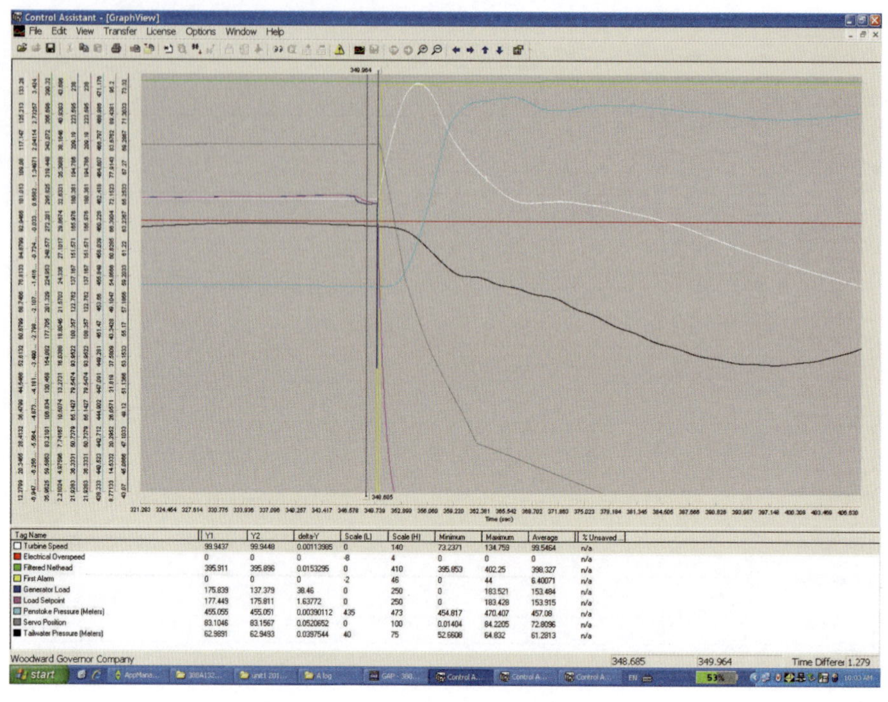

图 4-8-2　监控系统录波波形

置，其 A、B、C 三相电流发生不对称，而故障录波器测量到的波形是三相对称的，这导致交流采样装置测量到的功率小于实际功率。

3. 调速器系统信息

根据 1 号机组调速器系统波形分析跳闸前负荷为 180MW，导叶最大开度 84.2205%，在跳闸过程中转速最高上升到 134.759%，如图 4-8-3 所示，导叶关闭规律正确。第一步现地检查交流采样装置，校验机组现地控制盘上交流采样装置 ION7550，经过校验电流、电压采样以及功率计算，均符合要求；第二步，检测交流采样装置 ION7550 的 4～20mA 模拟量输出，结果符合要求；第三步，检测交流采样装置电压互感器（TV）回路，结果符合要求；第四步，检测交流采样装置 TA 回路，发现电流回路外部 B、C 相短路；第五步，检查交流采样装置外部 TA 回路，发现与其串接 1 号机组调速器控制器 A 的 TA 模块内部发生 B、C 相短路。

由于调速器电流输入模块内部 B、C 相短路，使得监控系统交流采样装置 ION7550 测得电流减小，引起 ION7550 计算功率小于机组实际所带负荷。直接导致计算机监控系统和调速器系统收到的反馈功率小于实际机组运行功率，调速器根据负荷差反馈调节导叶开度，使得机组超限运行，机组过励磁保护（59/81G-B）反时限三段保护动作跳闸。1 号机组过励磁保护（59/81G-B）整定值如表 4-8-3 所示。

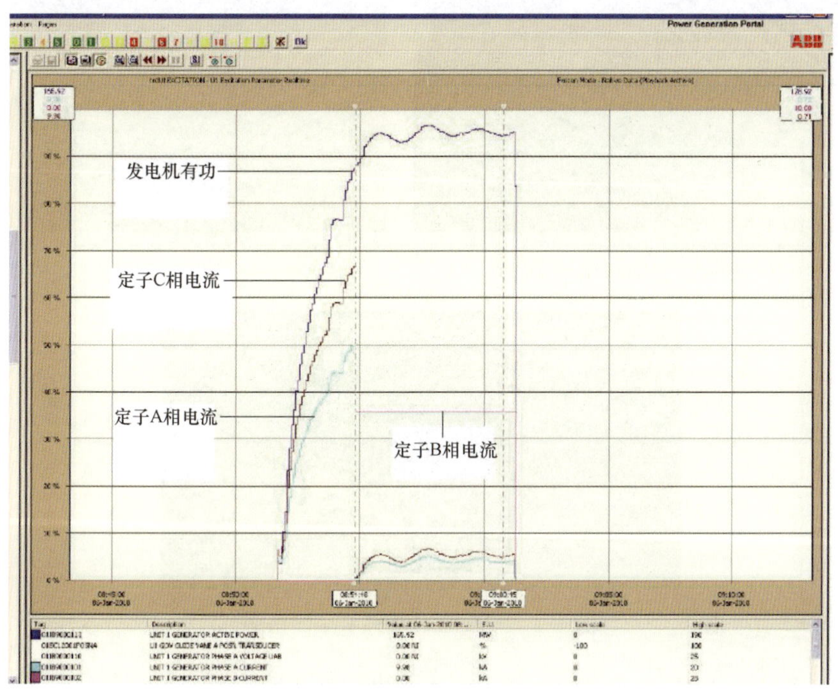

图 4-8-3　机组调速器系统波形

表 4-8-3　　**过励磁保护定值**

保护动作结果	保护定值	保护延时
一级报警	$V/f=1.05U_B/f_N$	Delay =1s
二级跳闸	$V/f=1.2U_B/f_N$	Delay =10s
三段反时限跳闸	V/f Start $=1.05U_B/f_N$	t[U/F]1=1.05
	t[U/F]2=1.10	Delay =0.4min
	t[U/F]3=1.15	Delay = 0.08min
	t[U/F]4=1.20	Delay =0.02min
	t[U/F]5=1.25	Delay = 0.01min

其动作电压取自发电机机端侧 TV 绕组，动作电流取自发电机中性点 TA 电流。动作后果：1 号机组电气跳机。第六步，由于 1 号机组调速器测量的机组功率是取自交流采样装置 ION7550，已经不需要发电机电流进行功率计算。因此，将调速器控制器A/B的电流互感器模块直接短接，减少不必要的中间环节。

本次跳机过速发生后，电站立即将 1 号机组发电机和水轮机隔离，组织人员对 1 号机组发电机和水轮机转动部件进行内窥镜检查，通过内窥镜检查发现 1 号机组转子磁轭键点焊焊缝出现 2 处点焊开焊，同时磁极挡块有 11 块中间挡块出现不同程度裂纹。随后现场立即组织抢修，具体挡块裂纹情况如图 4-8-4～图 4-8-6。

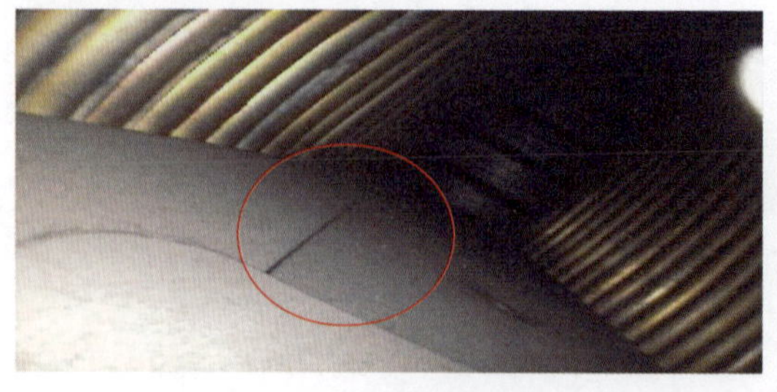

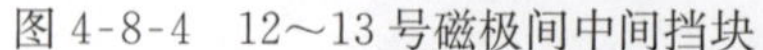

图 4-8-4　12～13 号磁极间中间挡块

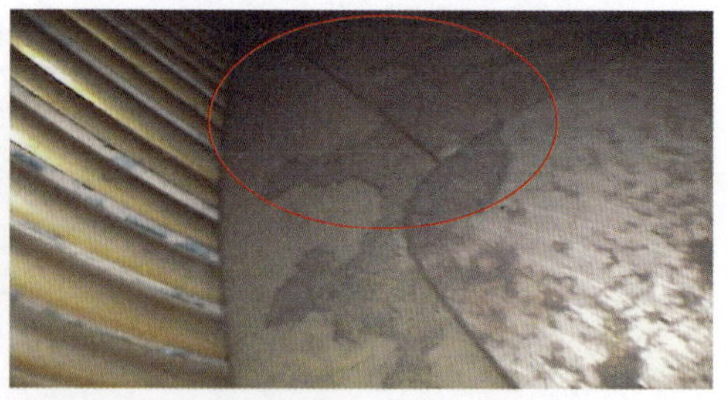

图 4-8-5　13～14 号磁极中间挡块

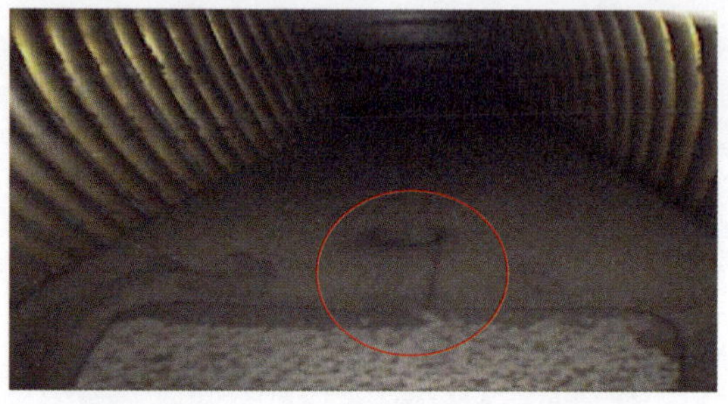

图 4-8-6　16～17 号磁极中间挡块

针对上述缺陷，电站立即组织人员对 1 号机组转子磁轭键点焊焊缝出现 2 处裂纹进行补焊，同时对 1 号机组 16 块中间挡块用新型号备品进行全部更换。

二、原因分析

1. 跳闸时数据记录分析

1 号机组过激磁保护跳闸时记录的数据有如下特点：

计算机监控系统和调速器系统记录的数据表明，跳闸时 1 号机组出力维持 180MW，但根据计算的电压、电流记录（三相电压均达到 16.8kV，发电机三相电流均达到 10.7kA），跳闸前 1 号机组所带负荷已经超限运行。

此次 1 号机组电气跳闸过程中，转速最高上升到 134.759%，而根据试验记录，在 1 号机组导叶修型之后 100%甩负荷试验时，机组转速最高上升到 130.5%；1 号机组跳闸前，带 180MW 运行时，导叶开度大于 80%，而同水头、同负荷下 1 号机组导叶开度不到 70%；计算机监控系统和调速器系统功率测量到的功率反馈不正确。当实际机组运行负荷为 180MW 时，计算机监控系统和调速器系统功率测量到的功率反馈小于 180MW，导致调速器一直增加导叶开度，直到调速器系统测量到的功率反馈为 180MW。而此时，机组实际功率已经超限运行，从而引起 1 号机组机端电压和定子电流上升，达到机组过励磁保护（59/81G-B）反时限三段保护启动值，当延时到时，机组过励磁保护出口动作跳闸。

在此次 1 号机组跳闸事件过程中，励磁系统限制器正确动作，使得励磁电流、定子电流、发电机负荷都有所下降。但是，励磁系统 V/F 限制器由于 GE 联营体提供启动值为 1.1，所以没有动作。

本次 1 号机组过激磁保护（59/81G-B）跳闸的原因为调速器控制 A 内部 TA 模块

B、C相相间短路，导致监控系统交流采样装置ION7550测量功率小于实际机组出力，引起调速器根据负荷反馈将导叶开度增大，使得机组超限运行，是这次1号机组继电保护动作跳闸的直接原因。

2. 1号机组挡块裂纹分析

(1) 磁极挡块结构。

1) 发电机磁极挡块采用环氧块全支撑结构，上部挡块与下部挡块结构相同，中间挡块结构异于上下部。

2) 上下部挡块的环氧支撑块与不锈钢块采用拉紧螺杆（M24内六角）连接，不锈钢块内部有螺纹孔，安装时涂抹乐泰242胶水，施加170NM力矩，安装好后用锁定螺杆（M10内六角）锁紧拉紧螺杆（螺杆中部有24mm范围的六棱柱结构，用于锁定），安装完毕后，环氧支撑和磁极绕组间留有0～0.5mm间隙。因此环氧支撑和不锈钢块紧密接触，环氧支撑和磁极绕组则留有间隙。

3) 安装上部及下部挡块都需力矩扳手，因此，如果中部挡块设计和上下部一样，则安装拉紧螺杆和锁定螺杆需要1.5m长的力矩扳手，非常不利于施工，而且对于较小的锁定螺杆来说，扳手头部内六角非常容易断裂，因此厂家设计时，中部挡块采用另外一种结构，环氧支撑头部设计一凹槽，凹槽内放一不锈钢块（中间有M30内螺纹），用1m长的M30螺杆与转子中心体处螺母相连，为保持环氧支撑与线圈的间隙，螺栓不施加力矩，仅仅将环氧支撑拉近接触线圈即可，然后螺母用锁片锁住。

(2) 上下部挡块受力分析。

机组运行时，转动部分以375r/min的转速运行，上下部挡块的不锈钢块压紧磁极绕组的绝缘护板，环氧支撑由不锈钢块提供向心力，施力点在螺栓头部，方向指向大轴中心。由于受力均匀且是正压力，即使机组甩负荷，转速达到500r/min，F向心力还是不足以破坏环氧支撑。

(3) 中部挡块裂纹原因分析。

当转动部件运行时，中间挡块受到一个支撑其转速的向心力，这个力的作用部件是拉紧螺杆，通过挡块凹槽内的不锈钢块来传递，环氧支撑不会被破坏。但根据现场拆出的挡块实物来看，事实并非如此，凹槽内不锈钢块和环氧支撑的接触面并不是红色区域，是侧面和弧形角处，不锈钢块和环氧支撑的正接触面存在间隙。产生间隙原因有两个：一是加工精度不高，导致配合不好；二是现场装配工艺不当，没有进行修磨。因此，可以确定产生裂纹的原因为：不锈钢块和环氧支撑存在间隙导致受力在侧面及弧形处，对挡块形成两个F侧向拉力，而且由于凹槽较深、力矩较大，对裂纹形成较大的剪切力，最终导致环氧支撑裂纹的产生。

(4) 处理过程。

过速后发现有裂纹的挡块共有11只，因原有挡块结构不合理，因此对16只中部挡块都予以更换，更换为新型挡块，与2、3、4号机组相同，新型挡块的凹槽部分较浅（深度新型为40mm，旧的为70mm），可防止过大剪切力的产生，在安装前，对不锈钢块的弧形角处进行了加工，削去一部分，并对其侧面进行打磨，这样安装下去后，保证了不锈钢块与环氧支撑块正面的良好接触，而侧面有一定间隙（为防止振动，间隙很小，并在侧面及正面接触面都刷一层环氧），倒角处不锈钢块和环氧支撑则完全不接触，当机组正常运行或甩负荷时，环氧支撑块受的主要的力就是不锈钢块提供的法向正压力，而侧面基本不受力，断绝了侧向剪切力的根源，从根本上杜绝了挡块裂纹的产生。目前 1 号机组的 16 只中部挡块都已按此方法装复完毕。

三、防治对策

（1）继续对 2、3、4 号机组调速器控制器 A/B 的电流互感器回路进行改造，将其电流互感器模块短接。

（2）与厂家联系，调整 1、2、3、4 号机组励磁系统伏赫兹（V/F）限制器整定值，使之与机组过激磁保护整定值相配合。

（3）对 2、3、4 号机组磁极挡块进行更换。

（4）检修人员要认真做好设备状态分析，对所负责设备的运行状态数据及时做好收集及分析，提前发现问题。

四、案例点评

由本案例可见，重要的二次回路，如电流互感器回路，减少不必要的中间环节，就可减少故障发生的可能。此外，加强对继电保护及其安全装置的定值管理，尤其是励磁系统与继电保护系统定值配合，如果涉网定值存在失配现象，将会导致事故的扩大。本案例中重要部件隐性的结构设计和施工安装质量问题让运行单位束手无策，无从排查，无从防范，一旦出现问题，后果严重，危害性也极大。因此，建立并严格执行一套完善的责任追究制度，强化建设、施工、监理以及运维单位各层级责任追溯还是十分必要的。

案例 4-9　某抽水蓄能电站机组水环排水阀行程开关偏移*

一、事件经过及处理

某抽水蓄能电站 2 号机组抽水启动过程中，流程至水环排水阀 374 关闭时，监控显示“00：51：51.904 水环排水阀 374 打开复归”，水环排水阀 374 位置为不定态，此时导叶未打开，转轮室内持续造压，导致机组振摆过大，0 时 56 分 7 秒，手动启动机械

* 案例采集及起草人：陈泽升、马锦彪（河北潘家口抽水蓄能电站）。

事故停机导致 2 号机组启动失败。

2 号机组停机以后检查监控系统，水环排水阀 374 关闭位置处于不定态，监控流程检查发现关闭水环排水阀命令发出，但未收到返回的关闭位置信号。

检查机组 SFC 抽水启动流程，由 SFC 抽水流程可以看出，监控系统流程步号执行至 350，开出第 40 点关水环排水阀 374 令，流程步号执行至 352，设定 300s 之内未收到 374 关闭信号执行机械事故停机，如图 4-9-1 所示。水环排水阀 374 开出至值守人员执行事故停机时间间隔为 256s，所以在整个过程中机组未自动启动

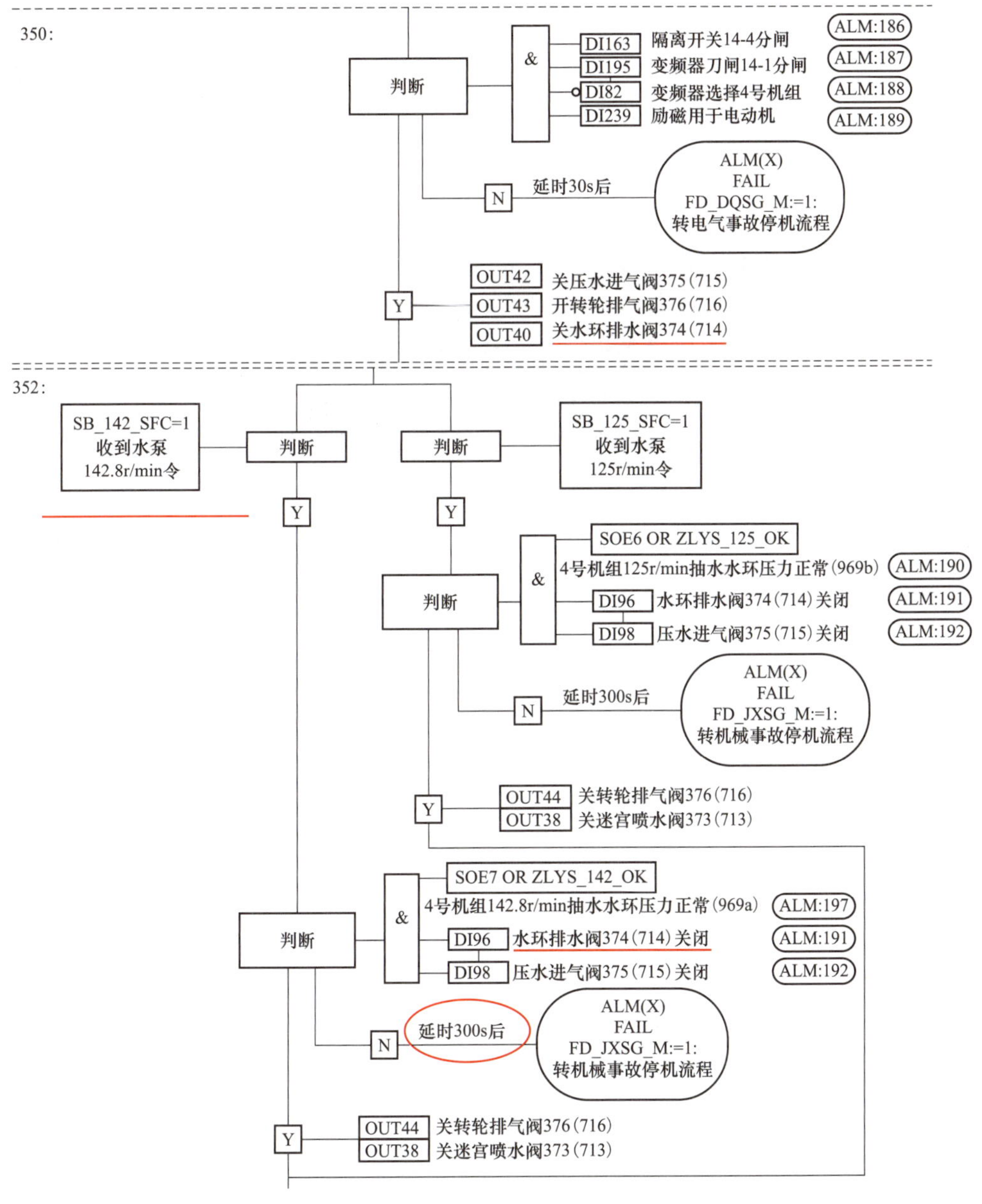

图 4-9-1　SFC 抽水流程截图

事故停机。

现地检查水环排水阀 374 在关闭位置，水环排水阀 374 本体外观检查无异常。检查水环排水阀 374 限位开关，发现原限位开关固定螺栓松动，致使驱动杆向下发生轻微位移，限位开关未动作到位，关闭位置信号未返回。调整驱动杆并紧固固定螺栓，已增大限位开关的压紧距离，数次传动试验动作均正常，如图 4-9-2、图 4-9-3 所示。

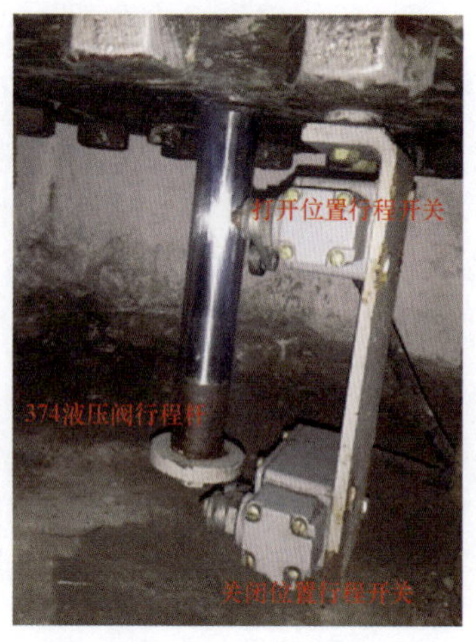

图 4-9-2　限位开关现场位置

收集监控系统简报信息、发电机辅助设备控制盘等相关设备的报警及故障信息。对 2 号机组本体水轮机、发电机、辅助设备及所有二次控制设备进行全面检查，并复归故障信号。

机组在抽水启动失败过程中，由于监控系统未收到水环排水阀 374 关闭信号，转轮室始终处于造压状态，导致机组振动、摆动增大，但未因振摆超限制启动紧急停机，分析如下：

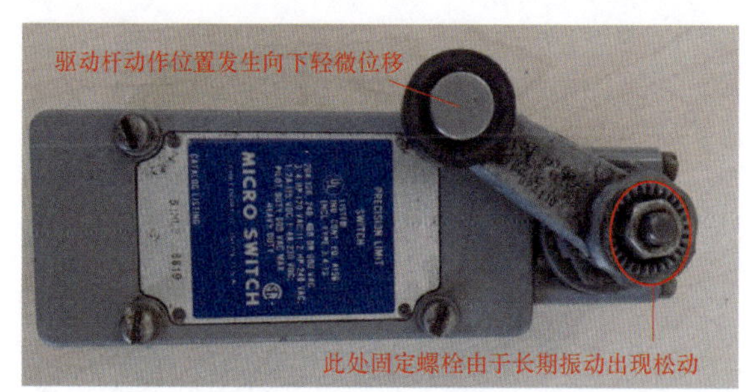

图 4-9-3　限位开关

该电站机组振动摆度保护逻辑由振摆装置逻辑进行判断，经过综合判断后再送给监控系统一个综合跳闸信号，监控系统再经过相应的逻辑闭锁判断后启动停机流程。

振摆保护装置动作逻辑如表 4-9-1 所示。

表 4-9-1　振摆保护装置动作逻辑

序号	振摆装置动作逻辑
1	推力油槽水平振动、推力油槽垂直振动及上导 X 向摆度三点高高限报警后开出，延时 5s 动作
2	推力油槽水平振动、推力油槽垂直振动及上导 Y 向摆度三点高高限报警后开出，延时 5s 动作
3	推力油槽水平振动、推力油槽垂直振动及下导 X 向摆度三点高高限报警后开出，延时 5s 动作
4	推力油槽水平振动、推力油槽垂直振动及下导 Y 向摆度三点高高限报警后开出，延时 5s 动作
5	顶盖水平振动、顶盖垂直振动及水导 X 向、水导 Y 向摆度四点高高限报警后开出，延时 5s 动作

事故发生时振摆波形曲线中的数值分析如表 4-9-2 所示。

表 4-9-2　　振摆波形曲线中的数值分析

序号	通道名称	最大值（μm）	最大值时刻	分析说明
1	上导 X 方向 报警值：1100μm 跳闸值：1500μm	1045	00:49:24	上导与下导最大值有 3 个处于同一时间段内，但仅达到了报警值，未达跳闸值
2	上导 Y 方向 报警值：1100μm 跳闸值：1500μm	1392	00:48:57	
3	下导 X 方向 报警值：1200μm 跳闸值：1500μm	1357	00:49:20	
4	下导 Y 方向 报警值：1200μm 跳闸值：1500μm	1363	00:49:24	
5	推力水平 报警值：250μm 跳闸值：500μm	2515	00:55:31	推力垂直、水导 Y 方向两个最大值在同一时刻，且超过跳闸值，但未满足“5 选 3”的跳闸逻辑，其他最大值亦未满足跳闸逻辑
6	推力垂直 报警值：250μm 跳闸值：500μm	505	00:55:58	
7	水导 X 方向 报警值：400μm 跳闸值：500μm	867	00:54:21	
8	水导 Y 方向 报警值：400μm 跳闸值：500μm	881	00:55:58	
9	顶盖水平 报警值：250μm 跳闸值：500μm	837	00:55:21	
10	顶盖垂直 报警值：250μm 跳闸值：500μm	2520	00:54:54	

监控系统振摆保护跳闸总逻辑如下：

（1）当 SFC 抽水或者 BTB 抽水启动过程中且导叶处于打开位置，监控系统收到振摆跳闸信号后经过 15s 延时启动紧急停机流程；

（2）停机至空载流程启动或者空载至发电流程时当机组转速≥85%时，监控系统收到振摆跳闸信号立即启动紧急停机流程。

（3）停机至 BTB 驱动水轮机流程执行至“转速≥85%”信号动作，同时监控系统收到振摆装置的跳闸信号立即启动紧急停机流程。

（4）停机至空转流程执行至“转速≥85%”信号动作，同时监控系统收到振摆装置的跳闸信号立即启动紧急停机流程。

本次事故期间，2 号机组处于抽水启动过程中，由于当时机组抽水启动过程中导叶未打开，监控系统内部闭锁跳机逻辑，未启动事故停机流程。

二、原因分析

水环排水阀 374 关闭时，需压紧限位开关后，信号回路才会接通，同时将水环排水阀 374 关闭位置信号反馈至监控系统。由于限位开关处于主厂房 125 层，机组抽水启动时此处振动较大，由于长期的振动，导致限位开关固定螺栓出现松动，限位开关驱动杆位置发生向下轻微位移，水环排水阀 374 限位杆的压紧度不足，限位开关处于临界动作状态，没有正确反馈信号，因此造成停机到抽水工况转换失败。水环排水阀 374 如图4-9-4所示。

图 4-9-4　水环排水阀 374

三、防治对策

（1）机组液压阀行程开关检查纳入月度定检，每月检查行程杆运动轨迹有无变化、固定螺丝有无松动、开和关信号的返回时间有无异常，结合机组定检进行测量并记录。

（2）依据相关规范标准，对设备主人进行技术、技能培训，结合现场实际优化设备维护周期，梳理设备故障风险点加以管控。

（3）已组织相关技术人员、振摆保护装置厂家人员，并在分析该电站机组特点的基础上借鉴兄弟单位在开机启动及停机过程中的振摆保护配置方案进行合理优化。同时，将结合机组定子设备改造后增设振摆测点的实际情况进一步优化跳闸逻辑配置，确保机组振摆保护全程投入。

四、案例点评

本案例暴露出该电站编制及执行的定期工作考虑不够全面，未将限位开关压紧度距离测量等工作列入定期工作中；设备主人对设备熟悉程度不够，未对设备隐患做出风险预判。机组在启、停非稳态运行时未全程投入振摆保护，振摆保护配置有待于进一步优化。

案例 4-10 某抽水蓄能电站水环排水压力开关误整定导致上游调压管喷水至高压引线*

一、事件经过及处理

2018 年 3 月 27 日，某抽水蓄能电站 3 号机组停机工况，3 号主变压器空载运行，各项参数正常，设备无异常。

20 时 30 分，中控室操作员站报 3 号主变压器差动保护动作，2203 断路器跳开。

监控系统记录信号动作时间如下：

18-03-27 20:31:20，P20 盘母差保护 4 母电压开放报警动作。

18-03-27 20:31:20，P20 盘母差保护 5 母电压开放报警动作。

18-03-27 20:32:20，3 号主变压器差动保护动作。

维护人员检查 3 号主变压器保护盘动作及报警信号，主变压器两套差动保护 87T1、87T2 跳闸动作，主变压器过流保护报警，主变压器高压侧复压过流保护启动，主变压器低压侧复压过流保护启动，P20 盘母差保护 4 母电压开放报警、5 母电压开放报警。现场检查 150 层主变压器走廊有喷水过后迹象，排水沟水量明显增多，喷水后现场照片如图 4-10-1 所示。

图 4-10-1 主变压器走廊现场照片

主变压器保护动作如表 4-10-1、表 4-10-2 所示。

---

* 案例采集及起草人：李赫明、毕旭（河北潘家口抽水蓄能电站）。

表 4-10-1　　　　主变压器保护 PT31 动作（保护装置不能自动对时）

2018-03-27 20:28:55:128	3 号主变压器差动保护跳闸　87T1	Trip	Come
2018-03-27 20:28:55:184	3 号主变压器差动保护跳闸　87T1	Trip	Go

表 4-10-2　　　　主变压器保护 PT32 动作（保护装置不能自动对时）

2018-03-27 20:28:33:395	Diff. 2-inp. 3-ph. 87T2	Trip	Come
2018-03-27 20:28:33:452	Diff. 2-inp. 3-ph. 87T2	Trip	Go

3 号机组变组故障录波器录波如图 4-10-2 所示。

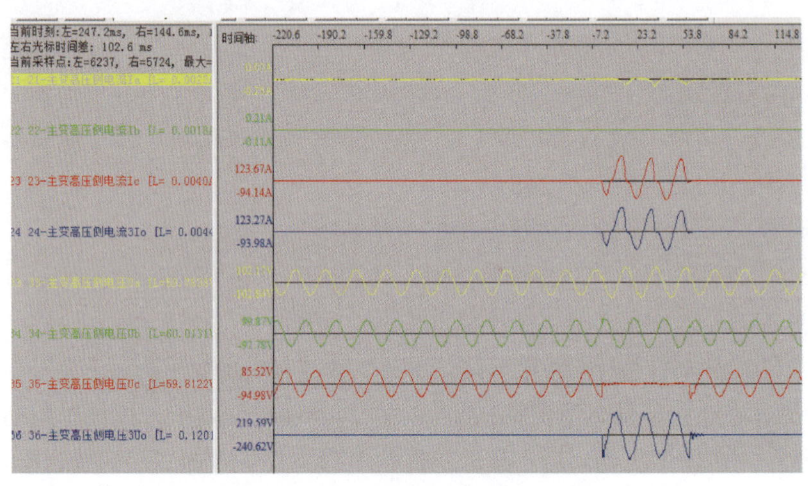

图 4-10-2　3 号机组变组故障录波器录波

由故障录波图形分析可知，在故障发生时，3 号主变压器高压侧 C 相电流突然增大，不平衡电流突然增大，C 相电压减为 0，判断 3 号主变压器高压侧 C 相接地导致差动保护动作。3 号主变压器差动保护回路接线图如图 4-10-3 所示。

向调度申请 3 号主变压器由运行转检修。

检查 3 号主变压器本体无异常，主变压器绕组及油温温度显示正常，检查主变压器高压侧引线（位置在差动两侧 TA 范围内）进行检查，连接正常，线路无搭接、断开情况。

对 3 号主变压器绝缘进行测量，主变压器高压侧三相对地绝缘≥1000MΩ，低压侧三相对地绝缘≥30MΩ，绝缘正常。

取 3 号主变压器油样进行色谱检测分析，乙炔含量 0.5μL/L，不超过 5μL/L（标准值），氢气含量 18.7μL/L 和总烃含量 63μL/L 不超过 150μL/L（标准值）检测结果合格。

二、原因分析

根据现场情况及工业电视录像，判断 3 号主变压器由于上游调压管喷水至 3 号主变压器高压引线，主变压器 C 相瞬时接地，导致 3 号主变压器差动保护动作，造成 3 号主变压器出口断路器 2203 跳闸。

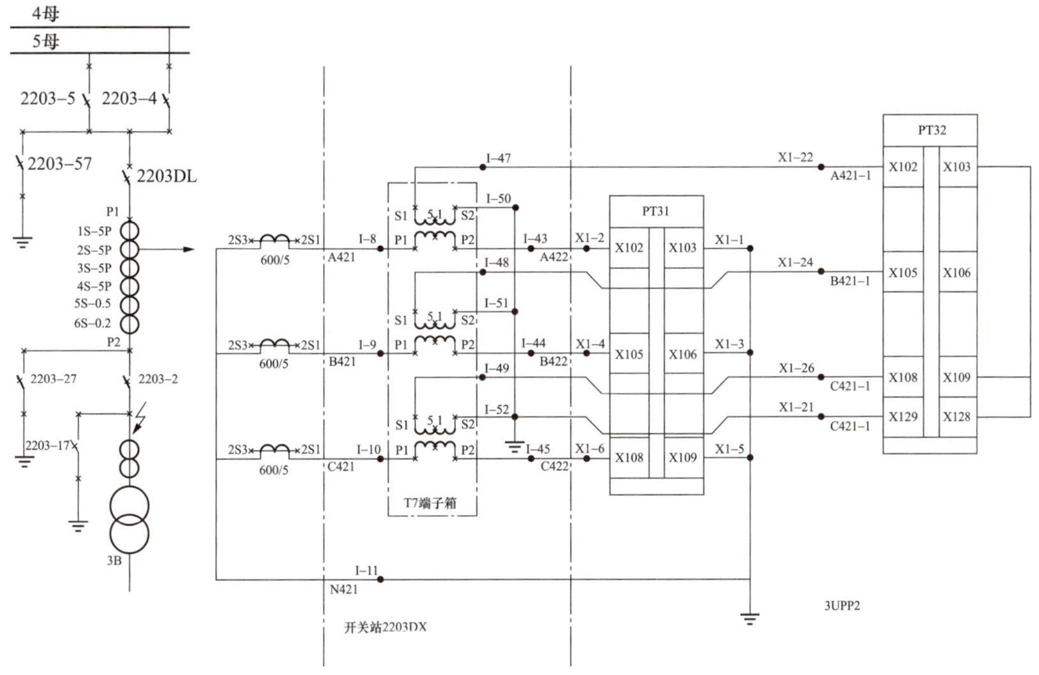

图 4-10-3　3 号主变压器差动保护回路接线图

事件发生时，2 号机组正在进行抽水并网试验。分析上游调压管喷水原因为：2 号机组控制抽水启动开导叶的压力开关 969a 校验调整后动作压力过小（969a 定值为 0.6MPa，实际检测 969a 动作压力为 0.28MPa），引起转轮室排气时间短（机组正常抽水启动过程中排气时间为 110 s 左右，此次实际排气时间为 53 s），机组转轮室压水气压未完全排出，转轮室残留的压水空气随着抽水水流进入压力钢管，残留压水空气形成气泡在调压管处聚集，当“气泡”压力达到一定数值时产生爆裂在调压管内产生浪涌，同时因为当时该电站水库水位处于 223.6m 的较高水位，调压管内的水位与上水库水位相同，距离调压管排水口下沿仅有 1.1m 的距离，气泡爆裂产生的浪涌造成调压管喷水，导致处于调压管正下方的 3 号主变压器高压侧 C 相引线接地故障，差动保护动作（主变压器保护两组差动保护均正确动作）。调压管喷水过程如图 4-10-4 所示，调压孔与 3 号主变压器高压侧引线现场位置如图 4-10-5 所示。

三、防治对策

（1）将水环压力开关 969a 定值调整为 0.6MPa，2 号机组经抽水启动试验正常，未再次发生喷水现象。排查检修后所有参与控制压力开关及变送器校验报告，确保运行正常不误动。

（2）加强设备主人技能水平，做好机组抽水试验风险预控及分析，上库处于较高时水位，对可能存在的喷水风险做好事故预想。

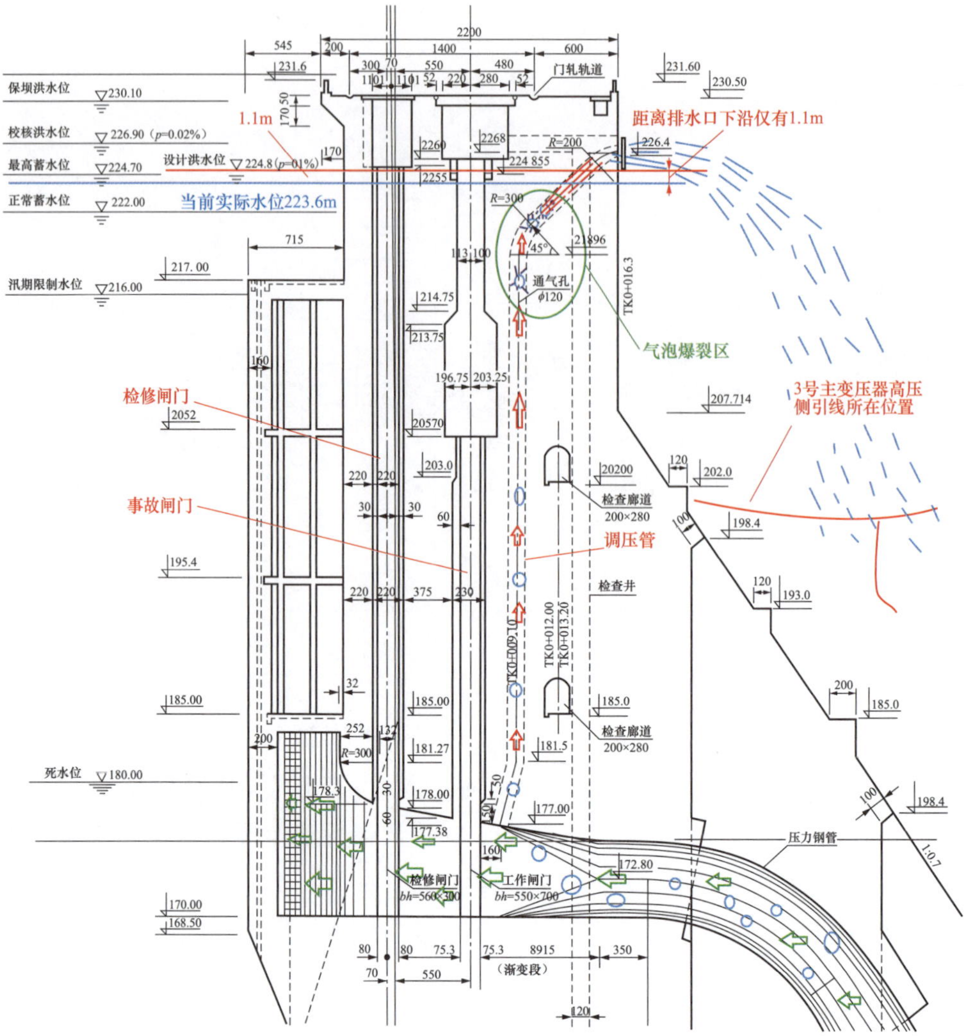

图 4-10-4　调压管喷水过程示意图

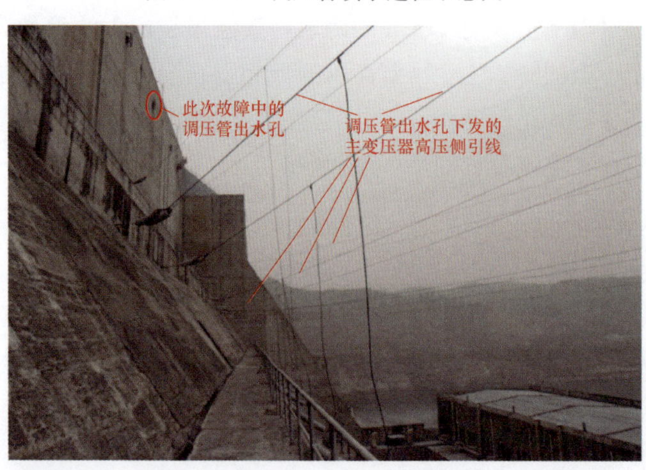

图 4-10-5　调压孔与 3 号主变压器高压侧引线现场位置指示

（3）由于3号主变压器位置和调压管出口位置不能改变，在调压管出口处设计增加挡水装置，当出现调压管喷水事件时，挡水装置可改变水流流向，彻底解决上游调压管喷水水流会接触高压引线的问题。

四、案例点评

该电站2号机组抽水启动试验前，未能对试验中风险全面彻底分析，上库处于较高水位，对可能存在的喷水风险未能及时做好事故预想。主变压器高压侧引线与上游侧调压管出口相对位置设计不合理，在出现调压管喷水情况时，未考虑到水流可能会接触到高压引线，导致主变压器高压侧接地故障发生。检修过程中设备主人经验不足，责任心不强，压力开关校验把关不严格，未能发现压力开关校验后定值发生变化，导致调压管喷水。

案例4-11　某抽水蓄能电站机组球阀油泵卸载阀故障*

一、事件经过及处理

2014年9月28日23时21分，某抽水蓄能电站1号机组抽水工况出力为－300MW，稳定运行过程中，值守人员听到现场存在异音，现场检查发现1号机组主进水阀油气罐安全阀动作，油气罐压力缓慢下降，经调度同意转移负荷后执行，机组正常停机。

事故发生时，油压装置2号油泵作为主泵运行，地下厂房值守人员听到现场异音，同时在监控系统发现1号机组主进水阀油气罐压力以0.1MPa/min左右速度缓慢下降（额定压力6.4MPa，事故低油压定值5.3MPa）。值守人员现场检查发现，1号机组主进水阀油气罐安全阀动作，油气罐压力缓慢下降。值守人员向调度申请转移负荷，得到调度同意后，开启4号机组抽水运行，4号机组并网后执行1号机组停机。

事故机组停机后，运维人员迅速对现场进行了再次检查，确认1号机组主进水阀油气罐安全阀动作，并造成气罐压力持续下降。操作人员立即对1号机组主进水阀油气罐进行泄压进行缺陷处理。

通过查阅监控气罐压力曲线确认，油气罐安全阀动作时压力为7.0126MPa，且动作前油压装置油泵持续补压，达到6.4MPa停止补压定值时也未停止，主进水阀压力油罐压力上升曲线如图4-11-1所示。

---

* 案例采集及起草人：初晓倩、刘宏源（辽宁蒲石河抽水蓄能有限公司）。

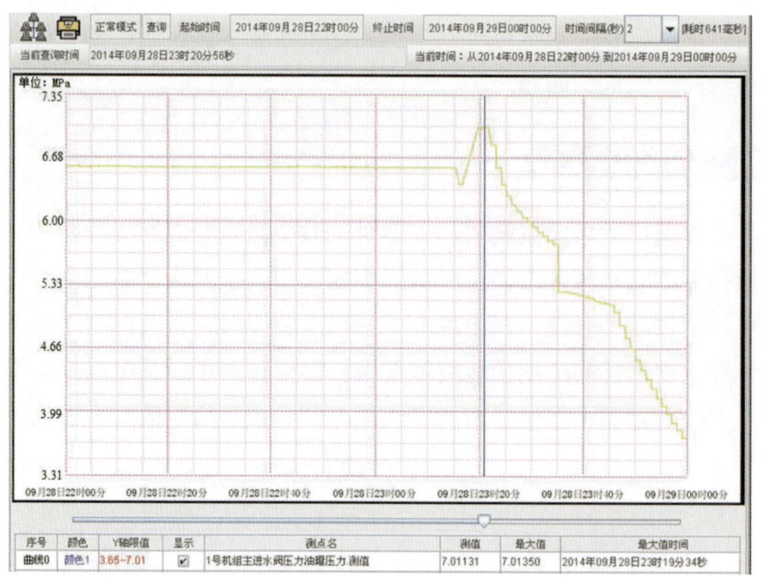

图 4-11-1　主进水阀压力油罐压力上升曲线图

现场对“压力正常，停止补压”压力开关进行校验，其动作值为 6.42MPa，反馈信号正常。

检查油泵空负载情况，在油压装置控制柜上手动执行空载命令，电磁阀阀芯没有发出正常的碰撞声。将插头拔出，用万用表测量其线圈阻值为∞，而正常值应为 15Ω 左右，确认电磁阀线圈断线。更换 1 号机组油压装置 2 号油泵空载电磁阀。测试其他油泵空载电磁阀线圈阻值及控制回路，均正常。

检查所有油泵出口溢流阀定值，实际发现除 2 号油泵外其余各泵溢流阀均能在 6.8MPa 时动作，将 2 号油泵出口溢流阀重新调节，再次试验压力上升至 6.78MPa 时溢流阀动作成功。

对油压装置整体试验。连接油压装置 PLC，将出现故障的 2 号油泵设置为主泵，启动油站，待两油罐压力正常（6.4MPa）后，手动将主进水阀压力油罐压力泄至 6.21MPa，2 号油泵开始加载，当主进水阀油罐压力上升至 6.4MPa 时切换空载，故障消除。

二、原因分析

机组抽水运行时油压装置 2 号油泵作为主泵运行。当油罐压力达到正常值 6.4MPa 时主油泵保持空载运行状态，当主进水阀压力油罐压力降低至 6.21MPa，达到主泵加载压力，此时空载的 2 号油泵开始加载。当主进水阀压力油罐压力上升至 6.4MPa 时，原本应该执行空载命令的 2 号油泵空载电磁阀 AD112 没有动作，油泵一直负载运行，油罐压力持续上升。

该电站油泵出口设置有卸载阀 AL112，整定值为 6.8MPa，油泵空负载油回路如图 4-11-2 所示。事故发生时泵出口压力已经上升至卸载阀动作值，但没有正常卸载，导致压力仍然进入油罐，此缺陷也直接导致了油罐安全阀动作。

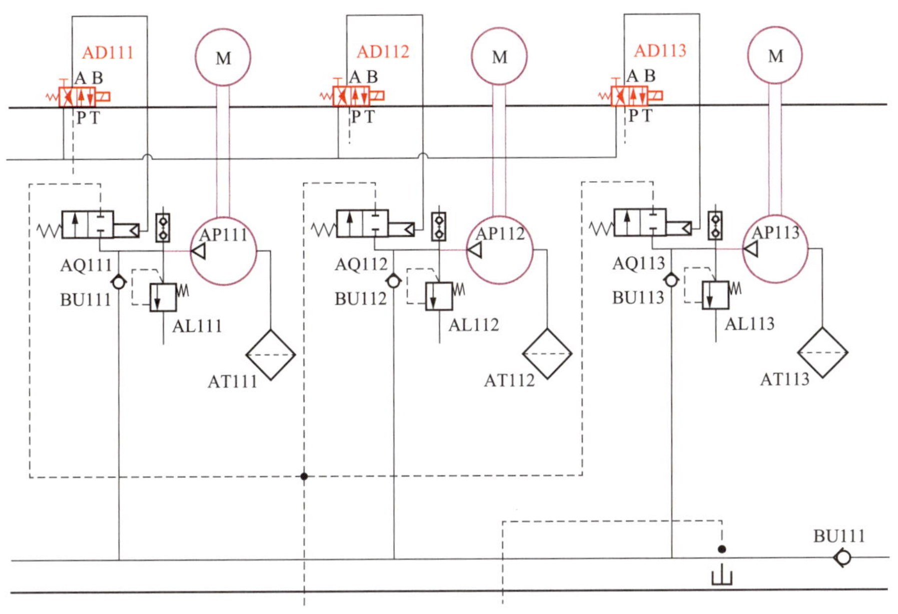

图 4-11-2　油泵空负载油回路图

综上所述，本次事故的直接原因为：

(1) 空载电磁阀线圈损坏，导致油泵持续加载，向油气罐内补压。

(2) 油泵出口卸载阀定值发生漂移，在油泵空负载状态异常时未能及时泄压，导致油气罐安全阀超压动作。

缺陷暴露出电磁阀线圈运行状态缺少有效监视措施，未能发现线圈老化趋势。同时定期检查试验项目不够全面，未能及时发现油泵出口卸载阀定值漂移。

三、防治对策

本次事故中，引发事故的直接原因是电磁阀线圈断线与卸载阀定值漂移。但该电站缺少对电磁阀线圈的检修、检查项目，对卸载阀的检查也仅限大修，检修频次不足，未对此电磁阀健康状态进行数据统计，未及时发现线圈老化及卸载阀定值漂移，致使本次事故发生。

可采取如下措施进行防治：

(1) 机组定期检修时对机组所有的电磁阀线圈进行检查，针对线圈老化断线的问题，加强机组定检中对电磁阀电磁线圈的阻值测量记录，完善相应台账数据，掌控线圈老化程度，确保提前发现，及时处理。

（2）完善定期检查试验项目，对试验难度低，较为重要的定值点进行检查。定期对每台机组的油泵进行空载负载转换试验，对机组油泵出口卸载阀动作定值的检查和复核，确保其动作压力符合设备定值。

四、案例点评

由本案例可见，设备管理应重视关键指标数据的统计与分析，从保持设备稳定运行的角度出发，灵活地设置定期检查试验项目，落实设备定期健康状态分析要求。日常定检时，强化对设备日常巡检不易排查的位置的检查，并做好数据统计，有效掌握如线圈内阻、开关触点电阻、开关、探头位置变化等趋势变量。结合自身实际，合理安排定期检查试验项目，有计划地验证如油泵出口卸载阀动作定值等设备关键定值。因此，建立并执行一套标准、可更新的定检、检修标准制度是十分必要的。

案例 4-12 某抽水蓄能电站主进水阀压力油罐隔离阀位置开关故障*

一、事件经过及处理

2013 年 11 月 9 日 11 时 42 分，某抽水蓄能电站 3 号机组由停机稳态转抽水流程中，因油压装置主进水阀油气罐隔离阀全开信号未收到，流程等待 60s 后条件不满足，流程超时转为机械事故停机，11 时 48 分机组至停机稳态。

图 4-12-1 位置开关接线

停机后，运维人员现场进行油气罐隔离阀动作试验，隔离阀开启正常。对油气罐隔离阀励磁线圈进行检查，将插头拔出，用万用表测量其线圈阻值为 15Ω，电阻正常。检查 3 号机组主进水阀油气罐出口隔离阀全开位置开关回路，发现位置开关内接线松动断裂、虚接现象，如图 4-12-1 所示，导致位置开关的送出继电器无法保持吸合状态，则无法送出全开位置信号。

* 案例采集及起草人：宋兆恺（辽宁蒲石河抽水蓄能有限公司）。

将原受损信号线拆下，更换为新的无伤信号线，并对接线端子进行了紧固，保证端子接头处的机械强度，同时对全关信号端子信号线进行了检查，对接线端子进行了紧固，确保位置开关信号线与端子的强韧度。

二、原因分析

机组正常开机流程执行至启动油压装置后，油压装置 PLC 发出开启油气罐隔离阀命令，监控在流程中会有 60s 的延时以检测隔离阀的位置，如果超过 60s 未收到隔离阀全开的信号，则流程超时转为机械事故停机，如图 4-12-2 所示。

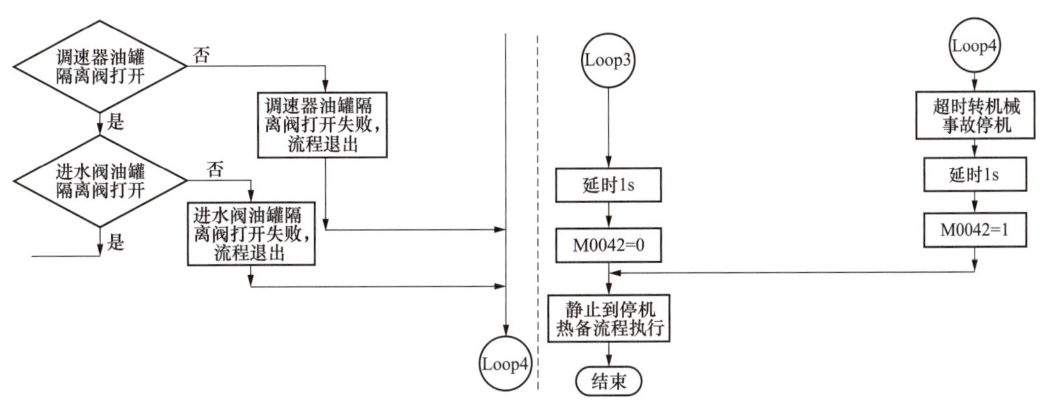

图 4-12-2　机械事故停机流程图

3 号机组主进水阀油气罐隔离阀位置反馈开关内共有 4 对端子，其中一对为全关位置反馈，一对为全开位置反馈。当隔离阀处于全关位置时，全关反馈端子接通，其对应继电器 501-C 励磁，继电器的一副动合触点闭合，并将全关信号送至监控；当隔离阀处于全开位置时，全开反馈端子接通，其对应继电器 501-O 励磁，继电器的一副动合触点闭合，并将全开信号送至监控；其余两对端子未使用。

由于隔离阀全开位置反馈回路端子接线松动，隔离阀的全开信号没有在限定的时间内送至监控，导致监控流程超时转为机械事故停机，造成开机失败。控制回路端子接线松动为本次事件的直接原因，厂房振动为本次事件的间接原因。

三、防治对策

（1）运维人员在日常巡检中，应仔细观察位置反馈开关的状态，是否有线路或端子脱落或松动的现象，如果出现此类现象，应立即通知检修人员处理。

（2）检修人员在每月的机组定期检查中，将位置反馈开关的检查列为检查项目。对于关键部位开关、易使端子松动的位置，需采取多股软线加圆形冷压端子的标准工艺进行处理，防止误碰、松动，从技术措施上避免端子松动的发生。对流程执行具有关键作用的反馈信号，应冗余配置，降低信号线松动影响机组运行的概率。

四、案例点评

由本案例可见，该电站对厂房振动情况重视程度不足，检修项目执行不到位，未建立标准、全面的检修验收制度。人员设备日常定期检修项目的制定，应针对信号线、继电器、接线端子等进行检查，并对有松动迹象的地方加以紧固，明确验收标准，落实验收制度，加强检修工艺执行，严格把控检修质量。提高运维人员对设备关注度，加强日常运维，对类似设备进行排查更换。

第五章 继 电 保 护 装 置

案例 5-1 某抽水蓄能电站光纤通信接口装置故障导致机组电气跳机*

一、事件经过及处理

2018 年 10 月 23 日 19 时 27 分，某抽水蓄能电站 3、4 号机组发电工况稳定运行中出力均为 300MW，3、4 号机组发电工况带负荷跳机，2 号高压厂用变压器高压侧断路器跳闸，地下厂房厂用电运行方式由Ⅱ段母线带Ⅰ段母线运行转为Ⅲ段母线带Ⅰ、Ⅱ段母线联络运行。主要监控报警如下：

19:27:13.116，4 号机组球阀紧急关闭。

19:27:13.119，3 号机组出口断路器合闸信号丢失。

19:27:13.152，4 号机组出口断路器合闸信号丢失。

19:27:13.155，3 号机组球阀紧急关闭。

19:27:13.218，2 号高压厂用变压器高压侧断路器跳闸。

19:27:13.438，3 号机组主跳继电器跳闸。

19:27:13.440，4 号机组主跳继电器跳闸。

事故发生后，现场采取以下紧急措施：

(1) 拆除 ZSJ-901 继电保护光纤通信接口装置跳闸出口端子 11D：37、42，防止误发跳闸命令。

(2) 断开地下厂房 ZSJ-901 继电保护光纤通信接口装置光纤，防止向开关站误发跳闸命令，引起 500kV 设备误动。

(3) 更换 500kV Ⅱ段母线第二套母线保护 ZSJ-901 继电保护光纤通信接口装置接口插件。

(4) 将 ZSJ-901 继电保护光纤通信接口装置跳闸出口端子 11D：37、42 引入故障录波，监视更换后的 ZSJ-901 继电保护光纤通信接口装置工作是否正常。至 10 月 25 日 16

---

* 案例采集及起草人：方书博（河南国网宝泉抽水蓄能有限公司）。

时，ZSJ-901 继电保护光纤通信接口装置未发跳闸命令。

(5) 将拆除的 ZSJ-901 继电保护光纤通信接口装置接口插件返厂检测，确认 ZSJ-901 继电保护光纤通信接口装置接口插件中命令输出继电器损坏导致命令输出频繁，原 ZSJ-901 继电保护光纤通信接口装置电源插件、数据处理插件、光收发插件、告警插件工作正常。

二、原因分析

根据历史记录分析，3 号机组 001XV、4 号机组 001XV、2 号高压厂用变压器高压侧断路器动作及跳闸在同一时刻发生，跳闸前监控系统无任何报警信息，分析原因应为：可同时向 3 号机组、4 号机组、2 号高压厂用变压器高压侧断路器发跳闸令的保护装置或者硬布线回路故障。可能存在问题的保护包括：3 号主变压器 A 组保护、3 号主变压器 B 组保护、4 号主变压器 A 组保护、4 号主变压器 B 组保护、短线 2A 组保护、短线 2B 组保护、短线 2A 组远跳装置、短线 2B 组远跳装置。初步无法判断导致机组及 2 号高压厂用变压器高压侧断路器跳闸的直接原因。

1. 故障信号来源初步分析

(1) 对 3、4 号机组定转子及机架情况，转子绝缘情况，高压厂用变压器绝缘情况进行检查试验，均未发现异常，复归 3、4 号机组报警。

(2) 10 月 24 日 0 时 33 分，3、4 号机组 001XV 动作报警重新报出，报警信息瞬时复归，为验证该故障信号可同时作用于 3、4 号机组 001XV 和 2 号高压厂用变压器高压侧断路器，重新复归 3、4 号机组 001XV 报警信息，将 2 号高压厂用变压器高压侧断路器摇至试验位置，并保持在合闸位置。

(3) 10 月 24 日 1 时 31 分，3、4 号机组 001XV 和 2 号高压厂用变压器高压侧断路器跳闸同时出现。

(4) 10 月 24 日 3 时 10 分，3、4 号机组 001XV 和 2 号高压厂用变压器高压侧断路器跳闸再次同时出现，由此确定 3、4 号机组 001XV 动作和 2 号高压厂用变压器高压侧断路器跳闸为同一故障信号触发。

2. 排除 3、4 号主变压器保护误动可能

(1) 初步排除 3、4 号主变压器保护误动可能。

以 3、4 号机组针对 001XV 动作触发条件为切入点，共有 26 个跳闸输入可启动机组紧急停机继电器 001XV，其中可引起 3、4 号机组 001XV 和 2 号高压厂用变压器高压侧断路器同时跳闸的信号有 6 个，分别为：3 号主变压器 A 组保护、3 号主变压器 B 组保护、4 号主变压器 A 组保护、4 号主变压器 B 组保护、短线 2A 组保护、短线 2B 组保护，对以上信号进行逐个排查。

将 3 号主变压器跳 3 号机组中间主跳继电器 001XV 的端子拆除，将 4 号主变压器跳 4 号机组中间主跳继电器 001XV 的端子拆除，将 2 号高压厂用变压器高压侧断路器

摇至试验位置，并保持在合闸位置。

10 月 24 日 4 时 2 分，3、4 号机组中间主跳继电器 001XV 和 2 号高压厂用变压器高压侧断路器同时跳闸，排除 3、4 号主变压器保护误动可能。

（2）进一步排除 3、4 号主变压器保护误动可能。

分析 2018 年 10 月 23 日 19 时 27 分 3、4 号机组 GCB 分闸录波，如图 5-1-1 所示，3、4 号机组电气跳机时，共有 8 个开关量变位，分别是 3、4 号机组出口断路器和励磁断路器分合的变位，无保护动作变位信息。

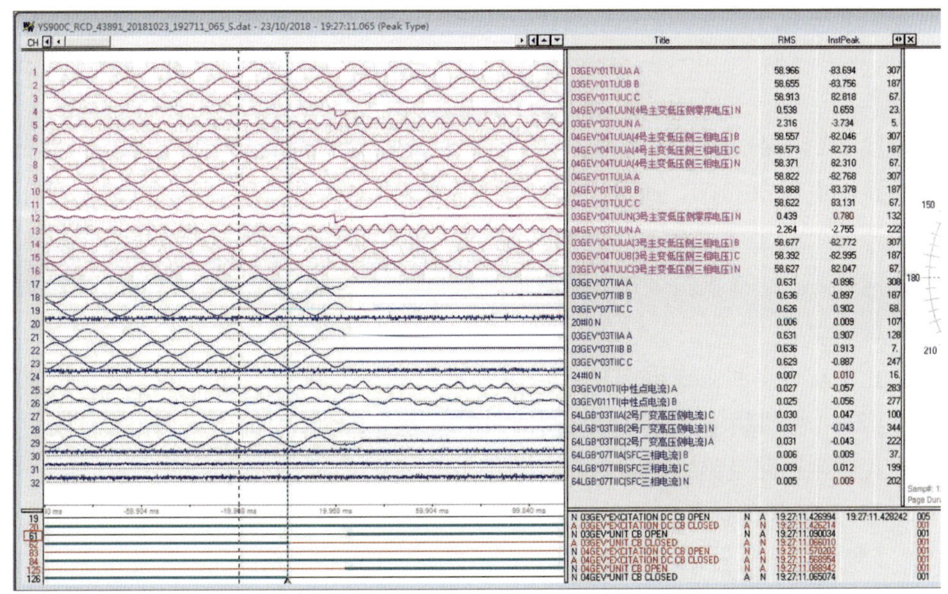

图 5-1-1　地下厂房第二套发电机—变压器组故障录波器跳闸时录波记录

以主变压器 B 组保护 P634 为例，若 P634 保护动作，将同时出口跳闸并启动故障录波。因故障录波装置无任何保护动作记录，排除保护装置误动可能。

（3）排除 3、4 号主变压器保护柜继电器误动可能。

主变压器非电气量保护主跳继电器 001XV 动作也可引起 2 号高压厂用变压器高压侧断路器以及 3、4 号机组同时跳闸。但该继电器动作后，有辅助触点将动作信息上送监控，监控无相关告警信息，排除该继电器动作可能。

主变压器保护动作跳闸继电器与断路器一一对应，单个继电器误动不会导致 3、4 号机组及 2 号高压厂用变压器高压侧断路器同时跳闸，且所有中间跳闸继电器动作均会向监控上送动作信息，监控未收到跳闸信号，排除继电器误动可能。通过短接、误碰，无法实现 2 号高压厂用变压器高压侧断路器以及 3、4 号机组同时跳闸。排除主变压器保护跳闸继电器误动及端子误短接、误碰导致设备跳闸可能。

综上所述，排除 3/4 号主变压器保护装置、保护出口继电器、非电气量保护跳闸继电器、人员误碰、误短接导致设备跳闸的可能。

3. 排除短线 2A 组保护误动可能

（1）将短线 2A 组保护跳 3 号机组中间主跳继电器 001XV 的端子拆除，将短线 2B 组保护跳 4 号机组中间主跳继电器 001XV 的端子拆除，将 2 号高压厂用变压器高压侧断路器摇至试验位置，并保持在合闸位置，等待跳闸信号。

10 月 24 日 4 时 24 分，3 号机组 001XV 和 2 号高压厂用变压器高压侧断路器同时跳闸，4 号机组 001XV 未动作，初步确认跳闸信息来自短线 2B 组保护柜。

（2）将短线 2B 组保护跳 3、4 号机组 001XV 的跳闸端子拆除，将 2 号高压厂用变压器高压侧断路器摇至试验位置，并保持在合闸位置，等待跳闸信号。

10 月 24 日 4 时 46 分，3、4 号机组 001XV 未动作，2 号高压厂用变压器高压侧断路器跳闸。

因短线 2A 组保护柜用于跳闸 3、4 号机组主跳继电器的跳闸信号均通过端子排送至机组主跳继电器 001XV，通过以上试验，可排除短线 2A 组保护误动可能。

4. 确认跳闸信号来自短线保护 2B ZSJ-901 继电保护光纤通信接口装置

（1）通过 1、2、3 试验可知，跳闸信号来自短线 2B 组保护柜。立即联系保护厂家派人到现场检查。

为防止存在寄生回路或电缆绝缘电阻降低引起设备跳闸，现场运维人员测试短线 2B 保护至 3、4 号机组主跳继电器跳闸回路电缆绝缘，电缆对地、不同电缆线芯之间绝缘正常，无寄生回路及绝缘电阻降低现象。

（2）短线 2B 组保护跳闸信号来源有两个，如图 5-1-2 所示。以 3 号机组为例，其中 1ZJ1-3 跳闸触点来自 500kV Ⅱ段母线第二套母线保护 WXH-803A 光纤差动保护装置，1ZJ4-3 跳闸触点来自 500kV Ⅱ段母线第二套母线保护 ZSJ-901 继电保护光纤通信接口装置，为进一步确认故障点，值守人员向调度申请退出 500kV Ⅱ段母线第二套母线保护 WXH-803A 光纤差动保护装置。

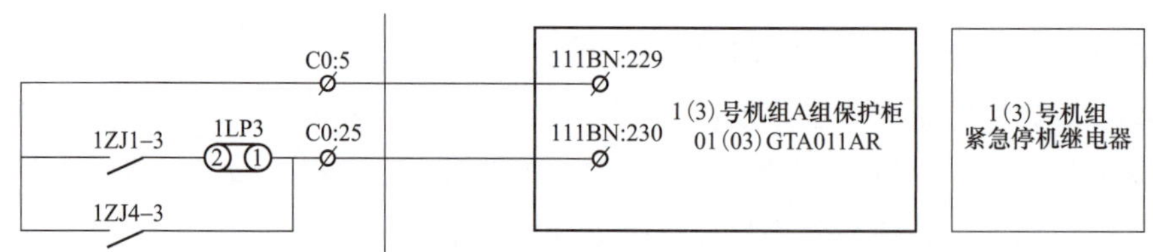

图 5-1-2　短线保护跳 3 号机组紧急停机继电器接线图

10 月 24 日 10 时 12 分，调度下令退出 500kVⅡ段母线短线保护 WXH-803A 全套保护。保护退出后，将原来拆除的端子全部恢复，2 号高压厂用变压器高压侧断路器摇至试验位置，并保持在合闸位置，控制方式切至“远方”位。现场人员将地下厂房 ZSJ-901继电保护光纤通信接口装置出口中间继电器 1ZJ-4 备用触点接入故障录波 47G-B，将地下厂房短线 2B 组保护 WXH-803A 保护出口中间继电器 1ZJ1 备用触点接入故障录波 87G-B 后，等待跳闸信号。

10月24日15时2分，3、4号机组001XV和2号高压厂用变压器高压侧断路器同时跳闸，地下厂房ZSJ-901继电保护光纤通信接口装置出口中间继电器1ZJ4出口跳闸时启动录波，47G-B自15时2分37秒709毫秒动作，至15时2分37秒775毫秒复归，共动作66ms。复归14ms后，该开关量再次动作，动作时间8ms。WXH-803A保护装置未动作，未启动录波。确认跳闸信号来自ZSJ-901继电保护光纤通信接口装置，查阅WXH-803A保护装置动作记录，最新记录为3、4号机组跳闸时保护启动记录。排除WXH-803A保护装置误动可能。

现场人员将地下厂房ZSJ-901继电保护光纤通信接口装置出口中间继电器1ZJ4备用触点接入故障录波47G-B，将中间继电器1ZJ5接入故障录波87G-B后，10月24日17时9分，地下厂房ZSJ-901继电保护光纤通信接口装置两个中间继电器1ZJ4、1ZJ5出口跳闸时录波信息，47G-B、87G-B自17时9分58秒865毫秒动作，至17时10分1秒204毫秒复归，共动作2339ms。

由此初步排除地下厂房ZSJ-901继电保护光纤通信接口装置出口中间继电器1ZJ4、1ZJ5、1ZJ6故障导致设备跳闸的可能。

(3) 现场人员将地下厂房ZSJ-901继电保护光纤通信接口装置CJ1-1输出触点11D：37、42端子接入故障录波87G-B后，等待跳闸命令。

1) 10月24日20时56分，地下厂房ZSJ-901继电保护光纤通信接口装置接口装置1CJ1-1输出触点启动故障录波，自20时56分28秒584毫秒动作，至20时56分28秒587毫秒复归，共动作3ms。

2) 10月24日20时57分，地下厂房ZSJ-901继电保护光纤通信接口装置接口装置CJ1-1输出触点启动故障录波，自20时57分27秒731毫秒动作，至20时57分27秒732毫秒复归，共动作1ms。

3) 10月24日21时2分43秒，地下厂房ZSJ-901继电保护光纤通信接口装置接口装置CJ1-1输出触点启动故障录波，21时2分43秒431毫秒瞬时动作复归，动作时间小于1ms。

4) 10月24日21时2分49秒，地下厂房ZSJ-901继电保护光纤通信接口装置接口装置CJ1-1输出触点启动故障录波，21时2分49秒849毫秒瞬时动作复归，动作时间小于2ms。

5) 10月24日21时2分54秒，地下厂房ZSJ-901继电保护光纤通信接口装置接口装置CJ1-1输出触点启动故障录波，21时2分49秒392毫秒动作，3ms后复归。

由此可初步确定故障点位于ZSJ-901命令输出继电器输出触点CJ1-1。

(4) 如图5-1-3所示，测试ZSJ-901命令输出继电器输出触点CJ1-1背板触点11N：13至11D：37电缆、11N：14至11D：42电缆对地、对ZSJ-901装置电源、对WXH-803A装置电源绝缘电阻，绝缘电阻值满足要求。

综上所述，确认跳闸原因为触点CJ1-1闭合导致设备跳闸。

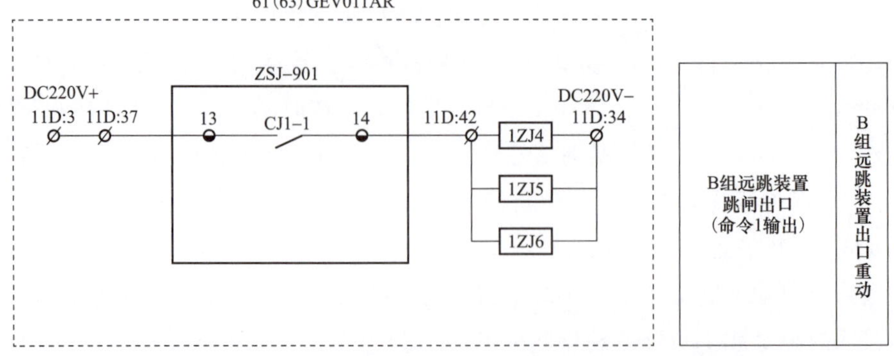

图 5-1-3　ZSJ-901 继电保护光纤通信接口装置接口系统图

5. 确认地下厂房短线保护 2 ZSJ-901 继电保护光纤通信接口装置接口插件故障导致设备跳闸

保护厂家到场后用专用软件将 ZSJ-901 内部事件记录导出。最新事件记录为 2018 年 5 月 30 日，500kV 停电检修期间的事件记录，本次 ZSJ-901 继电保护光纤通信接口装置多次动作均无对应的事件记录，确认开关站侧 ZSJ-901 继电保护光纤通信接口装置未向地下厂房侧 ZSJ-901 继电保护光纤通信接口装置发送跳闸命令，故障设备为地下厂房侧 ZSJ-901 继电保护光纤通信接口装置。

经过与保护厂家共同检测，确认本次故障是由于 500kV Ⅱ段母线第二套母线保护 ZSJ-901 继电保护光纤通信接口装置接口插件故障，导致 ZJS-901 接口插件内部触点 CJ1-1 闭合，进而引起 3 个出口跳闸继电器 1ZJ4、1ZJ5、1ZJ6 动作。

三、防治对策

（1）ZSJ-901 继电保护光纤通信接口装置已运行 10 年，应尽快更换 ZSJ-901 继电保护光纤通信接口装置。

（2）铺设电缆，将 ZSJ-901 继电保护光纤通信接口装置出口信号接入发电机—变压器组故障录波器。

四、案例点评

运维人员在缺陷发生后积极开展检查工作，逐一排查，迅速确定故障点。但此次缺陷也暴露出，ZSJ-901 继电保护光纤通信接口装置已运行 10 年，性能下降，未及时发现该隐患。

保护动作出口已接入故障录波，但 ZSJ-901 继电保护光纤通信接口装置未接入故障录波，缺少有效的监视手段，装置故障直接跳闸无法直接确认故障点。影响缺陷消除进度，因此建议修订故障录波接入标准，明确接入量，这对后期继电保护故障处理是十分必要的。

案例 5-2 某抽水蓄能电站机组抽水工况失磁保护误动*

一、事件经过及处理

2017 年 12 月 24 日 4 时 57 分 54 秒，某抽水蓄能电站 1 号机组抽水运行过程中，OIS 上出现“EXCN OPERATING ”“EXCN REGULATOR AUTO”信号丢失，转子电流和定子电压均开始下降。4 时 58 分 21.725 秒，OIS 上出“MOT LOSS OF EXCITATION TRIP”“ELECT PROT TRIP II”“ELECTRICAL PROTECTION TRIP”报警信号，随后 1 号机组跳机。4 时 58 分 42.224 秒，OIS 上“EXCN OPERATING”“EXCN REGULATOR AUTO”信号恢复。

故障发生前，陵昌一、二线独立运行。1 号高压厂用变压器正常运行，2 号高压厂用变压器保护改造，退出运行。1、2、3 号机组抽水工况运行，4 号机组紧急非计划检修。10kV 系统Ⅰ段进线断路器 1G-5 带 1G 母线，Ⅱ段进线断路器 2G-3 带 2G 母线、3G 母线，1G 母线备自投在投入，2G 母线备自投在Ⅰ-Ⅱ，2G 母线进线互投投入。400V 系统母线 1D、2D、3D 备自投投入，1D 母线Ⅱ段备自投在Ⅰ-Ⅰ。故障发生后，1 号机组电气保护跳闸，走停机流程，其他运行方式不变。

故障发生后，记录故障发生的设备有监控系统、发电机—变压器组保护系统、故障录波系统和励磁系统。其中，励磁系统不能实现对时，其他系统均有对时功能，下面分系统进行分析，从其他系统运行情况推断励磁系统故障情况。

1. 监控系统

监控系统故障过程记录如图 5-2-1 所示，2017 年 12 月 24 日 4 点 57 分 54.987 秒，监控出现“EXCN OPERATING ”“EXCN REGULATOR AUTO”信号丢失，励磁系统输出模块出现故障。4 点 58 分 17.474 秒，转子电压消失，励磁系统停止工作。从励磁系统输出模块故障至转子电压消失共历时 22.487s。励磁系统故障后，机组开始从系统吸收无功功率，无功电流增大，定子电流也随之增大，保护系统出现过负荷报警。同时，励磁电流减小后，4 点 58 分 21.724 秒，机组失磁保护达到跳闸定值，保护装置动作导致电气保护跳闸。

监控系统励磁输出恢复记录如图 5-2-2 所示，4 点 58 分 42.224 秒，“EXCN OPERATING ”“EXCN REGULATOR AUTO”信号恢复，同时出现“EXCN ALARM”“EXCN TRIP”报警，励磁系统输出恢复，励磁系统输出模块故障至故障恢复共持续

---

* 案例采集及起草人：刘福春、张婷（北京十三陵蓄能电站）

47.237s。其中，4 点 58 分 21.976 秒出现的“FILELD CB OPEN”，没有经过励磁控制器的输出模块，直接输出到监控系统。

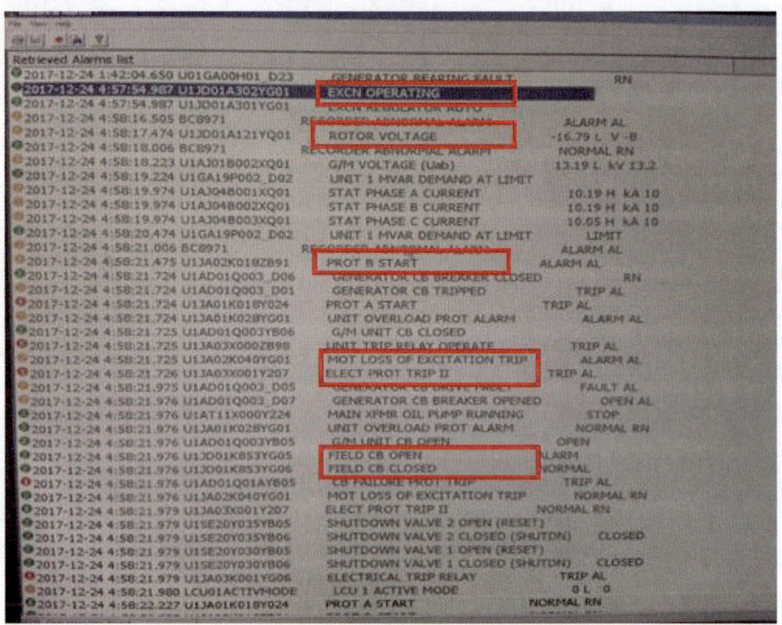

图 5-2-1　监控系统故障过程记录

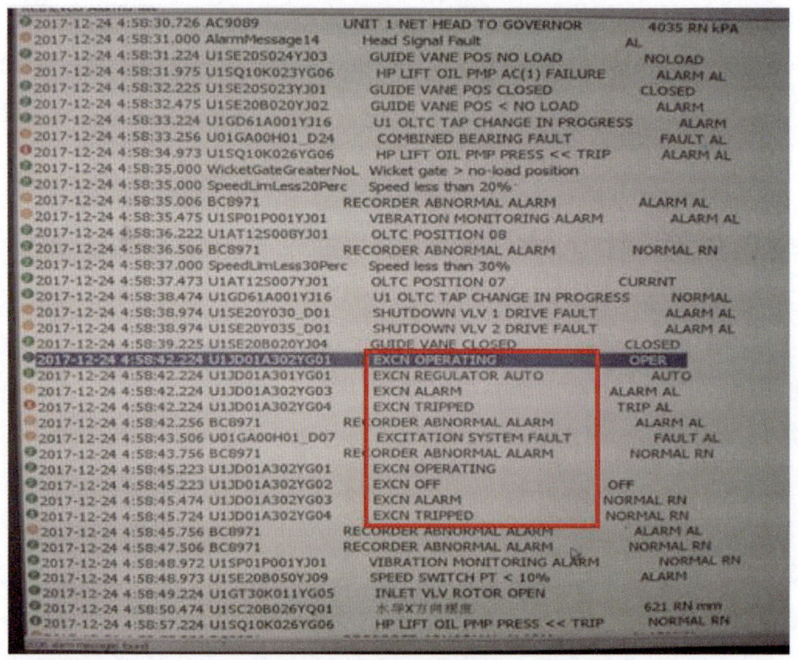

图 5-2-2　监控系统励磁输出恢复记录

2. 发电机—变压器组保护系统

现地检查发电机—变压器组保护控制器录波仪，结果显示故障时刻转子电流已消失，如图 5-2-3 所示，确实已经达到失磁保护动作的定值，如表 5-2-1 所示，保护动作正常，排除保护误动作。

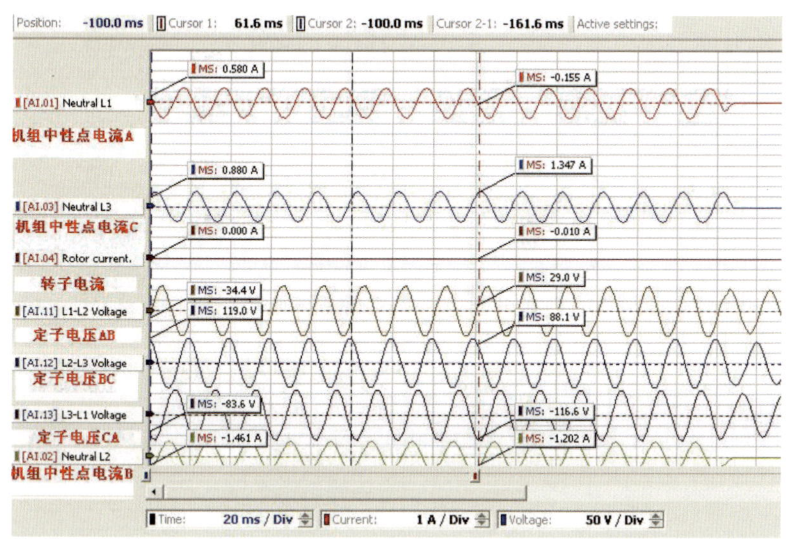

图 5-2-3　1 号机组电动工况失磁保护动作录波图

表 5-2-1　　电动工况失磁保护定值

<table>
<tr><td rowspan="6">电动工况失磁保护 40M-B</td><td rowspan="6">ME323</td><td>圆心</td><td>1.00p.u.</td><td rowspan="6">一段跳闸停机
二段跳闸停机</td></tr>
<tr><td>直径</td><td>1.65p.u.</td></tr>
<tr><td>电压方向</td><td>Direction 1</td></tr>
<tr><td>一段动作时间</td><td>1.00s</td></tr>
<tr><td>低励电流</td><td>0.10A</td></tr>
<tr><td>二段动作延时</td><td>0.30s</td></tr>
</table>

3. 故障录波系统

失磁保护动作时刻，从故障录波系统可以看出，失磁保护动作之前，励磁电压已开始减小，定子电压和定子电流均无明显变化，因此，本次故障由励磁电压降低引起，失磁保护动作直接导致机组跳闸。

4. 励磁系统

现地检查励磁控制柜报警，最先出现的报警信号是风扇报警。检查励磁逻辑，风扇跳闸后，如果 4 个功率柜的风压低，便会有晶闸管桥故障报警，导致晶闸管桥跳闸，风扇报警与晶闸管报警逻辑如图 5-2-4 所示。本次故障可能是由于风扇跳闸引起，但风扇跳闸的原因需进一步分析。

进一步研究风扇的控制逻辑，发现风扇在抽水过程中，所用的继电器为单位置继电

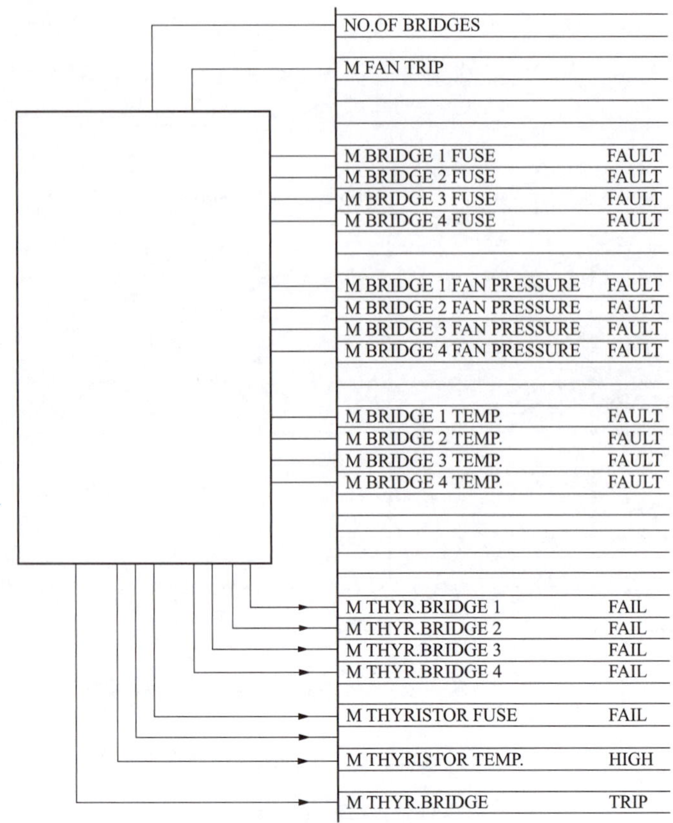

图 5-2-4　风扇报警与晶闸管报警逻辑图

器，如果励磁输出消失，相应输出继电器失磁，风扇继电器线圈也随之失磁，导致风扇跳闸。且励磁逻辑中，风扇报警到跳闸有 20s 延时，风扇跳闸后，经过 0.6s 延时，励磁系统跳闸，励磁电流开始降低。监控系统记录中，从励磁信号消失，到转子电压下降，历时 22.487s，两者时间相符。

励磁系统输出模块原理如图 5-2-5 所示，图中黄色方框内由 24V 电压供电，只有输出位为高电平时，输出模块才能有输出，黄色方框内的输出才有效。图中绿色方框内的继电器 K31 为通道运行继电器，只有该继电器励磁，说明通道运行正常，该通道的才允许输出，否则，该通道的所有输出状态均不能输出。蓝色方框内的 4 个输出用了另外独立的电压，这 4 个输出分别为 A24（选择通道为主通道）、A25（通道故障）、A26（通道运行）、A27（励磁在手动），其中 A26（通道运行）直接驱动通道运行继电器 K31。综上，本次故障若输出消失，则可能与绿色方框和黄色方框内的电源有关，因此需重点分析这两部分。

图 5-2-5 中绿色方框内继电器 K31 共有两个动合触点和两个动断触点，其中两个动合触点串联用于输出模块电源回路，当继电器 K31 线圈失电时，两个触点分开，整个输出回路失电，所有输出均无效。图 5-2-6 表示继电器 K31 的逻辑。继电器 K31 两个

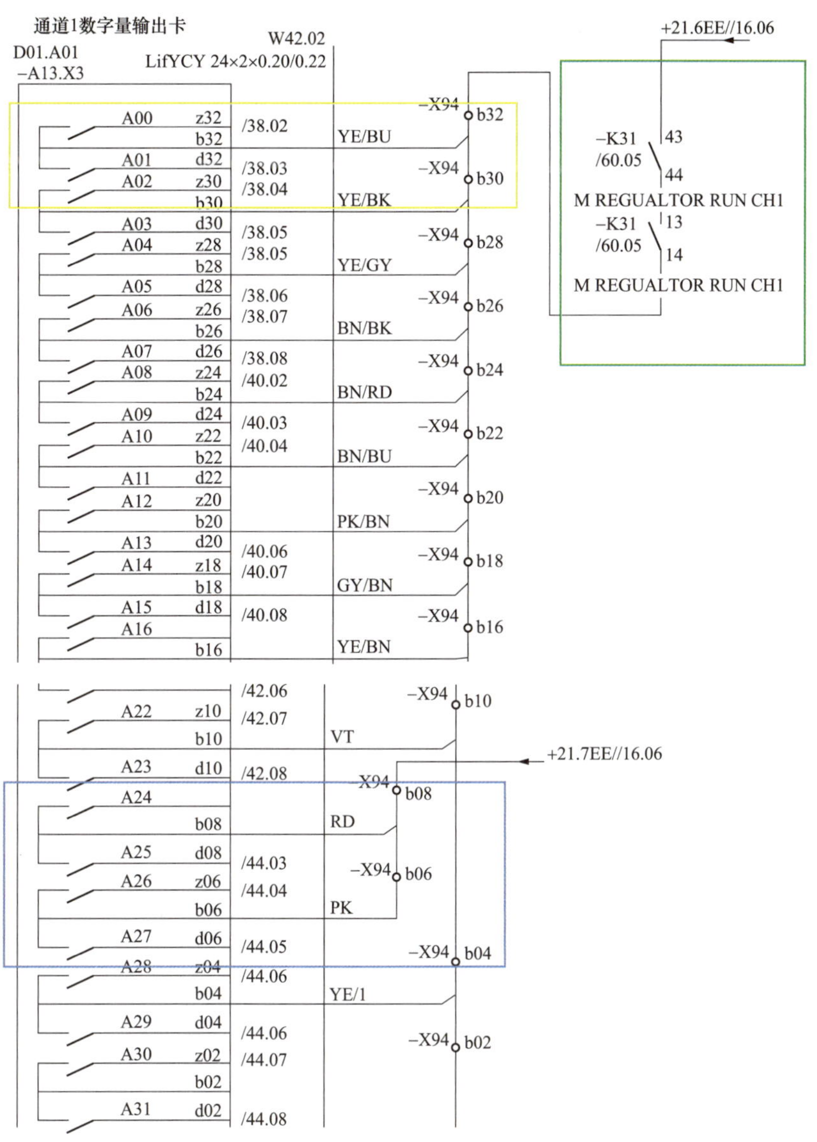

图 5-2-5　输出模块原理图

动断触点，一个用于直跳灭磁开关回路，如图 5-2-7（a）所示，另一个用于通道故障回路，如图 5-2-7（b）所示。励磁控制器的主通道出现通道故障时，会自动切至备用通道。本次故障过程中，无通道切换，且继电器 K31 线圈一直带电，可说明图 5-2-5 中的蓝色方框部分无异常。利用励磁系统的小电流试验，直接将 K31 线圈断电，控制器可直接切至备用通道，励磁系统正常运行。

二、原因分析

利用励磁系统小电流试验，在励磁系统运行时，人为将 K31 继电器的动合触点接

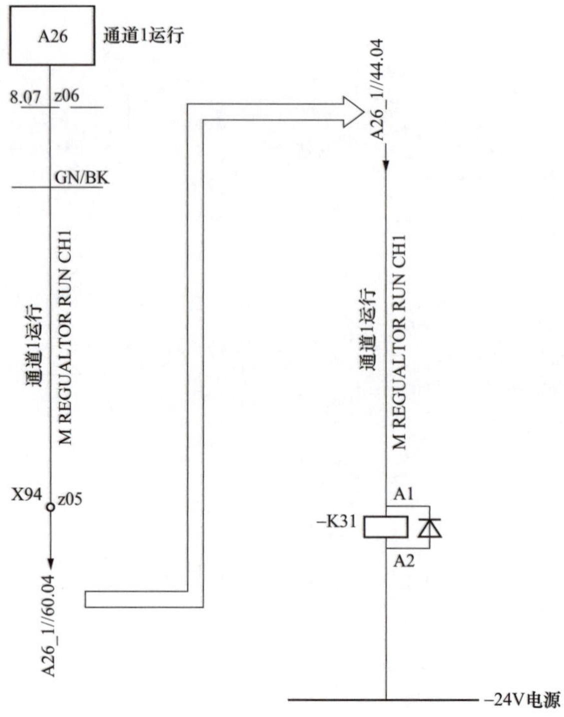

图 5-2-6　K31 线圈励磁逻辑

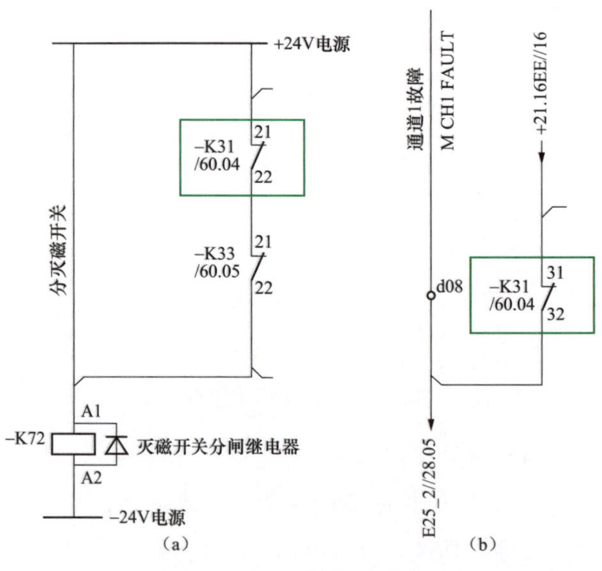

图 5-2-7　K31 常闭触点逻辑

线拆掉，故障复现。因此，怀疑是 K31 继电器的动合触点及其输出模块的电源回路发生异常，导致通道的输出异常，造成机组跳机。

为了寻找故障点，更换继电器 K31，并测量了原 K31 的线圈直阻和触点的接触直阻，测量数据如表 5-2-2 所示，数据表明，该继电器无异常。

表 5-2-2　　原 K31 继电器测量数据

动作电压测量		直阻测量		
动作值	返回值	触点	继电器失磁	继电器励磁
12V	2.5V	13～14	∞	0.9Ω
		21～22	0.8Ω	∞
		31～32	1.3Ω	∞
		43～44	∞	0.7Ω

将 K31 继电器进行解体检查，如图 5-2-8 所示触点无放电迹象，亦未发现异常现象。进一步检查及更换了通道 1 输出端子及导线，也未发生异常现象。研究表明，导致该缺陷发生的原因可能为：通道 1 运行标识继电器 K31 的动合触点异常，导致通道 1 输出端子排失电，失磁保护动作。而且故障发生 47.237s 后，监控系统收到励磁系统报警复归信号，说明励磁故障信号消失，基本可以判定本故障为瞬时性故障。

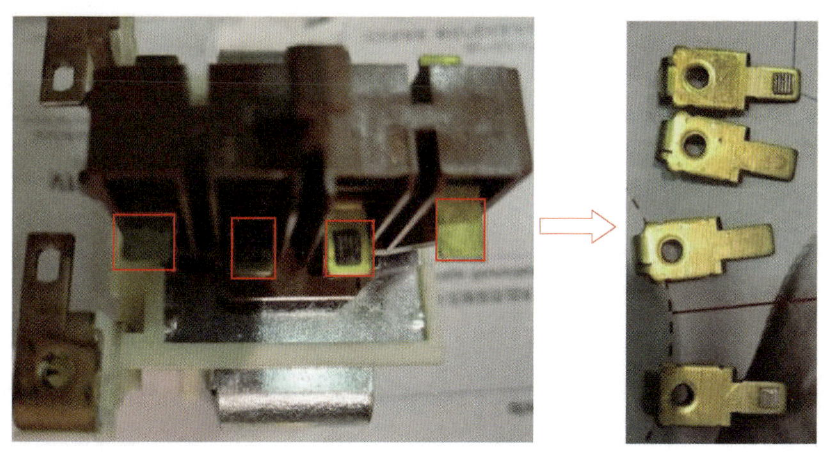

图 5-2-8　原 K31 继电器解体图

三、防治对策

（1）更换电源模块，电源模块输出电压由原来的 21V 提高到 24V，可能更稳定、可靠地为控制器供电。

（2）更换主通道的控制板（GMR3 板），重新下装程序和参数，保证控制器工作正常，旧的控制板返回厂家测试，进一步查处原因。

（3）进行小电流试验，验证控制板的触发脉冲正确，确保晶闸管工作正常。

（4）进行手动开机和假同期试验，确保各项参数正常。

（5）针对开关柜内端子松动问题，采取检查并紧固励磁系统通道端子的措施，确保端子无松动，无接触不良的现象，并在机组检修期间换掉不匹配端子。

（6）联系生产厂家尽快消除励磁系统运行通道隐患。

四、案例点评

经分析，此次故障的原因有：1号机组通道1运行标识继电器K31偶然出现接触不良。且1号机组通道1运行标识线圈出厂时可能存在缺陷，运行一段时间后，出现异常，导致线圈未动作。可见，要加强设备技术标准要求，首先励磁系统通道1运行标识设备内端子的接线应符合规程要求。另外，在设备技术管理层面，要利用月度定检、机组检修等机会，定期对励磁系统通道进行切换、校验。

案例5-3　某抽水蓄能电站光纤通信装置故障导致保护误动*

一、事件经过及处理

2016年7月30日14时00分，某抽水蓄能电站1、2号主变压器5052断路器合闸，1号机组带负荷375MW发电运行，2、3、4号机组停机，厂用电Ⅰ段带Ⅱ段运行。2016年7月30日14时00分15秒，1号电缆线第一套差动保护动作，1、2号主变压器5052断路器跳闸，导致1号机组出口断路器跳闸，1号机组电气事故停机，机组转速升至115%，电气过速保护动作事故停机，机组转速继续升至131%，机械过速保护动作紧急事故停机，机组达到停机稳态。本事故造成1号发电机组甩负荷375MW，500kV 1号主变压器停运，500kV 2号主变压器停运，1、2号主变压器5052断路器跳闸的七级电网事件。现场检查发现，断路器站继保室1号电缆线第一套差动保护柜2个FOX-41B装置“收令5”均点亮，出口重动继电器动作，地下厂房主变压器洞LCU6室1号电缆线第一套差动保护柜2个FOX-41B装置“发令5”均点亮。并且从14时00分15秒至14时00分23秒期间，FOX-41B装置“发/收令5”信号频繁动作，每20ms出现一次变位，持续约7s。

500kV电缆线差动保护共两套，每套保护两面盘柜，分别置于地下厂房主变压器洞LCU6室和地面断路器站继保室，中间通过光纤进行通信，每面盘柜配置两套FOX-41B，分别连接1号发电机—变压器组保护和2号发电机—变压器组保护相关回路：主厂房1号机组发电机层1号发电机A组保护及1号主变压器B组非电量保护—地下厂房主变压器洞1号电缆线第一套差动保护柜FOX-41B“发令5”—光纤—地面断路器站1号电缆线第一套差动保护柜FOX-41B“收令5”并输出“收令5”—重动继电器动作—出口跳闸动作5052断路器分闸线圈1。

---

* 案例采集及起草人：王奎钢（浙江仙居抽水蓄能电站）。

检查发现，1 号电缆线第一套差动保护柜 2 个 FOX-41B 装置“收令 5”均点亮，出口重动继电器动作，地下厂房主变压器洞 LCU6 室 1 号电缆线第一套差动保护柜 2 个 FOX-41B 装置“发令 5”均点亮，重动继电器动作。并且从 14 时 00 分 15 秒至 14 时 00 分 23 秒期间，FOX-41B 装置“发/收令 5”信号频繁动作，每 20ms 出现一次变位，持续约 7s。其他保护未动作，亦无相关报警，故障录波途中各电气量正常，初步判断一次设备无故障，本次跳闸事件为保护误动出口。

故障时，地下厂房直流系统绝缘存在降低现象，Ⅰ段母线正负母线电压存在较大波动。通过拉路查找，发现 10kV 厂用电Ⅰ段母线断路器柜普遍存在直流控制回路绝缘降低现象，进一步检查发现 10kV 断路器柜柜顶小母线积灰严重，绝缘只有几千欧姆，交流经高阻窜入直流。根据国家电网水电厂重大反事故措施中 16.2.1.1 的规定：远方跳闸、失灵启动、变压器非电量等保护经较长电缆接入，在直流系统发生接地、交流混入直流以及存在较强空间电磁场的情况下引入干扰信号，应采用启动功率大于 5W、动作电压为 55%～70%额定电压的中间继电器，为防止直流系统窜入交流量，动作时间不应小于 10ms。

该电站发电机—变压器组保护装置通过约 250m 长电缆将跳闸信号送至地下厂房 1 号电缆线第一套差动保护柜 FOX-41B 装置，装置内部转换信号经光耦开出，沿光纤送至地面 FOX-41B 装置，最后经重动继电器出口跳闸。该电缆为主变压器非电量与发电机电气量两根电缆并接，电容翻倍，在较大磁场或交流信号干扰下，会对地产生较大电容充放电电流，对电缆导体信号回路造成干扰。试验测得该跳闸回路 4 根电缆导体绝缘电阻均大于 500MΩ，测得 4 根电缆的屏蔽层接地电阻均小于 1Ω，导体绝缘和屏蔽层接地良好。通过光耦变位报警排查核对发现，地下厂房 1 号电缆线第一套差动保护柜 2 个 FOX-41B 装置光耦动作时间分别为 4ms 和 5ms，返回时间分别为 16ms 和 15ms，不满足动作时间大于 10ms 的要求。

通过对 2 号电缆线二套电缆线差动保护柜的 4 个 FOX-41B 装置光耦动作电压、动作电流进行测量，动作电压在 131.5～138V 之间，动作电流在 1.341～1.351mA 之间，光耦动作功率约为 0.18W。双芯和地之间加 220V 工频电压，测得对地电容电流为 2.3mA，在交流窜入电压达到一定值和电缆干扰时，容易引起误动。

现场对 FOX-41B 进行交流窜入直流模拟试验，测得当直流系统绝缘降低不平衡，且长信号电缆 2 芯并接接入时，一旦经高阻所窜入交流电压大于 22V，光耦动作开出。

该电站采取临时措施，将以下 3 路信号接入录波器进行监视，以便在相关信号发生异常时能及时记录异常情况波形，便于进行分析。一是 1 号电缆线第一套差动保护 FOX-41B1 路光耦开入信号：1 号主变压器 B 组非电量保护和 1 号机组 A 组保护跳 5052 断路器线圈 1。二是 1 号电缆线第一套差动保护 FOX-41B1 路光耦开入信号：2 号主变压器 B 组非电量保护和 2 号机组 A 组保护跳 5052 断路器线圈 2。三是直流电压信号：1 号电缆线第一套差动保护直流电压、1 号电缆线第二套差动保护直流电压。

根据相关规范和设计要求，当主变压器发生故障时，差动电流大于整定电流 2 倍时保护动作时间应不大于 35ms。主变压器差动保护试验测得该动作时间为 19ms，远小于 35ms。在 FOX-41B 光耦开入延时 12ms，可将该部分延时时间等效至保护动作时间中，即 19＋12＝31ms，满足动作时间不大于 35ms 的要求。在主变压器发生故障时，差动保护能按规定的时限内完成从故障判断并经 FOX-41B 光耦 12ms 延时判定开出跳闸信号，对主变压器故障跳闸无影响。经与变压器制造厂确认核实，即使变压器差动保护动作，且经 FOX-41B 延时 12ms 动作时间跳 5052 断路器，对变压器本身运行基本无影响。

针对光耦动作时间分别为 4ms 和 5ms，不满足动作时间大于 10ms 的问题，该电站已按照反措要求，采取临时措施将地面断路器站 1、2 号电缆线差动保护柜 FOX-41B “命令 5”至“命令 8”光耦动作设置延时 12ms，展宽 12ms，以躲避工频电压上半周波部分对光耦开出造成干扰导致误动。加直流电压进行试验，试验测得光耦动作电压为 131～142V，加工频 150V 电压进行试验，FOX-41B 未开出跳闸信号，加 150V 直流电压 1s，开出跳均闸信号，试验结果合格。

为避免发电机—变压器组保护柜至地下电缆线保护柜长距离连接电缆可能因电容效应引起回路误动，该电站结合反措要求，综合设计院意见，在地下电缆线保护柜 FOX-41B 装置光耦开入前端将发电机—变压器组保护跳主变压器高压侧断路器、启动失灵以及解除复压闭锁的输入信号回路增设大功率继电器。大功率继电器的启动功率大于 5W，线圈额定工作电压为直流 220V，动作电压在额定直流电源电压的 55％～70％范围内，额定直流电源电压下动作时间为 10～35ms，具有抗 220V 工频电压干扰的能力。

二、原因分析

在 1、2 号主变压器和 1 号机组带 375MW 负荷运行期间，地下厂房直流Ⅰ段负母线有交流窜入，直流Ⅰ段正负母线绝缘下降，且发电机—变压器组保护至 FOX-41B “发令 5”并接电缆回路存在较大电容电流，FOX-41B 光耦误发跳闸信号导致 1、2 号主变压器 5052 断路器跳闸，是造成本次事故的直接原因。该 500kV 断路器跳闸事故主要由以下 3 个方面的原因造成：

（1）未严格按照反措要求进行设计，设计方面存在漏洞。在保护设计阶段，未严格按照反措要求进行保护跳闸信号回路设计。本次发生误动的回路为长电缆引入，且直流回路中窜入交流电压，直流绝缘降低，在未配置大功率防误动继电器的情况下，光耦误动开出跳闸信号，导致 5052 断路器跳闸。

（2）现场环境较差，设备运维不到位。基建转生产过度时期，现场环境相对较差，灰尘较大，地下厂房空气较为潮湿，厂用电运行期间，灰尘附在交直流小母排上，在潮气的影响下，并排的母排绝缘子绝缘降低，交流经高阻窜入相邻的直流母排。反映出现场运维管理不细致，设备清扫维护不到位，未采取有效的防尘防潮措施保障设备安全稳定运行。

（3）设备管理不够扎实，缺乏有效的监视手段。未将直流绝缘降低等相关报警信号接入监控系统，值守监盘人员未能在中控室监视画面及时发现直流系统存在报警，直流系统设备部分运行参数未能得到有效监视。

三、防治对策

（1）某抽水蓄能电站要求设计院对全厂保护配置及回路设计进行全面排查，并于提供排查报告，将对发现的问题及时整改，避免发生此类事件再次发生。

（2）对于直流系统母线绝缘电阻降低问题，完成设备清扫维护，并要求 10k 厂用电和直流系统厂家到现场，配合对厂用电系统和直流系统母线绝缘进行全面排查，消除绝缘薄弱环节。

（3）在监控系统中增加直流绝缘监视和报警手段，实时监测直流系统母线电压和绝缘电阻水平，便于第一时发现直流绝缘降低或直流接地并进行处理。同时，还加强直流系统及厂用电系统日常巡检和设备定期清扫维护，对设备进行定期测试绝缘，并在 10kV 厂用电室装设除湿机，确保厂用电和直流系统保持良好的绝缘水平。

四、案例点评

由本案例可见，安全质量管控需从设计阶段时期抓起。设备由基建期转入生产期的时候，很多设备由于管理不善，导致积灰严重，另外由于运维人员力量薄弱，对设备运维管理不到位，一旦出现问题，后果严重，危害性也极大。因此，建立并严格执行一套完善的责任追究制度，强化设计、建设、施工、监理以及运维单位各层级责任追溯还是十分必要的。

案例 5 - 4　某抽水蓄能电站机组背靠背拖动过程中低功率保护误动作*

一、事件经过及处理

2019 年 6 月 5 日 20 时 28 分 40 秒，某抽水蓄能电站 5 号机组 B 级检修调试期间，在进行 5 号机组背靠背拖动 6 号机组启动试验过程中，因 5 号机组保护闭锁回路故障引起发电机低功率保护动作导致机组电气跳机，机组执行事故停机流程。

运维人员现地检查，发现监控系统报警，5 号机组 B 套保护低功率保护动作，机组执行事故停机流程；保护装置面板报警：5 号机组低功率保护动作跳闸红灯点亮。

经分析怀疑保护动作原因为闭锁回路故障导致保护误出口，进一步通过从源头处短

* 案例采集及起草人：赵明（华东天荒坪抽水蓄能电站）。

接外部开入触点在软件内部核对开入量变位的方法逐个检查闭锁开入情况，发现除“拖动机”开入量始终置“0”，与实际情况不符，其他闭锁条件均与试验情况相符。

对“拖动机”开入回路进行排查，经检查发现用于拖动机工况闭锁信号的正电端子UL01-XC01：51无电压，用短接片与之相连的UL01-XC01：49正电端子有电压，因此判断为短接片故障，故障点见如图5-4-1所示。

更换UL01-XC01：51与UL01-XC01：49之间的短接片，更换后试验正常。

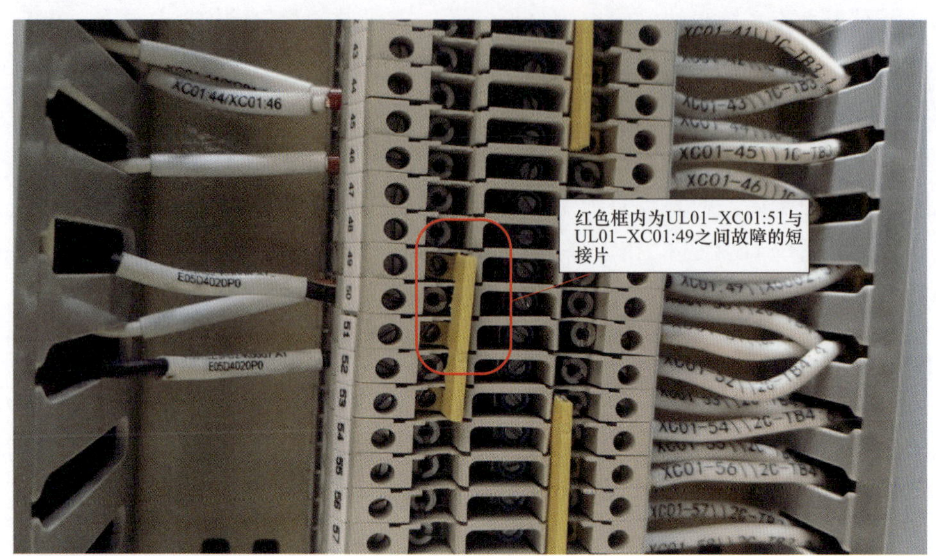

图5-4-1　故障点复原示意图

二、原因分析

低功率保护是抽水蓄能机组配置的特殊保护，是为了防止机组在抽水运行时，电动机失电导致机组反转后飞逸故障，以及防止机组抽水运行过程中导叶误关闭，机组进入反水机现象。当电动机从系统吸收有功功率值低于整定值时，保护动作出口，其保护整定如表5-4-1所示。

表5-4-1　　低功率保护整定表

<table>
<tr><td rowspan="6">抽水方向
低功率保护
37M1-B
MP312</td><td>动作值 Operate Value</td><td>45%P_N</td><td rowspan="6">抽水方向
跳闸（停机）</td><td>动作功率</td></tr>
<tr><td>延时</td><td>2.0s</td><td></td></tr>
<tr><td>功率方向</td><td>Direction 2</td><td></td></tr>
<tr><td>动作类型</td><td>Under detection</td><td>低功率动作</td></tr>
<tr><td>旋转方向</td><td>Left</td><td>左转</td></tr>
<tr><td>TA误差补偿</td><td>0.0deg.</td><td>相角矫正</td></tr>
</table>

由表5-4-2可知，正常情况下，背靠背拖动过程中，拖动机工况会闭锁拖动机组低功率保护，因此，此次5号机组背靠背拖动6号机组启动过程中发生发电机低功率保护

动作为保护误出口。

表 5-4-2　　　　低功率保护闭锁表

发电机—变压器组保护闭锁表										
保护描述	电气制动刀合	拖动机	被拖动机或 SFC 启动	发电方向 PRD 合	抽水方向 PRD 合	发电机开关合	球阀全开	转速小于 30%	磁场开关合	转速小于 50%
低功率保护	1	1	1	1		0	0	1		

注　“1”为闭锁正逻辑，“0”为闭锁反逻辑。

进一步通过从源头处短接开入量触点的方法检查保护软件内部开关量开入情况，发现除“拖动机”开入量始终置“0”，与实际情况不符，其他闭锁条件均与实际试验情况相符，如图 5-4-2 所示。至此，基本可以确定故障回路为“拖动机”闭锁开入回路。

图 5-4-2　保护软件内部闭锁情况示意图

查发电机保护图纸，监控侧“拖动机”闭锁开入量正电源取自“背靠背拖动或 SFC 启动”正电端子，如图 5-4-3 所示。

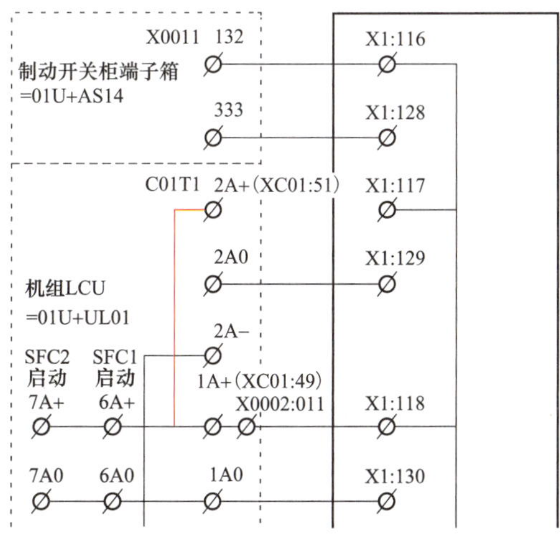

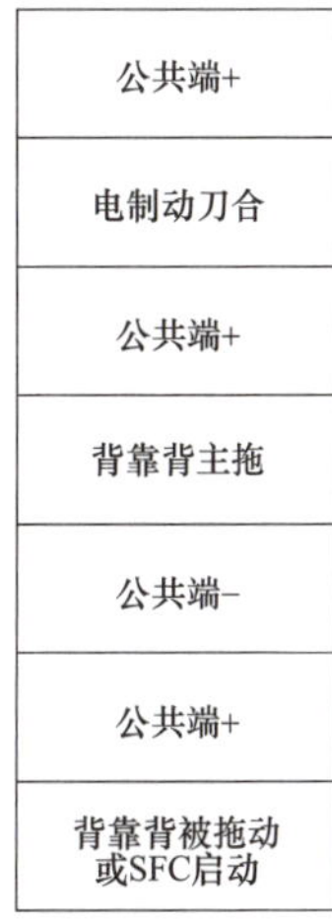

图 5-4-3　“拖动机”闭锁开入量监控侧回路图

当机组运行于拖动机工况时，监控内部“拖动机”信号触点闭合，沟通机组保护柜内闭锁量开入回路，励磁相应继电器 JA02-K02、JA02-K02 动合触点闭合，分别送至相应机组保护模块内，实现机组在拖动机工况运行时对低功率等相关保护功能的闭锁，如图 5-4-4 所示。

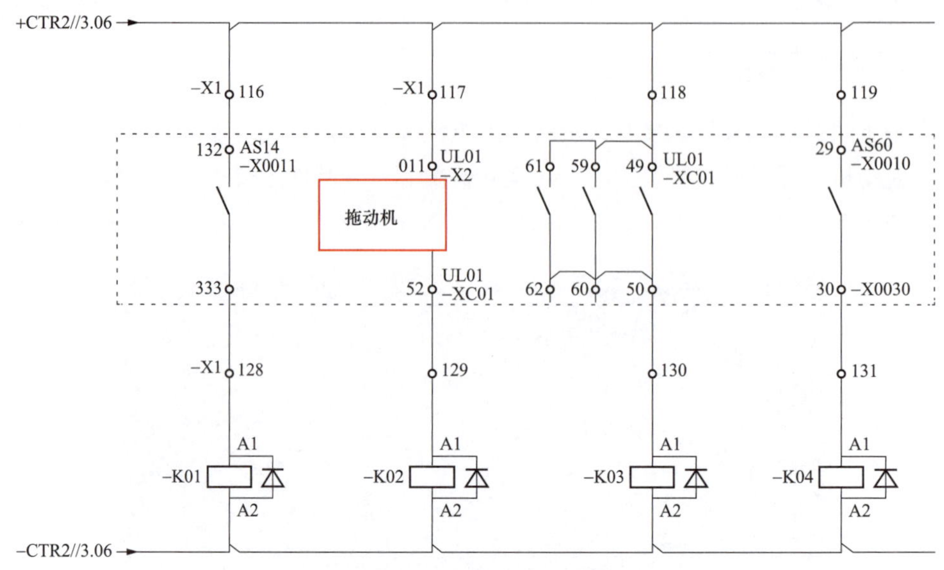

图 5-4-4　“拖动机”闭锁开入量保护侧回路图

现场检查发现，UL01-XC01：51 与 UL01-XC01：49 之间用短接片连接，但是经测量用于闭锁拖动机工况的保护端子 UL01-XC01：51 无电压，用短接片与之相连的 UL01-XC01：49 端子有电压，因此判断为短接片故障。

三、防治对策

（1）本次保护误动作经分析为端子短接片故障导致的闭锁回路正电源丢失，致使机组拖动机工况运行时无法对相关保护功能形成有效闭锁，针对这种情况，结合现有条件，将发电机—变压器组保护装置开入量检查纳入保护精密点检，定期将保护软件内部读取的开入量与实际运行工况进行对比，及时发现回路异常。

（2）加强继电保护重要外部闭锁回路设备检修维护，保护校验时对保护闭锁开入量进行全回路校验。

（3）将发电机—变压器组保护装置开入量检查纳入电站运检规程定检模块，从而形成规范化、常态化管理。

（4）对其他机组保护参照整改。

四、案例点评

由本案例可见，此类保护闭锁回路的故障具有一定的隐蔽性，往往只有当保护动作才会被发现，因此，更要做好设备的日常管理工作，充分利用每一次保护校验的机会，对继电保护重要外部闭锁回路进行全覆盖检查，只有这样才可能防患于未然。

案例 5-5　某抽水蓄能电站机组保护装置误动导致相邻机组跳机*

一、事件经过及处理

2015 年 12 月 15 日，某抽水蓄能电站 4 号机组进行定检时，运行人员为 4 号机组布置好安全措施；9 时 45 分，许可定检的工作票。9 时 55 分，相邻机组 3 号机组发电工况并网，有功负荷 300MW，3 号机组定子三相电流平衡，各参数正常，设备无异常。

11 时 12 分，完成 4 号机组定检工作，工作负责人与工作班成员撤离工作现场。运行人员收回 4 号机组定检工作的工作票，11 时 35 分，开始执行操作任务为“拆除 4 号机组定检所做安措”操作票。

11 时 45 分，根据调度指令，3 号机组有功负荷调整至 200MW。11 时 50 分，“拆除 4 号机组定检所做安措”操作票执行完第 33 项“合上 4 号机组发电机 A 套保护柜 AG13 模块电源开关 F3”后，现场出现断路器分闸声，值守人员监盘发现监控系统出现 4 号机组 A 套保护动作跳闸报警信号，检查监控画面发现 3 号机组开始执行停机流程，3 号机组出口断路器 803 和 3、4 号主变压器高压侧断路器 5003 均已分闸。原因可能为：4 号机组 A 套保护内部故障导致保护误动。

查阅监控系统事件记录和 4 号机组故障录波装置故障信息报文，发现监控信号和故障信息报文重复性出现。查阅机组保护装置及保护配置情况，监控信号及故障信息报文均将故障源指向 4 号机组发电电动机保护装置 AG13，如图 5-5-1 所示。通过现场初步检查、事件信号及故障信息报文可判断 4 号机组发电电动机保护装置 AG13 故障，导致 AG13 所有保护相继动作并出口跳闸相应的断路器。其中，4 号机组出口断路器失灵保护动作，造成 3、4 号主变压器高压侧断路器 5003 分闸、3 号机组出口断路器 803 分闸，3 号机组甩 200MW 负荷停机。

---

* 案例采集及起草人：眭上春、周勇（湖南黑麋峰抽水蓄能电站）。

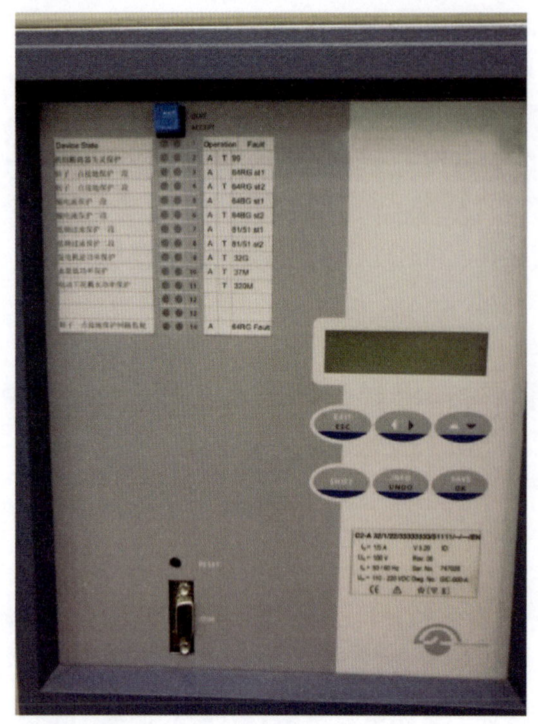

图 5-5-1　4 号机组发电电动机保护装置 AG13

事件发生后，该电站迅速组织专业人员进行 3 号机组甩负荷后检查以及 3、4 号主变压器检查，检查结果无异常。安排专业人员对 4 号机组发电电动机 A 套保护柜保护模块 DRS - compact2 - AG13 进行检查更换。

更换新的保护模块后，专业人员对新的保护装置进行了初始化和程序上传，上传检查无误后对定值核对，确保与原保护模块设置一致。然后使用继电保护测试仪，对新安装的保护模块进行了上电检查，电流、电压采样结果正常；对相关信号进行了对点及开入开出检查，结果正常；对 AG13 模块所有保护进行校验，校验结果与定值单相符，最后对 4 号机组灭磁开关、4 号机组出口断路器 804、3 号机组出口断路器 803、停 4 号机组 Ⅰ 和 Ⅱ、停 3 号机组、跳 500kV 断路器 5003 线圈 Ⅰ 进行传动试验，试验结果正常，装置可以正常投运。

厂家专业工程师对换下来的保护装置进行了开入开出、模拟量输入及保护功能逻辑定值校验，保护装置所有功能正常，说明此次事件是偶发事件。

二、原因分析

厂家根据监控系统事件记录、4 号机组故障录波装置故障信息报文、事件的后果以及现场对保护装置的试验结果进行全面分析，得出结论：这次保护跳闸是因为保护装置误进入工厂测试的硬件测试模式，该模式具备 LED 灯试灯功能和出口触点测试功能，当保护装置进入该模式后，保护装置出口触点会循环依次闭合打开。只有退出该模式保护装置才能恢复正常，退出该模式的方法是将保护装置断电然后上电。由于进入该模式，保护装置立即运行 LED 灯试灯功能和出口触点测试功能，导致保护装置循环动作并出口跳闸。

1. 事件的直接原因分析

保护装置进入了工厂测试的硬件测试模式，保护装置工厂测试的硬件测试模式不对用户开放却未设置内部防护，是导致该事件的根本原因。该事件是在 4 号机组恢复定期检查工作的安全措施时发生的，暴露出现场操作人员风险辨识不足，危险点预控不到位：

（1）对保护装置进行送电操作前未预想到保护装置可能出现误出口的可能性。

（2）未预料到保护装置在特定情况下进入保护装置的工厂测试的硬件测试模式。

（3）未合理安排现场操作的时间，应避免在相邻机组运行时进行定检恢复操作。

2. 事件的间接原因分析

（1）保护装置运行可靠性不高，在保护装置频繁停/送电的情况下，容易造成保护装置内部故障，特定情况下误入工厂测试的硬件测试模式，导致保护装置误出口。

（2）设备隐患排查与风险管控不到位。设备投运时间长，存在老化劣化现象，设备运维工作未能结合设备运行特点，有针对性地制定管理措施和运维定检手段。

三、防治对策

（1）加强设备运维管理，在对机组进行定检过程中，需要进一步细化定检项目，及时发现隐患，提高设备运行可靠性。

（2）组织学习《操作票标准风险库》，加强操作票的危险点及预控措施分析，切实做到分析防范到位，防止此类情况再次发生。

（3）联系设备制造厂家对误动保护装置进行全面测试及分析，查明误动原因，同时举一反三，对全厂同类型保护装置进行排查，消除设备隐患。

（4）加强对相关制度、标准的学习、理解和掌握。

（5）进行风洞检查布置措施时，隔离转子一点接地保护电源不采取拉开保护装置模块电源开关的方式，改为拉开励磁柜内转子一点接地保护回路电源保险的方式，同时退出机组保护出口跳闸压板。

四、案例点评

本案例暴露出两个问题，一是抽水蓄能电站保护装置的特定功能未配置完善可靠的防护措施，导致设备在特定情况下误入工厂测试的硬件测试模式，引起保护误动作。后续电站将对保护装置的特定功能进行排查，对无防护措施的保护装置进行专项整治，保证保护装置无法误入装置的特定功能。二是机组定期检查后恢复安全措施时，风险辨识不足，危险点预控不到位。后续电站将完善机组定期检查工作的操作票，在管理上杜绝操作风险，同时对运行人员进行系统培训，提升运行人员的专业知识。